国际电气工程先进技术译丛

能量收集、供电和应用

皮特·施皮斯（Peter Spies）

[德]　洛雷托·马特（Loreto Mateu）　主编

马库斯·泊松（Markus Pollak）

廖永波　译

机械工业出版社

本书系统地介绍了如何利用现有技术进行微能量的收集及应用，具有内容系统全面、范例丰富详尽、原理深入浅出、理论与实际紧密结合等特点。

本书共12章，分别讲述了自供电系统的工作原理和系统组成、传感器所能收集的各种能量形式、压电式传感器的工作原理、电磁传感器的工作原理、静电传感器的工作原理、热电发电机的工作原理、太阳能电池的系统组成、DC-DC转换器在微能量收集和转换中的应用、AC-DC转换器在不同工作场景下的应用、射频技术在微能量传输中的应用、电子缓冲存储器在能量收集中的应用、能量收集电源的应用领域及其系统架构。

本书可作为高等院校微电子、电子工程、仪器仪表、新能源等专业本科生和研究生的教材和参考书，也可供从事相关领域工作的技术人员参考。

Handbook of Energy Harvesting Power Supplies and Applications/ by Peter Spies, Loreto Mateu，Markus Pollak / ISBN: 9789814241861.

Copyright© 2013 by Taylor & Francis Group, LLC.

Authorized translation from English language edition published by CRC Press, part of Taylor & Francis Group LLC; All rights reserved; 本书原版由Taylor & Francis出版集团旗下，CRC出版公司出版，并经其授权翻译出版，版权所有，侵权必究。

China Machine Press is authorized to publish and distribute exclusively the Chinese (Simplified Characters) language edition. This edition is authorized for sale throughout Mainland of China. No part of the publication may be reproduced or distributed by any means, or stored in a database or retrieval system, without the prior written permission of the publisher.

本书中文简体翻译版授权由机械工业出版社独家出版并限在中国大陆地区销售. 未经出版者书面许可，不得以任何方式复制或发行本书的任何部分。

Copies of this book sold without a Taylor & Francis sticker on the cover are unauthorized and illegal.本书封面贴有Taylor & Francis公司防伪标签，无标签者不得销售。

北京市版权局著作权合同登记　图字：01-2016-2184号。

图书在版编目（CIP）数据

能量收集、供电和应用 /（德）皮特·施皮斯等主编；廖永波译 . —北京：机械工业出版社，2020.10
　　（国际电气工程先进技术译丛）

书名原文：Handbook of Energy Harvesting Power Supplies and Applications

ISBN 978-7-111-66367-6

Ⅰ.①能⋯ Ⅱ.①皮⋯ ②廖⋯ Ⅲ.①电能 - 收集 Ⅳ.① TM60

中国版本图书馆 CIP 数据核字（2020）第 155168 号

机械工业出版社（北京市百万庄大街 22 号　邮政编码 100037）
策划编辑：江婧婧　责任编辑：江婧婧　杨　琼
责任校对：张　征　封面设计：马精明
责任印制：李　昂
北京机工印刷厂印刷
2020 年 10 月第 1 版第 1 次印刷
169mm×239mm · 24 印张 · 3 插页 · 503 千字
0 001—2 000 册
标准书号：ISBN 978-7-111-66367-6
定价：129.00 元

电话服务　　　　　　　　　　网络服务
客服电话：010-88361066　机 工 官 网：www.cmpbook.com
　　　　　010-88379833　机 工 官 博：weibo.com/cmp1952
　　　　　010-68326294　金 书 网：www.golden-book.com
封底无防伪标均为盗版　　　机工教育服务网：www.cmpedu.com

译者序

进入 21 世纪，随着微电子器件、材料与工艺制造水平的不断进步，各种新型传感器技术突飞猛进，其效率的提高使网络化小型电子设备持续、稳定自供电成为可能。本书从一个自供电系统能量的收集、转换、存储、使用等环节入手，详细介绍了如何利用现有技术进行微能量的收集及应用的工作原理和特点，对于目前我们所处的网络化社会的节能减排工作，具有十分重要的现实意义和理论价值。

本书内容丰富，共分为 12 章。第 1 章从网络化小型电子设备的广泛使用以及各种应用场景的变化，引出了自供电系统的工作原理和系统组成，技术细节将在后续章节展开论述。第 2 章介绍了传感器所能收集的各种能量形式以及表征参数与工作条件。第 3 章介绍了压电式传感器的工作原理和电路模型，并对其工作指标参数和应用条件进行讨论。第 4 章对电磁传感器的工作原理和技术细节进行了论述，重点介绍了谐振器的设计。第 5 章介绍了静电传感器的工作原理及其数值模型，并对其功率输出及性能优化做出论述。第 6 章介绍了热电发电机的工作原理和转换效率参数。第 7 章介绍了太阳能电池的系统组成及在微能量收集中的应用。第 8 章介绍了 DC-DC 转换器在微能量收集、转换中的工作原理和工作类型。第 9 章介绍了 AC-DC 转换器在不同工作场景下的工作原理和特点。第 10 章介绍了射频技术在微能量传输中的工作原理和设计优化。第 11 章介绍了电子缓冲存储器在能量收集中的工作原理和技术实现。第 12 章介绍了能量收集电源的应用领域以及系统架构和设备。书中各章节均给出了相关内容的一些有价值的参考资料。

本书较为全面地论述了各种传感器进行微能量收集与应用的基本原理和特殊核心技术及发展趋势，可作为高等院校微电子、电子工程、仪器仪表、新能源等专业本科生和研究生的教材和参考书，也可供从事相关领域工作的技术人员参考。希望本书对国内相关领域的教学、科研和产业应用有一定的帮助和启发。

本书的翻译工作由电子科技大学电子科学与工程学院廖永波副教授完成，在翻译过程中得到了鞠家欣博士、沈亚兰硕士、邹佳瑞硕士等人的建议和帮助，在此表示衷心感谢。机械工业出版社的江婧婧编辑为本书的翻译出版做了大量工作，在此一并表示感谢。

由于译者水平有限，在翻译中难免有错误或不妥之处，真诚希望各位读者对在阅读中发现的错误给予指正。

译　者
2020 年 6 月

原书前言

随着电路和半导体技术的不断发展，微电子电路和系统的功耗逐渐降低。另外，通过材料和系统的改进，太阳能电池、热电和感应发电机等能量传感器的效率正在提高。因此，能量传感器能够利用周围的能量为小型电子设备供电，如传感器、微控制器和无线收发器。这项技术被称为"能量采集"或"能量收集"，这些电力供应系统通常被称为"能源自给自足系统"或"自供电系统"。

一方面，能源收集电力供应替代了传统应用领域的电池，如消费产品、家用电器、测量和监测应用，以及家庭自动化系统。如果电池不能被完全替代，至少可以延长下一次充电的时间。通过去除电池，可以显著地减少浪费和电池更换工作。

另一方面，在偏远或无法进入的地区，无线传感器等带有能量收集系统的新应用也成为可能。例如医疗植入物，机器、发动机或植物或旋转设备中的集成传感器。此外，在能源收集的情况下，无限的操作和待机时间是可能的。

无线传感器网络的研究和发展与能量收集密切相关。无线传感器网络的优点并不能全部通过电源线或电池更换维护来实现。特别是在网状网络中节点数量越来越多的情况下，要求电子设备能够实现自供电。

目前，在这一领域已经有一些专业的应用，主要是在建筑和家庭自动化领域、消费产品和状态监测领域。与此相反，研究和开发项目中提出了一个巨大的能量收集应用领域，特别是在无线传感器节点上。

德国的应用研究的领先机构 Fraunhofer Gesellschaft 和 Hahn-Schickard-Gesellschaft 对本书做出了巨大贡献，他们都是面向应用研究和开发的提供商。他们从事公共资助项目，也为世界各地的工业公司提供研究和开发服务。

因此，本书论述了能源收集的基础知识，重点关注应用程序的实现。每一章都介绍了一种能量收集的特殊核心技术，包括不同的传感器原理和相关材料、电源管理、存储设备和系统设计。最后一章介绍了能量收集以及相关系统架构和应用设备的不同应用，并讨论了相关的转换器类型。

编　者

目　　录

译者序
原书前言

第1章　系统设计 ……………………………………………………………… 1

1.1　介绍 …………………………………………………………………… 1

1.2　输入能量 ……………………………………………………………… 2

1.3　能量转换器 …………………………………………………………… 5

1.4　整流器 ………………………………………………………………… 8

1.5　电源管理单元 ………………………………………………………… 9

1.6　负载设备 ……………………………………………………………… 10

   1.6.1　连续和间断负载运行 …………………………………………… 11

   1.6.2　低功耗传感器 …………………………………………………… 13

   1.6.3　低功耗微控制器和收发器 ……………………………………… 15

1.7　储能元件 ……………………………………………………………… 16

1.8　多个输入能量的组合 ………………………………………………… 17

1.9　能量平衡运行 ………………………………………………………… 17

   1.9.1　能量平衡运行的一般条件 ……………………………………… 20

   1.9.2　N 种功耗模式下的能量平衡运行条件 ……………………… 22

1.10　结论 …………………………………………………………………… 23

参考文献 …………………………………………………………………… 24

第2章　输入能量 ……………………………………………………………… 28

2.1　机械能 ………………………………………………………………… 28

   2.1.1　特征参数 ………………………………………………………… 28

   2.1.2　测量装置 ………………………………………………………… 32

   2.1.3　实验装置 ………………………………………………………… 33

2.2　光 ……………………………………………………………………… 35

   2.2.1　常用光源的光谱 ………………………………………………… 36

   2.2.2　测量技术 ………………………………………………………… 37

   2.2.3　实验装置 ………………………………………………………… 39

2.3　热能 …………………………………………………………………… 41

   2.3.1　参数表征 ………………………………………………………… 41

2.3.2 测量设置 …………………………………………………………………… 42

2.3.3 实验装置 …………………………………………………………………… 47

参考文献 ……………………………………………………………………………… 48

第3章 压电式传感器 ……………………………………………………………… 51

3.1 历史 ……………………………………………………………………………… 51

3.2 材料加工 ……………………………………………………………………… 51

3.2.1 物理现象 ………………………………………………………………… 53

3.2.2 机电一体化模型 ………………………………………………………… 56

3.3 功率转换 ……………………………………………………………………… 59

3.4 电网阻抗 ……………………………………………………………………… 62

3.4.1 弱耦合 …………………………………………………………………… 63

3.4.2 最佳电阻和功率 ………………………………………………………… 65

3.5 几种相同传感器的应用 …………………………………………………… 71

3.5.1 分析考虑 ………………………………………………………………… 71

3.5.2 两台发电机串联连接 …………………………………………………… 72

3.5.3 结果讨论 ………………………………………………………………… 73

3.5.4 实验验证 ………………………………………………………………… 74

3.6 结论 ……………………………………………………………………………… 74

参考文献 ……………………………………………………………………………… 75

第4章 电磁传感器 ……………………………………………………………… 76

第1部分 技术现状 ……………………………………………………………… 76

4.1 文献综述及电磁振动传感器的“现状” ……………………………… 76

4.2 文献的结论 …………………………………………………………………… 78

第2部分 分析描述 —— 谐振式振动传感器设计的基本工具 ……… 79

4.3 谐振式振动传感器 …………………………………………………………… 79

4.4 机械子系统 …………………………………………………………………… 80

4.4.1 线性弹簧系统 …………………………………………………………… 80

4.4.2 非线性弹簧系统 ………………………………………………………… 81

4.5 电磁子系统 …………………………………………………………………… 83

4.5.1 电磁感应基础 …………………………………………………………… 83

4.5.2 电气网络表示法 ………………………………………………………… 84

4.6 整体系统 ……………………………………………………………………… 86

4.6.1 常见行为 ………………………………………………………………… 86

4.6.2 一阶功率估计 …………………………………………………………… 88

4.7　机械振动的表征与处理···89
4.8　分析得出的结论···92
第3部分　电磁振动传感器的应用设计··96
4.9　电磁振动传感器···96
4.10　可用振动：发展的基础···97
　4.10.1　耦合结构与边界条件···98
4.11　优化过程···100
　4.11.1　磁通梯度的计算···100
　4.11.2　一般计算方法···101
　4.11.3　优化结果···102
4.12　谐振器设计··104
第4部分　原型性能··107
4.13　转导因子··107
4.14　频率响应特性··108
参考文献··110

第5章　静电传感器···115
5.1　物理原理···115
　5.1.1　介绍··115
　5.1.2　能量转换机理···116
　5.1.3　开关操作方案···116
　5.1.4　连续运行方案···118
5.2　实施··119
　5.2.1　总体设计考虑···119
　5.2.2　电极几何形状···120
5.3　分析和数值模型···126
　5.3.1　分析描述···126
5.4　数值模型···128
5.5　功率输出及器件性能···129
　5.5.1　设备设计···129
　5.5.2　装置性能···130
5.6　设备制造和特性描述···134
　5.6.1　制造··134
　5.6.2　特性描述···136
5.7　优化注意事项···138
参考文献··139

第6章 热电发电机 ·· 142

6.1 物理原理 ··· 142

 6.1.1 塞贝克效应 ·· 142

 6.1.2 珀耳帖效应 ·· 143

 6.1.3 汤姆逊效应 ·· 143

 6.1.4 开尔文关系 ·· 143

6.2 转换效率和优点 ··· 144

 6.2.1 热电发电效率 ·· 144

 6.2.2 热电性能指标 ·· 146

6.3 热电材料 ··· 147

 6.3.1 理论材料方面 ·· 147

 6.3.2 材料研究 ·· 148

 6.3.3 技术相关资料 ·· 150

6.4 热电模块结构 ··· 151

6.5 微型发电机 ··· 156

 6.5.1 垂直配置的微型发电机 ································ 156

 6.5.2 卧式微型发电机 ······································ 161

6.6 系统级设计和 TEG 集成到能量收集应用程序中 ················ 162

 6.6.1 系统级模型 ·· 162

 6.6.2 人体可穿戴电子设备的 TEG 集成 ······················ 163

 6.6.3 利用温度变化和瞬态 TEG 行为 ······················· 164

6.7 总结 ··· 165

参考文献 ·· 165

第7章 太阳能电池 ·· 168

7.1 光伏器件 ··· 168

 7.1.1 太阳能电池的最大效率 ································ 171

7.2 微能量收集应用中的光伏技术 ································· 174

 7.2.1 在标准测试条件下显示出的效率 ······················ 174

 7.2.2 室内条件下的效率和测试方法 ························· 174

 7.2.3 外部和标准条件 ······································ 176

 7.2.4 室内条件 ·· 177

7.3 光伏电池的电流、电压和功率输出的调整 ······················ 180

 7.3.1 电路几何的优化 ······································ 181

 7.3.2 特定应用的布局 ······································ 182

7.3.3　没有储能系统的模块布局 ································ 183

7.3.4　储能系统的布局 ····································· 184

7.4　结束语 ·· 186

参考文献 ··· 187

第8章　DC-DC 转换器 ····································· 193

8.1　线性稳压器 ·· 193

8.1.1　电路 ··· 193

8.1.2　分析模型 ··· 193

8.1.3　效率计算 ··· 195

8.1.4　设计优化 ··· 195

8.2　开关稳压器 ·· 195

8.2.1　降压转换器 ······································· 196

8.2.2　升压转换器 ······································· 204

8.2.3　降压 - 升压转换器 ································· 209

8.2.4　反激式转换器 ····································· 213

8.2.5　电荷泵 ··· 214

8.2.6　基于 Meissner 振荡器的转换器 ···················· 222

8.2.7　负载匹配 ··· 224

参考文献 ··· 231

第9章　AC-DC 转换器 ····································· 233

9.1　用于压电传感器的 AC-DC 转换器 ························ 233

9.1.1　电压倍增器 ······································· 233

9.1.2　带倍压器的半波整流器 ····························· 235

9.1.3　直接放电电路 ····································· 236

9.1.4　直流放电电路与 DC-DC 转换器配合使用 ············· 242

9.1.5　非线性技术 ······································· 246

9.2　用于静电传感器的 AC-DC 转换器 ························ 258

9.2.1　物理原理 ··· 258

9.2.2　用于电荷约束转换周期的 AC-DC 电路 ··············· 261

9.2.3　电荷约束转换循环的效率计算 ······················· 266

9.2.4　电压约束能量转换循环的电路 ······················· 266

9.2.5　电压约束能量转换循环的效率计算 ··················· 270

9.3　用于电动传感器的 AC-DC 转换器 ························ 270

9.3.1　通用 AC-DC 转换器 ······························· 270

9.3.2   双极性升压转换器 ··272

9.3.3   直接 AC-DC 转换 ···272

9.4   结论 ···283

参考文献 ···284

第10章   射频电力传输 ··288

10.1   引言 ··288

10.2   物理原理 ··288

10.2.1   电磁场：发电和辐射 ···288

10.2.2   频段：特征和用法 ··291

10.2.3   基本概念 ··292

10.2.4   电感耦合 ··293

10.2.5   远场无线电传输 ···297

10.3   设计优化 ··298

10.3.1   高频信号的产生和放大 ··298

10.3.2   天线和匹配 ···299

10.3.3   电压整流和稳定 ···300

10.4   无线电力传输的效率 ··300

10.4.1   低频传输效率 ··300

10.4.2   高频传输效率 ··302

10.4.3   系统效率 ··302

10.5   应用示例：无源 RFID 系统 ···303

参考文献 ···304

第11章   用于能量收集的电子缓冲存储器 ··305

11.1   引言 ··305

11.2   物理原理 ··307

11.2.1   二次电池 ··307

11.2.2   固态薄膜锂电池 ···312

11.2.3   超级电容器 ···314

11.3   微型二次电池技术的实现 ···316

11.3.1   硬币型电池 ···317

11.3.2   锂离子/锂聚合物电池 ··319

11.3.3   固态薄膜电池 ··323

11.3.4   其他微电池 ···328

11.3.5   摘要 ···329

11.4　电池动态特性和等效电路 ……………………………………………330

11.5　展望 ……………………………………………………………………334

参考文献 ………………………………………………………………………335

第12章　能量收集电源的应用 ……………………………………………337

12.1　楼宇自动化 ……………………………………………………………339

12.1.1　系统架构和应用设备 ………………………………………339

12.1.2　转换器 …………………………………………………………343

12.2　状态监测 ………………………………………………………………344

12.2.1　系统架构 ………………………………………………………344

12.2.2　应用设备 ………………………………………………………346

12.2.3　转换器 …………………………………………………………347

12.3　结构健康监测 …………………………………………………………349

12.3.1　系统架构 ………………………………………………………349

12.3.2　应用设备 ………………………………………………………350

12.4　运输 ……………………………………………………………………352

12.4.1　轮胎压力监测 …………………………………………………352

12.4.2　航空学 …………………………………………………………355

12.5　物流 ……………………………………………………………………356

12.5.1　系统架构和应用设备 ………………………………………356

12.5.2　转换器 …………………………………………………………358

12.6　消费类电子产品 ………………………………………………………358

12.6.1　系统架构 ………………………………………………………359

12.6.2　应用设备 ………………………………………………………359

12.6.3　转换器 …………………………………………………………361

12.7　结论 ……………………………………………………………………364

参考文献 ………………………………………………………………………366

第1章 系统设计

Loreto Maten 和 Peter Spies

本章讨论的主题是设计能量收集（也称为能量清除）系统，该系统由能量收集电源和低功率负载组成。在这样的系统中，利用换能器从环境中收集能量，该换能器是将环境能量转换成电能以供应能量自给自足的电子设备。

1.1 介绍

一个基于能量收集的自供电系统是由若干部分组成的（见图 1.1），每个部分都会在本章进行专门的介绍。这些部分有：

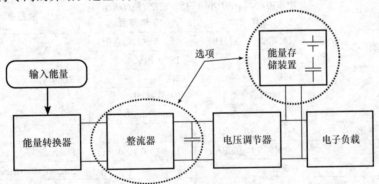

图 1.1 通用自供电设备的示意图

- 能量转换器（也称为能量收集发电机）。它用来把输入环境的能量转换成电能。可用于转换的环境能源可能是热能（热电模块）、光（光伏电池）、辐射（整流天线）和振动（压电、电磁、静电传感器）。
- 整流器和储能电容器。有些能量转换器不提供直流电源，在这种情况下，需要校正电流并将其累积到电容器中。
- 电压调节器。必须使电压电平适应动力装置或可选存储元件的要求。
- 可选的能量存储装置。根据应用的要求，电池或电容器用作储能元件。在一些应用中的供电装置可以完全关闭，电池是不必要的，而在另一些应用中，永久性的供电是强制性的。此外，还需要能量存储元件为在突发模式下工作的无线电收发器提供脉冲电流，这些不能由能量转换器本身产生，因为它们

　　有巨大的内部阻力。在任何情况下，这种电池的重量、体积和容量都要比不需要能量收集装置的电子设备供电的电池要低。电容器是否可以代替电池，取决于应用的要求。

● 电子负载。它具有典型的不同的功耗模式，允许在低功耗模式下的大部分时间里运行。它只在有限的时间内有效地工作，以减少其总能量的消耗。

1.2　输入能量

　　能量收集系统的应用决定了在环境中哪些能源可用来发电。主要用来供电的环境能源例如无线传感器网络（WSN），它包括太阳能、机械能、热能，自供电的设备通常尺寸小（体积约 10cm³ 或更小），因为它们作为 WSN 节点或可穿戴设备。能源获取电源的尺寸约束生成的电能，这就是为什么能量收集系统的精确比较只能根据单位体积的功率（功率密度）或单位面积的功率来计算。表 1.1 所示为考虑寿命因素下的能量消耗源和储能元件的功率密度比较。

表 1.1　考虑寿命因素下的能量消耗源和储能元件的功率密度比较

	功率密度 /（μW/cm²）1 年寿命	功率密度 /（μW/cm²）10 年寿命	能量来源
太阳（室外）	15000—太阳直射	15000—太阳直射	常见
	150—阴天	150—阴天	
振动	200	200	Roundy 等人[1]
声学噪声	0.003@75Db	0.003@75Db	理论上
	0.96@100Db	0.96@100Db	
每日温度变化	10	10	理论上
温度梯度	15@10℃ gradient	15@10℃ gradient	Stordeur 等人[2]
鞋套	330	330	Starner 1996，Shenck 等人[3]
电池（不可充电锂电池）	45	3.5	常见
电池（可充电锂电池）	7	0	常见
碳氢燃料（微热发动机）	333	33	Mehra 等人，Mehra2000 six
燃料电池（甲醇）	280	28	常见
核同位素（铀）	6×10^6	6×10^5	常见

　　Roundy[4] 在表 1.1 中总结了不同能量收集源（无阴影部分）和储能元件（阴影部分）在功率密度（单位体积功率）上的比较。在相同的输入条件下，能量收集源的功率密度保持不变，但由于漏电流的影响，它并不适用于储能技术，如图 1.2 所示。

　　Raju[5] 给出了不同能量收集源和场景的单位面积可用功率的估计，见表 1.2。对于振动和温差的情况，表 1.2 区分了人类和工业能源。"人"指的是人体作为输入能量的使用。因此，人体和环境之间存在的温度梯度和与人体运动相关的振动可以作为能量收集电源的输入能量。就工业而言，剩余的热量和机器振动被用作能源。

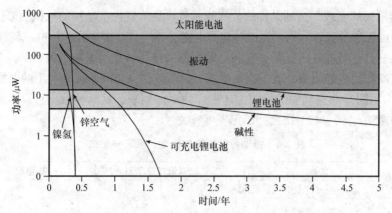

图 1.2　太阳能电池、振动和蓄电池的功率密度与寿命的关系

表 1.2　不同能源和场景下，每平方厘米收集功率的比较

能源	收集功率
振动 / 运动	
人体	$4\mu W/cm^2$
工业	$100\mu W/cm^2$
温差	
人体	$25\mu W/cm^2$
工业	$1\sim10mW/cm^2$
光	
室内	$10\mu W/cm^2$
室外	$10mW/cm^2$
RF	
GSM	$0.1\mu W/cm^2$
WiFi	$1\mu W/cm^2$

　　光是可用于为电力电子设备供电的环境能源。光伏系统通过将光转换成电能来发电。光伏系统的功率范围从兆瓦到毫瓦不等，可产生广泛的电能：从照明到手表。

　　在室外，太阳辐射是光伏系统的能源。由于天气条件和地理位置（经度和纬度），太阳辐射在地球表面发生变化。对于每个位置，都存在一个光伏太阳能电池的最佳倾角和方位，以获得太阳能电池表面的最大辐射[6]。表 1.3 所示为用硅太阳能电池在不同光照条件下测量的功率密度，表 1.2 显示了室外和室内光源单位面积的功率。单位面积的功率在室外比室内的要大三个数量级[4]，从表 1.3 所示的测量结果可以看出，在室内光照情况下，功率密度随着太阳能电池与光源距离的二次方的倒数而减小。

表 1.3　不同光照条件下的太阳能测量值

条件	室外，正午	距 60W 灯泡 4 英寸○	距 60W 灯泡 15 英寸	办公室照明
功率密度 / $(\mu W/cm^3)$	14000	5000	567	6.5

○　1 英寸 = 0.0254m。

　　动能采集的原理是运动部件的位移或能量收集装置内部结构的机械变形。这种位移或变形可以通过三种不同的方法转化为电能：感应式、静电式和压电式转换。

　　振动是传感器的输入能量，它将运动部件的位移转化为电能。振动的特点是具有峰值加速度和相应的频率。有了这些数据，就可以估算出利用振动产生的电能[7]。表1.4所示为不同行业振动源的峰值加速度和频率的列表，从这些数据可以推断出，工业机器的振动与 60～125Hz 之间的加速度有关。

表 1.4　振动源的峰值加速度、频率一览表

振动源	峰值加速度 /（m/s²）	峰值频率 /Hz
底座为 5 马力⊖，36 英寸床身的三轴机床	10	70
厨房搅拌机外壳	6.4	121
干衣机	3.5	121
门关上后的门框	3	125
小微波炉	2.25	121
办公楼暖通通风口	0.2～1.5	60
有人行走的木甲板	1.3	385
面包机	1.03	121
靠近繁忙街道的外窗（尺寸 2 英尺 ×3 英尺）	0.7	100
读 CD 时的笔记本电脑	0.6	75
洗衣机	0.5	109
某木结构办公楼二楼地板	0.2	100
冰箱	0.1	240

　　另外，也有可能将人体作为振动源使用。与人体相关的振动具有频率低于 10Hz 的加速度[8]。T. von Büren 等人[9]通过对人体不同位置的行走运动的测量加速度数据进行了模拟，对比了实验结果。步行是具有更多能量的人类活动之一[10,11]。Mateu 等人[12,13]也为电动发电机的非线性模型的情况提供了模拟研究，该非线性模型利用来自人体的不同人类活动和位置的测量加速度数据。

　　Jansen[14]在消费产品中使用"人力"作为人力能源系统的简称。代尔夫特科技大学的个人能源系统（PES）研究小组在输入能量由人体提供时，区分了主动和被动的能量收集方法。当电子产品的使用者必须做特定的工作，以使他原本不可能完成的产品获得动力时，电子设备的主动供电就会发生。当用户不需要对与产品相关的正常任务进行任何活动时，电子设备的被动供电就发生了。在这种情况下，能量来自于用户的日常行为（行走、呼吸、体温、血压、手指运动等）。

　　选择寄生一样地从人类日常活动收获能量（被动供电）意味着一个不显眼的技术已被采用。Starner 将人力作为可穿戴计算机的可能来源[10]。他分析了来自呼吸、体温、血液运输、手臂运动、打字和行走的发电能力，并提供了人体在几项活动中消耗

　　⊖　1 马力 = 145.7W。

的能量。最近的一项研究出现在参考文献［15］中，说明了被动的人力为移动电子设备提供动力的现状。

当温度梯度和热流存在时，热量可以用作能量收集源的输入能量。通过卡诺效率[10]给出了将收获的热量转换为电能的最大效率。

$$\eta_{\text{Carnot}} = \frac{T_{\text{Hot}} - T_{\text{Cold}}}{T_{\text{Hot}}} \qquad (1.1)$$

式中，T_{Hot} 是温度梯度的最高温度；T_{Cold} 是温度梯度的最低温度。

热能的特点是温度梯度和热流，它通过热发电机转化为电能，这些发电机从根本上基于赛贝克效应。这种能量存在于机械（工业）和人体中（见表 1.5）。温度梯度主要是在热源和室温之间得到的。

表 1.5　典型能量收集电源的特性

能源	特性	效率	收集功率
光	室外	10% ~ 25%	100mW/cm²
	室内		100μW/cm²
热能	人类	约 0.1%	60μW/cm²
	工业	约 3%	10mW/cm²
振动	~ Hz- 人类	25% ~ 50%	40μW/cm²
	~ kHz- 机器		800μW/cm²
无线电频率（RF）	GSM 900MHz	约 50%	0.1μW/cm²
	WiFi 2.4GHz		0.001μW/cm²

Starner 等人[16]对人类的体温调节进行了分析研究。

Leonov 等人[17]有人体皮肤温度和热流量的实验数据，这些数据依赖于前臂不同部位的空气温度。Leonov 等人[18]介绍了由三种不同的热阻及人体、热发生器和环境空气组成的热发生器在皮肤上的热回路。

1.3　能量转换器

能量转换器用来将可用的能量转换成电能，能量转换器的选择取决于所考虑的应用的可用能源种类。因此，热电池用于热能，光伏电池用于光能。对于机械能，考虑三种不同的传感器：压电式、电动式和静电式。

传感器的位置决定了可用于能量收集电源的输入能量的数量，以及为提供电子负载所获得的输出功率。因此，找到为相关应用程序提供较高输入能量的位置，是特别值得关注的。

当输入能量为振动时，需要测量能量收集传感器的不同位置的加速度，以确定振动的振幅和频率范围。

动能收集的原理是能量收集装置内运动部件的位移或某些结构的机械变形。这种位移或变形可以通过三种不同的方法转化为电能：电磁、静电和压电转换。每一个传感器都能将动能转化为电能，有两种不同的方法：惯性和非惯性。

惯性传感器是基于弹簧质量系统的。在这种情况下，由于动能的作用，检测质量振动或产生的位移。传感器将所述质量的相对位移转换成电能，从而产生惯性力。因此，这种传感器称为惯性转换器。Mitcheson 等人将惯性转换器归类为与检测质量[19]相对位移的力的函数。这些转换器在一个离散的频率上产生共振，而且它们中有许多被设计成在机械输入源的频率上共振，因为在这个频率（共振频率）获得的能量是最大的。然而，当转换器被小型化以集成在 MEMS 器件上时，谐振频率增加，并且它比许多常用机械输入源的特征频率要高得多。

对于非惯性转换器，外部元件施加的压力被转换成弹性能量，导致变形，变形被转换器转换成电能。在这种情况下，没有检测质量，得到的能量依赖于机械约束或几何尺寸[20]。以下各段概述了压电、电动和静电传感器的情况。

压电材料由于其特性而被用作传感器、执行器或能量收集传感器。压电效应是由 Jacques 和 Pierre Curie 在 1880 年发现的。居里兄弟发现，某些材料在受到机械应力时，其电极化与所施加的应变成正比。金属化压电材料和连接电极在电极不短路时提供与电荷相关联的电压。压电效应可以用来将机械能转化为电能。表 1.6 所示为一个带有一些能量收集发电机的汇总表，这些发电机使用压电材料作为传感器。关于这些传感器的详细信息将在第 3 章中提供。

表 1.6　压电惯性发电机汇总表

设计者	机械激励	输出功率	尺寸
S.Roundy 等人[21]	$a = 2.25\text{m/s}^2$	207μW	1cm^3
设计 1	$f = 85\text{Hz}$	@ 10V	
S.Roundy 等人[21]	$a = 2.25\text{m/s}^2$	335μW	1cm^3
设计 2	$f = 60\text{Hz}$	@ 12V	
S.Roundy 等人[21]	$a = 2.25\text{m/s}^2$	1700μW	4.8cm^3
设计 3	$f = 40\text{Hz}$	@ 12V	
H.Hu[22]	$a = 1\text{m/s}^2$	246μW/cm^3	—
	$f = 50\text{Hz}$	@ 18.5V	

电动发电机也叫电压阻尼谐振发电机（VDRG），基于法拉第定律。这些电磁感应式微型发电机的原理是由与线圈相关的移动磁体在线圈上产生电流。按照法拉第定律，相对运动通过线圈产生电磁通量的变化，从而使线圈产生电动势（EMF）。这个感应电动势将产生一个与线圈的电负荷相关的电流，从而由电磁场产生一个力，这个力将与运动相互作用。这种磁通变化可以用一个移动的磁体来实现，它的磁通与一个固定线圈或与一个动圈相连的固定的磁铁相关。第一个配置比第二个配置好，因为电

线是固定的。由于相关的大小是磁通量，线圈的长度与所获得的电场成正比，因此，与所产生的能量成正比。这意味着大面积线圈的传感器比小面积线圈的传感器的性能好，除非小型发电机有很大的加速度。表 1.7 所示为电动发电机的汇总表。这些传感器的分析将在第 4 章中给出。

表 1.7　电动发电机汇总表

设计者	机械激励	输出功率	尺寸
Williams 等人[23]	f = 4kHz 振幅 = 300nm	0.3μW	1mm³
Li 等人[24]	f = 64Hz 振幅 = 1000μm	10μW @ 2V	1cm³
Ching 等人[24]	f = 104Hz 振幅 = 190μm	5μW	—
Amirtharajah 等人[26]	f = 2Hz 振幅 = 2cm	40μW @ 180mV	—
Yuen 等人[27]	f = 80Hz 振幅 = 250μm	120μW @ 900μV	2.3cm³

静电发电机也称为库仑阻尼谐振发电机（CDRG），基于静电阻尼。静电发电机是用一个板在电场上移动的电容器来实现的。如果电容器的电荷保持不变，当电容减小时，减小了板块的重叠区域或增加了它们之间的距离，电压就会增加。如果电容器的电压保持不变，而电容减小，电荷就会减少。当电容器的电压恒定时，转换成电能的机械能比电荷恒定的情况下更大。但是，如果电容器上的电荷受到限制，那么在电容器板上放置初始电荷所需的电压值就会更小。为电荷约束的方法增加电能的一种方式是在可变电容器上并联一个电容器。这种解决方案的缺点是必须增加初始电压源的值。第 5 章较详细地解释了静电发电机的能量转换原理。表 1.8 所示为静电发电机汇总表。

表 1.8　静电发电机汇总表

设计者	机械激励	输出功率	尺寸
Meninger 等人[28]	f = 2.52kHz	8μW	0.075m³
Sterken 等人[29]	f = 1200Hz 振幅 = 20μm	100μW@ 2V	—
Miyazaki 等人[30]	f = 45Hz 振幅 = 1μm	120nW	—

Roundy[4] 和 Jia[31] 将压电、电动和静电传感器的优点与缺点进行了对比，并将其放在表 1.9 中。压电传感器的能量密度方程的变量是材料的屈服强度 σ_y、压电耦合系数 K 和杨氏模量 Y。对于静电传感器来说，ε 是介电常数，E 是板块之间的电场强度。电动传感器的情况下，B 是磁场强度，μ_0 是磁导率。

表 1.9 振动传感器比较

类型	能量密度方程	能量密度的实际最大值 / (mJ/cm³)	能量密度的理论最大值 / (mJ/cm³)	优点	缺点
压电	$U = \dfrac{\sigma_y^2 K^2}{2Y}$	17.7	355	无需外部电压源，电压为 2～10V，无机械停止，与 MEMS 兼容，能量密度最高	输出阻抗高，去极化，电荷泄漏，PZT 脆性，PVDF 耦合不良
静电	$U = \dfrac{\epsilon E^2}{2}$	4	44	易于集成在 MEMS 中，电压为 2～10V	需要外部电压源，需要机械停止
电动	$U = \dfrac{B^2}{2\mu_0}$	4	400	无需外部电压源，无机械停止	最大输出电压 0.1～0.2V，难以与 MEMS 集成

热电发电机主要由一个或多个热电偶组成，每个热电偶由一个 p 型和一个 n 型半导体组成，它们串联在一起，并在热电偶中相互平行。TEG 主要是基于塞贝克效应，产生的电压与温差和热电偶的数量成正比，因为电气连接允许增加从每个热电偶获得的电压[32]。表 1.10 所示为热电发电机一览表，第 6 章会详细分析该传感器。

表 1.10 热电发电机一览表

设计者	输出功率	ΔT/K	绝对温度
Stordeur 等人[2]	20μW @ 4V	20	室温至 120℃
Stordeur 等人[33]	15μW/cm²	10	—
Stevens[34]	—	10	—
Seiko[35,36]	1.5μW@1.5V	1～3	—
ThermoLife[37]	28μW@ 2.6V	5	30℃
Leonov 等人[18]	250μW20μW/cm²@0.9V	—	室温

光是电力电子设备的另一种环境能源。光伏系统通过利用太阳能电池作为传感器来转换电能。在适当的情况下，在便携式产品中使用光伏系统是一种有效的选择。第 7 章详细解释了这一技术。

1.4 整流器

压电、静电和电动收集电源产生交流输出功率。为了给电子负载供电，在这些情况下需要对输出功率进行校正。整流器可以与电源管理单元集成，例如电磁发电机[38,39]和一些压电发电机[40,41]。

压电传感器的交流信号的校正也可以使用电压或电流倍增器[42]进行。它可以在同步整流器或异步整流器之间选择，也可以在半波整流器和全波整流器之间进行选择。第 9 章会进行详细研究。

1.5 电源管理单元

例如，最先进的 TEG 每开式温度梯度产生 50mV 的开路电压。典型的压电模块可以根据材料和位移产生几伏电压。电子电路，如传感器、微控制器或无线收发器，它们最常用于能量收集电源工作，供应电压范围为 1.8 ~ 5V。此外，它们需要一个非常恒定和良好调节的供应电压来最优化它们的性能。特别是由动能传感器产生的峰值或振荡，由于电源轨道与信号轨道之间的寄生路径，动能传感器产生的峰值或振荡会降低其噪声系数、精度或分辨率。在供应轨道上抑制这种噪声的特性称为电源抑制比（PSRR），这就是从输入到输出的增益和从电源到电路输出的增益之间的比值，例如放大器。

为了缩小能量转换器的输出和固定电压水平的恒定与解耦的供应轨道的要求之间的差距，使用了不同的电源管理电路。为了使用低电压，所谓的上转换器或增压调节器是必需的。当只有小的热梯度出现时，或者只有少量的热电偶用于实现尺寸小或价格低的系统时，这些模块对热交换器来讲很重要。此外，由于同样的原因，上转换器对太阳能电池也有帮助。这些转换器还用于使电池放电至低于电路供电所需电压。通常，对于一个 3.3V 的系统，使用 3.4V 的电池，因为需考虑到电源管理的 0.1V 压降，即电压调节器。使用上转换器或上下转换器，可以将电池放电到最低电池电压，使用总电池电量。必须注意这些上转换器的效率往往大大低于下转换器的效率。此外，只有在一定的负载电流范围内，效率才会最大。在应用程序中离开该范围，效率将下降，电源管理本身的损失将会增加。

特别是使用热电发电机，所谓的起动电路，使电压转换器的操作电压降低到几毫伏。问题是半导体的阈值电压，目前约为 0.3V。这通常意味着不能给一个电压低于这个范围的电路供电，因为不能开关任何晶体管。在起动电路中使用了几种技术来解决这个问题，第 8 章对它们进行了详细的介绍和解释。当没有电池存在时，这些电路通常只用于整个系统的起动过程中。经过短暂的时间，电压转换器本身提供自己的高电压通过反馈回路和起动电路被禁用。这种起动电路的缺点通常是效率很低，因此在系统正常运行时禁用它们是有意义的。

除了上下转换，电源管理的另一项重要任务是阻抗匹配。功率理论认为，如果电源和负载的阻抗相等，则电源将向负载提供最大功率。特别是 TEG 和太阳能电池由于老化和温度改变其内阻。为了使换能器的内部电阻与电源匹配，并且使电源管理与负载匹配，使用了所谓的最大功率点跟踪器。这些系统以前在大型光伏电站中使用，现在已经适用于能源收集系统，大大减少了电力消耗和提升了性能。电路只是开关电压调节器的调节回路，用来测量这些调节器的输出功率。它们改变了开关调节器的工作周期，并监控输出功率达到最佳状态。调节器的开关频率等于其输入电阻的变化，由输入电感和开关频率给出。因此，最大功率点跟踪器调整电源管理的输入电阻，以实现能量转换器的最大输出功率。

对于压电式传感器，利用开关电感来从材料中提取更多的能量。这些电感器与压电材料的内部电容建立谐振电路。第 9 章会解释非线性技术。

电源管理的另一项任务是对能量收集系统中的储能元件进行充电调节和保护。如果存在较大的负载或电荷电流，这可以由充电调节器来完成，如果调整不小心，可能会损坏电池或电容器。通常，在能量收集系统中电流很小，只有简单的电压调节器才需要储能元件。监测电池的剩余电量也可以在电源管理单元中进行。这里可以计算出流入和流出电池的电荷，以及进行简单的电压测量。

1.6 负载设备

从能量收集系统获得的电功率很小（$1\mu W/cm^3 \sim 100mW/cm^3$），这就是为什么只有低负荷可以使用能量收集发生器供电。典型的电子负载包括传感器、低功耗微控制器和低功耗无线收发器（见图 1.3）。表 1.11 所示为在超低功耗和常规组件之间区分的当前消耗值[43]。

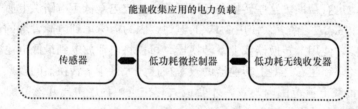

图 1.3 一般负载的框图：传感器、低功耗微控制器和低功耗无线收发器

表 1.11 超低功耗负荷特性

设备	超低功耗	常规
微控制器	160μA/MHz	500μA/MHz
传感器	120μA	>1mA
收发器	3mA	15mA
收发器	120μA	70mA

在传输过程中，功率消耗为 $50 \sim 100mW$，取决于传输范围[44]。在几乎所有的情况下，消耗的能量比可用的能量要高得多。在自然环境中，可能收获的能量大多是不连续的。因此，必须有一个元件在高环境功率的时段存储能量，以保证在低环境功率下运行。这种存储元件可以是电容器，也可以是二次电池。

因此，收集到的能量存储在一个存储单元中，传感器、单片机和射频收发器可以在低功耗或待机模式下工作，或者完全断电，直到有足够的能量积累到感知、处理和传输数据为止。下一小节将深入讨论这个主题。

1.6.1 连续和间断负载运行

环境能源的不连续性质对利用能源驱动的电子设备的运行方式产生了影响。原则上，可以区分为两种情况，其中，储能元件是必要的[45]。

1）电子器件的平均功耗低于能量传感器提供的平均功率。在这种情况下，电子设备可以连续工作。

2）该装置的功耗高于能量转换器提供的功率。操作必须是不连续的，操作的时间取决于传感器提供的存储能量。

只有在储能元件中有足够的能量时，电子设备才能够工作。图 1.4 所示为这两种情况。在瞬时提供的功率低于负载所消耗的能量时，能量存储元件是必要的，以便提供能量。一个特殊的情况是，如果设备只在有电能产生的时候进行操作，并且功率消耗总是小于所产生的电能（见图 1.5）。在这种情况下，虽然电压调节是必要的，但不需要储能元件。

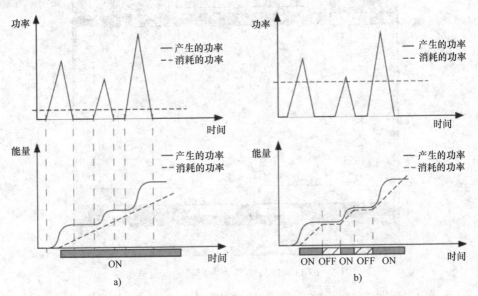

图 1.4 连续 a）和不连续 b）负载运行情况

在不连续操作的情况下，必须关闭设备，直到在存储元件中收集到足够的能量[45]

在不连续操作的一般情况下（见图 1.4b），能量比能量收集系统的功率更为重要，因为产生的电能决定了什么时候可以进行操作，也决定了负载运行之间的时间。负载在主动模式下的功率要求将决定储能元件的选择和负载的功率分布。在主动模式下，负载的功耗是由其电气元件和供电电压所决定的。此外，组件还决定了进入不同的功耗模式所需的启用时间。

eZ430-RF2500[46]是一个最先进的无线收发系统，结合了 2.4GHz 无线收发器 CC2500 的 MSP430 微控制器。图 1.6 所示为以 eZ430-RF2500 为发射机的配置情况。

图 1.7 所示为加速度传感器的当前情况，当它进行四次测量和以 eZ430-RF2500 的当前剖面时，采用压电式能量收集电源传输数据。

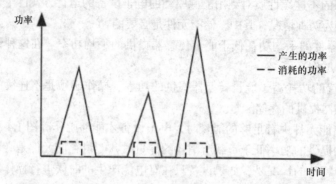

图 1.5 仅在有能量产生时，设备运行产生和消耗的功率

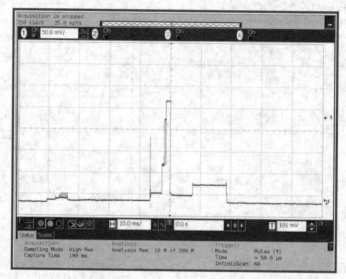

图 1.6 eZ430-RF2500 作为发射机的电流分布图

无线收发器发送一定量数据所需的活动时间是用式（1.2）计算的。

$$T_{active} = \cfrac{1}{\text{data rate} \times \cfrac{1\text{byte}}{8\text{bit}} \times \cfrac{1}{\left\lceil \cfrac{D}{n} \right\rceil \text{packet length}}} \tag{1.2}$$

式中，data rate 是传输速率，单位为 kbit/s；D 是要传输的数据字节；n 是一个数据包的数据字节；packet length 是传输的字节数。

大多数射频收发器的待机模式只需要一个最小电流，因为几乎所有的模块都关了。在合成器模式中，只有与合成器相关联的模块（如晶体和 PLL）被打开。在发送和接收模式中，传输和接收所需的所有模块都被打开。

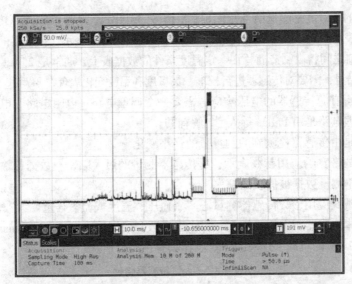

图 1.7 eZ430-RF2500 作为与加速度传感器组合的发射机的电流分布图

当应用程序需要每秒传输数次数据时,使用式(1.3)来计算无线收发器所需的平均电流。

$$\langle I \rangle = \frac{I_{\text{sleep}}T_{\text{sleep}} + I_{\text{Tx}}T_{\text{Tx}}}{T_{\text{sending}}} \tag{1.3}$$

式中,I_{sleep} 是收发器在睡眠模式下所消耗的电流;T_{sleep} 是收发器在睡眠模式下的时间;I_{Tx} 是传输期间消耗的电流;T_{Tx} 是发送数据所需的时间;T_{sending} 是传输的周期。因此,

$$T_{\text{sleep}} = T_{\text{sending}} - T_{\text{Tx}} \tag{1.4}$$

之前的计算还可以解决无线收发器供电的平均电流,并由能量收集电源的电源转换器产生,并获得传输之间的时间。这个例子更切合实际,因为它并不意味着重新设计传感器或电源管理单元来增加或降低 $\langle I \rangle$ 的值。

1.6.2 低功耗传感器

在选择能量收集应用的传感器时要考虑的重要参数是活动模式和掉电模式下的电流消耗和启动响应时间。平均功率提供传感器所消耗能量的信息。活动模式下的最小电源电压和电流消耗是固定参数,可提供活动模式下的功耗。然而,传感器处于掉电模式的时间会改变传感器所需的总能量。在掉电模式下具有低电流消耗值且启动响应时间短的传感器最适合能量收集应用。启动响应时间是关闭低功耗省电模式后获取有效数据所需的时间。因此,此时间延长了传感器处于活动模式的时间。

传感器可以提供模拟、数字或两种输出。当输出数据通过 $\text{I}^2\text{C/SPI}$ 接口可用时,它与微控制器的连接有一个直接接口。

传感器的灵敏度是测量信号变化时输出信号的变化量。对于模拟无源传感器，输出信号用伏特表示，对于数字无源传感器，输出信号用比特数表示。传感器的灵敏度的最小值和最大值之间将由制造商写在一定温度条件的数据表上，通常是25℃。因此，为了获得准确的结果，需要对传感器进行校准。灵敏度和温度变化表现在%/℃。

为了获得有源传感器的电压响应，需要一个调理电路。电阻电路、电容器和电磁传感器的调理电路是由Pallàs等人[47]解释的。

分辨率是由传感器检测到的测量量的最小变化。

传感器的带宽响应用赫兹表示，是传感器测量的最大频率。数据传输速率用赫兹表示，对应于测量数据被捕获的频率。

在可穿戴式应用中，传感器测量心率、血压、温度或血氧等重要参数。表1.12所示为一些人体传感器所需的灵敏度、每次采样数和数据传输速率。Yeatman[48]报告了一个总能耗1μW的负载，这对人体传感器具有现实价值。

表1.12 人体传感器特性

信号类型	灵敏度/bit	每次采样数/（采样/min）	数据传输速率/（bit/min）
心率	8	10	80
血压	16	1	32
温度	16	1	16
血氧	16	1	16

Torfs等人[49,50]设计了一个低功耗的脉搏血氧仪，每15s完成一次测量，平均功率只有62μW。图1.8所示为构成脉搏血氧仪装置的所有部件的功耗百分比。

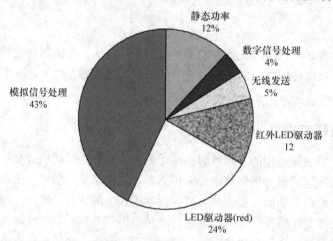

图1.8 脉搏血氧仪不同部件的功耗

低功耗负载由传感器、模拟数字转换器（ADC）和发射机组成。Yates等人[51]提出在ADC数据传输速率为1kbit/s的情况下功耗为104nW，而具有相同数据传输速率的发射机的功耗为 300nW。ADC 驱动的占空比为 0.26%，如果温度传感器 MAX6613 有 20μW 的功率消耗，使用相同的占空比它的平均功耗为 5.2nW。因此，传感器、ADC 和发射机需要 1kbit/s 的总功耗为 456nW。

1.6.3 低功耗微控制器和收发器

低功耗微控制器具有不同的工作方式，与不同的电流消耗有关。在活动模式下，电流消耗最大，并且所有时钟都处于活动状态，而在低功耗模式中，CPU 和一些内部时钟被禁用。图 1.9 所示为一个低功耗微控制器的通用框图。

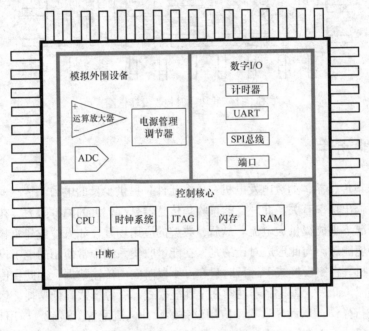

图 1.9 低功耗微控制器框图

数据传输速率、前导周期和数据包长度决定收发器中数据传输所需的活动时间。图 1.10 所示为无线收发器的电流分布。在能量收集应用中，收发器大部分时间处于待机模式，以使平均功耗保持在最低水平。当需要检测所感测的数据时，首先需要一些时间来启用合成器，然后发送数据。每个不同的模式都有其相关联的当前消耗值。

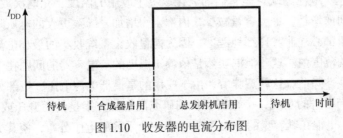

图 1.10 收发器的电流分布图

图 1.11 所示为一个通用的低功耗射频收发器的框图。

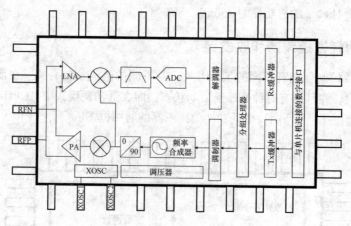

图 1.11　低功耗射频收发器框图

1.7　储能元件

能量收集传感器，如热电发电机和压电元件只提供少量的电力。传感器的尺寸和价格总是与输出功率有关。此外，能量收集传感器具有较大的内部阻力，在不降低输出电压的情况下不能提供大电流。最后，典型的应用场景，如人体或建筑物，只展示了少量的环境能源。与此形成对比的是，在能量收集系统中常使用的电子设备，尤其是无线发射机，在突发模式下运行时只在一小段时间内传输数据，因此在传输过程中需要脉冲电流。此外，微控制器通常在全性能模式、有源模式和低功耗、休眠或备用模式之间进行操作，从而导致典型应用设备的脉冲电流配置。最后，应用程序本身，例如温度、湿度、心率等传感器数据的测量，只在短时间内完成，因为有趣的物理参数不会经常改变，要求永久测量。

为了使传感器的低功耗与应用程序的脉冲电流要求相匹配，能量收集系统总是需要储能元件。这些可能是可充电电池或电容器，各有其优点和缺点。

与能量含量有关的体积和重量，更精确地称为重量和体积能量密度，这方面电池比电容更优越。电池的缺点是它们的老化取决于应用的温度、充电次数和放电周期。随着使用时间的增长，最大容量减少，内部阻力增加，导致更大的电压降。这两种类型的泄漏电流都必须非常仔细地考虑，因为能量收集系统收集的最小电流，可能在这些泄漏电流的范围内。这些泄漏当然是依赖于温度的。电容器的问题在于放电过程中输出电压会线性降低。这就意味着，由于应用的是最低电源电压，一部分能量不能使用。因为它们自身的功耗，一个需要仔细研究的解决方案是使用升压或降压转换器。与电容相比，电池在其容量的 20% ~ 80% 有一个平稳的电压分布，使其更容易在没有特殊情况下使用它们的大部分能量。所有这些价值都取决于所选择的技术和制造商。温度范围是另一个参数，有助于在能源存储的两种方案之间进行选择。电池通常工作在 −20 ~ 50℃，充电是从 0℃开始。在这个范围之外，性能显著下降。在这个问题上，电容是优越的。电池和电容将在第 11 章中进行详细介绍。

1.8　多个输入能量的组合

在许多应用环境中，可以使用多个环境能源来驱动电子电路。如果电子用户的功率预算是关键的，而价格或电路板空间不是问题，那么多个能量传感器的同步操作就有意义了。特别是在使用光的时候，通常还会引入一个热梯度，这可以用于额外的发电。在人体环境中，运动和热可以与压电薄膜和薄膜热电发电机相结合使用。机器和大电动机除了振动外，还有热量。因此，这两项原则的结合将有望增加可用的能量。建筑环境还提供了太阳能电池和热电发电机等能量转换器的组合。此外，移动应用程序，如人类、动物和车辆等运动环境的变化，可以填充不同种类的能量转换器。这种能量转换器的组合可以保证不管情况如何，都可以进行自供电。

新的研究方法试图在系统中结合几种动能传感器原理。

由于不同传感器的输出特性不同，每个传感器都需要专用的电源管理。热电发电机在小电压下显示出大电流，而压电传感器在小电流中产生更大的交流电压。电动和静电转换器也产生交流电，但在更小的电压水平。

1.9　能量平衡运行

在一个使用能量收集电源的系统中可用的功率是有限的，而且它不随时间而变化。

发电机需要等量的能量和负载所消耗的能量，以确保能量平衡运行，换句话说，就是保证总能有足够的能量供应负载。即在能量中性操作中产生和消耗的时间间隔的平均功率必须相同。

在 1.6.1 节中，介绍了一种由能量收集发电机供电的电子负载的两种运行方式：连续式和间歇式。如果电子设备的功耗总是低于能量收集发电机所产生的能量，并且只有在产生电能时才运行，则没有必要使用储能元件。对于其余的情况，储能元件是必要的，例如电池。

应用程序以及收获的和消耗的能量将决定选择的操作模式。本节的目的是在开始操作之前，提供一种计算存储单元初始电荷的方法，以及存储所需的最大能量。该方法是基于 Kansal 等人[52,53]所做的工作。该技术由一个模型来描述环境源和电子负载，该模型允许确定所使用的能量存储单元的大小作为负载的功耗剖面的函数，以保证能量平衡运行。

首先，需要以数学方式定义传感器传递给储能元件的能量和消耗的能量。图 1.12 所示为功率 P_s 以开路电压 1.89V、短路电流 12.6mA 在位置 42.78°N、73.85°N[54] 以便携式太阳能电池供电，对储能元件作时间的函数。平均功率定义为

$$\rho_s = \frac{1}{T}\int_T P_s(t)\mathrm{d}t \tag{1.5}$$

式中，T 是计算误差 $\pm\Delta$ 的时间间隔。

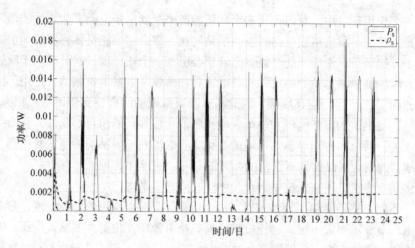

图 1.12　便携式面板向储能元件提供的功率 P_s 是时间的函数，并计算其平均功率 ρ_s

平均功率的最大值和最小值的区别与能量收集传感器的能量存储设备有关，记作 Δ，这意味着计算能量中性操作点的误差为 $\pm\Delta$。图 1.12 中的 Δ 在 10 天后的测量值是 109μW，这个值在 23 天的时候减少到 54μW。这种方法对于周期性或准周期的能量收集源是可行的，即传感器提供给存储单元的最大和最小平均功率值是收敛的，而不是非周期性输入能量。Kansal 等人在户外应用中开发了这种太阳能电池板的方法，那里只有在阳光下才有可用的电力，白天和黑夜交替产生的转换功率的周期是准周期的[52,53]。然而，这种行为并不局限于太阳能，因为机械能或热能也可以是周期性的或准周期的[13]。

在 $P_s(t) \le \rho_s(t)$ 的情况下，如果假设 $T_{\text{lows-}i}$ 是第 i 个连续时间段，σ_d 定义为能量收集传感器的最大能量赤字（见图 1.13）。

$$\sigma_d = \max_i \left\{ \int_{T_{\text{lows-}i}} \rho_s - P_s(t)\mathrm{d}t \right\} \tag{1.6}$$

在 $P_s(t) \ge \rho_s(t)$ 的情况下，如果假设 $T_{\text{highs-}i}$ 是第 i 个连续时间段，σ_e 被定义为能量收集传感器的最大能量过剩（见图 1.13）。

$$\sigma_e = \max_i \left\{ \int_{T_{\text{highs-}i}} P_s(t) - \rho_s\mathrm{d}t \right\} \tag{1.7}$$

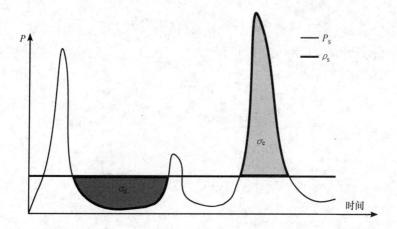

图 1.13 能量收集传感器向能量存储元件传递的功率随时间变化[13]

传感器收集到能量并传送到储能元件，将会在 E_{smin} 和 E_{smax} 的限制范围内：

$$E_{\text{smin}} \leqslant \int_T P_{\text{s}}(t)\mathrm{d}t \leqslant E_{\text{smax}} \qquad \forall t \qquad (1.8)$$

式中，E_{smin} 和 E_{smax} 分别是能量收集传感器传递给储能元件的能量的下限和上限；$E_{\text{smin}}(T)$ 和 $E_{\text{smax}}(T)$ 是分段函数，定义为

$$E_{\text{smin}}(T) = \begin{cases} \rho_{\text{s}}T - \sigma_2 \dfrac{T}{T_{\text{lows}-i}} & \forall T \leqslant T_{\text{lows}-i} \\[2mm] \rho_{\text{s}}T - \sigma_2 & \forall T \geqslant T_{\text{lows}-i} \end{cases} \qquad (1.9)$$

$$E_{\text{smax}}(T) = \begin{cases} \rho_{\text{s}}T + \sigma_1 \dfrac{T}{T_{\text{highs}}} & \forall T \leqslant T_{\text{highs}-i} \\[2mm] \rho_{\text{s}}T + \sigma_1 & \forall T \geqslant T_{\text{highs}-i} \end{cases} \qquad (1.10)$$

图 1.14 所示为电子负载 P_1 的功耗作为时间的函数。ρ_1 为负载的平均功耗。P_1 是在最高功耗模式（如通信模块中的传输模式）中负载的功耗，它发生在一个时间间隔 t_1。P_2 是在最低功耗模式（如通信模块中的待机模式）中负载的功耗，它发生在一个时间间隔 t_2。因此，电子负载消耗可以被定义为一个参数为（ρ_1，σ_3，σ_4）的函数。

$$\rho_1 = \frac{1}{T}\int_T P_1(t)\mathrm{d}t \qquad (1.11)$$

在 $P_1(t) \geqslant \rho_1(t)$ 的情况下，如果假设 $T_{\text{highl}-i}$ 是第 i 个连续时间段。然后 σ_0 被定义为负载最大的能量消耗（见图 1.14）。

$$\sigma_0 = \max_i \left\{ \int_{T_{\text{highl}-i}} P_1(t) - \rho_1 \mathrm{d}t \right\} \qquad (1.12)$$

在 $P_1(t) \geqslant \rho_1(t)$ 的情况下，如果假设 $T_{\text{lowl}-i}$ 是第 i 个连续时间段，σ_{u} 被定义为负载能量消耗不足的最大值（见图 1.14）。

$$\sigma_{\mathrm{u}} = \max_i \left\{ \int_{T_{\mathrm{lowl}-i}} \rho_1 - P_1(t) \mathrm{d}t \right\} \tag{1.13}$$

电子负载所消耗的能量的下限和上限为

$$E_{\mathrm{lmin}}(T) = \begin{cases} \rho_1 T - \sigma_4 \dfrac{T}{T_{\mathrm{lowl}-i}} & \forall T \leqslant T_{\mathrm{lowl}-i} \\[2mm] \rho_1 T - \sigma_4 & \forall T \geqslant T_{\mathrm{lowl}-i} \end{cases} \tag{1.14}$$

$$E_{\mathrm{lmax}}(T) = \begin{cases} \rho_1 T + \sigma_3 \dfrac{T}{T_{\mathrm{highl}-i}} & \forall T \leqslant T_{\mathrm{highl}-i} \\[2mm] \rho_1 T + \sigma_3 & \forall T \geqslant T_{\mathrm{highl}-i} \end{cases} \tag{1.15}$$

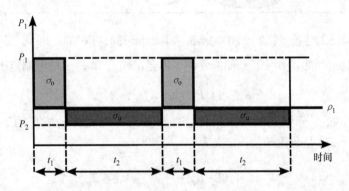

图 1.14　负载功耗随时间的变化

1.9.1　能量平衡运行的一般条件

当一个可穿戴设备，例如无线传感器网络的一个节点，利用能量收集系统供电时，目的是消除更换或充电电池的需要。因此必须确保能量平衡运行，或者说，是为了确保电池始终提供电子设备所需的能量。因此，储能元件是由两个参数来定义，分别为其初始充电时连接到的能量收集系统 B_0，以及能量可储存量 B，这两个参数的值，在本节进行计算。

为了实现能量平衡运行，系统的总能量 $\sum E$ 必须总是大于零，因为收集传感器的能量，加上电池中存储的初始能量，B_0 必须大于电子负载所消耗的能量。此外，在能量收集系统中，需要保证没有能量被浪费，或者电池因过度充电而损坏。这两个条件可以表示为

$$\sum E \geqslant 0 \tag{1.16}$$

$$\sum E \leqslant B \tag{1.17}$$

系统中可用的能量等于储存在电池中的初始能量，加上传感器收集的能量减去负载消耗的能量，再减去由于储能元件而产生的泄漏能量。

$$\sum E = B_0 + E_{\mathrm{s}} - E_1 - \int_T P_{\mathrm{leak}} T \mathrm{d}t \tag{1.18}$$

式中，P_{leak} 是能量存储单元的泄漏能量。

B_0 的值可以用式（1.16）表示的条件来计算。当最坏的情况发生时，这一条件被评估，即当从收集传感器到储能装置提供的能量最小，为 E_{smin}，以及电子负载所消耗的能量最大时，为 E_{lmax}。

$$B_0 + E_{smin} - E_{lmax} - \int_T P_{leak} T dt \geq 0 \tag{1.19}$$

上述条件可表示为

$$B_0 + E_{smin} - E_{lmax} - \rho_{leak} T \geq 0 \tag{1.20}$$

式中，P_{leak} 是能量存储元件的平均泄漏功率。

同理，B_0 的值可以用式（1.17）表示的条件来计算。当最坏的情况发生时，这个条件被评估，也就是说，当收集传感器产生的能量最大时，为 E_{smax}，以及电子负载消耗的能量最小，为 E_{lmin}。在这种情况下，储能元件将达到最大容量。

$$B_0 + E_{smax} - E_{lmin} - \int_T P_{leak} T dt \leq B \tag{1.21}$$

上述条件可表示为

$$B_0 + E_{smax} - E_{lmin} - \rho_{leak} T \leq B \tag{1.22}$$

如果 T 的值趋向于无穷，则有以下两个表达式：

$$\rho_s - \rho_1 - \rho_{leak} \geq 0 \tag{1.23}$$

$$\rho_s - \rho_1 - \rho_{leak} \leq 0 \tag{1.24}$$

式（1.23）和式（1.24）可简化为

$$\rho_s - \rho_1 - \rho_{leak} = 0 \tag{1.25}$$

将式（1.9）和式（1.15）中 E_{smin} 和 E_{lmax} 代入式（1.20），并考虑到前面的表达式，得到

$$B_0 - \sigma_2 \frac{T}{T_{lows}} - \left(\sigma_3 \frac{T}{T_{highl}}\right) \geq 0, \quad \forall T \leq T_{lows} \text{ 且 } \forall T \leq T_{highl} \tag{1.26}$$

$$B_0 - \sigma_2 \frac{T}{T_{lows}} - (\sigma_3) \geq 0, \quad \forall T \leq T_{lows} \text{ 且 } \forall T \geq T_{highl} \tag{1.27}$$

$$B_0 - \sigma_2 - \left(\sigma_3 \frac{T}{T_{highl}}\right) \geq 0, \quad \forall T \geq T_{lows} \text{ 且 } \forall T \leq T_{highl} \tag{1.28}$$

$$B_0 - \sigma_2 - (\sigma_3) \geq 0, \quad \forall T \geq T_{lows} \text{ 且 } \forall T \geq T_{highl} \tag{1.29}$$

有两种情况会导致最坏的情况发生，因此，最小值为 B_0。其中一个情况是当 T 等于 T_{lows} 时，这个值大于 T_{highl}。第二个情况是当 T 等于 T_{highl} 时，这个值大于 T_{lows}。对于这两种情况，都得到相同的表达式：

$$B_0 \geq \sigma_2 + \sigma_3 \tag{1.30}$$

$$\forall T = T_{\text{lows}} \ \text{且} \ \forall T \geqslant T_{\text{highl}}$$

$$\forall T = T_{\text{highl}} \ \text{且} \ \forall T \geqslant T_{\text{lows}}$$

当满足式（1.30）和式（1.25）的条件时，能量收集系统可以永远运行。为了避免储能部分过度充电，用式（1.10）和式（1.14）中的 E_{smax} 和 E_{lmin} 代入式（1.22），分别得到

$$B_0 + \sigma_1 \frac{T}{T_{\text{highs}}} - \left(-\sigma_4 \frac{T}{T_{\text{lowl}}}\right) \leqslant B \quad \forall T \leqslant T_{\text{highs}} \ \text{且} \ \forall T \leqslant T_{\text{lowl}} \tag{1.31}$$

$$B_0 + \sigma_1 \frac{T}{T_{\text{highs}}} - (-\sigma_4) \leqslant B \quad \forall T \leqslant T_{\text{highs}} \ \text{且} \ \forall T \geqslant T_{\text{lowl}} \tag{1.32}$$

$$B_0 + \sigma_1 - \left(-\sigma_4 \frac{T}{T_{\text{lowl}}}\right) \leqslant B \quad \forall T \geqslant T_{\text{highs}} \ \text{且} \ \forall T \leqslant T_{\text{lowl}} \tag{1.33}$$

$$B_0 - \sigma_1 - (\sigma_3) \leqslant B \quad \forall T \geqslant T_{\text{highs}} \ \text{且} \ \forall T \geqslant T_{\text{lowl}} \tag{1.34}$$

当传感器的最大输出能量和负载的最小消耗能量在时间上重合时，就会产生最大的储能能量 B。在这种情况下，得到以下表达式：

$$B_0 + \sigma_1 + \sigma_4 \leqslant B \tag{1.35}$$

联立式（1.35）和式（1.30），得到以下表达式：

$$\sigma_1 + \sigma_2 + \sigma_3 + \sigma_4 \leqslant B \tag{1.36}$$

当这个条件完成时，能量收集传感器就不会产生浪费能量，因为所有的能量都可以储存在能量缓冲器中。

1.9.2　N 种功耗模式下的能量平衡运行条件

图 1.15 所示为 N 种不同功耗模式的负载。P_N 是最低功耗模式，而 P_1 是最高功耗模式。其余功耗模式的值在 P_1 和 P_N 之间连续变化。当接受这个假设时，对于 N 种不同功耗模式的一般情况，可按照如下公式计算：

$$\tau = \sum_{i=1}^{N} x_i \tau \tag{1.37}$$

式中，τ 是负载功耗的周期；而 x_i 是负载功耗为 P_i 时占 τ 的百分比。

$$\rho_1 = \sum_{i=1}^{N} P_i x_i \tag{1.38}$$

σ_3 和 σ_4 的表达式为

$$\sigma_3 = \tau \left[(P_1 - \rho_1)x_1 + \sum_{i=2}^{N-1}(P_i - \rho_1)x_i \right] = \tau \sum_{i=1}^{N}(P_i - \rho_1)x_i \tag{1.39}$$

$$\sigma_4 = \tau \left[(\rho_1 - P_N)x_N \sum_{i=2}^{N-1}\langle\rho_1 - P_i\rangle x_i \right] = \tau \sum_{i=1}^{N}\langle\rho_1 - P_i\rangle x_i \tag{1.40}$$

σ_3 和 σ_4 求和结果如下：

$$\sigma_3 + \sigma_4 = \tau \left(\sum_{i=1}^{N-1} \langle \rho_1 - P_1 \rangle x_i + \sum_{i=1}^{N} \langle P_i - \rho_1 \rangle x_i \right)$$

$$= \tau \left[(P_1 - \rho_1) x_1 \sum_{i=2}^{N-1} \langle \rho_1 - P_i \rangle x_i + \sum_{i=2}^{N-1} (P_i - \rho_1) x_i + (\rho_1 - P_N) x_N \right] \quad (1.41)$$

$(\rho_1 - P_N) x_N \tau$ 可以表示为其余功耗模式的函数：

$$(\rho_1 - P_N) x_N \tau = \rho_e T \left(1 - \sum_{i=1}^{N-1} x_i \right) - P_N x_N T = \left(\sum_{i=1}^{N-1} (P_i - \rho_c) x_i \right) \tau \quad (1.42)$$

因此，将上述表达式代入式（1.41），得到

$$\sigma_3 + \sigma_4 = 2\tau \sum_{i=1}^{N-1} \langle \rho_1 - P_i \rangle x_i \quad (1.43)$$

因此，本节利用式（1.30）和式（1.36）总结了 *N* 种功耗模式下的电子负载实现能量平衡运行的条件。

$$\sigma_2 + T \sum_{i=1}^{N-1} (P_i - \rho_1) x_i \leqslant B_0 \quad (1.44)$$

$$\sigma_1 + \sigma_2 + 2T \sum_{i=1}^{N-1} (P_i - \rho_1) x_i \leqslant B \quad (1.45)$$

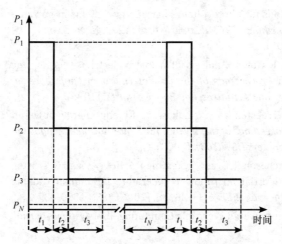

图 1.15　负载的功耗随时间的变化 [13]

1.10　结论

本章给出了组成能量收集系统的不同部分，并给出了它们各自的一些信息。这一信息在本书的后面章节中得到了扩展。此外，还解释了哪些模块是可选的以及选择的原因。

本章还介绍了连续和不连续负载运行的概念。在能量收集系统中，关键的方法是能量，而不是功率，因为输入能量源不总是存在，并且可能不传递所需的功率以使负载始终处于活动模式。因此，在能量收集系统中实现能量平衡运行是可取的，因为它保证了负载的能量需求能够实现。

参考文献

1. S. Roundy, P. Wright, and K. Pister. Micro-electrostatic vibration-to-electricity converters. In *Proceedings of ASME International Mechanical Engineering Congress and Exposition IMECE2002,* vol. 220, pp. 17–22 (November 2002).

2. M. Stordeur and I. Stark. Low power thermeoelctric generator: self-sufficient energy supply for micro systems. In *Proceedings of the 16th International Conference on Thermo-electrics,* pp. 575–577, (1997).

3. N. Shenck and J. Paradiso, Energy scavenging with shoe-mounted piezoelectrics, *Micro, IEEE.* 21(3), 30–42, (2001).

4. S. Roundy. *Energy Scavenging for Wireless Sensor Nodes with a Focus on Vibration to Electricity Conversion.* PhD thesis, university of California, (2003).

5. M. Raju. Energy harvesting, ULP meets energy harvesting: A game-changing combination for design engineers. Technical report, Texas Instruments, (2008).

6. A. Reinders. Options for photovoltaic solar energy systems in portable products. In *proceedings of TCME 2002, Fourth International symposium,* (22–26 April, 2002).

7. C. Williams and R. Yates. Analysis of a micro-electric generator for microsystems. In *Proceedings of the 8th International Conference on Solid-State Sensors and Actuatros, and Eu-rosensor IX,* (1995).

8. T. von Bren, G. Troester, and P. Lukowicz. Kinetic energy powered computing. In *Proceedings of the Seventh IEEE International Symposium on Wearable Computers (ISWC'03),* (2003).

9. T. von Bren, P. Mitcheson, T. Green, E. Yeatman, A. Holmes, and G. Troster, Optimization of inertial micropower generators for human walking motion, *Sensors Journal, IEEE.* 6(1), 28–38, (2006). ISSN 1530-437X.

10. T. Starner, Human-powered Wearable Computing, IBM *Systems Journal.* 35(3&4), (1996).

11. F. Moll and A. Rubio. An approach to the analysis of wearable body-powered systems. In *Mixed Signal Design Workshop* (June 2000).

12. L. Mateu, C. Villavieja, and F. Moll, Physics-based time-domain model of a magnetic induction microgenerator, *Magnetics, IEEE Transactions on.* 43(3), 992–1001 (March, 2007).

13. L. Mateu. *Energy Harvesting from Human Passive Power.* PhD thesis, Universitat Politècnica de Catalunya (June, 2009).

14. *Advances in Human-Powered Energy Systems in Consumer Products* (18–21 May, 2004). International Design Conference—Design 2004.

15. T. Starner and J. Paradiso. Human generated power for mobile electronics. In ed. C. Piguet, *Low-Power Electronics,* number 45. CRC Press, (2005).

16. T. Starner and Y. Maguire, Heat dissipation in wearable computers aided by thermal coupling with the user, *Mobile Networks and Applications.* 4(1), 3–13, (1999).

17. V. Leonov and R. Vullers. Thermoelectric generators on living beings. In *Proceedings of the 5th European Conference on Thermoelectrics* (September 2007).

18. V. Leonov, T. Torfs, P. Fiorini, and C. Van Hoof, Thermoelectric converters of human warmth for self-powered wireless sensor nodes, *Sensors Journal, IEEE.* 7(5), 650–657, (2007).

19. P. D. Mitcheson, T. C. Green, E. M. Yeatman, and A. S. Holmes, Architectures for vibration-driven micropower generators, *Journal. of Microelectromechanical Systems.* 13(3) (June 2004).

20. L. Mateu and F. Moll, Optimum piezoelectric bending beam structures for energy harvesting using shoe inserts, *Jouranl of Intelligent Material Systems and Structures.* 16(10), 835–845, (2005).

21. S. Roundy, P. K. Wright, and J. M. Rabaey, *Energy Scavenging for Wireless Sensor Networks with Special Focus on Vibrations* (Kluwer Academic Publishers, 2004).

22. H. Hu, H. Xue, and Y. Hu, A spiral-shaped harvester with an improved harvesting element and an adaptive storage circuit, *IEEE Transactions on Ultrasonics, Ferroelectrics and Frequency Control.* 54(6), 1177–1187 (June 2007).

23. C. Williams, C. Shearwood, M. Harradine, P. Mellor, T. Birch, and R. Yates, Development of an electromagnetic micro-generator, *Circuits, Devices and Systems, IEE Proceedings.* 148(6), 337–342 (December 2001).

24. W. Li, Z. Wen, P. Wong, G. Chan, and P. Leong. A micromachined vibration-induced power generator for low power sensors of robotic systems. In *Proceedings of Eight International Symposium on Robotics with Applications,* pp. 16–21 (June 2000).

25. N. N. H. Ching, G. M. H. Chan, W. J. Li, H. Y. Wong, and P. H. W. Leong. PCB integrated micro generator for wireless systems. In *Intl. Symp. on Smart Structures and Microsystems* (19–21 October 2000).

26. R. Amirtharajah and A. Chandrakasan. Self-powered low power signal processing. In *Proceedings of the Symposium on VLSI Circuits Digest of Technical Papers,* (1997).

27. S. Yuen, J. Lee, W. Li, and P. Leong, An AA-sized vibration-based microgenerator for wireless sensors, *IEEE Pervasive Computing.* 6(1), 64–72 January–March 2007).

28. S. Meninger, J. Mur-Miranda, R. Amirtharajah, A. P. Chandrasakan, and J. H. Lang, Vibration to electric energy conversion, *IEEE Trans, on VLSI.* 9(1) (February, 2001).

29. T. Sterken, K. Baert, R. Puers, and S. Borghs. Power extraction from ambient vibration. In *Proceedings of the Workshop on Semiconductor Sensors,* pp. 680–683 (November 2002).

30. M. Miyazaki, H. Tanaka, T. N. G. Ono, N. Ohkubo, T. Kawahara, and K. Yano. Electric-energy generation using variable-capacitive resonator for power-free LSI: efficiency analysis and fundamental experiment. In *Proceedings of the ISLPED 03,* pp. 193–198 (25–27 August 2003).

31. D. Jia and J. Liu, Human power-based energy harvesting strategies for mobile electronic devices, *Frontiers of Energy and Power Engineering in China.* 3(1), 27–46, (2009).

32. S. Angrist, *Direct Energy Conversion.* (Allyn & Bacon, 1982).

33. I. Stark and M. Stordeur. new micro thermoelectric devices based on bismuth telluride-type thin solid films. In *Proceedings of the 18th International Conference on Thermoelectron-ics,* pp. 465–472, (1999).

34. J. Stevens. Optimized thermal design of small <5t thermoelectric generators. In *Proceedings of the 34th Intersociety Energy Conversion Engineering Conference,* (1999).

35. S. I. Inc. Seiko Instruments Inc. http://www.sii.co.jp/info/eg/thermi-cjriain.html.

36. M. Kishi, H. Nemoto, T. Hamao, M. Yamamoto, S. Sudou, M. Mandai, and S. Ya-mamoto, Micro thermoelectric modules and their application to wristwatchesas an energy source, *Thermoelectrics, 1999. Eighteenth International Conference on.* pp. 301–307, (1999).

37. I. Stark. Thermal energy harvesting with thermo life. In *Proceedings of the International Workshop on Wearable and Implantable Body Sensor Networks (BSN'06),* (2006).

38. S. Meninger, J. Mur-Miranda, R. Amirtharajah, A. Chandrakasan, and J. Lang, Vibration-to-electric energy conversion, *Very Large Scale Integration (VLSI) Systems, IEEE Transactions on.* 9(1), 64–76, (2001). ISSN 1063–8210.

39. U. of Energy. Guidelines for measurement of standby power use. (2002).

40. E. Lefeuvre, A. Badel, C. Richard, L. Petit, and D. Guyomar. Optimization of piezoelectric electrical generators powered by random vibrations. In *Dans Symposium on Design, Test, Integration and Packaging (DTIP) of MEMS/MOEMS.* Citeseer, (2006).

41. Y. Tan, J. Lee, and S. Panda. Maximize piezoelectric energy harvesting using synchronous charge extraction technique for powering autonomous wireless transmitter. In *IEEE International Conference on Sustainable Energy Technologies, 2008. ICSET2008,* pp. 1123-1128, (2008).

42. G. Ivensky, S. Bronstein, and S. Ben-Yaakov, A comparison of piezoelectric transformer AC/DC converters with current doubler and voltage doubler rectifiers, *IEEE Transactions on Power Electronics.* 19(6), 1446-1453, (2004).

43. C. Murray. Energy harvesting gets real (March, 2009). URL http: //www. designnews.   com/article/189768-Energy_Harvesting_Gets_Real.php.

44. A. Valenzuela. Batteryless energy harvesting for embedded designs (August 2009). URL http://www.powermanagementdesignline. com/219100013;jsessionid=Q3MWONBlKBZ5BQElGHRSKHWATMY32 JVN?printableArticle=true.

45. L. Mateu and F. Moll. Review of energy harvesting techniques for microelectronics. In *Proceedings of SPIE Microtechnologies for the New Millenium*, pp. 359–373 (May 2005).

46. Application report: Wireless sensor monitor using the ez430-rf2500 (September 2008). URL http://focus.ti.com/lit/an/slaa378b/slaa378b. pdf

47. R. Pallas-Areny and J. Webster, *Sensors and Signal Conditioning.* (John Wiley & Sons, 2001), 2nd edition.

48. E. Yeatman. Advances in power sources for wireless sensor nodes. In *International. Workshop on Wearable and Implantable Body Sensor Networks, London, UK*, (2004).

49. T. Torfs, V. Leonov, and R. Vullers, Pulse oximeter fully powered by human body heat, *Sensors & Transducers Journal.* 80(6), 1230–1238, (2007).

50. T. Torfs, V. Leonov, C. Van Hoof, and B. Gyselinckx. Body-heat powered autonomous pulse oximeter. In *Sensors, 2006. 5th IEEE Conference on,* pp. 427–430 (October, 2007).

51. D. Yates and A. Holmes, Micro power radio module, *DC FET Project ORESTEIA Deliverable* ND3. 2, (2003).

52. A. Kansal, D. Potter, and M. B. Srivastava. Performance aware tasking for environmentally powered sensor networks. In *SIGMETRICS '04/Performance '04: Proceedings of the joint international conference on Measurement and modeling of computer systems,* pp. 223–234, New York, NY, USA, (2004). ACM Press. ISBN 1-58113-873-3. doi: http://doi.acm.org/10.1145/1005686.1005714.

53. A. Kansal, J. Hsu, S. Zahedi, and M. B. Srivastava. Power management in energy harvesting sensor networks. Technical Report TR-UCLA-NESL-200603-02, Networked and Embedded Systems Laboratory, UCLA, (2006). URL http://nesl. ee. ucla. edu/fw/kansal/kansal/tecs.pdf.

54. Micro circuit labs (July, 2010). URL http://www.micro circuit labs. com/SDL-1.htm.

第2章 输入能量

Loreto Mateu、William Kaal、Monika Freunek Müller、
Birger Zimmermann 和 Uli Würfel

通过使用多种传感器，可以从多种源（机械能、太阳能、热能等）中获取电能。传感器的输入能量通过各种参数来表征。表征参数的测量允许稍后在实验室中再现传感器的输入能量。这样，就可以再现传感器所处的环境条件。

2.1 机械能

环境中存在不同种类的机械能。无论具有质量的物体在哪里运动都有动能，例如，在振动结构或流动流体中。因此，能量收集应用具有很大的潜力。为了获得大量的能量，激励必须是振荡的，并且不考虑奇异事件。振荡主要是周期性的，如发动机的振动，或者是随机的，如大多数自然系统。

在过去，流体是开发最多的机械能源。例如，风力和水力工厂将周围的机械能转化为可利用的机械能。后来，流动的流体在发电厂中使用机电发电机，将机械能转化为电能。然而，对于典型的现代能量收集应用（如本书中所述），流体流动最近才被研究。例如，已经有人通过研究来设计浸没在流水中的压电风车或压电发电机[1]。

然而，结构的振动在大多数情况下是用来发电的，因为机械振动几乎无处不在，所有技术系统在某种程度上都会受振动的影响。由于路面或轨道表面不平坦，运动系统本身会受到机械振动的激励。静止的机器也会由于旋转部件及其固有的不平衡和不圆度而振动，或者由于摆动部件的质量平衡不足而振动。并且，由于风或其他形式的激励，建筑物的振动幅度也比较高。特别是像桥梁或塔这样的大型结构，容易受到振动的影响。除了技术系统，自然系统也被认为是机械能的来源。人体运动是可以利用的，研究人员甚至想到利用动物的运动来驱动自供电系统。

2.1.1 特征参数

2.1.1.1 振动特性

在机械振动中，状态变量 $q(t)$ 随时间变化：例如，它可以是一个位移、一个角度、一个力或者一个压强。谐波运动是周期运动最简单的形式，这里的运动可以用正弦和余弦等振荡函数来描述。例如，位移可以写成

$$q(t) = |A|\cos(\omega t + \phi) \tag{2.1}$$

式中，$|A|$是单位长度的运动振幅；ω是圆周频率，单位是弧度每秒（rad/s）；ϕ是一个任意的相位角弧度。

为了表征振动源的机械能，其频率范围很重要。在某些情况下，存在宽带振动，比如在系统中有旋转或振荡的部分，通常显示一个主导频率和更高的阶频率。在技术应用中，当然有比自然系统更大的频率范围。人类激发的振动几乎不超过2Hz，而机器的典型机械振动要高得多。人类的耳朵可以听到20Hz～20kHz范围内的振动，因此在这个范围内，声音和振动是密切相关的。表2.1所示为部分典型的振动源以及它们的主导频率和峰值加速度。

表 2.1 部分典型振动源[2,3]

振动源	峰值加速度 /(m/s²)	频率 /Hz
汽车发动机舱	12	200
三轴机床底座	10	70
汽车仪表盘	3	13
人轻敲脚后跟	3	1
人在木制甲板上散步	1.3	385
繁忙道路旁的窗户	0.7	100
洗衣机	0.5	109
办公楼空调器通风口	0.2～1.5	60
电冰箱	0.1	240

如果将交变力或位移施加到机械系统中，系统将随激励频率振动（强迫振动）。允许自由振动的系统在其固有频率（也称为本征频率）中振动。例如，一座被风和交通所激励的桥梁，主要在最初的几个自然频率中振动。系统的固有频率只取决于结构的刚度和与结构有关的质量（包括自重），与负载函数无关。通过模态分析，可以分析给定系统的固有频率。最低的固有频率称为基本频率。了解结构的自然频率是很有用的，因为它允许将能量收集系统精确地调整到一个频率。该设备将在共振中工作，产生最大的能量。

在某些技术应用中，振动是必要的，甚至是有用的，例如在振动馈线技术中。在这里，机械能的开发在某种程度上是合理的。然而，在大多数情况下，技术系统中的振动是不需要的，甚至可能造成损害。振动最严重的影响是高交变应力对结构零件产生疲劳破坏。较严重的影响包括部件磨损增加和振动通过地基和建筑物传播到不能有振动的地方。这些振动会影响到人类的舒适度，以及敏感测量设备的成功操作。在这种情况下，获取机械能并将其转化为电能，既不会干扰振动结构，也不会通过减少不必要的振动来改善其性能。

为了表征系统的特性，可以通过对结构施加测试力来进行实验模态分析。激励器系统或冲击锤可以达到这个目的。力传感器将测量输入的力，一个或多个运动传感器可测量输出振动。然后将测量的时域信号转换到频域，用模态分析来计算系统的特征频率、特征向量和阻尼参数。这些模态量的知识可以描述动态行为，并且是进一步进行数值研究的基础。

2.1.1.2 动能收集模型

能量收集装置的最大功率取决于环境振动的特性（基础加速度的频率和振幅），以及装置的尺寸。动能收集模型用于对这种关系进行解析描述。最常用的模型是基于具有线性阻尼器的二阶弹簧和质量系统，如图2.1所示[3]。质量 m 被弹簧 k 和阻尼 d 悬挂在刚性框架中，这个框架被置于运动 $x(t)$ 上，产生了质量和框架的相对运动 $y(t)$。阻尼器耗散机械能，因此可以用来表示功率转换。由于在机械阻尼器中阻尼力与速度成正比，所以它能更好地描述机电发电机。并且，该模型的基本结论对各种传感器机构都是适用的。

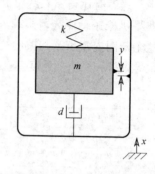

图 2.1   动力学线性能量收集模型

最大功率发生在自然频率，即 $\omega_n = \sqrt{k/m}$。该模型的阻尼系数 d 有阻尼比 $\xi = d/2m\omega_n$，可分为电磁阻尼 ξ_e 和寄生机械阻尼 ξ_p。最大功率是在共振频率下产生的，可以用激励幅值 X 表示为

$$P_{\max} = \frac{\xi_e}{4\left(\xi_e + \xi_p\right)^2} m\omega_n^3 X^2 \tag{2.2}$$

谐振时的输出功率与固有频率的三次方成正比，表明当基激发幅值固定时，频率应尽可能高。已知激励位移和加速度直接耦合在 $A = \omega_n^2 X$，式（2.2）可写为

$$P_{\max} = \frac{\xi_e}{4\left(\xi_e + \xi_p\right)^2} m\frac{1}{\omega_n} A^2 \tag{2.3}$$

这里的功率与固有频率成反比。因此，如果加速度是恒定的，传感器应该设计成在最低的基本频率上共振。由于在任何情况下所产生的功率均与质量成正比，所以转换器应该尽可能大。式（2.2）和式（2.3）也表明，当电磁阻尼比等于机械阻尼比时，振动系统产生的功率是最大的。该模型还表明，高阻尼系统在宽频带上提取能量，阻尼更小的系统可以在更小的频率范围内获得更大的功率。有关此模型行为的更详细的研究，参见参考文献 [3,4]。

2.1.1.3 在机械结构上寻找最佳位置

对于能量收集装置的安装，需要知道机械结构上的最佳位置。因此，必须分析整个结构的动态特性，并将传感器放置在运动幅度最大的位置。根据传感器的机构，最

佳位置是发生最大加速度或最大应变的位置。例如一个简单的悬臂，如图 2.2a 所示。

在其第一个特征频率处，悬臂梁将以第一个特征形式 $\Phi_2(x)$ 振动，如图 2.2b 所示。在这种情况下，特征形式 $\Phi(x)$ 描述了梁在 x 位置的垂直位移，相关的应变分布如图 2.2e 所示，该模型为镜像函数。第二和第三特征频率 $\Phi_2(x)$ 和 $\Phi_3(x)$ 的特征形式分别如图 2.2c、f 和图 2.2d、g 所示。每个特征形式的特征是交替的节点（N）和波腹（A）的演替。如果只考虑一个频率，即只考虑一个特征形式，则传感器应该放置在具有最大振幅的波腹上以获得最佳结果，将其定位在节点上显然不会导致能量转换。

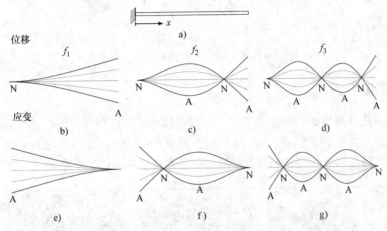

图 2.2 悬臂梁的特征形式、乘积、和

但是，如果对多个频率感兴趣，那么找到最佳位置的任务就会变得更加复杂。可以应用不同的数学方法。式（2.4）和式（2.5）给出了两种可能的方法来找到振动体积 V 的三维特征形式 $\Phi_i(x,y,z)$ 的最优位置。所有 n 个相关特征形式都可以相乘［见（式 2.4）］，整个乘积的最大值将显示最佳位置。这种方法的缺点是，仅以一种本征模式形成节点的位置被低估了。为了避免这个问题，可以使用每个本征模式的加权因子并考虑每种模式的不同能量收集潜力来计算所有本征模式的总和［见（式 2.5）］。相关的频率、平均幅度以及式（2.2）和式（2.3）可能是得出加权因子的起点。

$$\hat{\Phi}_{\mathrm{P}}(x,y,z) = \prod_{i=1}^{n}\left|\frac{1}{V}\int_{0}^{V}\frac{\Phi_i(x,y,z)}{|\Phi_i|_{\max}}\mathrm{d}V\right| \qquad 0 < \hat{\Phi}_{\mathrm{P}} < 1 \qquad (2.4)$$

$$\hat{\Phi}_{\mathrm{S}}(x,y,z) = \frac{1}{V}\frac{1}{\sum_{i=1}^{n}G_i}\sum_{i=1}^{n}\left|G_i\int_{0}^{V}\frac{\Phi_i(x,y,z)}{|\Phi_i|_{\max}}\mathrm{d}V\right| \qquad 0 < \hat{\Phi}_{\mathrm{S}} < 1 \qquad (2.5)$$

为了说明这些方程的结果，我们将前面讨论的悬臂梁推广到二维模型中。假设能量收集装置利用结构的加速度，寻找能量收集传感器的最佳位置。考虑到前四个特征模态，进一步假设发电机不影响振动。图 2.3a 所示为悬臂梁的第一特征模态，三种弯曲模态（$B_1 \sim B_3$）和一种扭转模态（T_1）。式（2.4）的实现会得到如图 2.3b 所示的结果，而式（2.5）加上与各自特征频率成比例的权重因子将会得到图2.3c。在这两种情况下，直觉上来说，能量收集的最佳位置都是梁的顶端。然而，式（2.5）表明，在高频率下，梁上具有大应变的其他位置也可能被认为是潜在的能量收集的最佳位置。

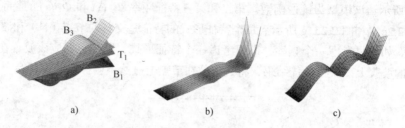

a)　　　　　　　　　　b)　　　　　　　　　　c)

图2.3　悬臂梁的前三个特征形式的位移和应变

2.1.2　测量装置

为了表征环境机械能，需要测量不同的机械参数。根据测量的数量和测量的频率范围，需要考虑各种传感器。图2.4所示为测量位移、速度和加速度的不同类型的传感器。正确选择和掌握设备和测量仪器是获得最佳结果的重要手段。

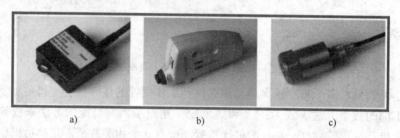

a)　　　　　　　　　　b)　　　　　　　　　　c)

图2.4　a）激光三角仪 b）激光振动计 c）压电加速度计

2.1.2.1　加速度计

为了描述振动，加速度计是最常用的传感器。它们的优点是可以测量绝对加速度，然后直接应用于振动结构。位移和速度传感器必须应用于一个外部不动点，因为它们只能测量相对运动。在许多实际应用中，这是很难做到的，例如，当测量一个大建筑物顶部的振动时。

压电加速度计主要用于测量振动。它们的高动态、免疫力和小尺寸使它们在大多数情况下优于其他加速度计。然而，有时也使用其他测量振动的技术。压阻式或容性加速度计或应变式加速度计可以测量静态加速度，电动加速度计非常大，可以用来测量非常低的频率。

加速度计应用于一个结构，通常是测量垂直于表面的加速度。然而，有一种特殊的加速度计可以测量空间中所有三个自由度的加速度。通常假设加速度计的质量比结构小，并且不影响振动。

加速度计的特征是质量块，由于加速度时的惯性，质量块会受到一个动力，$F = ma$。这种力通过一些适当的物理原理（如压电效应）转化为电压信号。加速度计的基本设计如图 2.5 所示。质量块 m 由刚度为 k 的弹性单元悬挂，阻尼为 d，框架暴露于地面 x_i 的加速度下，得到系统的微分方程：

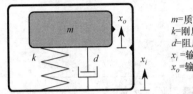

m=质量块(kg)
k=刚度(N/m)
d=阻尼系数(Ns/m)
x_i=输入信号：传感器位移(m)
x_o=输出信号：质量对框架的相对位移(m)

图 2.5　加速度计的基本原理

$$\ddot{x}_0 + 2\xi\omega_0\dot{x}_0 + \omega_0^2 x_0 = -\ddot{x}_i \tag{2.6}$$

并且，共振频率

$$\omega_0 = 2\pi f_0 = \sqrt{\frac{k}{m}} \tag{2.7}$$

阻尼比

$$\xi = \frac{d}{2\omega_0 m} \tag{2.8}$$

从这个微分方程出发，可以推导出其应用的一些基本原理。为了使用这个传感器来测量加速度，输出必须与加速度成正比。这种情况下，如果 $\omega_0^2 x_0$ 是左边微分方程的主导项，对于可以由小质量和刚性弹簧实现的高共振频率，这个条件是成立的。因此，加速度计具有很高的共振频率（10kHz，…，100kHz）。但是，测量范围必须远远低于这个频率（$f_M \ll f_0$）。传感器的方程可以简化为

$$x_0 = -\frac{1}{\omega_0^2}\ddot{x}_i \tag{2.9}$$

然而，在某些情况下，必须使用其他类型的传感器来表征振动。如果结构难以接近或表面太热不能直接应用传感器，则使用激光振动计。在这里，激光束被定向到感兴趣的表面，振动计沿着激光束的方向测量目标速度分量。如果运动太慢而不能引起明显的加速度，可以使用激光三角测量器来测量位移。

2.1.3　实验装置

为了重现能量收集装置在感兴趣的位置所测得的振动条件，必须使用某种可由电子输入信号驱动的执行机构。通过这种方式，可以在实验室中模拟真实的场景。

有几种类型的振动激励器（也称为振动器），例如，液压、气动、压电和电动式激励器或旋转不平衡振动激励器。在振动分析中，电动激励器由于其高动态、宽频率范围和灵活性，在大多数情况下是最佳选择。因此，本节将重点介绍它们。有关其他

激励器的更多文献，请参阅参考文献［5］。

2.1.3.1 电动振动器

在电动振动器中，连接到移动工作台（或杆）上的驱动线圈组件置于磁场中（见图 2.6）。信号发生器提供驱动信号，然后被放大并送入驱动线圈。通过线圈的电流产生机械力，导致测试结构的激发。

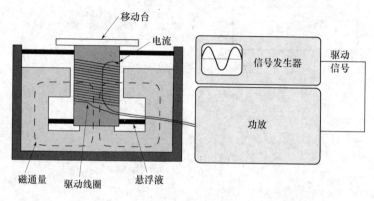

图 2.6　电动振动器的基本设置

磁场由力较大的电磁铁或力较小的永磁体建立。电子输入信号可以具有任何波形，因为电动振动器产生的力具有非常不同的性质：周期性、瞬态、随机或冲击。为了取得最好的效果，应该建立一个闭环系统。在这种情况下，传感器（通常是加速度计）产生一个机械输出信号，该信号随后被输入控制器单元，并与所需的输入信号进行比较。

振动器是利用正弦波或随机信号进行振动试验的一种方便方法。在低频范围内，上限值是最大位移，而对于高频，力的最大值（或给定质量下的最大加速度）是限制因素。在这两者之间，最大速度对于一些振动器可能是关键的。电动振动器的位移、速度和加速度的极限曲线如图 2.7 所示。这些极限曲线是为给定任务选择合适励磁机的基础。

为了激励测试系统，电动振动器（见图 2.8a）既可用于直接驱动模式，也可用于惯性驱动模式[5]。在直接驱动时，线圈连接到夹紧的测试对象，振动器主体安装在刚性底座上（见图 2.8b）。因此，力直接作用在结构体上。惯性驱动可以采用两种方式进行：要么将振动器安装在刚性底座上，将测试对象安装在移动台上（见图 2.8c）；要么将振动器应用于测试结构，用惯性力激励结构（见图 2.8d）。一般来说，图 2.8c 中的布置仅当使用带有相对较小测试部件的大型振动器时使用，例如，在实验室中模拟底座激励。但是，图 2.8d 中的布置是用小振动器激励大型结构，因此用于实验模态分析和迁移率测量。

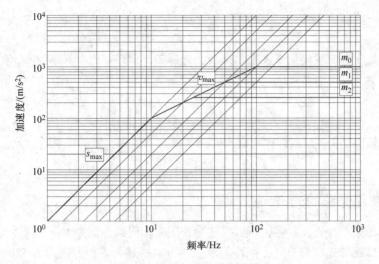

图 2.7　电动振动器极限曲线

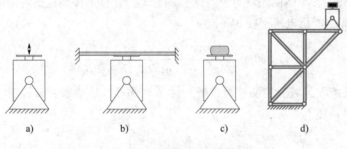

图 2.8　不同振动器配置

a）电动振动器　b）带有夹紧测试对象的刚性底座振动器
c）带有自由测试对象的刚性底座振动器　d）大型结构上的惯性质量振动器

2.2　光

光是电磁辐射。它由光子 γ 组成，携带的量子能量：

$$E_\gamma = h\nu = \hbar\omega = \frac{hc_0 / n}{\lambda} \tag{2.10}$$

式中，$h = 6.626 \times 10^{-34}\mathrm{Js}$，是普朗克常数；$c_0 = 2.998 \times 10^8 \mathrm{m/s}$，是真空的光速；$n$ 是介质的折射率；ν 是光的频率。当参考角频率时，$\omega = 2\pi\nu$，$\hbar$ 可由约化普朗克常数代替，$\hbar = h/2\pi$。

每个能量区间和单位面积的光子电流密度 $\phi_y(\nu)$ 是面积为 A 的区域的光谱光子通量 $\varPhi_y(\nu)$。如果光谱光子电流密度乘以光子的能量，则获得光谱能量电流密度或光谱辐照度：

$$I_{e,\lambda}(\lambda) = \frac{hc_0}{\lambda}\phi_\gamma(\lambda) \qquad (2.11)$$

光谱光子和能量电流密度常常出现在光源的光谱中。这个光谱分布上的积分产生辐照度 $I_e^\ominus$:

$$I_e = \int_0^\infty I_{e,\lambda}(\lambda)\mathrm{d}\lambda = \int_0^\infty \frac{hc_0}{\lambda}\phi_\gamma(\lambda)\mathrm{d}\lambda \qquad (2.12)$$

根据辐照度 I_e,可以计算垂直入射到面积为 A 的表面上的辐射功率 P_{rad} 为

$$P_{rad} = I_e A \qquad (2.13)$$

2.2.1 常用光源的光谱

辐射器是一种光发射器,可以描述为普朗克辐射器,例如太阳或卤素灯。这些辐射器具有广泛的光谱分布。太阳作为辐射源可以描述为表面温度约为 5800K 的黑体,从地球上观察时,其立体角 $\Omega_S = 6.8 \times 10^{-5}$。黑体是由具有 $(\hbar\omega) = 1$ 的所有光子能量的吸收率定义的。黑体的光谱可由普朗克辐射定律计算,普朗克辐射定律给出每光子能量间隔的光谱能量电流密度 $\mathrm{d}\hbar\omega$:

$$I_{e,\omega}(\hbar\omega) = \frac{(\hbar\omega)^3 \mathrm{d}\Omega}{4\pi^3\hbar^3(c_0/n)^2} \frac{1}{\exp(\hbar\omega/k_B T)-1} \qquad (2.14)$$

$\mathrm{d}\Omega$ 是从接收区域看到的源覆盖的立体角。例如,从地球表面看到的太阳的立体角为 $\Omega_S = 6.8 \times 10^{-5}$。

$$P_{rad} = A\int_0^\infty I_{e,\omega}(\hbar\omega)\mathrm{d}\omega = A\int_0^\infty \frac{(\hbar\omega)^3 \mathrm{d}\Omega}{4\pi^3\hbar^3(c_0/n)^2} \frac{1}{\exp(\hbar\omega/k_B T)-1}\mathrm{d}\hbar\omega \qquad (2.15)$$

在穿过地球大气层的途中,太阳辐射被部分吸收。在太阳光谱的红外区,这种吸收几乎完全由气体引起,例如水蒸气(H_2O)、二氧化碳(CO_2)、一氧化氮(N_2O)、甲烷(CH_4)和氟化烃以及灰尘。在光谱的紫外区域,它被臭氧和氧气的吸收改变。光通过大气的路径越长,吸收得越多。所谓的空气质量系数 AM 是通过大气的路径长度 l 除以其厚度 l_0。对于表面入射角为 α 的太阳辐射,空气质量系数 AM 为

$$AM = l/l_0 = 1/\cos\alpha \qquad (2.16)$$

太阳进入地球大气层前的光谱称为 AM0。因此,特指地球表面上的一个垂直入射。光谱 AM1.5 是评价太阳能电池的标准参考光谱,对应于相对于表面法线的 48.19° 入射角[6]。图 2.9 所示为 AM0 和 AM1.5 光谱以及 $T=5800K$ 的黑体光谱。另一组光发射器,主要在室内应用,是以单色激光为极端情况的窄带发射器。更常见的是荧光管或不同类型的发光二极管(LED),它们具有离散线谱。图 2.9 中的荧光灯泡是一个例子。

⊖ 在文学作品中,I_e 常被称为 E_e。在本文中避免了这一点,以尽量减少与能量 E 的混淆。

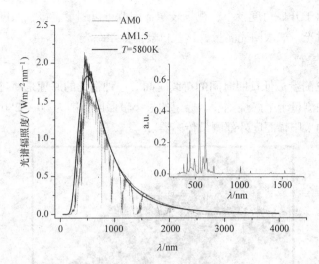

图 2.9 地外光谱 AM0（细线）、地面标准光谱 AM1.5（虚线）
和 *T*=5800K（重线）的黑体光谱。插图显示荧光管（三频灯）

地球上的太阳光在 1000Wm^{-2} 范围内达到最大强度。在办公楼里，自然光和人工光的基本辐照度一般在 10Wm^{-2} 以下[7]。在微能量收集应用中，光能的主要用途是将其转化为电能。最常见的转换器是基于半导体材料中的光电效应。

作为一种替代方法，被辐照加热的表面与其环境之间的温差可以应用于热电发电机（TEG）。

2.2.2 测量技术

常用的光测量仪器要么基于热效应，比如日射强度计和太阳辐射计；要么基于半导体材料中的光电效应，如硅辐照度传感器。由于不同的光谱分布和强度可能有三个数量级的差异，室内光可能需要比室外光更多的测量仪器。

2.2.2.1 日射强度计

这些仪器以热电阵列为基础，以半球形视场测量漫射和直接辐照。日射强度计具有 310~2800nm 的光谱响应波段，是太阳辐射外部测量的标准仪器（见图 2.10）。每 Wm^{-2} 未放大的输出信号通常是几个 μV。

带有阴影带（不包括直接辐照度）的日射强度计只能用于测量漫射辐射。

2.2.2.2 太阳辐射计

在太阳辐射计中，太阳辐照度也会加热一

图 2.10 全球辐照度测量用日射强度计
资料来源：IMTEK 2010 年

个热敏元件。由于开口角度较小,视场较窄,因此可以测量直接辐照度。所以,对于不同角度的入射光,如太阳光测量,这些仪器需要跟踪光源。

2.2.2.3　日照记录仪

日照记录仪测量最低日照时间的持续时间。一种常见的原理是通过一个玻璃球体将光线集中,在测量卡上燃烧刻痕。标记的最小辐照度范围为 70 ~ 280Wm^{-2}。图 2.11 所示为基于硅的太阳辐照度外部测量传感器。

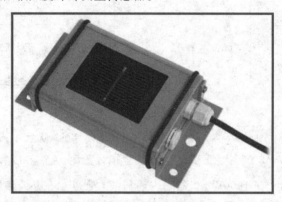

图 2.11　基于硅的太阳辐照度外部测量传感器

资料来源:IMT SOLAR-Ingenieurb üro Mencke and Tegtmeyer,2014 年

2.2.2.4　硅辐照度传感器

在低光强度下,如 0.1Wm^{-2},需要考虑更多因素的影响,对于许多应用来说,硅太阳能电池的短路电流被充分描述成与入射辐照度成比例。因此,硅辐照度传感器是辐射测量中最常用和最经济的测量仪器之一。根据制造商的不同,它们可以作为手持和安装的产品提供,还可以包括温度效应的电子补偿。

2.2.2.5　勒克斯计

建筑物内的光线根据人眼的光谱灵敏度函数进行优化,即 $V(\lambda)$。利用光谱辐照度的乘积 $I_{e,\lambda}(\lambda)$,人的灵敏度函数 $V(\lambda)$ 和光度当量 K_m=683lm/W,在相应的波长范围内对其进行积分可以得到光度单位勒克斯的照度 $I_V(\lambda)$。$I_V(\lambda)$ 是用勒克斯计测量的。第 7 章讨论了它们的测量原理及其在光伏中的应用。从图 2.12 可以看出,勒克斯计的显示器出现偏差的原因是光谱

图 2.12　校准为标准光源 A(白炽灯)的示范性照度表

资料来源:IMTEK,2010 年

与光源的不匹配。

2.2.2.6 光谱仪

光谱辐照度是用光谱仪测量的。这些测量仪器基于将光耦合到 CMOS/CCD 探测器阵列的光纤。对于所有光学测量仪器，其光谱灵敏度均需要调整到被测光源的光谱范围。

2.2.2.7 数值方法：光线跟踪程序

鉴于影响可用辐照度的变量的数量，例如地理位置、方向、阴影，或者对于室内应用程序、用户行为，使用光线跟踪程序是一种有效的方法。它在太阳能户外工厂的规划中已经确立。这些程序的例子有 DAYSIM 或 PV*SOL。对于室内应用，这种方法是可行的，例如，通过结合光线跟踪器 DAYSIM、Radiance 和用户行为模型（参见第 7 章）。

2.2.3 实验装置

外部条件和地面太阳光线是用太阳模拟器复制的。对于室内条件，没有标准的规程存在。

2.2.3.1 太阳模拟器

在太阳模拟器中，地面太阳光的标准光谱辐照度近似于人造光，例如氙灯弧灯。光线要么是连续的，比如在稳态太阳模拟器中；要么是以毫秒为间隔的，比如在闪光太阳模拟器中，以在测量过程中最小化温度的影响。太阳模拟器的大小取决于所研究的模块面积，其范围在 m^2 和 cm^2 之间。图 2.13 所示为用于测量小型光伏设备的可滚动稳态模拟器。图 2.14 和 2.15 所示为用于工业太阳能模块测量的太阳模拟器。

图 2.13　小型稳态太阳模拟器，用于测量面积为几个 cm^2 的模块的校准测量

资料来源：IMT SOLAR-Ingenieurb üro Mencke and Tegtmeyer，2014 年

图 2.14 稳态太阳模拟器，用于测量面积为几 m^2 的模块的校准测量

资料来源：IMT SOLAR-Ingenieurb üro Mencke and Tegtmeyer，2014 年

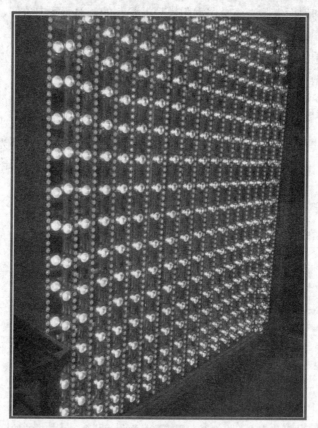

图 2.15 用于面积为几 m^2 的模块的校准测量的稳态太阳模拟器的照明构造

资料来源：IMT SOLAR-Ingenieurb üro Mencke and Tegtmeyer，2010 年

有关太阳模拟器要求的相关标准是 IEC 60904-9。不同级别的太阳模拟器 A、B 和 C 描述了光谱与标准太阳光谱匹配的准确性、辐照度的空间均匀性和模拟器的时间稳定性。

2.3　热能

热能存在于具有温度梯度的任何位置。例如，在工业环境（机械、管道、车辆）、建筑物和人体中都可以获得热能。热交换器利用其冷热侧的温度梯度，利用塞贝克效应将热能转化为电能。为了保持热梯度，有必要将热源连接到热交换器的一侧（热侧）和另一侧（冷侧）的散热器。

由热交换器提供的最大电能输出是[8]

$$P_{el}^{max} = \frac{A}{l}\left[\frac{1}{4}\frac{\alpha_m^2(T_H - T_C)^2}{\rho_m}\right] \tag{2.17}$$

式中，α_m 是热交换器的塞贝克系数，单位为 V/K；T_H 是交换器在热侧的开尔文温度；T_C 是交换器在冷侧的开尔文温度；ρ_m 是电阻率，单位为 Ω/m；A 是截面积，单位为 m^2；l 是一条热电臂的长度，单位为 m。

热交换器的热侧吸收的热量是

$$q_H = \alpha_m T_H I - \frac{I^2 R_m}{2} + K_m \Delta T \tag{2.18}$$

式中，$\alpha_m T_H I$ 对应于塞贝克发电；$\dfrac{I^2 R_m}{2}$ 对应于焦耳热效应；$K_m \Delta T$ 为热对流；ΔT 是冷热侧的热梯度（$\Delta T = T_H - T_C$）；I 是流过热交换器的电流；R_m 是电阻；K_m 代表热发生器的热导率。

热交换器冷侧发出的热量是

$$q_C = \alpha_m T_C I + \frac{I^2 R_m}{2} + K_m \Delta T \tag{2.19}$$

2.3.1　参数表征

为了表征 TEG 的性能，需要测量热交换器每一侧的温度。为了尽量减少由于局部温度下降造成的误差，测量点应该尽可能靠近热电偶。温度传感器可以是热敏电阻、热电偶、电阻温度检测器（RTD），也可以是类似的温度传感器，这取决于所需的精度、温度工作范围或稳定性。表 2.2 所示为三种不同温度传感器的不同特性的比较表。

表 2.2　温度传感器性能[9]

特性	热电偶	RTD（Pt100）	热敏电阻
工作范围	−200～2000℃	−250～850℃	−100～300℃
准确度	低（1℃）	非常高（0.03℃）	高（0.1℃）
线性	中等	高	低
热响应	快	慢	中等
成本	低	高	低到中等之间
噪声问题	高	中等	低
长期稳定性	低	高	中等
测量仪器成本	中等	高	低

热敏电阻具有对温度变化非常敏感的优点，但存在非线性的缺点。热敏电阻由于其高灵敏度，是检测温度微小变化的理想材料[10]。为了达到极高的准确度，RTD 是最好的选择，热敏电阻现在只有 0.1℃的准确度。与 RTD 相比，它们的优点是具有更短的响应时间和更大的输出[9]。

2.3.2　测量设置

热电阻或热敏电阻随温度的变化而改变其电阻。有正温度系数（PTC）和负温度系数（NTC）的热敏电阻，分别取决于电阻随温度的升高而增大或减小。NTC 热敏电阻的电阻与温度的函数表达式为[11]

$$R_T = R_{T0}\exp\left[\frac{B(T_0 - T)}{TT_0}\right] = R_{T0}f(T) \tag{2.20}$$

式中，R_T 为开尔文表示的温度 T 的电阻；R_{T0} 为环境温度下的电阻；B 为热敏电阻的常数，由式（2.22）给出。标称电阻是热敏电阻在 T_0 时的电阻，参考温度通常为 25℃。

由式（2.20）推导出 NTC 热敏电阻的温度

$$T = \left(\frac{1}{T_0} + \frac{\ln\dfrac{R_T}{R_{T0}}}{B}\right)^{-1} \tag{2.21}$$

重新整理式（2.20），B 常数表示为

$$B = \ln\left(\frac{R_T}{R_{T0}}\right)\frac{TT_0}{T_0 - T} \tag{2.22}$$

电阻的温度系数 α 定义为

$$\alpha = \frac{1}{R}\frac{dR}{dT} \tag{2.23}$$

将式（2.20）代入式（2.23），α 可表示为 B 常数的函数

$$\alpha = -\frac{B}{T^2} \qquad (2.24)$$

式（2.20）适用于考虑与 $1/T$ 呈线性关系的温度范围。另一个与 NTC 热敏电阻的温度和电阻相关的表达式是采用三阶多项式近似的 Steinhart-Hart 方程[11]

$$\frac{1}{T} = a + b\ln(R) + c\ln^2(R) + d\ln^3(R) \qquad (2.25)$$

重新整理式（2.25），$\ln(R)$ 可以表示为温度的函数

$$\ln(R) = a + \frac{b}{T} + \frac{c}{T^2} + \frac{d}{T^3} \qquad (2.26)$$

式（2.25）可简化，精度无显著损失

$$\frac{1}{T} = a + b\ln(R) + d\ln^3(R) \qquad (2.27)$$

在 0 ~ 70℃的温度范围内使用上述方程，保证了毫度范围内的精度[12]。

NTC 热敏电阻的参数选择为参考温度下的电阻 R_{T0}、电阻 R_{T0} 的常数的公差 x 和电阻 R_{T0} 的公差 y。热敏电阻的电阻值和 B 常数的公差的组合给出了一定温度下的电阻范围。下面的方程给出了用电阻的上下限来表达温度的函数，包含了 B 常数公差 y 和电阻公差 x[11]。

$$R_{TLH} = R_{T0}(1+x)\exp[B(1+y)(1/T_L - 1/T)] \qquad (2.28)$$

$$R_{THH} = R_{T0}(1+x)\exp[B(1-y)(1/T_H - 1/T)] \qquad (2.29)$$

$$R_{TLL} = R_{T0}(1-x)\exp[B(1-y)(1/T_L - 1/T)] \qquad (2.30)$$

$$R_{THL} = R_{T0}(1-x)\exp[B(1+y)(1/T_H - 1/T)] \qquad (2.31)$$

式中，T_L 是 NTC 热敏电阻温度低于 T_0 的温度值；T_H 是 NTC 热敏电阻高于 T_0 的温度值。

对于 25℃时标称电阻为 10kΩ、B 常数公差 ±5% 和电阻公差 ±10% 的 NTC 热敏电阻，图 2.16 表示 R_{TLH}、R_{THH}、R_{TLL} 和 R_{THL} 作为温度的函数。R_T 表示不考虑 B 常数和电阻公差的 NTC 热敏电阻的值。因此，由于 B 常数和电阻的公差，校准在大多数应用中是必要的。B 的值可以通过两点校准得到[12]：

$$B = \frac{\ln\dfrac{R_{T1}}{R_{T2}}}{\dfrac{1}{T_1} - \dfrac{1}{T_2}} \qquad (2.32)$$

式中，R_{T1} 和 R_{T2} 分别是温度 T_1 和 T_2 下的电阻值。

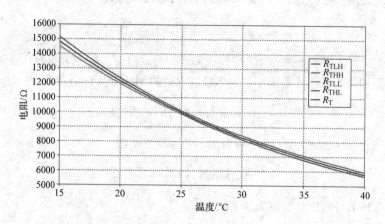

图 2.16 *B* 常数（公差 5%）对 NTC 热敏电阻（公差 10%）的影响

Steinhart-Hart 模型需要一个三点校准来计算简化版本的常数 *a*、*b* 和 *d*。然而，Fraden[12] 提出了对数模型和 Steinhart-Hart 模型的组合模型，其中 *B* 常数是温度的线性函数，对于从 $0 \sim 70^\circ\text{C}$ 的温度范围，通过两点校准获得低于 0.03°C 的误差。Fraden[12] 解释了 NTC 热敏电阻校准所需的方法和设备。

NTC 热敏电阻将用于温度测量，也用于控制实验装置，以重现热发生器两侧的温度。为了得到电阻和温度之间的线性关系，需要一个热敏电阻电路。分压器是最简单的热敏电阻电路。分压器的输出电压为

$$V_{\text{out}}(T) = V_{\text{in}}\left(\frac{R_1}{R_1 + R_T}\right) = V_{\text{in}}\left(\frac{1}{1 + R_T / R_1}\right) \tag{2.33}$$

式中，V_{in} 是输入源电压；R_T 是 NTC 热敏电阻的电阻值；R_1 是固定电阻器的电阻值。

R_T 与 R_1 的比值可以表示为

$$\frac{R_T}{R_1} = \frac{R_{T0}}{R_1} f(T) = sf(T) \tag{2.34}$$

因此，分压器的输出电压作为 *s* 和 *f*(*T*) 的函数为

$$V_{\text{out}}(T) = V_{\text{in}}\left[\frac{1}{1 + sf(T)}\right] = V_{\text{in}} F(T) \tag{2.35}$$

f(*T*) 的值取决于所使用的 NTC 热敏电阻，而 *s* 的值是为了使函数 *f*(*T*) 在考虑的温度范围内达到线性。

对分压器电路的修改如图 2.17 所示，其中第二电阻 R_s 与 NTC 热敏电阻串联。图 2.18 和图 2.19 所示为 $10\text{k}\Omega$ NTC 热敏电阻和 1.9V 输入电压的输出电压的温度函数。

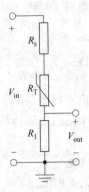

图 2.17　包含一个热敏电阻和两个电阻的分压器电路

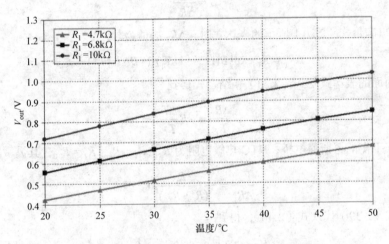

图 2.18　输出电压作为图 2.17 的电阻分压器的温度的函数，$R_s = 0$

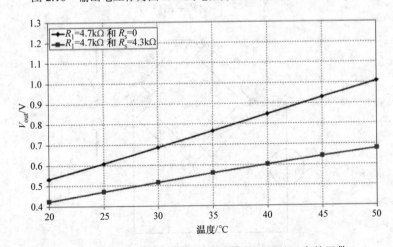

图 2.19　输出电压作为图 2.17 的电阻分压器的温度的函数

另一个热敏电阻电路是惠斯通电桥（见图2.20），由四个电阻和一个电压源 V_{in} 组成[14,22]。电路的输出电压为

$$V_{out} = V_{AB} - V_{AD} = V_{in}\left(\frac{R_1}{R_1 + R_2} - \frac{R_4}{R_4 + R_3}\right) = V_{in}\left(\frac{R_1 R_3 - R_2 R_4}{(R_1 + R_2)(R_4 + R_3)}\right) \qquad (2.36)$$

惠斯通电桥的不同配置取决于电阻传感器的位置。四分之一桥电路只有一个电阻传感器和三个电阻，半桥电路有两个电阻传感器和两个电阻，全桥电路有四个电阻传感器。由式（2.36）推导出，当 $\dfrac{R_1}{R_2} = \dfrac{R_4}{R_3} = \dfrac{1}{r}$ 时，惠斯通电桥输出电压为零（ $V_{out} = 0$ ）。

因此，最初平衡的惠斯通电桥的灵敏度是

$$S = \frac{V_{out}}{\Delta R_T} \qquad (2.37)$$

当 R_T 满足式（2.20）所示的表达式时，ΔR_T 的值为

$$\Delta R_T = R_{T0}\exp\left[B(1/T - 1/T_0)\right](-B\Delta T / T^2) \qquad (2.38)$$

将前面的表达式与式（2.20）相结合，得到

$$\frac{\Delta R_T}{R_T} = -B\frac{\Delta T}{T^2} \qquad (2.39)$$

对于平衡的惠斯通电桥，NTC热敏电阻为 R_3，$R_1 = R_4$，$R_2 = R_{T0}$，其灵敏度

$$\frac{V_{out}}{\Delta R_T} = -\frac{R_1}{(R_1 + R_{T0})^2}V_{in} \qquad (2.40)$$

将式（2.39）代入式（2.40），得到

$$\frac{V_{out}}{\Delta T} = \frac{B}{T^2}\left[R_1\frac{R_{T0}}{(R_1 + R_{T0})^2}\right]V_{in} \qquad (2.41)$$

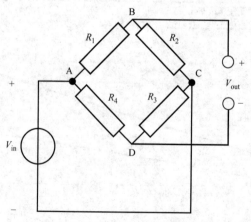

图 2.20 惠斯通电桥电路

对于所有电阻都相同的四分之一电桥结构，$R_1 = R_2 = R_4 = R_{T0}$，V_{out} 的表达式为

$$V_{out} = -\frac{\Delta R_T}{4 R_{T0}} V_{in} = B \frac{\Delta T}{4 T^2} V_{in} \qquad (2.42)$$

惠斯通电桥电路的输出电压范围通常是 10 ～ 100mV，因此需要一个放大电路[15]。

2.3.3 实验装置

当必须在一定温度条件下对热发生器进行评估时，需要确定两侧的温度。因此，两个热冷却器可以放置在被测热发生器的每一侧。热冷却器的温度可以用比例积分微分（PID）控制器来调节。为了实现正确的温度调节回路，给出了其等效电路和传递函数。此外，还介绍了一种 PID 控制器电路。

2.3.3.1 热电制冷器模型

在热电冷却器（TEC）中，当电能被施加到冷却器的电气端子上时，冷侧吸收热量，热侧释放热量。图 2.21 所示为基于 Lineykin 等人提出的模型的 TEC 等效电路[16]，Chavez 等人提出了等效电路[17]，两种模型可以区分出两种不同的电路：热行为模型和电行为模型。

模拟电响应的电路具有与温度相关的电压源 V_α 和电阻器 R_m。电压源的值与 TEC 的热侧（R_H）和冷侧（R_C）之间的温度梯度和塞贝克系数 α_m 成正比，R_m 表示热电模块（TEM）的等效电阻。外部电流源（见图 2.21 中的 I）或电压源必须连接到电路，以便在热电模块的两侧之间产生温度梯度。

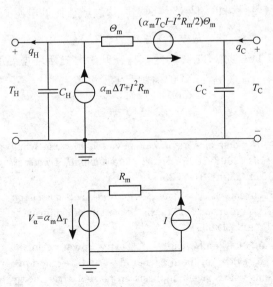

图 2.21 热冷却器等效电路

如图 2.21 所示，模型的热部分在 TEM 的两侧各有两个电容为 C_H 和 C_C，C_H 为 Peltier 元件热侧的热质量，C_C 为 Peltier 元件冷侧的热质量。该模型由电压控制电压源、电流控制电流源和热阻组成。表 2.3 所示为热参数。

表 2.3　热参数

参数	定义	单位
C_H	Peltier 模块热侧热质量	J/K
C_C	Peltier 模块冷侧热质量	J/K
K_m	热导率	W/K
Θ_m	热阻	K/W
R_m	电阻	Ω
α_m	塞贝克系数	V/K

q_C 为冷侧吸收的热量，q_H 为热侧散发的热量。TEC 模型的热部分由式（2.43）和式（2.44）描述。

$$q_C = \alpha_m T_C I - \frac{I^2 R_m}{2} - K_m \Delta T \qquad (2.43)$$

式中，$\alpha_m T_C I$ 对应塞贝克发电；$\dfrac{I^2 R_m}{2}$ 对应焦耳热效应；$K_m \Delta T$（以及 $\dfrac{\Delta T}{\Theta_m}$）是热对流，并且 $\Delta T = T_H - T_C$。

$$q_H = \alpha_m T_H I + \frac{I^2 R_m}{2} - K_m \Delta T \qquad (2.44)$$

热电模块的电气特性可以用与冷热面温度梯度成正比的电压源来建模。

$$V_\alpha = \alpha_m (T_H - T_C) = \alpha_m \Delta T \qquad (2.45)$$

当 TEM 被用作 TEC 时，TEM 的两侧将在开始时处于环境温度。在 TEM 的电气端子处传输的电流或电压将在 TEM 的两侧产生温度差。

参考文献

1. R. S. Anton and A. H. Sodano, A review of power harvesting using piezoelectric materials (2003–2006), *Smart Materials and Structures.* **16**(3), R1–R21, (2007). ISSN 0964–1726.

2. J. S. Roundy. *Energy Scavenging for Wireless Sensor Nodes with a Focus on Vibration to Electricity Conversion.* PhD thesis, University of California at Berkeley, Berkeley CA, USA, (2003).

3. A. K. Cook-Chennault, N. Thambi, and M. A. Sastry Powering mems portable devices: a review of non-regenerative and regenerative power supply systems with special emphasis on piezoelectric energy harvesting systems, *Smart Materials and Structures.* **17**(4), 043001, (2008). ISSN 0964–1726.

4. G. N. Stephen, On energy harvesting from ambient vibration, *Journal of Sound and Vibration.* **293**(1–2), 409–425, (2006).

5. G. Buzdugan, E. Mihaeailescu, and M. Rades, *Vibration measurement,* vol. 8, *Mechanics-Dynamical systems* (Nijhoff, Dordrecht, 1986). ISBN 9024731119.

6. National renewable energy laboratory: *Reference Solar Spectral Irradiance: Air Mass 1.5,* (10.12.2009). URL http://rredc.nrel.gov/solar/spectra/am1.5/

7. M. Müller, J. Wienold, W. Walker, and L. Reindl. Characterization of indoor photovoltaic devices and light. In *Photovoltaic Specialists Conference (PVSC), 2009 34th IEEE,* pp. 000738–000743 (7–12, 2009). doi: 10.1109/PVSC.2009.5411178.

8. M. Ryan and J. Fleurial, Where there is heat, there is a way: thermal to electric power conversion using thermoelectric microconverters, *The Electrochemical Society interface.* **11**(2), 30–33, (2002).

9. A. long, Improving the accuracy of temperature measurements, *Sensor Review.* **21**(3), 193–198, (2001).

10. Calibrating thermistor sensors. http://www.mstarlabs.com/sensors/thermistor-calibration.html.

11. NTC thermistors. http://www.gesensing.com/products/resources/whitepapers/ntcnotes.pdf.

12. J. Fraden. A two-point calibration of negative temperature coefficient thermistors, *Review of Scientific Instruments.* **71**, 1901–1905 (2000).

13. HFAN-08.2.1: PWM Temperature Controller for Thermoelectric Modules Keeps Components within 0.1°C. http://www.maxim-ic.com/app-notes/index.mvp/id/1757(February 2003).

14. Wheatstone Bridges: Introduction. http://www.efunda.com/design-standards/sensors/methods/wheatstoneJbridge.cfm.

15. Signal Conditioning Wheatstone Resistive Bridge Sensors. http://focus.ti.com/lit/an/sloa034/sloa034.pdf (September, 1999).

16. S. Lineykin and S. Ben-Yaakov, SPICE compatible equivalent circuit of the energy conversion processes in thermoelectric modules, *Electrical and Electronics Engineers in Israel, 2004. Proceedings. 2004 23rd IEEE Convention of.* 346–349 (September, 2004).

17. J. A. Chavez, J. A. Ortega, J. Salazar, A. Turo, and M. J. Garcia, SPICE model of thermoelectric elements including thermal effects, *Instrumentation and Measurement Technology Conference, 2000. IMTC 2000. Proceedings of the 17th IEEE.* **2**, 1019–1023 (May, 2000).

18. A. Lima, G. Deep, L. de Almeida, H. Neff, and M. Fontana. A gain-scheduling pid-like controller for Peltier-based thermal hysteresis characterization platform. In *Proceedings of the 18th IEEE Instrumentation and Measurement Technology Conference, 2001. IMTC 2001.,* **2**, 919–924, (2001).

19. S. Lineykin and S. Ben-Yaakow, Analysis of thermoelectric coolers by a spice-compatible equivalent-circuit model, *IEEE Power Electronics Letters.* **3**(2), 63–66 June, 2005).

20. HFAN-08.2.0: Thermoelectric Cooler (TEC) Control, http://www.maxim-ic.com/app-notes/index.mvp/id/3318 (September, 2004).

21. D. Mitrani, J. Tome, J. Salazar, A. Turo, M. Garcia, and J. Chavez. Dynamic measurement system of thermoelectric module parameters. In *Thermoelectrics, 2003 Twenty-Second International Conference on-ICT,* 524–527, (2003).

22. F. Golnaraghi and B. Kuo, *Automatic Control Systems.* John Wiley & Sons, 2003).

23. MAX1968, MAX1969 Power Drivers for Peltier TEC Modules. http://www.maxim-ic.com/quick_view2.cfm/qv_pk/3377.

24. LTC1923—Higher Efficiency Thermoelectric Cooler Controller. http://www.linear.com/pc/productDetail.jsp?navId=HO,Cl,C1010,C1095,P1893.

25. Laird TECHNOLOGIES Temperature Controllers, http://lairdtech.thomasnet.com/viewitems/ tempera ture-controllers-2/ temperature-controllers?

26. Temperature Controller VE0016. http://www.premosys.com/en/electronics/ve0016-temperature-controller.htm.

27. TE TECHNOLOGY, INC. Temperature Controllers, http://www.tetech.com/Temperature-Controllers.html.

28. OVEN industries. Thermoelectric Module Controllers. http://www.ovenind.com/bv/Departments/Temperature-Controllers/Thermo-electric-Module-Controllers.aspx.

第 3 章　压电式传感器

Bernhard Brunner、Matthias Kurch 和 William Kaal

本章提供了压电材料的简史，并描述了它们的性质和潜在的现象。接着，本章提出并讨论了一个用于模拟压电传感器的机电模型，概述了能量收集应用所需要的一些重要的特性。

3.1　历史

1880 年首次报道了压电效应。法国的居里兄弟发现，某些晶体，如石英，在受到机械应变时会发生电极化。反过来，对压电材料施加电场会导致材料变形。因此，两个基本的应用变得很明显：基于直接压电效应的应变传感器和基于逆压电效应的执行器。在接下来的几年里，压电效应用它的本构方程进行了数学描述。压电的首次实际应用发生在第一次世界大战期间，是声呐设备的发明，在超声波的作用下，压电晶体振动，将压电晶体从实验室推到现实世界。从那时起，各种各样的新应用被开发出来：麦克风、加速计、执行器、超声波电动机等。在 20 世纪 50 年代，锆英石中发现了一种异常强的压电响应，导致了锆钛酸盐（PZT）固溶系统的发展。自那以后，改性 PZT 陶瓷成为压电材料的主要应用领域，如燃油喷射系统的执行机构或医疗超声设备。

后来，像聚偏二氟乙烯（PVDF）这样的聚合物也被发现具有压电性质，这是材料形成薄片时分子拉伸的结果。它们被用作传感器。结合压电陶瓷的压电复合材料，如粉末和纤维嵌入无源聚合物基体中，已经开发出了不同的配置，以满足特定的要求，例如将传感器安装到凹凸部件的形状。今天，在众多应用中，压电陶瓷最突出的应用是在医学中作为超声波设备，在时间测量（石英钟）和动力引擎技术的燃油喷射。在微型能源收集方面的新应用已经过测试，但要实现技术和经济上的突破还需要进一步的工程工作。

3.2　材料加工

与 Pb（$Zr_x Ti_{1-x}$）O_3（PZT）陶瓷相比，石英、$LiNbO_3$、$GaPO_4$ 或蓝晶石（$La_3Ga_5SiO_{14}$）等单晶作为压电器件不太常见，但是它们仍然在某些应用中有用，例如涉及高频率或要求耐高温的情况。通常，单晶由提拉法生长，或在石英的情况下水热生长。由于裂纹的形成，单晶不适合应用在高频下具有较大位移的情况。

制备多晶压电陶瓷材料的方法一般包括两个步骤。用混合氧化物法制备陶瓷粉末，其中包括烧结氧化物粉末（煅烧）混合物，然后研磨成细粉，再将陶瓷烧结成所需形状。在制备 $Pb(Zr_x Ti_{1-x})O_3$ 时，以适当的比例称量氧化物粉末 PbO、ZrO_2 和 TiO_2，然后在 800 ~ 900℃煅烧 1 ~ 2h。铣削过程中经常会导致不良的粒径分布和被铣削介质污染的粉末。

在烧结过程中，煅烧的粉末通常与适当的黏合剂混合，并通过压制、挤压或其他铸造方法形成所需的形状。这种压制的坯体经受低温"烧坏"过程，以使黏结剂从体内挥发。最后在高温（PZT 在大约 1200℃需要 6h）下烧成工艺称为烧结，其中必须采取措施防止在陶瓷达到其最佳密度时 PbO 的损失。这个过程促进微粒表面原子的扩散，从而导致晶体结合。因此，陶瓷体获得所需的机械强度，同时保持其预期的形状，因为它能够均匀收缩。PZT 陶瓷制备的更多细节可以在文献［1,2］中找到。

更多的成分均匀的陶瓷可以通过湿化学方法如醇盐或溶胶 - 凝胶方法生产。当金属醇盐以适当的比例与醇混合并加入水时，水解反应产生醇和金属氧化物或水合物。这种溶胶 - 凝胶法可以制备出非常细（粒径 <1μm）且高纯度（99.98%）的粉末。

为了对准电偶极子，多晶压电陶瓷必须在电场中极化，从而增强材料的压电性能。掺杂少量杂质的压电陶瓷材料能显著改善其性能。目前，人们正致力于通过选择合适的掺杂配方来优化性能。最众所周知的区别在于所谓的硬质和软质压电陶瓷驱动器之间的区别。矫顽场大于 1kV/mm 的材料称为硬压电，矫顽场在 0.1 ~ 1kV/mm 的材料称为软压电。软 PZT 具有较高的诱导应变和较低的滞后，较硬 PZT 更容易去极化，而硬 PZT 的诱导应变相对较低。

拉伸应力可以引起裂纹的形成，这可能导致脆性陶瓷的断裂。压电体材料的最大拉应力为 10MPa，一般建议避免拉应力。最大压缩应力通常是 10 倍。

含有三氟乙烯（PVDF-TRFE）聚合物的大片聚偏二氟乙烯，已经可以被制造并将其加热成型为复杂形状。熔体结晶生成非极性 α 相，该非极性 α 相可以通过单轴或双轴拉伸转变为稳定的极性 β 相。由此产生的偶极子通过将材料电极化到 T_g 上而对准。这种材料由于压电应变系数低，g 常数高（见 3.5 节），适用于麦克风或超声波水听器。

对于压电材料的电气连接，必须选择合适的电极材料及其相关的制造工艺。这对于通过共烧来制造复杂的压电陶瓷执行器尤其适用。最常用的方法是使用银钯，这种银钯在压电器件上被溅射或印刷为聚合物糊。

任何选定材料的压电效应受其居里或相变温度的限制。对于 PZT，居里温度取决于其组成，并在 250 ~ 400℃变化。硅酸镓等单晶材料的相变温度可达 1400℃。应用中应该低于这个温度。因此，多晶陶瓷片堆叠用作执行机构。

从传感器的结构出发，可以对压电器件进行简单的分类。其中，利用纵向应变的简单圆盘或多层执行机构仅包含陶瓷材料（见图 3.1）。

图 3.1　PZT 圆盘两侧各有银电极（厚度为 0.4mm，直径为 30mm）

通过将压电陶瓷沉积或粘贴到柔性衬底的表面以放大致动位移，可以创建更复杂的器件。图 3.2 所示为不锈钢衬底（厚度为 100μm）上的压电薄膜（厚度为 2μm），该薄膜可用于制造单晶或双晶执行器或大面积传感器 / 能量传感器。压电陶瓷（作为粉末、薄膜或纤维）和聚合物基体的压电复合材料是用于传感器和执行器的器件。在活性纤维复合材料中（见图 3.3），压电纤维被布置在环氧树脂中。复合结构夹在叉指电极（印刷银膏）之间，叉指电极涂有 Kepton 或环氧树脂用于电气绝缘。这些传感器具有较高的机电耦合系数、良好的声阻抗、较小的厚度和机械灵活性，可用于超声和面内应力传感。它们也非常适用于主动减振应用，特别是在纤维增强聚合物装置中。

图 3.2　用于超声设备的不锈钢衬底上的
　　　　柔性 PZT 薄膜

图 3.3　不同形状的压电纤维复合材料

3.2.1　物理现象

这一节只涉及压电的基本方面：它背后的物理现象是什么，如何描述其影响？有关压电陶瓷传感器的详细评价，请参阅文献。Uchino 和 Giniewicz[3] 对压电材料的物理性质进行了全面的解释。

材料呈现压电的一个必要条件是它的晶体结构缺乏对称中心。这些材料具有固有的极性，因为它们是由定向偶极子构成的。压电材料受到机械应力或电场时会改变正电偶极和负电偶极之间的距离。这导致了净极化，从而产生电荷或变频器尺寸的宏观变化。显示自发极化的晶体材料称为极性晶体，极化的幅度主要取决于环境温度。这就是所谓的热电效应。能被电场逆转的热电晶体称为铁电晶体，铁电术语之所以被使用，是因为它与铁磁性有相似之处。证明铁电效应的晶体呈现出与外加电场成线性比例的应变。当应变与外加电场成正比时，这种现象被定义为电致伸缩。

大多数压电材料是晶体或天然或合成的单晶或多晶材料，如铁电陶瓷。最常用的单晶是石英，石英振荡器在计算机等中用作频率稳定时钟。自从发现压电陶瓷以来，压电材料的使用明显增加。与传统的单晶材料相比，压电陶瓷是目前应用最广泛的压电材料。最著名的压电陶瓷是锆钛酸铅（PZT）。图 3.4 所示为锆钛酸铅 $Pb(Zr_x Ti_{1-x})O_3$ 固溶体系的相图，该固溶体系在四方晶系和斜六面体晶系之间具有温度依赖性的形变相边界。

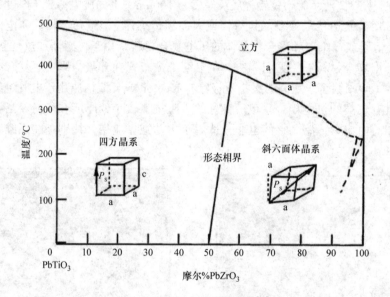

图 3.4　锆钛酸铅体系相图[1]

其他常用的压电陶瓷材料有：偏铌酸铅（PN）和铌酸镍（PNN）。PZT 的相对最大应变为 0.2%，是工业应用中最常用的材料。压电陶瓷可以看作是随机取向的小晶体的大集合。烧结后，陶瓷从宏观角度来看各向同性，不显示任何压电效应，由于晶体的任意取向。为了使材料宏观上具有压电性，陶瓷必须极化。

如前所述，PZT 晶体的各向异性结构是压电效应的功能起源。注意，这种各向异性只存在于所讨论的材料的特征温度以下，称为居里温度 T_c。在此温度下，PZT 晶体具有永久偶极矩。

该偶极矩的大小与 PZT 钙钛矿晶体的尺寸各向异性有关。在居里温度 T_c 之上，PZT 晶体围绕一个确定的中心（如中心对称立方）形成对称立方体，如图 3.5a 所示。

冷却导致无极性四方晶体的形成，如图 3.5b 所示。为了使弹性减到最小，相邻的晶体沿着相等的晶体轴方向运动。这就产生了所谓的 Weiss 结构域，在这个结构域中，材料沿着平行偶极矩排列。在非极化 PZT 材料中，Weiss 域是任意取向的，如图 3.6（①）所示。任意方向抵消了任何净极化。通过施加一个强电场，通常在大于 3kV/mm 周围，电偶极对准（②）。除去电场后，偶极子倾向于保持原来的方向，导致剩余极化（③）。在相反方向上施加矫顽电场使得所有偶极子返回到其原始的任意取向相位（④）。施加足够强的电场以将所有偶极子定向到相反方向会导致饱和（⑤）。当施加正矫顽电场时（⑦），将克服反向（⑥）的剩余极化。当电场被施加到极化的压电陶瓷上时，不同 Weiss 域的电偶极矩的取向成比例地增加或减少，如图 3.6 所示，这导致 PZT 材料的尺寸变化，如图 3.7 所示，所谓蝴蝶曲线。

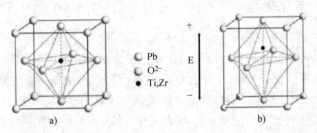

图 3.5　PZT 晶体结构：居里温度 T_c 以上，晶格对称 a)，T_c 以下为各向异性 b)[4]

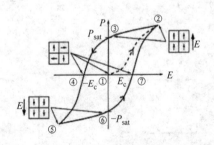

图 3.6　PZT 陶瓷磁滞回线

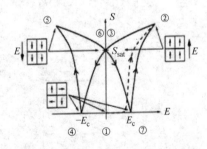

图 3.7　PZT 陶瓷的应变 - 电场曲线

所有压电陶瓷材料的性能都与温度有关。压电常数 d（见 3.5 节）变化约为 0.2%/K。当传感器工作在接近室温时，这种效应可以忽略。另一个限制因素与居里点有关，操作温度应低于居里温度的一半。注意，在高频率下，压电陶瓷执行器由于滞后特性而产生热量。由于低电压，热损失在能量收集应用中起从属作用。

表 3.1 所示为 PZT、BaTiO$_3$、PVDF、石英和压电纤维复合材料等常用压电材料的典型物理性能。ρ 是材料的密度，d_{33} 是有效压电应变系数，g_{33} 是有效压电电压系数，ε_{33} 是有效介电常数，k_t 是厚度机电耦合因素模式；Y 是杨氏模量，T_c 是居里温度。有关这些参数的解释，请参阅 3.5 节。

表 3.1 最常用压电材料的性能

	ρ /(g/cm³)	d_{33} /(pC/N)	g_{33} /(mVm/N)	ε_{33} (ε_0)	k_t	Y /GPa	T_c /℃
石英	2.65	2.3	57.8	5	0.09	77	537（相变）
BaTiO₃	5.85	190	12.6	1700	0.38	105	120
PZT 4	7.9	289	26.1	1300	0.51	80	328
PVDF-TrFE	1.8	33	340	6	0.30	3	102
1-3 压电纤维复合材料	3	289	75	400	0.40	20	328

3.2.2 机电一体化模型

从机电一体化的角度来看，压电材料是传感器，将电能转化为机械能，反之亦然。因此，压电传感器可以用带有机电门的元件来表示，如图 3.8 所示。电气门由两个参数定义：电场强度 E（V/m）和介电位移 D（C/m²），机械门用机械应力 T（N/m²）和机械应变 S（m/m）表示。门参数之间的关系用本构方程数学描述。式（3.1）以机械应力 T 和电场强度 E 为自变量，称为 d 公式。当压电元件用作执行器时，这种公式在反向压电效应中很常见。

$$d\,公式—\begin{cases} S = S^E T + dE \\ D = dT + \epsilon^T E \end{cases} \tag{3.1}$$

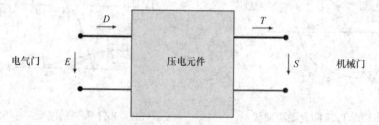

图 3.8 将压电元件表示为双端口元件

常用的还有 g 公式，见式（3.2）。这里，机械应力 T 和介电位移 D 是自变量。这种公式在压电传感器和能量收集器中很常见。

$$g\,公式—\begin{cases} E = -gT + \dfrac{D}{\epsilon^T} \\ S = S^D T + gD \end{cases} \tag{3.2}$$

在这些方程中，使用了以下材料参数：

d：压电常数，单位是 m/V 或 C/N。这个量对于压电驱动器来说是一个重要的优点，因为它代表了将电压转换为机械变形的能力。

S^E：在恒定电场（电极上的电压是恒定的）下测量的依从性，单位是 m/N。

ε^T：当施加恒定机械载荷时测量的介电常数，单位是 C/mV。

S^D：在恒定介电位移（电极上的电荷保持恒定）下测量的依从性，单位是 m/N。

g：压电电压系数，单位是 V m/N。

后一个量是对压电传感器和能量传感器性能的测量，因为它直接表明了将机械应力转化为电压的能力。由表 3.1 可知，压电聚合物 PVDF 的压电电压常数最高。然而，低居里温度限制了许多技术应用。

压电常数 d 有两个相关的含义，它表示应变 S 与外加电场强度 E（反向压电效应）的比例，也表示介电位移 D 与外加机械拉力 T（直接压电效应）的比例。换句话说，压电常数 d 转换了压电效应的互易性。

由于压电材料是各向异性的，它们的物理常数是张量。机电门变量用矢量表示，如式（3.3）。

$$S = \begin{bmatrix} S_1 \\ S_2 \\ S_3 \\ S_4 \\ S_5 \\ S_6 \end{bmatrix}, T = \begin{bmatrix} T_1 \\ T_2 \\ T_3 \\ T_4 \\ T_5 \\ T_6 \end{bmatrix}, D = \begin{bmatrix} D_1 \\ D_2 \\ D_3 \end{bmatrix}, E = \begin{bmatrix} E_1 \\ E_2 \\ E_3 \end{bmatrix} \qquad (3.3)$$

对于应变 S 和应力 T 的矢量，指标 1、2、3 表示 x、y 和 z 方向。4、5 代表剪切应变，6 代表剪切应力。例如，S_4 表示 $y-z$ 平面的剪切应变。将 z 方向作为极化方向。图 3.9 所示为索引符号。压电材料的参数取决于外加电场的相对方向、介电位移、机械应力和弹性应变。由于晶体结构的对称性，可以构造一组简化的压电、弹性和介电系数。对于极化压电陶瓷，六个独立的弹性常数、三个压电常数和两个介电常数足以描述压电陶瓷材料的行为。式（3.4）~ 式（3.6）给出了三个足以完全描述压电陶瓷（如 PZT）的矩阵。

$$S^E = \begin{bmatrix} S_{11}^E & S_{12}^E & S_{13}^E & 0 & 0 & 0 \\ S_{12}^E & S_{13}^E & S_{13}^E & 0 & 0 & 0 \\ S_{13}^E & S_{13}^E & S_{33}^E & 0 & 0 & 0 \\ 0 & 0 & 0 & S_{44}^E & 0 & 0 \\ 0 & 0 & 0 & 0 & S_{66}^E & 0 \\ 0 & 0 & 0 & 0 & 0 & S_{66}^E \end{bmatrix} \qquad (3.4)$$

$$d = \begin{bmatrix} 0 & 0 & d_{31} \\ 0 & 0 & d_{31} \\ 0 & 0 & d_{33} \\ 0 & d_{15} & 0 \\ d_{15} & 0 & 0 \\ 0 & 0 & 0 \end{bmatrix} \qquad (3.5)$$

$$\varepsilon^T = \begin{bmatrix} \varepsilon_{11}^T & 0 & 0 \\ 0 & \varepsilon_{11}^T & 0 \\ 0 & 0 & \varepsilon_{33}^T \end{bmatrix} \qquad (3.6)$$

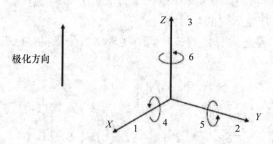

图 3.9 索引符号使用公约

本构方程导致物理变量之间的静态关系可以用来表征压电材料。与实际应用工程相关的变量是力、速度、电流和电压。当施加电压时，压电陶瓷元件改变诸如执行器的尺寸。类似地，机械力的施加产生电荷。如果电极不短路，则出现与电荷相关的电压。由于这种效应，压电元件可以用作传感器或能量转换器。

所有的压电参数要么与机械或电激励的方向有关，要么是机械或电激励方向的函数。通常，如果假设压电传感器仅沿一个方向扩展，则压电陶瓷元件的一维激励和变形的本构方程就不那么复杂。在压电中使用下标和上标之后，为压电传感器或能量收集器定义的式（3.2）可以更具体地表示为

$$S_3 = s_3^D T_3 + g_{33} D_3 \qquad (3.7)$$

$$E_3 = -g_{33} T_3 + D_3 / \varepsilon_{33} \qquad (3.8)$$

式中，D 是电密度或磁通密度，单位为 C/m²；E 是电场，单位为 V/m；T 是机械应力，单位为 N/m²；S 是机械应变，单位为 m/m；ε 是材料的介电常数，单位为 F/m = C²/N/m²；d 是压电 d 常数，单位为 m/V=C/N；s 是机械柔度，单位为 m²/N，也称为杨氏模量的逆。

从上述表达式出发，可以证明压电传感器的本征方程如下：

$$Q_{\text{piezo}} = C_{\text{piezo}} V_{\text{piezo}} - d_{33} F_{\text{piezo}} \qquad (3.9)$$

$$z_{\text{piezo}} = d_{33} V_{\text{piezo}} - \frac{1}{\kappa_{\text{piezo}}} F_{\text{piezo}} \qquad (3.10)$$

式中，κ_{piezo} 是压电元件的刚度；F_{piezo} 是作用力；z_{piezo} 是各个方向的位移；Q_{piezo} 是电荷；V_{piezo} 是施加的或产生的电压。

考虑到压电材料的机电响应对材料提供的机械能所产生的电能，根据式（3.11）定义机电耦合系数 k：

$$k^2 = \frac{存储的电能}{输入的机械能} \qquad (3.11)$$

单位体积存储的电能可以写成

$$存储的电能 = \frac{1}{2}\varepsilon_0 \varepsilon^T E^2 \qquad (3.12)$$

式中，ε_0 是真空中的介电常数（8.85×10^{-12}C/Vm）；ε^T 是压电传感器的相对介电常数；E 是电场强度。单位体积的输入机械能由式（3.13）给出：

$$输入的机械能 = \frac{1}{2}\frac{S^2}{s} = \frac{1}{2}\frac{(dE)^2}{s} \qquad (3.13)$$

式中，S 为机械应变；s 为机械柔度；d 为压电常数。

将式（3.12）和式（3.13）代入式（3.11），得到

$$k^2 = \frac{d^2}{\varepsilon_0 \varepsilon^T s} \qquad (3.14)$$

注意，以上所有方程仅适用于静态事件，例如，当一个恒定的力作用于压电传感器。在实践中，大多数电能可以通过施加动态应变获得。

3.3 功率转换

从环境振动能量到电能的能量转换是能量收集装置设计成功的关键。因此，在本节中提出了一个机电模型，并对功率转换进行了分析。

在过去的几年里，来自不同学科的几位研究人员研究了压电能量收集器的建模。根据不同的背景，提出了不同的建模方法。通常，压电能量收集器通常被建模为一个驱动的阻尼振动系统。该结构由与机械结构耦合的压电传感器组成，并通过能量收集电路连接到能量存储系统。机电子系统的模型可以通过有限元法、模态分析或解析法得到[5-7]。在任何一种情况下，分析得到一个 N 常微分方程系统：

$$M\ddot{q} + B\dot{q} + Kq = F \qquad (3.15)$$

其中，

$$M = \begin{pmatrix} M_{uu} & 0 \\ 0 & 0 \end{pmatrix}, B = \begin{pmatrix} B_{uu} & 0 \\ 0 & 0 \end{pmatrix}, K = \begin{pmatrix} K_{uu} & K_{u\phi} \\ K_{\phi u} & K_{\phi\phi} \end{pmatrix}$$ 分别是全局质量矩阵、全局阻尼矩阵

和系统的整体刚度矩阵。子矩阵 K_{uu} 是纯机械系统的刚度矩阵，$K_{\phi\phi}$ 是电气系统的刚度

矩阵。这两个域之间的耦合由子 $K_{u\phi} = K_{\phi u}^{\mathrm{T}}$ 描述。F 是载荷矢量并且

$$q = \begin{pmatrix} u \\ \phi \end{pmatrix} \qquad (3.16)$$

是未知自由度的矢量。该矢量是分别描述机械和压电自由度的变量的级联。例如,当应用有限元公式[5]时,这些是机械位移 u 和电势 ϕ。

进一步分析,矩阵表示法并不方便。一个更好的方法是使用网络分析,因为它已经为开发高效的电力转换和存储系统建立了良好的基础。在这种情况下,能量收集系统必须用一个双端口模型来描述(见图 3.8)。因此,微分方程组被简化为单自由度模型。由于能量收集装置通常被调谐到一定的固有频率,这样的装置可以被建模为单自由度质量 - 弹簧 - 阻尼系统[8-10],而不失通用性。该等效系统如图 3.10 所示。这个振子的控制方程是

$$m\ddot{u}(t) + b\dot{u}(t) + ku(t) + \Theta V(t) = F(t) \qquad (3.17)$$

$$-\Theta\dot{u}(t) + C_{\mathrm{p}}\dot{V}(t) = -I(t) \qquad (3.18)$$

式中,u 为质量 m 的位移;k 为压电传感器的总刚度,以及任何其他并联或串联的刚度。为了便于后续的电分析描述,将式(3.17)的后半部对时间进行积分。现在可以用电流 $I(t)$ 和电压 $V(t)$ 表示,有效的压电系数 Θ 和电容 C_{p} 取决于传感器的几何形状和负载方向。对于沿其堆积方向极化并加载的堆叠式传感器,$\Theta = \dfrac{d_{33}}{s_{33}^E} \dfrac{An}{l}$ 和

$C_{\mathrm{p}} = \left(s_{33}^3 s_{33}^{\mathrm{T}} - d_{33}^2 \right) \dfrac{An^2}{ls_{33}^E}$。这里 A 是截面积,l 是长度,n 是堆栈的层数。

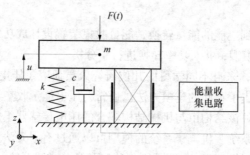

图 3.10　力激振荡器示意图

通常,能量收集系统应用于振动机制之上,在这种结构中,力激发的建模是不合适的。到目前为止,对于这种情况必须考虑基激发。系统原理图如图 3.11 所示。系统管理方程也需要修改。然而,它们可以转换为模拟表示,如式(3.17)和式(3.18):

$$m\ddot{q}(t) + b\dot{q}(t) + kq(t) + \Theta V(t) = -m\ddot{s}(t) \qquad (3.19)$$

$$-\Theta\dot{q}(t) + C_{\mathrm{p}}\dot{V}(t) = -I(t) \qquad (3.20)$$

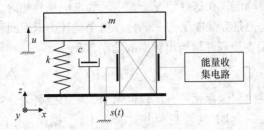

图 3.11 基激发振荡器示意图

在这里 $q(t) = u(t) - s(t)$ 是质量 m 的差位移和基的激发。对于基激发，式（3.19）的右边产生 $-m\ddot{s}(t)$，这是由地面加速度引起的达朗贝尔力。

通过将式（3.17）乘以速度 $\dot{u}$，将式（3.18）乘以电压 V，得到系统的能量方程。这两个方程对时间的积分得到了系统中能量转换的表示

$$\frac{1}{2}m\dot{u}^2 + b\int\dot{u}^2\mathrm{d}t + \frac{1}{2}ku^2 + \Theta\int V\dot{u}\mathrm{d}t = \int F(t)\dot{u}\mathrm{d}t \tag{3.21}$$

$$\Theta\int V\dot{u}\mathrm{d}t - \frac{1}{2}C_\mathrm{p}V^2 = \int V(t)I(t)\mathrm{d}t \tag{3.22}$$

式中，$\int F(t)\dot{u}\mathrm{d}t$ 为周围能量的提供；$\frac{1}{2}m\dot{u}^2$ 和 $\frac{1}{2}ku^2$ 分别是动能和势能；$b\int\dot{u}^2\mathrm{d}t$ 是机械损耗；$\int V(t)I(t)\mathrm{d}t$ 包括由连接的电气装置吸收的能量，该能量是存储在压电传感器中的能量 $\frac{1}{2}C_\mathrm{p}V^2$ 以及能量转移 $\Theta\int V\dot{u}\mathrm{d}t$ 的总和。得到了能量平衡方程，并从式（3.21）和式（3.22）中剔除了保守能项。将两个方程结合后，我们发现输入的能量要么转化为机械损耗，要么为连接的能量收集电路提供能量。

$$\int F(t)\dot{u}\mathrm{d}t = b\int\dot{u}^2\mathrm{d}t + \int V_\mathrm{p}(t)I(t)\mathrm{d}t \tag{3.23}$$

因此，当设计能量收集装置时，寻找一个可用电能与机械损耗之比良好平衡的装置是一项具有挑战性的任务。在以下章节中，为了更好地理解压电传感器的功率变换，我们对其进行了分析。

然而，在进行分析之前，必须讨论一些有关电气和机械功率的基本原理。一般来说，功率是能量转化的速率。因此，它被定义为通过给定点的能量流。对于这里考虑的系统，所有的电负载都是线性的，电流和电压是正弦的。因此，功率流取决于电流和电压的关系。当负载是纯电阻性的，那么这两个量是同相的，这意味着它们同时反转它们的极性。因为功率是电压和电流的乘积

$$S_\mathrm{e}(t) = V(t)I(t) = \sqrt{P_\mathrm{e}^2 + Q_\mathrm{e}^2} \tag{3.24}$$

能量流的方向不会反转。在这种情况下，只有真正的功率流 P_e 和能量被转移到负载。理想电感、电容器等无功负载耗散零能量，它们只是把它储存起来。因此，在

电流过零时达到电压峰值。在这种情况下，电流和电压是异相的。然而，这些元件绘制电流和下降电压，但是存储能量的一部分在每个循环中返回到源。这种能量称为无功功率 Q_e。将所有量变换到频域给出频率的功率方程

$$\underline{S}_e = \underline{V}\,\underline{I}^* = P_e + jQ_e \tag{3.25}$$

机械系统也有耗散和保存元件。比较这两个领域的控制微分方程，可以发现电气和机械系统之间存在一个类比（参见参考文献 [11]）。据此，存在机械有功功率 P_e 和无功功率 Q_e，机械有功功率 P_e 表征传递到诸如阻尼器之类的元件的能量，无功功率 Q_e 标识作为系统的一部分而保存的能量。

$$\underline{S}_m = \underline{F}\,\underline{v}^* = P_m + jQ_m \tag{3.26}$$

然而，对于能量收集，只有真实的功率是相关的。因此，在下面的章节中会考虑这个部分。

3.4 电网阻抗

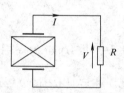

图 3.12 标准交流器件

从式（3.22）可知提供的功率取决于流入该电路的电流 $I(t)$ 及其与电压 $V(t)$ 的关系。由于电流和电压取决于所连接的电网的设计，所以我们必须定义一个电负载。在第一个分析中，纯粹的电阻和电感分流（见图 3.12）被检查以证明功率转换。因此，产生的电压取决于负载 R 和电感 L。假设系统由一个外部激发力驱动，这个外部激发力是正弦的，其频率接近负载压电元件系统的固有频率。在稳态操作条件下，微分方程 $u(t)$、$s(t)$、$F(t)$ 和 $V(t)$ 的解具有以下形式

$$u(t) = \underline{u}e^{j\omega t}, \qquad s(t) = \underline{s}e^{j\omega t}, \qquad F(t) = \underline{F}e^{j\omega t}, \qquad V(t) = \underline{V}e^{j\omega t} \tag{3.27}$$

根据连接的网络替换电流

$$\underline{Z} = \frac{V}{I} = R + j\omega L \tag{3.28}$$

并且将式（3.27）代入式（3.18）产生压电元件的电压

$$\underline{V} = \frac{\Theta(R + j\omega L)j\omega}{1 + C_p(R + j\omega L)j\omega}\underline{u} \tag{3.29}$$

当式（3.17）在频域中写入时，给出了一个力、位移和电压的表达式

$$\underline{F} = (-\omega^2 m + j\omega b + k)\underline{u} + \Theta\underline{V} \tag{3.30}$$

为了简化这个方程，我们引入了无量纲频率 $\eta = \dfrac{\omega}{\omega_0}$，其中 $\omega_0^2 = \dfrac{k}{m}$ 为无阻尼振子

的角频率。系统机械损耗用阻尼比 $D = \dfrac{b}{2m\omega_0}$

$$\underline{u} = \frac{1}{1+2Dj\eta-\eta^2}\frac{F-\Theta \underline{V}}{k} \qquad (3.31)$$

现在，用式（3.29）代替电压，并引入替代机电耦合系数 $c^2 = \dfrac{\Theta^2}{kC_{\mathrm{p}}}$。这个量不能与机电耦合系数 k_{33} 混淆 [见式（3.11）]。这两个耦合系数的关系为

$$c^2 = \frac{k_{33}^{~2}}{1-k_{33}^{~2}} = \frac{d_{33}^{~2}}{c_{33}^{E}\varepsilon_{33}^{E}} \qquad (3.32)$$

加上归一化电阻 $R = C_{\mathrm{p}}R\omega_0$，电感 $I = C_{\mathrm{p}}L\omega_0^2$，可以定义无量纲阻抗 $\underline{z} = r + j\eta I$。将所有组合在一起就得到了力激发能量收集系统的频率响应函数

$$H_{\mathrm{f}}(\eta,D,\underline{z},c) = \frac{\underline{u}}{u_0} = \frac{1}{1+2Dj\eta-\eta^2+\dfrac{c^2\underline{z}\,j\eta}{1+\underline{z}\,j\eta}} \qquad (3.33)$$

式中，$u_0 = \dfrac{F}{k}$ 是系统的静态挠度。注意，除了 $\dfrac{c^2\underline{z}\,j\eta}{1+\underline{z}\,j\eta}$ 外，这个方程在外观上与机械系统[12]相似。类比地推导出基激发收集装置的频率响应函数，从而将惯性力设为 F，在上式中：

$$H_{\mathrm{b}}(\eta,D,\underline{z},c) = \frac{\underline{q}}{\underline{s}} = \frac{\eta^2}{1+2Dj\eta-\eta^2+\dfrac{c^2\underline{z}\,j\eta}{1+\underline{z}\,j\eta}} \qquad (3.34)$$

将无量纲阻抗和替代机电耦合系数应用于式（3.29）给出

$$\underline{V} = \sqrt{\frac{k}{C_{\mathrm{p}}}}\frac{c\underline{z}\,j\eta}{1+\underline{z}\,j\eta}\underline{u} \qquad (3.35)$$

考虑到式（3.29），当电压 $\underline{V}$ 乘以它的共轭 $\underline{V}^*$ 并且除以网络阻抗的共轭 $\underline{Z}^*$ 时，则为收获功率，它是位移幅度的函数

$$\underline{S}_{\mathrm{e}} = \frac{\underline{V}\underline{V}^*}{\underline{Z}^*} \qquad (3.36)$$

3.4.1 弱耦合

压电器件经常被建模为电流源。如图 3.13 所示，它们的内部电极的电容 C_{p} 与负载电阻 R 并联，假设内部电流源与外部负载的阻抗无关，则项 ΘV 可以从式（3.17）中去掉。这个假设等价于耦合非常弱或不存在的说法。因此，这种分析通常被称为非

耦合分析。控制方程改变为

$$m\ddot{u}(t) + b\dot{u}(t) + ku(t) = F(t) \tag{3.37}$$

$$-\Theta\dot{u}(t) + C_p\dot{V}(t) = -I(t) \tag{3.38}$$

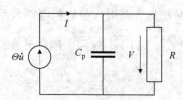

图 3.13　弱耦合模型的等效电路

现在可以通过谐波分析独立求解位移，提供了机械质量 - 弹簧 - 阻尼振子的频响函数：

$$H_f(\eta, D, \underline{z}) = \frac{u}{u_0} = \frac{1}{1 + 2Dj\eta - \eta^2} \tag{3.39}$$

然后，$\Theta\dot{u}(t)$ 被视为已知的电流源。通过式（3.29）和式（3.36）计算得到的电压 V 和平均收获功率 P_e，计算结果如下：

$$\underline{V} = \sqrt{\frac{k}{C_p}}\frac{crj\eta}{1 + rj\eta}\underline{u} \tag{3.40}$$

$$P_e = \frac{c^2 r\eta^2}{\left(1 + r^2\eta^2\right)\left[\left(1 - \eta^2\right)^2 + \left(2D\eta\right)^2\right]}k\omega_0|\underline{u_0}|^2 \tag{3.41}$$

对于这个模型，可直接计算获得最大功率的最佳电阻。因此，将式（3.41）对 r 求导，设为零，并求解。这就给出了最佳的电阻 $R_{opt} = \dfrac{1}{C_p\omega}$。由于振荡器的振幅在自然频率下变为最大，所以必须将 ω 设置为等于 ω_0 以获得最大功率。

$$R_{opt} = \frac{1}{C_p\omega_0} \tag{3.42}$$

在图 3.14 中描绘了幂函数的表面，这里的自然频率被设置为 $f_0 = \omega_0/2\pi = 40\text{kHz}$。压电传感器的电容、质量、力振幅、阻尼和有效压电系数假设如下：$C_p = 1.5\mu\text{F}$，$m = 10\text{kg}$，$\underline{F} = 1\text{N}$，$D = 2\%$，$\Theta = 1\text{N/V}$。可以看到，在这个图中，功率有一条线，当系统以固有频率振荡时，功率会变大。然而，当分流器的电阻设为 $R = 2.65\Omega$ 时，获得的功率就会达到最大值。然而，这是一个基本模型，它只对弱耦合有效。对于能量收集来说，它似乎不是最佳连接。因此，在分析中应考虑压电传感器电容和其他随时间变化的尺寸对动力学项的影响。

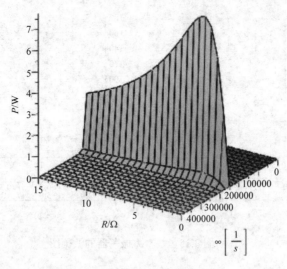

图 3.14 角频率和电阻的功率

3.4.2 最佳电阻和功率

考虑到耦合有相关的影响，那么压电传感器的特性产生第一模态固有频率的偏移，这取决于所连接的网络。假设所附电路是纯电阻负载，则存在两个电阻大小的限制。首先，传感器电极可以短路，然后分流电阻接近零。另一方面，压电电极可以是开放的，电阻是近似无限的。在这两种条件下，系统具有相关的固有频率。这是由传感器的压电效应引起的。当传感器受到机械应力时，压电材料产生电荷。如果这个电荷不能从压电元件中排出，它就会产生一个电响应，从而抵消产生的应变。因此，开路压电材料的有效杨氏模量比短路压电材料的模量高。这意味着第一模式的固有频率从第一极限情况增加到第二极限情况，并且给出两个频率比。

$$\eta_E = 1 \text{并且} \eta_D = 1 + c^2 \tag{3.43}$$

式中，η_E 与短路压电有关；η_D 与开路压电有关。这种效应如图 3.15（彩图见文后彩插）和图 3.16（彩图见文后彩插）所示，对于力激发的振子和基激发的振子，可以看出，当系统受到正弦输入力的驱动时，对于两种固有频率，位移幅值都是最大的。

然而，在中间范围内，电阻引入阻尼。当振幅最小时，这种效应变得最大。

确定能量获取最优阻力的一种方法是估计系统的结构阻尼，这种阻尼对于广泛的机械结构来说是很小的，然后计算电力达到最大时的阻力。这就是如何优化机械输入功率与电力输出功率之比。假设压电片与电阻相连，由于不存在无功功率，所以确定电能是很简单的。功率方程（3.36）实部的方程如下：

$$P_e = \frac{|V|^2}{R} = \frac{c^2 r \eta^2}{1 + r^2 \eta^2} k \omega_0 |\underline{u}|^2 \tag{3.44}$$

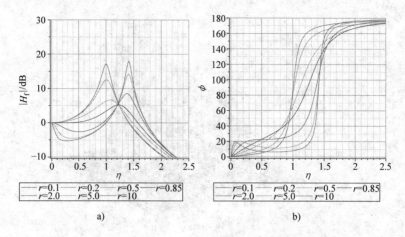

图 3.15　基本力振荡器的波德图

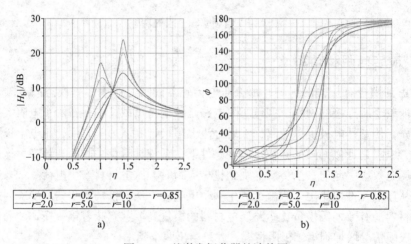

图 3.16　基激发振荡器的波德图

位移由式（3.33）或式（3.34）决定，取决于哪个激励模型。对于基激发，绝对位移 u 必须用相对位移 q 代替。功率相对于频率的曲线如图 3.17（彩图见文后彩插）所示。很明显，可收获功率变得最大，仅次于固有频率。因为这个功率取决于位移。此外，对于正弦激励，最佳电阻取决于输入频率，因为靠近频率 η_D 的高电阻产生更多的能量，而较低的电阻使靠近频率 η_E 所获得的功率最大。下一步必须考虑输入功率。对于机械系统，这个值是由 $P_m(t) = F(t)\dfrac{\mathrm{d}x(t)}{\mathrm{d}t}$ 决定的。将式（3.27）代入前面的方程，得到频域中的功率表示。因此，只考虑实部，因为励磁力和系统的速度是同相的，这是可以转换成电力的功率的一部分。

$$P_m = \mathrm{Re}\left(\mathrm{j}\eta H_f\right)\frac{\omega_0}{k}\underline{F}^2 \tag{3.45}$$

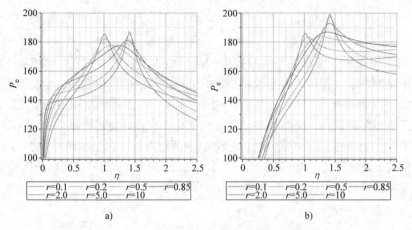

图 3.17　a）力激发与基激发振荡器的输出功率 P_e 与 b）基激发振荡器的输出功率 P_e

这样，前面的方程描述了力激发能量收集装置的机械输入功率。在应用了一些简化规则后，方程变为

$$P_m = \frac{\left(2D\eta + \dfrac{c^2 r\eta^2}{1+r^2\eta^2}\right)\eta}{\left(1-\eta^2 + \dfrac{c^2 r^2\eta^2}{1+r^2\eta^2}\right)^2 + \left(2D\eta + \dfrac{c^2 r\eta}{1+r^2\eta^2}\right)^2}\frac{\omega_0}{k}\underline{F}^2 \qquad (3.46)$$

基激发能量收集模型的机械功率可以用同样的方法处理，得到

$$P_m = \mathrm{Re}(\mathrm{j}\eta^3 H_b)\omega_0 k\underline{s}^2 \qquad (3.47)$$

为了了解功率如何依赖于电阻和激发频率，图 3.18（彩图见文后彩插）所示为不同电阻的功率函数。在每幅图中，当其中一个固有频率满足时，引入系统的机械能显然是最大的。然而，对于低频没有明显的能量供应。为了估计转换后的功率的比例，必须考虑效率的程度，也就是电力实际功率对机械实际功率的比率。

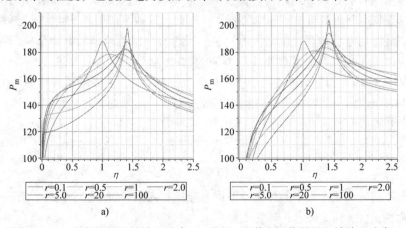

图 3.18　a）力激发的机械输入功率 P_m 和 b）基激发振荡器的机械输入功率 P_m

$$\eta_G = \frac{P_e}{P_m} \tag{3.48}$$

如图 3.19 所示（彩图见文后彩插）为两组曲线，其中绘制了效率相对于频率的曲线。所绘制的曲线是从一个基激发装置的分析中得到的，但它们对于力激发是等效的，因为不同的项抵消了。图 3.19a 中的曲线示出了一组不同电阻值的效率。可以看出，由于机械阻尼损耗，η_G 与频率的增加成正比。在设计能量收集系统时，应该记住这种效应。当负载主要是电阻性时，总电阻应该相当小。在图 3.19b 中的一组曲线显示了对耦合 c 的依赖性。很明显，当 c 取较小值时，电功率与机械功率的比率也很小。因此，应使系数 c 最大化，使得压电耦合因子 k 大致为 1。

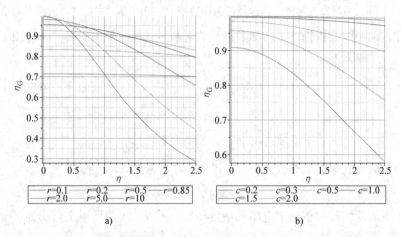

图 3.19　基激发振荡器的效率 η_G，a）用于一组电阻 r 和 b）用于一组耦合系数 c

将纯电阻负载连接到压电传感器上对于功率转换的基础研究是很有趣的。然而，电流能量收集电路也具有电感和电容特性。因此，这些术语引入了新的动态效应，分析必须扩展。当电感串联在电阻上时，这些元件与压电传感器的电容形成谐振电路。这一效应如图 3.20 所示（彩图见文后彩插），其中描绘了由力激发的系统的频率响应函数（见图 3.20a）和基激发（见图 3.20b）。在 $\eta = 1$ 时，前者的固有频率消失，当 r 相对较小时出现两个新的频率。这种动态效应是众所周知的，并且经常被用于半主动减振器。电感值可表示为

$$\omega_e = \sqrt{\frac{1}{LC} - \left(\frac{R}{2L}\right)^2} \tag{3.49}$$

从而使网络的固有频率与振荡器的固有频率相匹配。对于这个网络，分流器产生的功率 S_e 由式（3.36）确定，其变化为

$$\underline{S_e} = \frac{c^2 \underline{z} \eta^2}{1 + \underline{z}^2 \eta^2} \omega_0 k |\underline{u}|^2 \qquad (3.50)$$

这个方程考虑了系统的复杂功率，但是对于能量收集来说，只有同相部分是可用的。实际功率 P_e 的特性，即电阻器中转换的部分，如图 3.21 所示（彩图见文后彩插）。机械输入功率的计算方法与式（3.45）或式（3.47）相同。曲线的运行如式（3.22）所示。使用这些结果，可以计算效率的程度。与纯电阻负载相比，输出对输入的比率（见图 3.23，彩图见文后彩插）并不随着频率而持续下降。在图 3.23b 中，可以再次观察到，对于高耦合因子，大部分能量被获得。然而，在这两条曲线中，都有一个频率效率达到最大值。当考虑到调谐吸振器的理论时，这种效应变得更加明显。如上所述，电分流被调谐到系统的自然频率。因此，得到了一个新的二自由度系统。这个系统有两个固有频率，与它的振动模式相对应。当选择一个相对较小的电阻时，振荡器就成为一个无阻尼的减振器。因此，在图 3.20a 中可以看到红线（$r = 0.01$）。对于这样的吸收器，两个质量都以第一固有频率的相位运动。在第二自然频率中，质量振荡出相位，这意味着它们向相反的方向运动。这些频率之间的频率响应函数为零。这是减振器的调谐谐振频率。当这个装置被应用到一个结构中时，原来的系统停止运动，只有吸收器在振动，因为所有的能量都转移给它。对于能量收集器，这意味着在这个频率下机械系统保持静止，大部分能量被能量收集电路吸收。当阻力增加时，这种效应会减弱，直到不再明显。如果电阻增加到只有边缘电流存在的程度，那么系统就再次成为一个单自由度振荡器。这种效应在图 3.20 中可以看到。固有频率收敛于具有开路电极的结构。图 3.22 所示为机械输入功率，图 3.24 所示为基激发振荡器频率（彩图见文后彩插）。

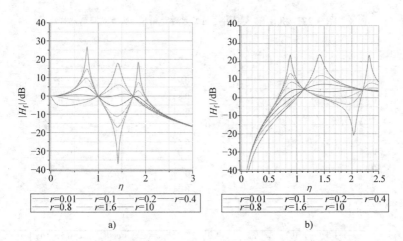

图 3.20　RL 并联时，a）力激发频率响应函数和 b）基激发

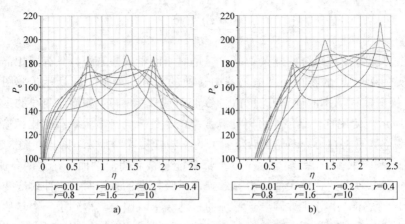

图 3.21　a）力激发振荡器的输出功率 P_e 与 b）基激发振荡器的输出功率 P_e

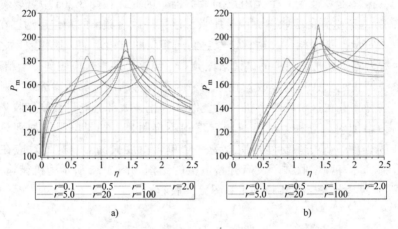

图 3.22　机械输入功率，a）力激发和 b）基激发振荡器

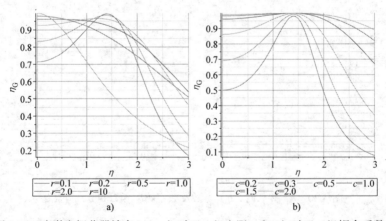

图 3.23　力激发振荡器效率 η_G，a）对于一组电阻 r 和 b）对于一组耦合系数 c

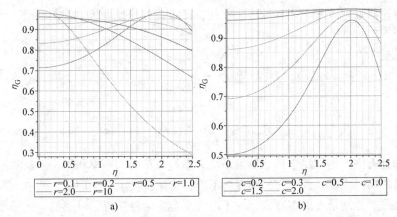

图 3.24　基激发振荡器效率，a）对于一组电阻 r 和 b）对于一组耦合系数 c

3.5　几种相同传感器的应用

在前一节中，假设振动结构只使用一个压电传感器。然而，为了提高压电传感器能量收集系统的性能，可能需要在结构上应用多个传感器。由于实际原因，传感器不能连接到不同的收集电路，但必须串联或并联。

压电弯曲梁已被证明是将振动能量转化为电能的微型发电机的一种很有前途的方法，特别适用于能量自给型传感器节点的设计。由于这些发电机有一个特性特征频率，在这个频率上它们产生最大的电力，它们通常是被调谐到环境的主要频率。在本节中，研究了几个相同的发电机在一个振动结构上的应用，以计算获得的能量。本节将对这些组合进行分析，并通过实验分析证明结果。

3.5.1　分析考虑

作为发电机工作的压电传感器可以用如图 3.25 所示的等效电路表示为一阶近似（非耦合分析）。C_p 是压电传感器的电容，I_p 是压电陶瓷机械激励产生的电流。对于宽度为 b，长度为 l 的压电片，在平面应力的假设下，电流可以写成

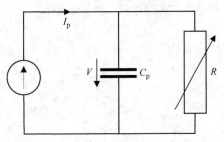

图 3.25　压电传感器的等效电路

$$I_p(t) = \frac{d_{31}}{s_{11}+s_{12}} bl \frac{d\epsilon}{dt} \tag{3.51}$$

假设传感器的谐波激励等效电路 $\left[I_p(t) = \hat{I}_p(t)\sin(\omega t) \right]$ 产生电流和电压的复数表示法

$$\underline{I_R} = \frac{1}{1+j\omega RC_p}\hat{I}_p, \quad \underline{V_R} = \frac{R}{1+j\omega RC_p}\hat{I}_p \tag{3.52}$$

改变连接电阻 R 导致电压幅度的变化，可以找到最佳电阻值，在该值下获得最高的电力：

$$P = \frac{\hat{I}_p{}^2 R}{1 + \left(\omega R C_p\right)^2} \qquad (3.53)$$

$$R_{opt} = \frac{1}{C_p \omega}, \quad P_{max} = \frac{\hat{I}_p{}^2}{2\omega C_p} \qquad (3.54)$$

考虑到有两个相同压电传感器的系统，它们在相同的频率和相位下被激发，但是由于不同的局部应变条件，它们的振幅不同，这就提出了一个问题，即两个发电机的组合在获得的总能量上能多有效。对于电气组合，两种配置是可能的。传感器可以串联或并联。应该检查哪种配置更适合于能量收集，以及两个传感器的组合与两个独立的系统相比性能如何。

3.5.2 两台发电机串联连接

假设 $C_1 = C_2 = C$，I_1 和 I_2 同相（见图 3.26），可得出如下方程

$$\underline{I_R} = \frac{\hat{I}_1 + \hat{I}_2}{2 + j\omega RC}, \quad V_{max} = \frac{\hat{I}_1 + \hat{I}_2}{\omega C} \qquad (3.55)$$

$$R_{opt} = \frac{1}{C\omega}, \quad P_{max} = \frac{1}{4}\frac{\left(\hat{I}_1 + \hat{I}_2\right)^2}{\omega C} \qquad (3.56)$$

最大电压是单个发电机的两个最大电压的和，并且最佳电阻值是每个单个发电机的最佳电阻值的两倍。组合的最大功率不等于单个发电机的最大功率之和。并联配置（见图 3.27）结果具有相同的假设

$$\underline{I_R} = \frac{\left(\hat{I}_1 + \hat{I}_2\right)}{2 + j\omega RC}, \quad V_{max} = \frac{\left(\hat{I}_1 + \hat{I}_2\right)}{\omega C} \qquad (3.57)$$

$$R_{opt} = \frac{1}{C\omega}, \quad P_{max} = \frac{1}{4}\frac{\left(\hat{I}_1 + \hat{I}_2\right)^2}{\omega C} \qquad (3.58)$$

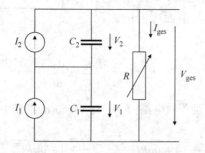

图 3.26 等效电路串联连接

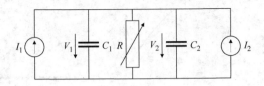

图 3.27 等效电路并联

　　最大电压是单个最大电压的算术平均值。最佳电阻值是单个发电机最佳电阻值大小的一半，因此为串联连接的1/4。最佳功率与串联连接相同。

3.5.3 结果讨论

　　对电阻绘制电压（见图 3.28a）显示了配置对开路电压的影响，给出了单个最大电压的和或平均值。如果电阻用对数表示，功率图（见图 3.28b）是对称的。具有串联或并联设置的功率最大值在同一功率级上以单台发电机功率最大值的左右两个因子排列。在最大能量输出方面，串联和并联连接是相同的。然而，最佳电阻以及由此产生的电流和电压值是不同的，这在实际应用中将给予两个备选方案之一的优先权。值得注意的是，最大功率的值并不是简单地加起来。如图 3.29 所示，通过表示两个电流源的振幅的比值 $\eta_1 = \hat{I}_2 / \hat{I}_1$，我们可以看到各个功率（红线）、具有电组合的功率（黑线）和单个功率之和（绿线）之间的连接。与两个单独的系统相比，产生更少的功率。仅对于相等振幅的便利情况（$\eta_1 = 1$），收获的总功率等于单个功率的和。对于其他比率，发电机的性能总是比两个单独的发电机差。对于 $\eta_1 < \sqrt{2} - 1$ 以及 $\eta_1 > \dfrac{1}{\sqrt{2} - 1}$，这两种组合产生的能量甚至比单个发电机还要少。在这种情况下，另一种压电传感器的加入会对整体能量平衡产生负面影响。如果要将多个传感器组合到单个发电机上，则有必要确保单个发电机应变振幅的差异不会变得太大。图 3.30 所示为铝梁两侧有压电片。图 3.28 ~ 图 3.31 对应的彩图见文后彩插。

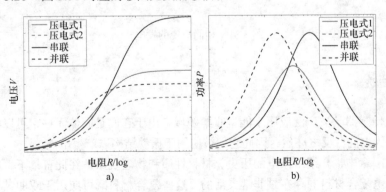

图 3.28 电压和功率与电阻关系

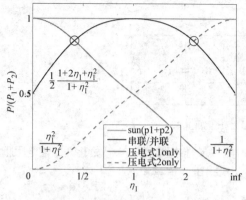

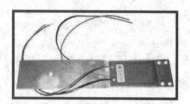

图 3.29   两个压电发电机的相对功率   图 3.30   铝梁两侧有压电片

3.5.4   实验验证

为了验证所得到的分析结果，在实验上进行了一系列的测量。在不同的位置，压电片被连接到铝梁上。它在一端被夹住，在另一端被谐波激励，频率远低于第一弯曲本征频率。因此，已经确保了贴片的同相激励（或者在相反应用的情况下反相，这可以通过交换电路点转移到同相模式）。结果表明，在相等振幅的情况下，功率总和如图 3.31a 所示。在振幅不同的情况下，在仅使用较高负载补丁获得的功率下，通过组合获得的功率甚至下降（见图 3.31b）。

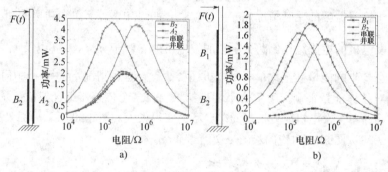

图 3.31   相同应变的发电机

3.6   结论

压电传感器已被广泛应用于能量收集领域。由于它们是固体元件，可以将机械能直接转化为电能，反之亦然，因此它们被应用于振动结构以产生电能。

在这一章中，介绍了压电的历史、材料性质和物理现象。在此背景下，应该强调的是，压电复合材料的存在是非常灵活的。这些复合材料既可应用于双曲结构，也可应用于柔性结构。

介绍了两种用于压电传感器的模型，以演示从机械能到电能的转换。因此，我们使用线性质量块 - 弹簧 - 阻尼器系统，它由电阻加载，这固然是一个学术例子，但其他方面也很适合理解压电功率转换的基本原理。并且，将谐振电路应用于该结构的模型，以显示连接电路的动态特性如何影响可收获电力的量。此外，还介绍了几种相同的压电发电机在振动结构上的应用是如何影响获得的总能量的。

当用于功率管理和存储的更复杂的网络连接到传感器时（参见第 7 章），这种分析方法将变得不适用。当机械结构的几何结构更加复杂时，也会发生同样的事情，这在许多工程应用中很常见。因此，我们建议使用数值方法，如有限元法、电子电路模拟器或其他计算机辅助方法来找到最佳的操作参数。

参考文献

1. L. Kong, W. Zhu, and O. Tan, Preparation and characterization of Pb(Zr$_{0.52}$Ti$_{0.48}$)O$_3$ ceramics from high energy ball milling powders, *Mater. Lett.* **42**, 232–239 (2000).

2. R. Ostertag, G. Rinn, G. Tunker, and H. Schmidt, Preparation and properties of sol-gel-derived PZT, *Br. Ceramic Proc.* **41**, 11–20 (1989).

3. K. Uchino and J. R. Giniweicz, *Micromechatronics* (Marcel Dekker, Inc., 2003).

4. *Catalogue from Physik Instrumente (PI)*. Physik Instrumente (PI) GmbH & Co. KG (2001). URL http://www.physikinstrumente.com.

5. H. Allik and T. Hughes, Finite element method for piezoelectric vibration, *Int. J. Numerical Methods Eng.* **2**(2), 151–157 (1970).

6. N. W. Hagood, W. H. Chung, and A. V. Flotow, Modelling of piezoelectric actuator dynamics for active structural control, *J. Intell. Mater. Syst. Struct.* **1**(3), 327–354 (1990). doi: 10.1177/1045389X9000100305.

7. H. A. Sodano, Estimation of electric charge output for piezoelectric energy harvesting, *Strain.* **2004**(40), 49–58 (2004).

8. G. Ottman, H. Hofmann, A. Bhatt, and G. Lesieutre, Adaptive piezoelectric energy harvesting circuit for wireless remote power supply, *IEEE Trans. Power Electron.* **17**(5), 669–676 (2002). ISSN 0885-8993.

9. C. D. Richards, M. J. Anderson, D. F. Bahr, and R. F. Richards, Efficiency of energy conversion for devices containing a piezoelectric component, *J. Micromech. Microeng.* **14**(5), 717–721 (2004). URL http://stacks.iop.org/0960-1317/14/717.

10. D. Guyomar, A. Badel, E. Lefeuvre, and C. Richard, Toward energy harvesting using active materials and conversion improvement by nonlinear processing, *IEEE Trans. Ultrason. Ferroelectr. Freq. Control.* **52**(4), 584–595 (2005).

11. E. J. Skudrzyk, Vibrations of a system with a finite or an infinite number of resonances, *J. Acoust. Soc. Am.* **30**(12), 1140–1152 (dec, 1958). URL http://link.aip.org/link/?JAS/30/1140/1.

12. D. J. Ewins, *Modal Testing: Theory, Practice and Application* (Wiley, August 2001), 2 edition.

第 4 章　电磁传感器

Dirk Spreemann 和 Bernd Folkmer

本章将介绍基于电磁工作原理的振动能量收集器的设计。近年来，不同的科学组织已经开发出了大量这样的传感器。通过对现有技术的总结，得出谐振式振动传感器及其机械和电磁子系统的设计的分析描述和基本工具。整个传感器系统的设计和优化可以体现在一个汽车应用的例子。

第 1 部分　技术现状

4.1　文献综述及电磁振动传感器的"现状"

近年来，许多研究机构开发了多种基于电磁的振动传感器。传感器的尺寸、电磁耦合结构、激励条件和输出性能均不相同。实际上，电磁谐振振动传感器已经是商业上可用的[2,3,5]。这些商用振动传感器通常作为附加元件，其体积一般大于 $50cm^3$，它们符合行业标准规范，如进入保护（IP 代码，IEC 60529）、操作条件（如温度范围、冲击极限等）或危险区域的电气设备要求（ATEX/IECEx）。然而，业界的要求表明，除了附加解决方案之外，对应用程序特定的解决方案还有很大的需求。这是因为在实际应用中，需要的输出功率、可用的振动水平以及整体的质量和体积会有很大的不同。此外，通常有必要将系统集成到现有的子组件中。特别是对于传感器体积是关键参数的应用，这些事实表明，振动传感器的可用输出功率只能用于特殊定制的应用开发。本章的主要目的是对电磁振动转换的最新研究成果进行基本概述。对传感器进行分类的一种合适方法是使用耦合体系结构，最常见的结构见表 4.1，其中振荡质量通常（并不总是）由磁铁提供。注意，这个表不完整。实际上，电磁振动转换的一个基本特征是，实现耦合体系结构有多种可能性。

在体系结构 A I 中，磁体在线圈内振荡。在文献［11］和文献［58］中提出了用离散磁体进行硅微机械加工的方法。在基于 MEMS 的系统中，弹簧通常由硅或聚合物制成，如 SU-8。为了实现宽带性能，提出了一种多模态谐振功率传感器。A I 还被认为是一种可植入中耳助听器[53]的传感器。本章参考文献［15，26，32］中使用了线性悬浮磁性弹簧元件对 A I 进行修改，如图 4.1 所示。注意，在非线性磁弹簧力旁边有一个试图旋转磁铁的扭矩。这个扭矩通常会引起磁体与磁体振荡的圆柱体之间的高摩擦损耗。为了减少摩擦，在文献［18］中提出了一种旋转悬置型。研究表明，非线性弹簧力可以在 30～60Hz 范围内手动调节谐振频率。

表 4.1　常用电磁耦合体系结构

"磁铁线内线圈"结构				
没有背铁			有背铁	
A Ⅰ	A Ⅱ	A Ⅲ	A Ⅳ	A Ⅴ
线圈 磁铁	线圈 磁铁	线圈 间隔 磁铁	线圈　Back Iron 磁铁	线圈　Back Iron 磁铁
"跨线圈磁铁"结构				
没有背铁			有背铁	
A Ⅵ		A Ⅶ	A Ⅷ	
磁铁 线圈		磁铁 线圈	Back Iron 线圈　磁铁	

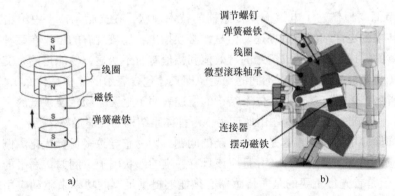

a)　　　　　　　　　　　　b)

图 4.1　a）线性悬浮磁性弹簧结构 A Ⅰ 的修改 b）
在文献［18］中使用了旋转悬浮版本来减少摩擦和调整谐振频率

　　在体系结构 A Ⅱ 中，磁铁没有被线圈完全包围，这种结构特别用于微型电磁振动能量收集器中。在文献［45］中给出了这种传感器的完全集成制造，其中采用了基于 NdFeB 粉末的微磁体技术。另一种基于微机械柔性聚酰亚胺薄膜和平面微线圈的传感器已在文献［16］中提出，研究了玻璃基片上具有聚酰亚胺膜的磁功能化 SU-8 和离散钕铁硼磁体。在文献［49］中，利用硅微加工（镍平面弹簧）和微电镀技术，实现了磁体两侧具有线圈的相同结构。在文献［4］和文献［9］中给出了 A Ⅱ 的精细机械实现。在后面的章节中，我们将使用梁结构的不同振动模式来实现宽带行为。

架构 A Ⅲ 与 A Ⅰ 非常相似，但是有两个磁体的极化方向相反。由于装配的复杂性，这种体系结构非常适合于精细机械实现。在振动转换方面，首先在文献［40］中应用了 A Ⅲ。为了给穿戴式传感器节点供电，文献［59］中也使用了 A Ⅲ。尽管有许多其他的出版物，广泛的优化计算已经被应用来寻找最有效的线圈和磁铁尺寸。架构 A Ⅳ 和 A Ⅴ 是第一个带背铁的架构，它们通常用于移动线圈扬声器。因此，已经做了很多理论工作，积累了很多设计经验。然而，到目前为止，这些架构的传感器并没有得到广泛应用[21,34,37]。

其他"绕线圈磁铁"类型的传感器架构均非常相似。在 A Ⅵ 中，两个极性相反的矩形磁铁在线圈上振荡。在 A Ⅶ 中，磁铁被安排在线圈的两侧。因此，在 A Ⅷ 中，使用背铁来闭合磁路。在此，为了提高电压输出，研究了多磁极阵列的使用。在文献［29］中介绍了一种硅微加工动圈的 A Ⅶ 版本。在文献［56］中，同一组建立了基于分立元件与微制造部件相结合的 A Ⅷ 传感器。在文献［48］中提出了一种纯精细机械传感器，其设计用于转换人体运动，如手臂摆动、水平足运动或行走过程中的上下重心运动。在文献［44］中，将 A Ⅷ 的动圈版本与分段线性弹簧一起使用，以实现宽带振动传感器。

4.2 文献的结论

前一节简要地概述了电磁振动传感器的技术现状。在文献［17］中给出了关于电磁能量转换的更详细的定量综述。但是，必须指出，比较现有的工作在某种程度上是相当微妙的。这是因为输出信号的有效值和幅值有时不明显，性能指的是交流电或直流电值（整流前/整流后），不同的约定（即具体包含表示的体积是什么），甚至重要数据被省略。然而，基于耦合体系结构的概述表明了电磁振动转换领域的巨大多样性。因此，一个非常基本的问题由此产生：哪种体系结构的性能最好？

对于面向应用的发展，这是一个复杂的问题，因为它导致多目标优化。例如，振动传感器应该便宜，批量处理，并且应该具有一定的形状因子（例如：扁平的、圆柱形的等），但是首先最重要的是，传感器必须能够提供足够的功率来驱动应用。基于 1cm³ 的结构体积（包含振荡质量静止位置的磁铁、线圈和回铁部件）和中尺度振动传感器的典型边界条件，在文献［20］和文献［21］中对表 4.1 所示的结构进行了优化比较。一个基本的结果是，磁铁的尺寸、线圈和后铁部件的尺寸对输出性能有重要的影响。此外，研究还表明，每种结构都可以在电压或功率最优条件下进行设计（见图 4.2）。对于有效的设计，重要的是能够确定这些最佳尺寸。这对于具有小构造体积或小振动水平的应用尤其重要，其中有用电压电平的产生（至少 1V 对于有效整流[13]是必要的）引起了挑战。文献综述中的另一个情况是，在大多数情况下，开发的方法是首先建立振动传感器，然后调整振动来表征。然而，在面向应用的发展中，需要走另一条路。这里的开发强烈地依赖于给定的振动特性。这是由于迄今为止大多数振动能量收集装置因为它们的共振性质而被不幸地限制于窄带操作。为了克服这个缺点，在开发有源可调振动传感器[10,25]或开发具有宽带特性的转换机构[24]方面做了很大的努力。对于有源可调谐器件，主要的挑战是用可用功率驱动控制和有源部分。

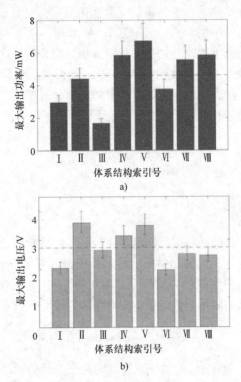

图 4.2　表 4.1 中体系结构的最大输出性能比较[20,21]：
a）最优输出功率与 b）输出电压。虚线曲线表示所有体系结构的平均值

第 2 部分将介绍共振电磁振动传感器的分析处理。将分别研究机械子系统和电磁子系统。在此基础上，将系统集成到谐振式电磁振动传感器的整体模型中，结果得到了一阶功率估计，并对机械振动的处理进行了讨论。第 3 部分将讨论基于 A II 的振动传感器原型的电磁耦合优化设计。这种发展是基于汽车发动机室的随机振动测量。因此，第 4 部分将讨论原型振动传感器的装配和实验特性。

第 2 部分　分析描述 —— 谐振式振动传感器设计的基本工具

4.3　谐振式振动传感器

本节综述了 4.1 节中关于电磁惯性振动传感器的现有工作，由此综述可知，振动

能量收集装置的设计是近年来的研究热点。最基本的分析理论在能量收集学会中是众所周知的。它是基于一个很好理解的线性二阶弹簧-阻尼器系统的基激发。振动传感器的具体分析是由 Williams 和 Yates[12] 首先提出的。自那以后，尽管其基本理论大同小异，但理论已经以各种各样的方式被修正和描述。即计算某一振动所能提取的最大输出功率，并考虑实际约束条件下的最优荷载阻力等参数的优化（如地震质量[51]内部位移的限制）。但是，必须指出，特别是后一种情况，除非不可能将分析模型的结果直接用于面向应用的开发的设计过程，否则是相当困难的。这是因为该理论基于简化假设，而简化假设通常与"真实情况"（例如，随机振动代替谐波激励或复杂的负载电路代替简单电阻）没有很好地关联。尽管如此，分析模型对于理解最重要的系统参数还是有用的，并且进一步提供了对整个系统行为的更深入的了解。

4.4 机械子系统

4.4.1 线性弹簧系统

使用振动传感器的目的是将振动能量转化为电能。通常假定传感器的能量转换和质量对振动源没有影响。只要传感器的质量远小于振动源的质量，这个假设就成立。振动传感器常用的单自由度线性力学模型如图 4.3 所示。它由弹簧频率为 k、地震质量为 m 和阻尼系数为 d 的阻尼元件组成。相对坐标的运动控制方程是 $z = x - y$。

$$m\ddot{z} + d\dot{z} + kz = -m\ddot{y} = m\omega^2 Y\sin(\omega t) \tag{4.1}$$

式中，Y 是激励的振幅。这个二阶微分方程的理论是众所周知的，在许多教科书中都有讨论[27,60]。式（4.1）的解很容易在频域中通过拉普拉斯变换得到：

$$(ms^2 + ds + k)Z(s) = -ms^2 Y(s) \tag{4.2}$$

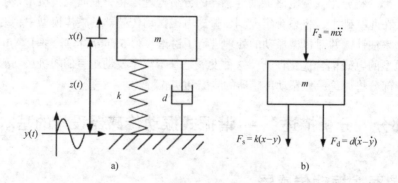

图 4.3　a）具有谐波基激发的谐振式振动传感器线性单自由度弹簧-阻尼器模型
b）具有惯性力 F_a 和与弹簧 F_s 和阻尼元件 F_d 相关联的力的振动质量的动态自由体图

整理无阻尼振荡的固有频率 $\omega_n = \sqrt{k/m}$，归一化阻尼因子 $\zeta = d/2\omega_n$，代入 $s = j\omega$ 可得到

$$G_{\text{mech}}(\omega) = \frac{\omega^2}{(\omega_n{}^2 - \omega^2) + 2\zeta\omega_n\omega j} \tag{4.3}$$

一般来说，如果激励是谐波函数，或者激励可以表示为谐波函数的傅里叶级数，则可以应用该解。式（4.1）在时域中的稳态解产生稳态运动的振幅和相位：

$$Z = \frac{m\omega^2 Y}{\sqrt{\left(k - m\omega^2\right)^2 + \left(d\omega\right)^2}} = \frac{r^2 Y}{\sqrt{\left(1 - r^2\right)^2 + \left(2\zeta r\right)^2}}, \quad \tan\varphi = \frac{d\omega}{k - m\omega^2} = \frac{2\zeta r}{1 - r^2} \tag{4.4}$$

曲线绘制如图 4.4 所示。

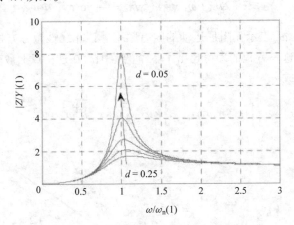

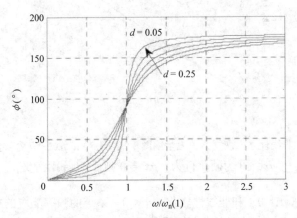

图 4.4 相对坐标下稳态运动的幅值和相位

4.4.2 非线性弹簧系统

对于振动传感器的设计，由于各种原因，理解非线性弹簧系统的性能也是重要

的。第一个原因是，如果挠度足够大，则任何实际弹簧都会出现非线性。除此之外，在某些情况下，可以使用非线性弹簧系统来增强输出功率。在文献［23］中首次研究了这种可能性。在文献［14］中提出了一种更适合于能量收集装置的非线性弹簧系统的分析处理方法。本节简要介绍非线性振动[33]的特性。

当弹簧施加的回复力不再与弹簧速率 k 成正比时，就会出现考虑到的非线性，可以表示为

$$f(x) = kx(1 + \mu x^2) \qquad (4.5)$$

式中，μ 是非线性参数，分别对于硬化弹簧为正值，对软化弹簧为负值（见图 4.5）。将振幅为 f_0 的强迫函数与式（4.5）相结合，得到相应的运动方程为

$$\ddot{x} + 2\beta\dot{x} + \omega_n^2 x + \omega_n^2 \mu x^3 = \frac{f_0}{m}\sin(\omega t + \Phi) \qquad (4.6)$$

式中，$\beta = d/2m$；ω_n 表示无阻尼运动的固有频率。该非线性微分方程可用 Ritz 平均法求解。然而，解这一方程的理论超出了本章的范围。在这一点上最重要的结果是位移幅值，它可以写成

$$\left[(k - m\omega^2)x_m + \frac{3}{4}k\mu x_m^3\right]^2 + x_m^2 d^2 \omega^2 = f_0^2 \qquad (4.7)$$

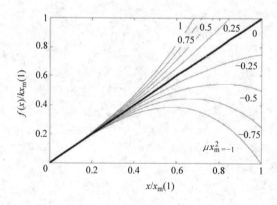

图 4.5 非线性立方恢复力的无量纲图［式（4.5）］，$\mu x_m^2 < 0$ 为软化行为，$\mu x_m^2 > 0$ 为硬化行为，$\mu x_m^2 = 0$ 则得到纯线性弹簧

非线性硬化（$\mu > 0$）和非线性软化（$\mu < 0$）系统的频率响应的典型曲线如图 4.6 和图 4.7 所示。频率增大的情况，振幅函数通过 A、B、C 和 D，对于频率减小的情况，通过 D、E、F 和 A，这种效应也被称为跳跃现象。因此，尽管线性系统，非线性系统的状态是依赖于过去的情况。我们注意到，即使非线性系统的幅度响应显示出更高的带宽，在这种情况下要求一般优势也非常微妙。这样做的原因是，可能很难保证系统在应用程序中在分支 F 和 B 之间而不是在 E 和 C 之间运行。

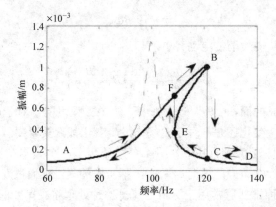

图 4.6　非线性硬化系统的频率响应，虚线表示线性系统的响应

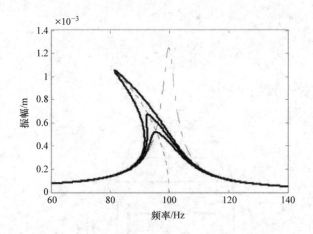

图 4.7　不同阻尼因子下典型非线性系统的频率响应，虚线就是所谓的骨架曲线

4.5　电磁子系统

4.5.1　电磁感应基础

电磁振动传感器的输出功率性能很大程度上取决于电磁耦合的设计。磁体、线圈和磁路零件的尺寸、材料性能或几何形状等因素在设计过程中起着至关重要的作用。但是，文献中发现的结论往往是基于简化假设。这是因为对于无铁系统，磁场的分析计算相当复杂，对于有背铁的系统，甚至是不可能计算的。但是，仍有必要从法拉第电磁感应定律出发，了解磁传导机制的基本理论。磁通量可表示为

$$\varphi = \iint_A B \mathrm{d}A \tag{4.8}$$

给出感应电压（即所谓的电动势）

$$\varepsilon = -\frac{\mathrm{d}\varphi}{\mathrm{d}t} = -\left(\frac{\mathrm{d}A}{\mathrm{d}t}B + \frac{\mathrm{d}B}{\mathrm{d}t}A\right) \tag{4.9}$$

式中，A 为线圈围成的面积；B 为磁通密度。这个方程表明，对于磁感应来说，磁场是在恒定区域内发生变化还是在恒定磁场内发生变化都无关紧要。实际上，这个特性提供了电磁耦合的广泛实现的基础。图 4.8[51] 给出了一个基本布局，为式（4.9）括号中的第一项。尽管电动势是根据式（4.9）括号内的第二项通过发散磁场产生的，但由于计算简单，这种排列通常用于分析计算。这种处理将在第 4.8 节详细研究。N 匝绕组线圈重叠面积的变化遵循 $N \cdot \mathrm{d}A / \mathrm{d}t = Nl \cdot \mathrm{d}Z / \mathrm{d}t = Nl\dot{z}$。电动势变为

$$\varepsilon = -NBl\dot{z} \tag{4.10}$$

结合式（4.9）和式（4.10）可以得到

$$\varepsilon = -\frac{\mathrm{d}\varphi}{\mathrm{d}Z}\frac{\mathrm{d}Z}{\mathrm{d}t} = -NBl\dot{z} = k_t\dot{z} \tag{4.11}$$

式中，k_t 是所谓的转导因子。

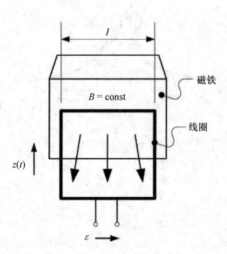

图 4.8 线性电磁传感器的常用模型，矩形截面恒定
磁场下的感应线圈，在磁体边界之外，假设磁场为零

4.5.2 电气网络表示法

在应用中，电负载将是一个复杂的模拟和数字电子负载电路。在振动传感器的分析中，负载电路的欧姆损耗可以用电阻器 R_{load} 串联到线圈电阻 R_{coil} 和线圈电感 L_{coil} 来

表示，如图 4.9 所示。控制方程为

$$L_{coil}\dot{i}(t)+\left(R_{coil}+R_{load}\right)i(t)=-NBl\dot{z}(t) \tag{4.12}$$

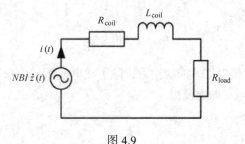

图 4.9

在频域中，随着负载电阻上电压的变化，这个微分方程变成

$$G_{emag}(s)=\frac{V(s)}{Z(s)}=\frac{-NBlR_{load}s}{L_{coil}s+R_{coil}+R_{load}} \tag{4.13}$$

如果知道线圈绕组的铜填充系数，就可以很容易地计算出空气芯线圈的电感和电阻。因此，铜填充系数定义为总导线面积（不隔离）A_1 与绕组面积 A_w [41] 截面积的比值，即

$$k_{co}=\frac{A_1}{A_w}=\frac{\pi d_{co}{}^2 N}{4A_w} \tag{4.14}$$

值得注意的是，理论计算时，铜填充因子线直径不可能小于 200μm，因为线是零散的，绕组随机发生。但是，在小型化振动的线径通常小于 200μm。在这种情况下，需要实验确定。对于给定的铜填充系数 k_{co}、纵向线圈匝数 N_{long} 和横向线圈匝数 N_{lat} 可以这样计算：

$$N_{long}=\frac{2h_{coil}}{d_{co}\sqrt{\pi/k_{co}}},\qquad N_{lat}=\frac{2\left(R_o-R_1\right)}{d_{co}\sqrt{\pi/k_{co}}} \tag{4.15}$$

已知每米的电阻 R'（漆包线采用 IEC 60317），电阻为

$$R_{coil}=N2\pi\frac{\left(R_o-R_1\right)}{2}R' \tag{4.16}$$

式中，绕组数 $N=N_{long}N_{lat}$。电感可以根据惠勒近似 [51] 来确定：

$$L_{coil}=\frac{3.15\times10^{-5}R_m{}^2N^2}{6R_m+9h_{coil}+10(R_o-R_1)'} \tag{4.17}$$

式中，R_m 为 $\frac{\left(R_o-R_1\right)}{2}$ 给出的中间半径。对于低频的应用，可以进一步简化电网络。在这种情况下，线圈的电抗值远远大于其电感值。图 4.10b 所示为 100Hz 频率和不同绕组区域的电阻（实部）与电感的电抗（虚部）之比。结果表明，即使在异常大的绕组

区域，电抗也远低于电阻的 10%。为了简化问题，忽略电抗是合适的。在这种情况下，可以使用 EDAM（电域模拟匹配）[46] 获得阻抗匹配条件，从而获得负载的最大功率传输

$$R_{\text{load,opt}} = R_{\text{coil}} + \frac{k_{\text{t}}^2}{d_{\text{m}}} \tag{4.18}$$

式中，d_{m} 为剩余的机械阻尼效应。注意，除了在电气领域中众所周知的电阻匹配外，这种方法还包括机械阻尼的电模拟。

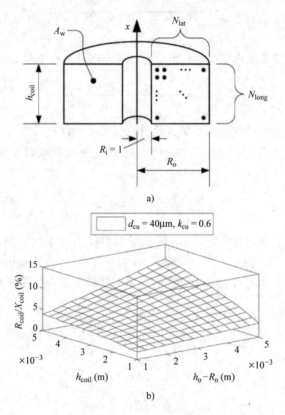

图 4.10   a）内径为 1mm 的圆柱形空心线圈的实例，b）对于 100Hz 的示例线圈的不同绕组面积 A_{w}，电阻 R 线圈与电抗 X 线圈的比例百分比。对于典型的绕组区域，电阻占阻抗的主导地位。

4.6   整体系统

4.6.1   常见行为

前面的部分讨论了振动传感器的机械和电磁子系统。这些子系统现在可以组合成

一个整体系统模型。机械域（质量的输入力和相对速度）和电磁域（EMF 和感应电流）通过传导因子 k_t 相关。对于闭合电路条件，电动势电压将引起电流流动。根据楞次定律，这个电流反过来又产生了一个磁场，这个磁场与原磁场相反。反馈的机电力［连同式（4.11）和欧姆定律］可表示为

$$F = k_t i = \frac{k_t^2}{R_{coil} + R_{load}}\dot{z} \tag{4.19}$$

因此，耗散反馈机电力可以用速度成比例的黏性阻尼元件表示，其阻尼系数为

$$d_e = \frac{k_t^2}{R_{coil} + R_{load}} = \frac{(NBl)^2}{R_{coil} + R_{load}} \tag{4.20}$$

现在式（4.2）式（4.13）可以组合成整体输入力，电动传感器的输出电压传递函数为

$$G_{overall}(s) = \frac{V(s)}{F(s)} = \frac{NBlR_{load}s}{(ms^2 + d_m s + k)(Ls + R_{coil} + R_{load}) + \frac{(NBl)^2}{R_{load}}s} \tag{4.21}$$

其中振动的位移 $Y(s)$ 被强迫函数 $F(s) = -mY(s)s^2$ 代替。如果电感可以忽略不计，则式（4.21）化简为

$$G_{overall}(s) = \frac{V(s)}{F(s)} = \frac{NBlR_{load}s}{\left(ms^2 + (d_m + \frac{(NBl)^2}{R_{load}})s + k\right)(R_{coil} + R_{load})} \tag{4.22}$$

对于系统和子系统，100Hz 系统的幅值和相位响应如图 4.11 所示。虚线表示电感的影响。在谐振频率范围内几乎不受可观测电感的影响。图 4.12 所示为 Matlab/Simulink^R 仿真的对应框图。

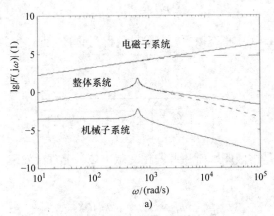

图 4.11 子系统和整个传感器系统的幅值

a）和相位 b）响应。虚线表示电感的影响

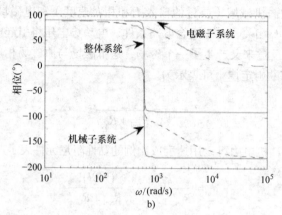

图 4.11 子系统和整个传感器系统的幅值 a）和相位 b）响应。虚线表示电感的影响（续）

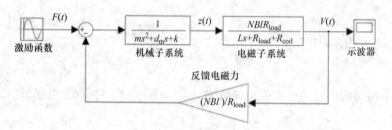

图 4.12 Matlab/Simulink 仿真传感器的整体模型框图

4.6.2 一阶功率估计

式（4.19）表明电磁传导机制可以用耗散速度比例阻尼元件来表示。因此，从振动中获取的最大功率与阻尼器中耗散的功率有关。加上 $F(t) = d_e \dot{z}$，瞬时耗散功率变为

$$P(t) = \frac{1}{2} d_e \dot{z}^2 \qquad (4.23)$$

速度是由式（4.4）中稳态振幅的一阶导数得到的。由此产生的电能就变成了

$$P = \frac{m \zeta_e \left(\dfrac{\omega}{\omega_n} \right)^3 \omega^3 Y^2}{\left(1 - \left(\dfrac{\omega}{\omega_n} \right)^2 \right)^2 + \left(2 \left(\zeta_e + \zeta_m \right) \dfrac{\omega}{\omega_n} \right)^2} \qquad (4.24)$$

这个基本方程是由威廉姆斯和耶茨在文献［12］上首次发表的。当共振满足时，式（4.24）可以简化为

$$P = \frac{m \zeta_e \omega_n^3 Y^2}{4(\zeta_e + \zeta_m)^2} = \frac{m^2 d_e Y^2}{2(d_e + d_m)^2} \qquad (4.25)$$

回顾一下，基激发是纯谐波输入，输出功率也可以表示为输入加速度振幅的函数

$|\ddot{Y}| = Yw^2$：

$$P = \frac{m\zeta_e \ddot{Y}^2}{4\omega_n(\zeta_e + \zeta_m)^2} = \frac{m^2 d_e \ddot{Y}^2}{2(d_e + d_m)^2} \qquad (4.26)$$

因此，除了不受影响的振动参数外，输出功率取决于振荡质量和阻尼系数。阻尼系数的最佳比例（通过设置 $\mathrm{d}P/\mathrm{d}\zeta_e = 0$）是由 $\zeta_e = \zeta_m$ 给出的，这也符合式（4.25）[15] 的图像，如图 4.13 所示。但在振动质量较大时，在振动振幅较大或机械阻尼系数较小的情况下，电磁阻尼的最优值可能会超过允许的最大内部位移。在这种情况下，需要增加电磁阻尼，减小最大功率。详细的分析在文献［51］中给出。对于约束条件，通过重新整理式（4.4）中的稳态幅值，给出了最小允许阻尼系数：

$$\zeta_{e,\min} = \frac{1}{2r}\sqrt{r^4\left(\frac{Y}{Z_1}\right)^2 - \left(1 - r^2\right)^2} - \zeta_m \qquad (4.27)$$

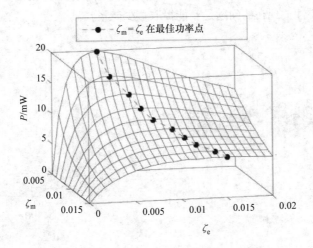

图 4.13　输出功率作为机电和机械阻尼的函数

式中，Z_1 为最大相对位移。这个表达式现在可以代入式（4.24），得到位移约束的输出功率。因此，在共振 $\omega = \omega_n$ 和 $r = 1$ 的条件下，再一次获得约束条件下最大功率

$$P_{cs,\max} = \frac{1}{2} m\omega_n^3 Z_1\left(Y - 2Z_1\zeta_m\right) \qquad (4.28)$$

4.7　机械振动的表征与处理

迄今为止，假设振动源是一个纯谐波函数。因为这种激励是确定性的，系统的响应也是确定性的。除此之外，对于任何确定性激励函数，只要系统是线性的，就不难用闭合形式表示响应。然而，在现实世界中，振动源可能是一个非确定性随机函数。

在这种情况下，不可能以闭合形式表达响应。对于传感器来说，评估最大能量共振频率和进行一阶功率估计是很重要的。这很容易在频域而不是时域分析中实现。

在大多数情况下，开发振动传感器的基础是测量振动源的加速度时间历程的集合。在下面，我们假设任何单一的样本函数都是"有代表性的"，并且可以作为振动传感器（遍历过程）开发的基础。图 4.14 所示为三个完全不同应用的不同示例振动谱。图 4.14a 的测量是在行驶路线中对汽车发动机的空气滤清器外壳进行的。在频域上，可以明显看出发动机的正确现象[19]。在隧道掘进机的凿子附近测量了图 4.14b 中的加速度剖面，并以图 4.14c 为例在混凝土制品的模具上测量了噪声谐波振源。对于多种技术振动源，最高加速度振幅主要在 200Hz 以下。根据式（4.26），最大输出功率与输入加速度幅值成正比。能量最高的振动频率分别是振动传感器的首选共振频率，可以立即从加速度谱中提取出来。如图 4.14a 所示，如果有两个或两个以上的加速度级别相同的频率范围，则建议选择带宽较高的频率范围，以减少谐振频率与振动频率匹配的必要性。现在的问题是：能提取多少能量？

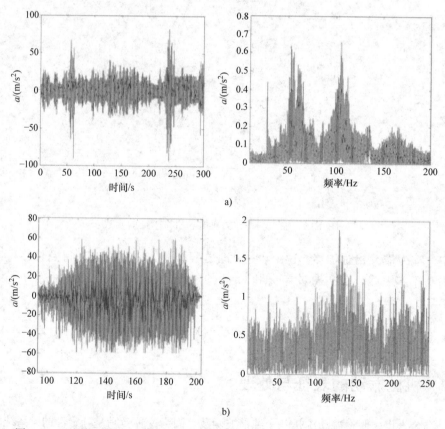

图 4.14　不同振源的加速度（左）和频率成分（右）。a）行驶在乡村路线时汽车发动机的空气过滤器外壳，b）靠近凿子的隧道镗床和 c）制造混凝土产品的模具

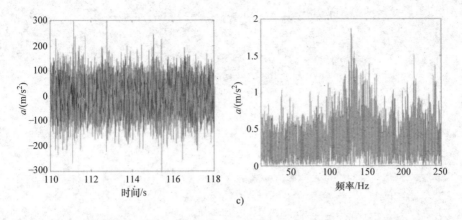

图 4.14　不同振源的加速度（左）和频率成分（右）。a）行驶在乡村路线时汽车发动机的空气过滤器外壳，b）靠近凿子的隧道镗床和 c）制造混凝土产品的模具（续）

　　将加速度振幅谱代入式（4.26）可得到一阶功率估计。实际上，这是一种简化，它假设振动传感器就像一个窄带通滤波器。对于空气滤清器外壳和隧道镗床的振动，一阶功率估计如图 4.15 所示。对于模具振动，假定高加速度振幅违反了内部位移约束。在这种情况下，显然使用式（4.28）进行功率估计（见图 4.16）。值得注意的是，这里的重点是找到最大可行的输出功率。然而，在实际应用的大多数情况下，设计这样的电磁阻尼元件是不可能的。防止振动传感器内部位移过大的一种方法是在谐振频率附近工作，从而减少了谐振频率与振动频率匹配的必要性。但是，最大输出功率将下降。

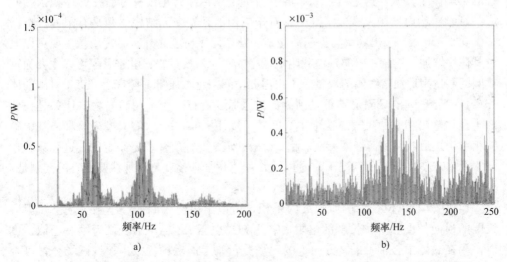

图 4.15　空气滤清器壳体 a）振动和隧道掘进机 b）振动的无约束振动的一阶功率估计

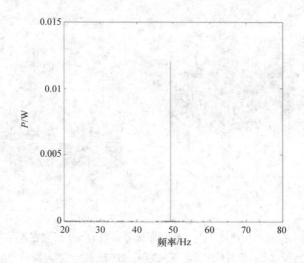

图 4.16　由于模具振动加速度幅值较高，宜采用约束条件进行一阶功率估计

4.8　分析得出的结论

在本节中，简要介绍了分析电磁振动传感器的基本内容。这些结果被用来了解机械和电磁子系统的行为，并确定最重要的参数，为整个系统提取功率。基于文献中的结果，对谐波和机械引起的随机激励进行了一阶功率估计。如文献中经常提到的且已经证实如果机械阻尼等于电磁阻尼系数，则可以实现最大的输出功率。然而，必须指出的是，尽管这个结论从理论的角度来看是有效的，但它对振动传感器的设计过程的影响微乎其微。这是由于基本的分析理论到目前为止没有考虑任何体积依赖效应的影响。然而，在大多数情况下，对于应用的开发来说结构体积是有限的。根据式（4.25）可知，输出功率与振荡质量成正比。除了密度之外，振荡质量主要可以通过其体积增加，这意味着实现电磁阻尼的空间更小。反过来，电磁阻尼可以主要通过线圈的数量来增加，线圈的数量也不再需要空间来增加质量。换言之，对于有限的体积条件，质量和电磁阻尼不再是独立的，这需要进行权衡。我们的主要任务是找到产生最佳输出功率的尺寸。这个中心问题可以用图 4.17 所示的模型来解释，其中磁铁相对于矩形截面的薄线圈移动。由 a、b、l 定义的建筑体积是固定的。这意味着在 a'' 减小和较少的绕组的情况下，通过增大 a' 来增加振荡质量。现在要回答的问题是：a'/a'' 的比值是多少？

通过 a'' 与单位长度的匝数 η 的乘积，可以给出薄线圈的绕组数 N。已知矩形线圈的横向长度和单位长度的电阻 R'，可知总电阻 $R_{coil}=4lR'N$。作为第一近似，可以使用在磁体中心轴上的 x 方向上的磁场分量来考虑磁场的减小，该磁场分量可表示为

$$B_x(x) = \frac{B_r}{\pi}\left(\begin{array}{c} a\tan\left(\dfrac{bl}{2x\sqrt{4x^2+b^2+l^2}}\right)\\[3mm] -a\tan\left(\dfrac{bl}{2(\alpha'+x)\sqrt{4(\alpha'+x)^2+b^2+l^2}}\right)\end{array}\right)\qquad(4.29)$$

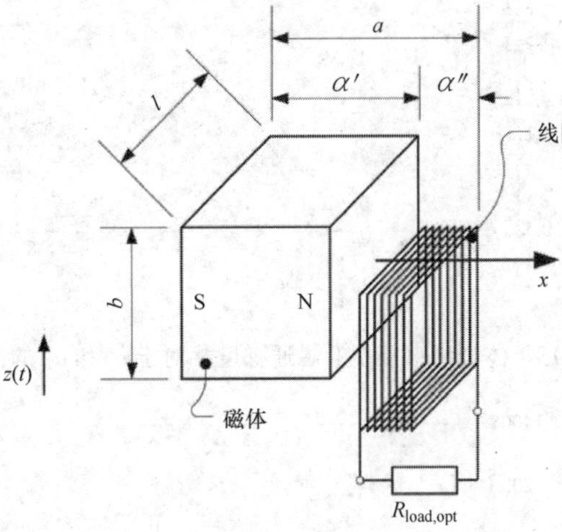

图 4.17　适用于研究体积依赖效应的谐振式电磁振动传感器模型

式中，B_r 为磁体剩余磁通密度。转导因子可以写成

$$k_t(x) = Nl\frac{1}{\alpha''}\int_0^{\alpha''}B_x(x)\mathrm{d}x\qquad(4.30)$$

图 4.18 所示为该函数的曲线图。注意，在这个计算例子中，转导因子在 $\alpha'/\alpha'' = 1$ 附近具有最大值。现在，根据式（4.18）可以计算出最佳的负载电阻。不同的机械阻尼系数的结果如图 4.19 所示。根据法拉第感应定律［见式（4.11）］，在考虑位移幅度［见式（4.4）］和电磁阻尼［见式（4.20）］的情况下，通过将欧姆定律应用于分压器，可以获得谐振时的输出电压：

$$V_{R_{load,opt}} = k_t(x)\frac{m\omega^2 Y}{\left(\dfrac{k_t(x)^2}{R_{coil}+R_{load,opt}}\right)+d_m}\frac{R_{load,opt}}{R_{coil}+R_{load,opt}}\qquad(4.31)$$

图 4.20 所示为各种机械阻尼因子的输出电压曲线图。显然，存在一个比例 α'/α'' 使得输出电压最大。关于转导因子，在更高的振荡速度下，这个最大值被转移到更高的 α'/α'' 值。最后一步，使用焦耳定律计算得到的输出功率为

$$P_{R_{load,opt}} = \frac{V_{R_{load,opt}}^2}{R_{load,opt}}\qquad(4.32)$$

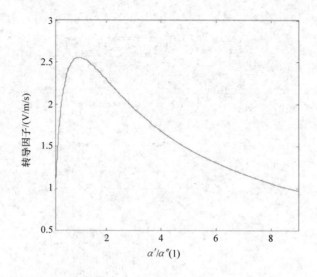

图 4.18 体积约束模型的磁通梯度相对于 α' 和 α'' 的比值

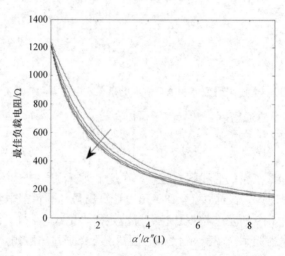

图 4.19 用 EDAM 计算的最佳负载电阻与机械阻尼因子有关

图 4.21 所示的结果表明，在输出功率达到最大时，还存在一个 α'/α'' 的最佳比。相对于输出电压，这个最佳比率再次移到较高的值，以达到更小的电阻 α'/α'' 值。在图 4.22 中给出了最优电压和最优功率点的阻尼比。从基本的分析理论出发，与 $de/dm = 1$ 的最优阻尼比相比，本结构体积约束计算实例的最优阻尼比低于甚至远低于可获得的最大阻尼比。尽管如此，最佳电压点对应于最大阻尼比。如前所述，这种不一致的原因是当结构体积受到约束时，振荡质量和电磁耦合就不是独立的。在这种情况下，需要找到最大化输出电压或输出功率的几何参数。在解析形式中，这种几何参数优化只能用于相当简化的假设，并且只能用于少数耦合结构。这是因为电磁器件的有效设计需要采用数值方法，特别是当使用铁磁导通部件的时候。

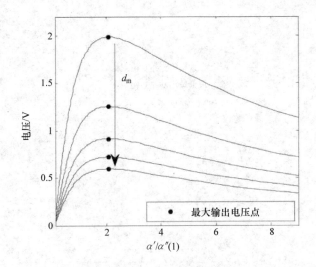

图 4.20　振动传感器的最大输出电压与 α' 和 α'' 的比例

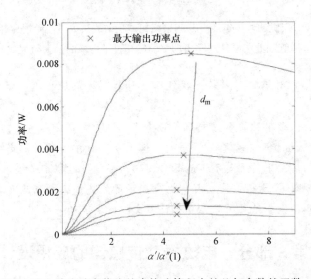

图 4.21　输出功率作为约束构造体积中的几何参数的函数

　　本章所介绍的所有结果，对电磁振动传感器设计过程中分析理论的使用提出了以下结论：

- 基本分析理论的结果对于理解子系统的行为、识别整个系统的最重要的参数以及研究这些相关性是非常重要的。
- 在考虑内位移极限等基本的实际约束条件下（特别是在随机激励条件下），输出功率方程对于进行一阶功率估计至关重要。
- 文献中经常指出，如果电磁阻尼因子等于机械阻尼因子，则输出功率最大。尽管从理论上看这是正确的，但对于受约束的结构体积条件，这是不适用的设计准则。

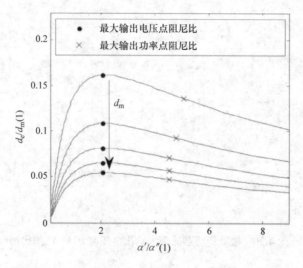

图 4.22 最优的输出电压点与约束结构体积中的最大可能阻尼比相匹配。
尽管如此，最佳的输出功率仍然超过了可能的最大阻尼比

- 当结构体积有限时，重点是找到磁体和线圈的最佳几何参数，而不是优化阻尼比。
- 知道存在一个单独的最优电压和功率优化设计很重要。
- 实现优化设计需要计算磁场分布。基于麦斯威尔方程组的解析解是非常困难的，有的情况下甚至是不可能的。因此，在设计过程中必须采用数值方法。
- 一旦振动传感器完成并且频率响应测量已经完成，分析理论在大多数情况下与精确模拟测量结果一致，正如许多文献所实现的一样。

第 3 部分　电磁振动传感器的应用设计

4.9　电磁振动传感器

引言部分的文献综述表明，许多不同的电磁耦合结构已经被许多研究机构所应用。然而，在许多文献中，常常省略了耦合架构的选择准则。除此之外，磁体、线圈以及存在的背铁部件的几何参数大多基于粗略简化的分析假设，如果不是直觉的话，就是经验。本节描述了一种虚拟的应用型电磁振动传感器的优化尺寸设计。注意，优化方法的基础理论主要基于 4.6 节的分析。但是，优化的一个重要部分是准确计算转导因子。因此，采用了圆柱永磁体的空间磁场计算方法。

4.10　可用振动：发展的基础

汽车发动机室（见图 4.23）是本章所述谐振振动传感器开发的预期运行环境示例。在这种环境下，发动机的振动特性与负载条件有关。因此，振动将以一种不可预见的方式随时间而改变。但是，我们可以利用将振动频率与转速关联起来的阶域分析来定义能量振动频率。所研究的四缸直列柴油机具有 n 阶特征频率，可表示为

$$f = \frac{rpm}{60}n \tag{4.33}$$

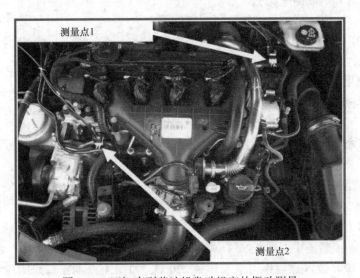

图 4.23　四缸直列柴油机发动机室的振动测量

式中，rpm 为每分钟转数。对典型负载情况（如城市、国家和公路行驶路线）中 rpm 测量的统计评估显示，在给定类型的发动机[19]中，最常见的 rpm 约为 1800r/min。最后一步中，这个结果可以用来确定最有能量的振动频率（收集器的期望共振频率）。图 4.24 所示为 n 阶本征频率随转数变化的曲线（所谓的坎贝尔图）。对于第二阶、第四阶和第六阶的转换，大多数能量共振频率分别为 60Hz、120Hz 和 180Hz。这些频率在图 4.14a 的加速度剖面中也是可见的。

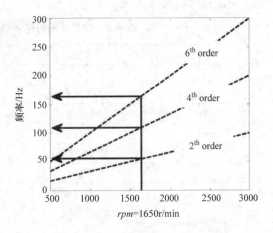

图 4.24　基于阶域分析（坎贝尔图）的四缸直列发动机预期主要振动频率

4.10.1   耦合结构与边界条件

将 4.1 节中介绍的架构与它们的输出电压和输出功率性能进行比较。在应用程序中应该尽可能选择输出性能最好的体系结构。但是，可能有附加或不同的参数作为基准，如封装、成本等。对于参考的实例，需要简单的组装和高电压产生能力，所以选择了振动传感器体系结构 A II。一般来说，输出电压在小型振动传感器（<1cm³）的发展中起着至关重要的作用，特别是当激励振幅也相当小的时候。但是，这种体系结构的特征是发电能力处于中等水平，并且磁路不闭合。由于存在这种非线性磁力，可能会干扰振荡和涡流损耗发生。

表 4.2 所示为典型中尺度振动传感器的基础边界条件。结构体积（见图 4.25）定义为在静止位置包含线圈和磁铁的圆柱体。半径 R_o 为 7.5 mm，高度 h 为 14.1 mm，体积为 2.5 cm³，此处忽略弹簧和壳体的体积，因为它们有多种表现形式。另一个固定的几何参数是静态部件和振荡部件之间的间隙。这种最小间隙是调整形状和位置公差所必需的。激励是一种 60Hz、2m/s² 的纯谐波振动（对于所考虑的操作环境来说是典型的）。永磁体最重要的材料参数是稀土铁硼磁体（NdFeB）的密度和剩余磁通密度。由于稀土磁体的残余磁通密度高，常

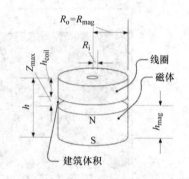

图 4.25　振动传感器设计的耦合体系结构

用于电磁振动传感器中。图 4.26[6] 对比了不同永磁材料及其最大能源产品开发潜力。根据材料等级，钕铁硼磁钢可以操作到 220°C，如图 4.27 所示。线圈应该由直径为 40μm 的漆包铜线制成，典型的铜填充系数为 0.6。图 4.28 所示为矢量势模型中磁体相当于电流片的示意图。

表 4.2   优化所用的整体边界条件的固定参数

符号	描述	取值	单位
几何尺寸			
V_{constr}	施工体积	2.5	cm³
R_o	外半径	7.5	mm
h	高度	14.1	mm
Z_{max}	最大内位移	1.5	mm
磁铁			
B_r	剩余磁通密度	1.1	T
ρ_{mag}	磁铁密度	7.6	g/cm³
线圈			
k_{co}	铜填充系数	0.6	1

（续）

符号	描述	取值	单位
d_{co}	线径	40	μm
R'	单位长度电阻	13.6	Ω/m
其他			
Y_{acc}	激振振幅	2	m/s²
F	激振频率	60	Hz
d_m	机械阻尼	0.1	N/m/s

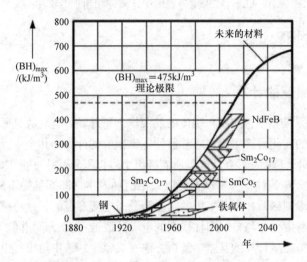

图 4.26 永久磁铁 $(BH)_{max}$ 的开发潜力[6]

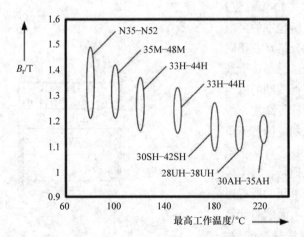

图 4.27 钕磁铁材料级的最高工作温度和剩余磁通密度

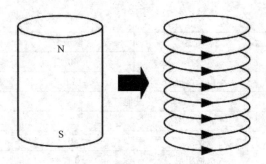

图 4.28 在矢量势模型中，磁体相当于电流片

4.11 优化过程

4.11.1 磁通梯度的计算

在参考的体系结构中，线圈与磁体的发散场平行移动。电动势是通过线圈转动导致恒定区域内磁场的变化而产生的。通常这种电磁耦合的计算是相当广泛的，因为它包含了数值方法。这里计算磁场并在线圈的所有绕组上进行积分。另一种可能是使用互感[54]。对于永磁体磁场分布的计算，基本上可以采用两种模型，即标量势模型和矢量势模型。标量势模型假设虚拟磁荷，本章采用的是基于分子电流观点的矢量势模型。其中，圆柱形永磁体的磁通密度分布与单层圆柱线圈的电流片磁通密度分布相同。在本章中使用的圆柱形永磁体静态磁场计算的基本半解析方法在文献［39］中给出。由于线圈匝的表面法线与磁化矢量的方向相同，只有与线圈表面法线平行的磁场分量才会引起线圈匝的磁通变化，这一点非常值得我们注意。根据式（4.8），通过积分每个线圈匝所包围的区域上的磁场的轴向分量来获得磁通量。随后，通过总结每个线圈匝的磁通来获得线圈的磁通量。为了降低计算复杂度，线圈的绕组面积被划分为若干单元，如图 4.29 所示。计算单元中心线圈匝的磁通量，这个磁通量代表了这个单元的所有匝数。因此，可以大大缩短计算时间，但结果仍然是准确的。磁通梯度是由磁通函数的导数给出的。

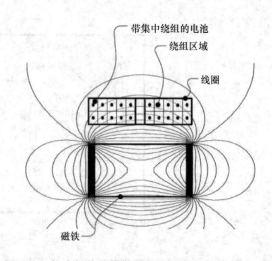

图 4.29 耦合架构的横截面。为了减少计算时间，将绕组区域划分成单元，并假定单元中的绕组数目集中在中心位置

4.11.2　一般计算方法

为了实现优化，需要能够独立于每个结构的几何参数计算出输出功率和输出电压。在 4.6 节介绍的分析工具的基础上，图 4.30 所示的流程图显示了执行这项任务的分析步骤。对于整体边界条件，第一步是定义一组可能的候选解。对于所考虑的体系结构，这将产生一个二维搜索空间，其中需要优化几何参数 R_i 和 h_{coil}。值得注意的是，磁铁的尺寸是由它们决定的。对于每个候选解，可以使用式（4.15）和式（4.16）进行线圈计算。根据所得到的绕组数目和内阻，如前一节所述，确定磁体静止位置处的线圈中的磁场和磁通量。根据 EDAM［见式（4.18）］确定产生最大输出功率的负载电阻时，线圈电阻和磁通梯度（它等于传导系数 k_t）的结果是必要的。在这方面，假定转导因子是常数，这导致模型的线性化。然后计算电磁阻尼系数［见式（4.20）］、产生的相对运动幅度以及 EMF［见式（4.11）］。最后一步，根据式（4.31）和式（4.32）计算输出功率和输出电压。注意，这个时候的输出电压与产生最大输出功率的负载电阻有关。

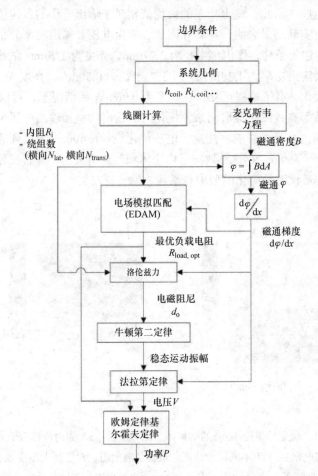

图 4.30　优化方法中使用的计算程序流程图。对每组几何参数，计算输出功率和输出电压

4.11.3 优化结果

　　所得到的线圈半径和高度的不同尺寸的输出参数（二维搜索空间）在图4.31所示的等值线图中表示。从内位移开始（见图4.31a）可以明显看出，振荡质量越高，内位移越高。由于振荡质量只取决于线圈高度而不取决于内半径，因此相对内位移振幅的等值线几乎是水平等值线。但是，对于较大的内半径，绕组的数量、电磁耦合以及电磁阻尼都会减小。因此，内部位移振幅略有增加。尽管存在内部位移，但对于较大的绕组面积（h_{coil}大，R_i小），内部电阻最高。这也适用于最优负载电阻（见图4.31b和图4.31c）。注意，与EDAM一致的是，由于机械阻尼电类似物的附加项，最佳负载电阻的绝对值大于线圈的内阻。更令人兴奋的是转导因子的结果（见图4.31d），其中一个最优是在定义的设计域内。然而，此时的目标不是优化转导因子，而是优化输出电压和输出功率（见图4.31e和图4.31f）。对于转导因子，输出电压的最优值被移到更小的线圈高度，换句话说就是更高的振荡振幅。这是合理的，因为电动势取决于转导因子和振荡速度。因此，输出功率的最优值相对于输出电压的最优值进一步转移到更小的电阻上。实验结果表明，对转导因子、输出电压和输出功率分别进行了优化设计。对于给定的边界条件，即内部半径为3.07mm、高度为1.70mm的线圈，在电压为1.88V时，最大输出功率为1.38mW。对于内半径为0.50mm、高度为3.67mm的线圈，输出电压最大化。有了这些尺寸，在功率为0.96mW的情况下，可以得到3.73V。其余的参数可以从等高线图中提取出来。优化后的输出功率和输出电压尺寸对线圈高度的影响大于线圈内半径的影响。注意，电压优化设计（400μm）得到的内位移幅度小于功率优化设计（560μm）。这种效应是由于体积约束造成的，并且已经在电压最优时的阻尼大于功率最优时的简化模型中观察到（见图4.22）。

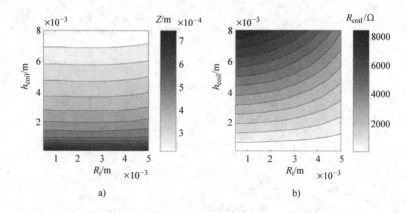

图4.31　优化结果为1cm³的结构体。图中所示，a）为内位移幅值；
b）为线圈电阻；c）为不同尺寸线圈的最佳负载电阻。对于最大限度地利用
d）磁通梯度、e）输出电压和f）输出功率，肯定有不同的最优参数

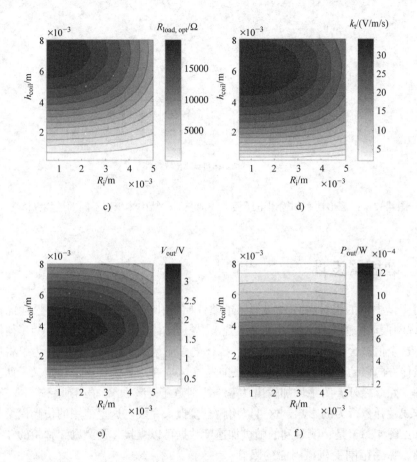

图 4.31　优化结果为 $1cm^3$ 的结构体。图中所示，a）为内位移幅值；
b）为线圈电阻；c）为不同尺寸线圈的最佳负载电阻。对于最大限度地利用
d）磁通梯度、e）输出电压和 f）输出功率，肯定有不同的最优参数（续）

　　结果表明，对于结构体积约束条件，输出功率和输出电压分别存在最优尺寸。为了最大限度地提高输出性能，能够找到这些最佳尺寸是非常重要的。否则，可用的激励将不被有效地使用。例如，具有 3mm 高度（而不是 1.07mm）的线圈已经导致最大输出功率下降约 40%。在这种优化中，构造体积的尺寸产生纵横比为 0.53。这是功率和电压优化设计的最佳纵横比之间的良好折衷。图 4.32 所示为其他纵横比的最大输出功率和输出电压。

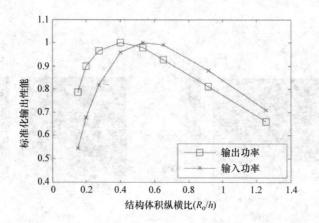

图 4.32 在输出功率和输出电压最大的情况下，结构体积有不同的最优纵横比

4.12 谐振器设计

对于谐振器的设计，首先必须知道惯性质量和期望的谐振频率。根据优化结果（所考虑的振动传感器应工作在功率最优），最佳磁体高度为 10.90mm。为了使用标准磁铁，这个值被舍入到 10mm。因此，磁体的总质量是 13.43g。注意，为了将尺寸向电压最佳方向移动，宜向下舍入而不是向上舍入。在边界条件中已经定义了期望的共振频率。除此之外，为了增加输出功率（特别是随机激励），值得研究式（4.5）中定义的非线性弹簧行为的影响，这可以用瞬态模拟来完成。这里使用的仿真模型的基本特征（见图 4.33）是：测量到的随机加速度数据可以直接作为激励，弹簧的非线性可以调整，振荡范围受机械阻滞的限制（对于任何面向应用的设备都是如此）。

在仿真中，可以使用部分弹性碰撞[8]来包含后者。对于不同的线性和非线性弹簧（淬火和软化），记录了在黏性电磁阻尼元件中耗散功率的方均根值。不同内位移极限的典型模拟结果如图 4.34 所示。注意，最大能量共振频率与阶域和频域分析是一致的。对于图 4.34a 1mm 和图 4.34b 1.5mm 的内位移极限（如边界条件中规定），二阶的转换比四阶的转换更有效，非线性弹簧不具有优势。

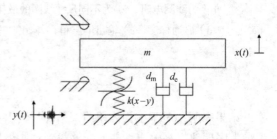

图 4.33 用于瞬态模拟的谐振传感器总体模型

然而，如果能够提高内位移极限，四阶的转换效率会更高，非线性淬火弹簧可以产生最高的输出功率（见图

4.34c)。但是，在不违反由弹簧材料引起的疲劳极限的情况下，内位移不能任意增加。对应的 Wölher 曲线（也称为 S-N 曲线）如图 4.35 所示。根据这条曲线，机械应力水平必须远低于 410MPa，才能保证弹簧元件的无限使用寿命。注意，由于振动传感器中的循环量很大，这是一个相当关键的设计标准。基于有限元的谐振器系统模态分析［包含弹簧元件、磁铁和提供磁铁与弹簧之间距离的支撑部分（见图 4.36）］如图 4.37 所示。弹簧梁的宽度和长度决定了共振频率。然而，在考虑的应用中，准确匹配谐振频率并不那么重要。公差 60±5Hz 还是可以接受的。第三种模式（纯线性振荡）用于能量转换，而前两种模式的谐振器是不必要的。模式 3 的弹簧应力如图 4.38 所示。由于振动质量高，弹簧常数也相当高。因此，在 1mm 内位移下的预期应力水平已经导致了疲劳问题。所以，内部位移需要减少，以便操作远低于疲劳极限。从严格意义上讲，这一事实改变了边界条件，优化计算应该重复进行。这强调了最优谐振传感器的开发不是直接进行的，而是一个迭代过程。

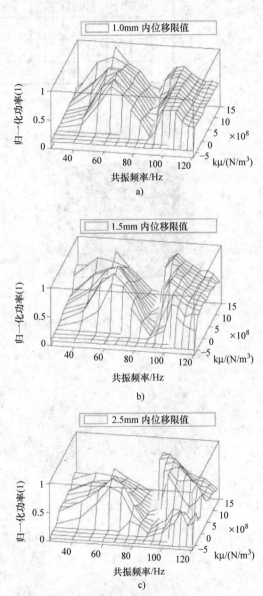

图 4.34　不同内位移限值下，归一化输出功率依赖于弹簧的谐振频率和非线性。第二和第四阶转换很明显。在 1.5 mm 内位移时，四阶转换效率更高，采用非线性硬化弹簧可获得最大的输出功率

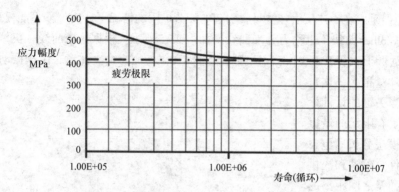

图 4.35　典型弹簧材料 $CuSn_6$（R550）的曲线[7]

磁铁(NdFeB)

磁铁支架(塑料)

弹簧元件($CuSn_6$)

图 4.36　谐振器组件

模态1(27.11Hz)　　　模态2(27.11Hz)　　　模态3(59.16Hz)

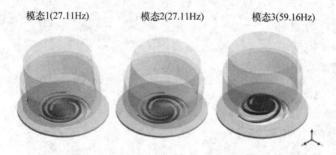

图 4.37　二阶转换谐振器系统前三阶模态。第三阶模态的线性振荡用于能量转换

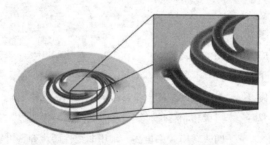

图 4.38　弹簧单元中的等效应力（von-Mises）。最大应力水平出现在梁与外圈结合的地方

第 4 部分　原型性能

4.13　转导因子

　　可以通过将磁铁（没有谐振器）连接到一个振动器反馈装置来测量转导系数，而线圈则安装在固定的 XYZ 调整装置上，如图 4.39a 所示。原型振动传感器线圈的外半径为 8mm、内半径为 1.5mm、高为 2mm。对于直径为 40μm 的导线，其总电阻为 1925Ω、电感为 789mH。然后，强迫振动筛以预定义的受控振动速度（由谐波振动的幅度和频率定义）振动。因此，转导因子通过式（4.11）的重排给出，例如，电动势可以用示波器测量。注意，由于转导因子的非线性，振动器振动的振幅应该很小（<0.1mm），以便获得准确的结果。比较测量和模拟原型振动传感器转导因子值如图 4.39b 所示。

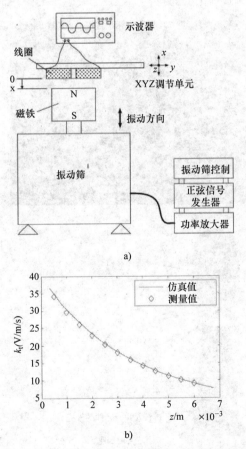

图 4.39　a）测量设置，测量磁铁与线圈之间不同
距离的转导因子。b）原型振动传感器的测量和模拟转导因子

4.14 频率响应特性

在振动器单元上装配的原型振动传感器（见图 4.40）对不同的激励振幅进行了频率响应测量。利用谐振频率和（−3dB）带宽可以很容易地提取测量响应曲线的 Q 因子。因此，阻尼系数可由下式给出：

$$d_{tot} = d_m + d_e = \frac{m2\pi f_0}{Q_{tot}} \quad (4.34)$$

利用式（4.20）和总阻尼系数可以将寄生阻尼从电磁阻尼中分离出来。注意，由于传导因子的非线性，电磁阻尼也是非线性的。乍一看，这种效应在这里被忽略了。图 4.41 所示为 1.0m/s² 、2.0m/s² 和 2.5m/s² 激励振幅和负载电阻为 4kΩ 时的电压和功率响应测量。即使在 1m/s² 时，电压水平也明显高于 1V，从测量中提取出相应的寄生阻尼系数（见图 4.42），然后应用于分析式（4.24）和瞬态模拟模型（已经用于在 3.5 节中确定最有效的弹簧特性）。

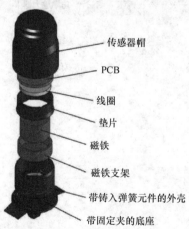

图 4.40　组装有铸造部件的原型振动传感器的照片和分解图

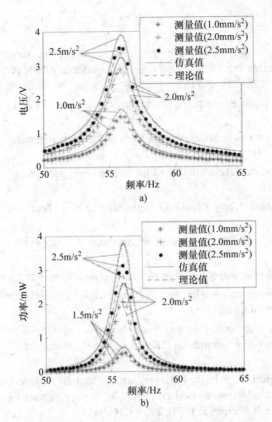

图 4.41 测量、模拟和分析计算原型振动传感器的频率响应不同的激励振幅和 4kΩ 的负载电阻

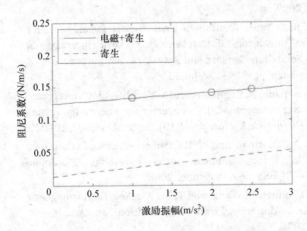

图 4.42 在不同激发振幅下测量的总阻尼系数（电磁＋寄生）。
利用电磁阻尼的解析表达式（4.19）推导出纯寄生阻尼（虚线曲线）

参考文献

1. A. Timotin and M. Marinescu, Die optimale Projektierung eines magnetischen Kreises mit Dauermagnet für Lautsprecher, *Archiv für Elektrotechnik*, 54, 229–239, 1971.

2. Available in the internet: http://www.ferrosi.com/, state February 2010.

3. Available in the internet: http://www.kcftech.com/, state February 2010.

4. Available in the internet: http://www.lumedynetechnologies.com/, state February 2010.

5. Available in the internet: http://www.perpetuum.com/, state February 2010.

6. Available in the internet: http://www.vacuumschmelze.de, state February 2010.

7. Available in the internet: http://www.wieland.de/, state February 2010.

8. Available in the internet: www.ba-horb.de/~ga/PDF_Files/SimuMech Ansch.pdf, state February 2010.

9. B. Yang et al., Electromagnetic energy harvesting from vibrations of multiple freuquencies, *J. Micromech. Microeng.*, 19(3), March 2009, 035001.

10. C. Peters, D. Maurath, W. Schock, F. Mezger, and Y. Manoli: A closed-loop wide-range tunable mechanical resonator for energy harvesting systems, *J. Micromech. Microeng.*, 19(9), 2009, 094004.

11. C. Serre, A. Perez-Rodriguez, N. Fondevilla, E. Martincic, S. Martinez et al., Design and implementation of mechanical resonators for optimized inertial electromagnetic microgenerators, *Microsyst. Technol.*, 14(4–5), 653–658, April 2008.

12. C. B. Williams, R. B. Yates, Analysis of a micro-electric generator for microsystems, in Transducers '95, Eurosensors IX, The 8th International Conference on Solid-State Sensors and Actuators, and Eurosensors IX, Stockholm, Schweden, pp. 369–372, June 1995.

13. C. Peters, D. Spreemann, M. Ortmanns, and Y. Manoli, A CMOS integrated voltage and power efficient AC/DC converter for energy harvesting applications, *J. Micromech. Microeng.*, 18(10), September 2008, 104005.

14. C. R. Mc Innes, D. G. Gorman, and M. P. Cartmell, Enhanced vibrational energy harvesting using non-linear stochastic resonance, *J. Sound Vibration*, 318(4–5), 655–662, December 2008.

15. C. R. Saha, T. O'Donnel, N. Wang, and P. Mc Closkey, Electromagnetic generator for harvesting energy from human motion, *Sens. Actuators A*, 147, 248–253, 2008.

16. D. Hoffmann, C. Kallenbach, M. Dobmaier, B. Folkmer, and Y. Manoli, Flexible polyimide film technology for vibration energy harvesting, in *Proceedings of PowerMEMS 2009*, pp. 455–458, Washington DC, USA,

December 2009.

17. D. P. Arnold, Review of microscale magnetic power generation, *Trans. magn.*, 43(11), 3940–3951, November 2007.

18. D. Spreemann et al., Tunable Transducer for low frequency vibrational energy scavenging, *20th Eurosensors* Conference, Göteborg, 2006.

19. D. Spreemann, A. Willmann, B. Folkmer, and Y. Manoli, Characterization and in situ test of vibration transducers for energy-harvesting in automobile applications, in *Proceedings of PowerMEMS 2008*, pp. 261–264, Sendai, Japan, November 2008.

20. D. Spreemann, B. Folkmer, and Y. Manoli, Comparative study of electromagnetic coupling architectures for vibration energy harvesting devices, in *Proceedings of PowerMEMS 2008*, pp. 261–264, Sendai, Japan, November 2008.

21. D. Spreemann, B. Folkmer, and Y. Manoli, Optimization and comparison of back iron based coupling architectures for electromagnetic vibration transducers using evolution strategy, in *Proceedings of PowerMEMS 2009*, pp. 372–375, Washington DC, USA, December 2009.

22. D. Spreemann, D. Hoffmann, B. Folkmer, and Y. Manoli, Numerical optimization approach for resonant electromagnetic vibration transducer designed for random vibration, *J. Micromech. Microeng.*, 18(10), October 2008.

23. D. Spreemann, D. Hoffmann, E. Hymon, B. Folkmer, and Y. Manoli, Über die Verwendung nichtlinearer Federn für miniaturisierte Vibrationswandler, *Mikrosystemtechnik Kongress*, 2007, Oct. 15–17, Dresden, 2007 (in German).

24. D. Spreemann, Y. Manoli, B. Folkmer, D. Mintenbeck, Non-resonant vibration conversion, *J. Micromech. Microeng.*, 16(9), 679–685, August 2006.

25. D. Zhu, S. Roberts, J. Tudor, and S. Beeby, Closed loop frequency tuning of a vibration-based micro-generator, in *Proceedings of PowerMEMS 2008*, pp. 229–232, Sendai, Japan, November 2008.

26. D. J. Domme, Experimental and analytical characterization of a transducer for energy harvesting through electromagnetic induction, Virginia State University, Master thesis, April 2008.

27. Daniel J. Inman, *Engineering Vibration*: Second Edition, Prentice Hall, 2000, USA, ISBN 0-13-726142-X.

28. E. Bouendeu, A. Greiner, P. J. Smith, and J. G. Korvink, An efficient low cost electromagnetic vibration harvester, in *Proceedings of PowerMEMS 2009*, pp. 372–375, Washington DC, USA, December 2009.

29. E. Koukharenko et al., Microelectromechanical systems vibration powered electromagnetic generator for wireless sensor applications, *Microsyst. Technol*, 12, 1071–1077, 2006.

30. E. I. Rivin, *Passive Vibration Isolation*, ASME Press, New York, USA, 2003, ISBN 0-79-180187-X.

31. G. Hatipoglu, H. Ürey, FR4-based electromagnetic energy harvester for wireless sensor node, *Smart Mater. Struct.*, 19(1), 015022, 2010.

32. G. Naumann, Energiewandlersystem für den Betrieb von autarken Sensoren in Fahrzeugen, TU Dresden, Phd thesis, December 2003 (in German).

33. Giancarlo Genta, *Vibration of Structures and Machines: Practical Aspects*, Springer, 3rd edition, 1998, ISBN 978-0-387-98506-0.

34. H. Toepfer et al., Electromechanical design and performance of a power supply for energy-autonomous electronic control units, 51st IWK—Internationales Wissenschaftliches Kolloquium, TU Illmenau, September 2006.

35. H. A. Wheeler, Simple inductance formulas for radio coils, *Proc. IRE*, 16(10), 1398–1400, October 1928.

36. I. Rechenberg, *Evolutionsstrategie—Optimierung technischer Systeme nach Prinzipien der biologischen Evolution*, Frommann Holzboog, Stuttgart, 1973.

37. J. K. Ward and S. Behrens, Adaptive learning algorithms for vibration energy harvesting, *Smart Mater. Struct.*, 17(3), 035025, June 2008.

38. J. T. Tanabe, *Iron Dominated Electromagnets: Design, Fabrication, Assembly and Measurement*, World Scientific, Singapore, 2005, ISBN 981-256327-X.

39. K. Foelsch, Magnetfeld und Induktivität einer zylindrischen Spule, *Electrical Eng. (Archiv für Elektrotechnik)*, 30(3), March 1936 (in German).

40. K. Takahara, S. Ohsaki, H. Kawaguchi, and Y. Itoh, Development of linear power generator: conversion of vibration energy of a vehicle to electric power, *J. Asian Electric Vehicles*, 2(2), 639–643 December 2004.

41. E. Kallenbach, R. Eick, P. Quendt, T. Ströhla, K. Feindt, M. Kallenbach, and O. Radler, *Elektromagnete: Grundlagen, Berechnung, Entwurf und Anwendung, Teubner*, Germany, 2003, ISBN 3-519-16163-X.

42. M. Bousonville, Optimierung von Lautsprechermagnetsystemen mit dem Finite-Elemente-Verfahren, diploma thesis, Department of Engineering Sciences, Fachbereich Informationstechnologie und Elektrotechnik, Wiesbaden.

43. M. Rossi, Acoustics and Electroacoustics, Artech House, 1988, ISBN-10 0890062552.

44. M. S. M. Soliman, E. M. Abdel-Rahman, E. F. El-Saadany, and R. R. Mansour, A wideband vibration-based energy harvester, *J. Micromech. Microeng.*, 18(11), 115021 doi:10.1088/0960-1317/18/11/115021, November 2008.

45. N. Wang and D. P. Arnold, Fully batch-fabricated MEMS magnetic vibrational energy harvesters, in *Proceedings of PowerMEMS 2009*, pp. 348–351, Washington DC, USA, December 2009.

46. N. G. Stephen, On energy harvesting from ambient vibration, *J. Sound Vibration*, 293, 409–425, December 2005.

47. N. N. H. Ching, H. Y. Wong, W. J. Li, P. H. W. Leong, and Z. Wen, A laser-micromachined multi-modal resonating power transducer for wireless sensing system, *Sens. Actuators A*, 97–98, 685–690, 2002.

48. P. Niu, P. Chapman, L. DiBerardino, and E. Hsiao-Wecksler, Design and Optimization of a Biomechanical Energy Harvesting Device, Power Electronics Specialists Conference PESC, pp. 4062–4069, June 2008.

49. P. Wang, X. Dai, X. Zhao, and G. Ding, A micro electromagnetic low level vibration energy harvester based on MEMS technology, *Microsyst. Technol.*, 15(6), 941–951, June 2009.

50. P. D. Mitcheson, Analysis and Optimisation of Energy-Harvesting Micro-Generator Systems, PhD thesis, University of London, 2005.

51. P. D. Mitcheson, T. C. Green, E. M. Yeatman, and A. S. Holmes, Architectures for vibration-driven micropower generators, *IEEE/ASME J. Microelectromech. Syst.*, 13(3), 429–440, June 2004.

52. S. Cheng, D. P. Arnold, A study of a multi-pole magnetic generator for low-frequency vibrational energy harvesting, *J. Micromech. Microeng.*, 20(2), 025015 doi:10.1088/0960-1317/20/2/025015, February 2010.

53. S. Park and K. C. Lee, Design and analysis of a microelectromagnetic vibration transducer used as an implantable middle ear hearing aid, *J. Micromech. Microeng.*, 12(5), 505 doi:10.1088/0960-1317/12/5/301, September 2002.

54. S. I. Babic and C. Akyel, New analytic-numerical solutions for the mutual inductance of two coaxial circular coils with rectangular cross section in air, *Trans. Magn.*, 42(6), 1661–1669, June 2006.

55. S. J. Roundy, Energy Scavenging for Wireless Sensor Nodes with a Focus on Vibration to Electricity Conversion, PhD thesis, University of California, Berkley, 2003.

56. S. P. Beeby et al., A micro electromagnetic generator for vibration energy harvesting, *J. Micromech. Microeng.*, 17(7), 1257–1265, 2007.

57. T. Bäck, *Evolutionary Algorithms in Theory and Practice*, Oxford University Press, UK, 1996, ISBN 0-19-509971-0.

58. T. Lai, C. Huang, and C. Tsou, Design and fabrication of acoustic wave actuated microgenerator for portable electronic devices, Symposium on Design, Test, Integration and Packaging of MEMS/MOEMS, pp. 28–33, April 2008.

59. T. von Büren and G. Tröster, Design and optimization of a linear vibration-driven electromagnetic micro-power generator, *Sens. Actuators A*, 135, 765–775, 2007.

60. William T. Thomson, *Theory of vibrations with applications*, Prentice Hall, USA, 1998, ISBN 0-13-651068-X.

61. X. Cao, W. J. Chiang, Y. C. King, and Y. K. Lee, Electromagnetic energy harvesting circuit with feedforward and feedback DC-DC PWM boost

converter for vibration power generator system, *Trans. Power Electron.*, 22(2), 679–685, March 2007.

62. X. Gou, Y. Yang, and X. Zheng, Analytic expression of magnetic field distribution of rectangular permanent magnets, *Appl. Math. Mechan.*, 25(3), 297–306, March 2004.

第5章 静电传感器

Daniel Hoffmann 和 Bernd Folkmer

5.1 物理原理

5.1.1 介绍

从动力运动，特别是机械振动中获取电能的具体传感器机构（电磁、压电或静电）的选择，在很大程度上取决于工作条件（激励源的振幅和频谱）和应用环境提供的可用空间。

通过考虑电磁场和静电力[1]的缩放行为，可以进一步使选择过程合理化。电磁耦合系数与静电耦合系数[2]的比例不同，因此，当传感器系统尺寸减小100倍时，静电耦合系数减小100倍，而电磁耦合系数减小1000[2]倍。由此可见，对于典型MEMS器件（<100 mm³）的变频器，静电转换机制更为有效。相反，对于更大的器件（>1 cm³），静电传感器的性能可能优于电磁传感器。

此外，基于静电传感器（如基于电容的传感器和执行器，如加速度计、陀螺仪、梳状驱动器）的制造技术已经成熟的事实，利用同样的技术（标准MEMS技术）制造静电能量收集装置是有益的。这将允许以低成本大量生产设备。此外，由于用于惯性传感器采用标准封装进行封装，也提供了与电子设备的简单集成。因此，静电传感器装置可以像任何其他电子元件一样被处理和操纵，提供了高度的集成。

总之，如果动能传感器的小型化是一个重要问题，因为可用空间很小，并且需要大规模生产发电机装置，那么静电MEMS传感器是首选的。然而，必须考虑到任何惯性能量传感器的输出功率与振荡质量成正比。因此，小型化的能量传感器具有非常小的检测质量，在一开始就只能提供低功率级别。所以，静电MEMS传感器的应用需要一个基于超低功耗器件的用户负载。

静电能量转换的概念可以追溯到1976年，当时O. P. Breaux申请了一项关于旋转非共振转换系统的专利[3]。1995年，Williams等人首次提出了静电能量转换方法的概念，并将其与压电和电磁转换方法一起作为惯性能量捕获[4]领域的一种转导技术。从那时起，许多研究小组一直在研究用于动能收集应用的静电能量转换系统的领域[5-12]。

为了通过能量收集将动能转化为可用电能，需要两种功能机制：

- 将机械能转换为电能的转换机制。

● 将环境振动与传导机制耦合的机械机制。

转导机制使动能转化为电能。在这方面，产生的电流或电压可用于电子元件供电。为了使转导机制有效工作，两个元件之间必须有相对运动。因此，机械机构是必要的，以产生相对运动所需的转导机制。实现惯性振动发生器的一个非常广泛的原理是基于一个机械谐振器：一个检测质量由一个悬置在框架上的悬置物支撑。该框架作为一个固定的参照物，并附着在振动源上。当框架经历加速度时，检测质量的惯性导致相对位移。一旦检测质量偏离平衡位置，悬浮液的恢复力就开始作用于检测质量，并发生振荡。结果，产生了检测质量和框架之间的相对运动。通过适当的传感器机构，可以抑制质点的振荡，从而将动能转化为电能。

5.1.2 能量转换机理

静电传感器的能量转换机理是在静电力作用下电域和机械域的物理耦合。在两个相反的电极上，两个相反的电荷之间会产生静电力。根据 $Q = CV$ 的关系，电极上累积的电荷量 Q 是电极与电容 C 之间电位差 V 的函数。在电极之间建立的电场中储存的能量分别由公式 $E = \frac{1}{2}CV^2$ 或 $E = \frac{1}{2C}Q^2$ 表示。为了通过静电传导机制将机械能转换成电能，必须发生电容随时间的变化[4,13]。能量转换循环的物理原理则取决于可变电容器如何在电路内连接。

有两种主要方案可用于将可变电容器并入电路以形成静电传感器系统：开关系统和连续系统[14]。开关传感器根据其工作模式进一步分类，其利用电荷受限或电压受限转换周期。开关传感器系统的两种工作模式可被视为连续系统的特殊情况，其中可变电容器连续连接到电路。在这方面，由开关系统以电荷受限模式操作的静电传感器等效于以无限高负载阻抗（开路）操作的连续传感器。类似地，电压受限传感器可与负载阻抗为零（短路）[14]的连续传感器相比较。然而，当产生的电流或产生的电压为零时，无法进行任何工作，因此需要开关电路来使它们工作。

5.1.3 开关操作方案

在开关控制传感器系统中，通过开关的操作，在转换周期中可变电容器的状态以不连续的方式发生变化。如前所述，在切换方案中，换能器可以在恒定电荷模式或恒定电压模式[13]中操作。图 5.1a 所示为 Q-V 图中电荷压缩循环的理想能量转换周期。当可变电容器达到最大电容时，在循环的第一部分进行开关操作（SO₁），将电容器充电到低压 V_{low}。为可变电容器充电的能量必须由蓄能器提供。存储在电容器中的电量 Q_{max} 等于产品 $C_{max}V_{low}$。然后将电容器（SO₂）与储层断开，这样就不会有电荷流入或流出。由于电容现在处于电荷约束条件下，其电容从 C_{max} 减小到 C_{min} 将导致电压从 V_{low} 增加到 V_{high}。因此，电容器中的能量含量会随着 C_{max}/C_{min}[15] 系数的增加而增加。这种能量增益来自于改变电容所需的力。所产生的能量等于 Q-V 图所包围的阴影区域。在转换周期的第三部分，通过将电容（SO_3）连接到储层来释放电容。最后，电容从 C_{min} 增加到 C_{max}，为循环重新开始做好准备。

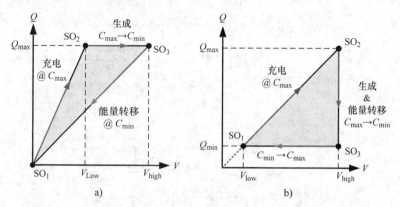

图 5.1 开关方案中静电传感器的工作方式：a）电荷约束转换周期，b）电压约束转换周期

采用电压约束运行方式的替代能源转换周期如图 5.1b 所示。在这个循环中，可变电容器最初是由电压源以其最大电容充电到高压 V_{high}。同样，此时的电荷是 $Q_{max} = C_{max}V_{high}$。然而，在这种情况下，电容器现在在恒定电压 V_{high} 下切换到 SO_2。当电容从 C_{max} 减小到 C_{min} 时，由于电压保持在等电平 V_{high}[15]，电荷被迫从电容器移动到储能器中。这是转换周期的生成部分。然后，将电容器（SO_3）与储层断开，在恒定电压下电容增加。同样，Q-V 图所包围的区域表示所产生的能量。

相比电荷约束循环和电压约束循环，每个循环的总能量转换将取决于受实际约束限制的 C_{max}、C_{min}、V_{low} 和 V_{high} 的值，以及转换周期的电路实现[15,16]。

实现开关换能器方案的电子电路根据能量转换周期的类型可能会有很大的不同，而电压转换周期的实现需要比电流转换周期更复杂的电路。图 5.2 所示为按照 Mur-Miranda[15] 提出的每个工作模式的可能电路实现。在每种情况下，电路都以电荷泵为基础，电荷泵将从可变电容器中获得的能量传输到蓄能器中。开关由 MOSFET 器件实现，这些器件由一些控制电子器件控制。实现电压约束循环的电子电路必须执行三种不同的任务：将可变电容器充电到电压 V_{high}，在保持电压不变的同时将容量从 C_{max} 降低到 C_{min}，并将能量从高压储能器转移到低压储能器。电压容器电压受限循环的实现更加复杂，并且除了低压储层之外，还需要在较高电压下的储层（见图 5.2b）。电荷泵很容易实现电荷约束循环（见图 5.2a）。相关电路必须实现以下功能：将电容器充电至电压电平 V_{low}，在电容器容量从 C_{max} 到 C_{min} 减小时保持电容器内的电荷不变，并将电荷从可变电容器转移到蓄能器。通过简单地断开可变电容器，实现了恒电荷相位。可变电容器的断开可以通过电子或机械开关实现。当使用可变电容器时，很容易实现机械开关。在这方面，可变电容器的移动电极仅在位移极值达到时才与电路接触[16-18]。文献［15,19-21］中提出了许多不同的电路实现。

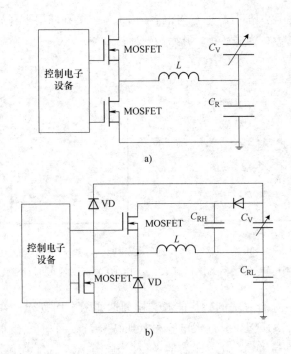

图 5.2　开关方案[15]中静电传感器的电路实现：

a）电荷约束循环，b）电压约束循环。开关由 MOSFET 器件实现。

电容 C_V 为可变电容，C_R 为储层电容（C_{RL}：低压储层 C_{RH}：高压储层）

5.1.4　连续运行方案

与开关系统相比，连续系统不需要控制开关来实现换能器的工作。在连续系统中，可变电容器连续地与电路连接，电路包括负载和偏置可变电容器的极化电压。电容的变化总是会导致电荷通过负载电阻传递，从而导致功率损耗。如前所述，在连续系统内的恒定电压或恒定充电模式下的可变电容器的操作对于机械到电能的转换是无效的。因此，连续换能器系统必须在这些情况之间运行，这是当使用最佳负载电阻[14]时的情况。这种静电换能器的工作方式产生了速度阻尼特性，在这种特性下，阻尼力与检测质量与框架之间的相对速度成正比。

连续方案的一个优点是换能器系统可以不使用开关实现。开关的使用需要一些额外的电路来控制它们，而控制电路消耗了宝贵的能量。

实现连续系统有两种基本方案。在一种方案中，单个可变电容器与电压源（提供所需的偏置电压）和负载电阻串联使用（见图 5.3a）。在这种情况下，电荷流过电压源。另一种方法（见图 5.3b）实现了两个互补的电容，其电容值以相反的方式变化[22-25]。这种方法与单一可变电容器相比有一些优点，是由 Sterken 等人提出的。其中一个优点是，这种转导对寄生电容相当不敏感。此外，理论上没有电荷流过电压源。

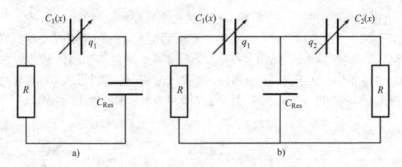

图 5.3　连续方案下静电传感器的电路实现：a）单变量电容器，b）两个互补变量电容器

　　图 5.3 所示的电路图表示连续换能器方案非常基本的实现，通常用于表征目的。通过负载电阻中损耗的功率来测量传感器转换的能量。但是，为了储存收集到的能量以备日后使用，需要一些额外的电路元件。

5.2　实施

5.2.1　总体设计考虑

　　电容器的最简单的设计是平行板电容器。平行板电容器的电容，由板之间的重叠面积 A 和距离 g 以及板之间的介电材料特性 ε_r 确定：

$$C = \frac{\varepsilon_0 \varepsilon_r A}{g} \tag{5.1}$$

式中，ε_0 是真空介电常数。这些参数的变化导致平行板电容器容量的变化。由于通过运动来改变材料的相对介电常数并不简单，因此区域 A 和间隙 g 通常是用于实现可变区域重叠或可变间隙闭合电容器的参数[13,14]。

　　一般来说，实现静电换能器有两种不同的方法，一种是作为宏设备[19,26]，另一种是作为微设备。区分这两种类型的决定性特征是函数结构的最小特征尺寸。当器件的制造不需要任何微制造技术时，将其视为宏器件。因此，宏器件可以只通过精密工程和其他精细机械工艺来制造，而微器件需要使用微加工技术（微系统技术）来制造。如前所述，与电磁转换相比，静电能量转换的有效性随着器件尺寸的增加而降低。因此，静电宏器件似乎不值得进一步考虑，因此本章主要关注基于 MEMS 圆片技术的微器件。在这方面，功能结构是利用表面微加工和散体微加工技术[27]制造的。首选的材料包括硅、玻璃和聚合物。

　　一般情况下，可根据移动电极相对于基底表面的运动方向来划分间隙闭合和区域重叠可变电容器。这种运动可以是平面内的，也可以是平面外的。在这两种情况下，可以将可动电极和固定电极放在单个电极层或两个独立电极层中。在单电极层的情况下，可动电极和固定电极必须相互电隔离。一般而言，有 5 种不同的设计原则是可行的，而包含一个电极层的原则需要一套不同于包含两个电极层的原则的制造技术，见表 5.1。选择哪种原理取决于相关的微加工技术和工艺的可用性。在一个器件层中制造可移动和固定电极是基于绝缘体上硅（SOI）技术，该技术在半导体和 MEMS 铸造厂中广泛使用。因此，在本章中，为了进一步的考虑，选择了利用一个器件层来集成可移动电极和固定电极的传感器器件。在下文中，讨论了实现可变电容的电极几何结构。

表 5.1 微加工实现可变电容器设计原理概述

运动方向	电极层	电容变化
平面外运动	1 层	区域重叠
	2 层	间隙闭合
平面内运动	1 层	区域重叠，间隙闭合
	2 层	区域重叠

5.2.2 电极几何形状

众所周知，静电传感器（也称为电容式传感器）的电极几何结构包括区域敏感和间隙敏感结构，它们利用特定数量的交叉电极元件（见图 5.4a 和图 5.4b）[22,28]。区域敏感结构通常用于制作驱动器（梳状驱动），而间隙敏感结构用于感知机械运动（如加速度计、陀螺仪）。

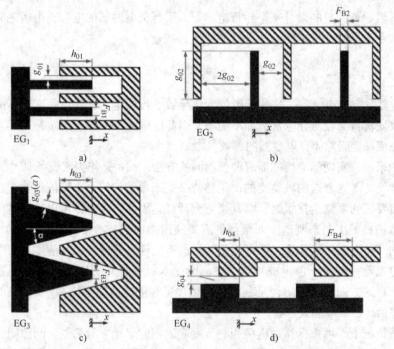

图 5.4 不同电极几何图形的俯视图，其中固体电极是可移动的，
阴影电极是静止的：a）交叉区域 - 重叠，b）交叉间隙闭合，c）交叉三角形
（区域敏感和间隙敏感），d）区域重叠。正运动方向 x 由每个几何图形下面的箭头表示

　　这些常见的电极几何形状可适用于需要可变电容的静电能量收集装置。同时，区域灵敏度和间隙灵敏度也可以通过结合带有倾斜侧壁的改进电极几何形状进行组合，如图 5.4c[29] 所示。进一步的几何形状描述了一种面积敏感的电极结构，其中手指元件没有被相互交叉（见图 5.4d）。如果设计得当，这种几何形状能够在一个机械振荡周期内产生多次重复的电容变化（极小，极大）。由于在 1 个机械振荡周期[25] 的时间内，转换周期的多次出现，这种特性可能是具有优势的。

　　由于实现可变电容器有不同的电极几何形状，那么哪种几何形状能提供最好的性能。性能取决于操作方案（切换方案和连续方案），对于切换方案，性能也取决于转换周期的类型（电荷约束和电压约束）。工作条件（激发频率和加速度幅值）将进一步影响电极几何形状的选择。从理论上讲，电容的总变化和单位位移电容的变化都是影响静电能量转换有效性的重要系统参数。下面详细描述了 4 种几何图形的电容特性。

　　图 5.4 所示的示意图截面显示了每个移动电极在静止位置（$x = 0$），因此，可移动电极的运动在正和负方向上发生，而位置 x 被位移幅度 $x_{\max}$ 限制。参数 g_{01}（见图 5.4a）和 g_{04}（见图 5.4d）分别描述了移动电极与静止电极表面的固定距离。该参数受光刻工艺能力的限制，不能小于制造设备能够生产的最小特征尺寸。参数 g_{02}（见图 5.4b）描述了间隙闭合电极之间的初始间隙是位移幅值的函数：

$$g_{02} = x_{\max} + s_{02} \tag{5.2}$$

式中，s_{02} 为几何 EG_2 电极位移达到位移幅值 $x_{\max}$ 时发生的最小间隙。从理论上讲，参数的选择可能非常小（在 nm 范围内），因为它不依赖于制造设备的最小特征尺寸。然而，为了避免在运行过程中短路，这个参数的值不应该选择太小（例如，>500nm）。之前对 g_{02} 的考虑也适用于参数 g_{03}，它定义了几何 EG_3 电极之间的最小间隙。EG_3 的初始间隙 g_{03} 是由式（5.3）描述的位移振幅和角度的函数：

$$g_{03} = \left(\frac{s_{03}}{\sin(\alpha)} + x_{\max} \right) \tan(\alpha) \cos(\alpha) \tag{5.3}$$

式中，角度 α 指定三角形电极几何形状 EG_3 的侧壁的角度。4 个不同电极几何图形的电容 $C(x)$ 作为位移 x 的函数，分别由式（5.4）~ 式（5.7）描述。

$$G_{EG_1}(x) = 2\varepsilon H_F \frac{(x_{\max} + x)}{g_{01}} \tag{5.4}$$

$$G_{EG_2}(x) = \frac{\varepsilon h_{02} H_F 3(x_{\max} + s_{02})}{(x_{\max} + s_{02} - x)\left[2(x_{\max} + s_{02}) + x\right]} \tag{5.5}$$

$$G_{EG_3}(x) = 2\varepsilon H_F \left\{ \frac{x_{\max} + x}{\left[s_{03} + (x_{\max} - x)\sin(\alpha)\right]\cos(\alpha)} + \tan(\alpha) \right\} \tag{5.6}$$

$$G_{EG_4}(x) = \frac{\varepsilon H_F \left(x + \dfrac{F_{B4}}{2} \right)}{g_{04}}, \qquad F_{B4} = x_{\max} \tag{5.7}$$

式中，$\varepsilon = \varepsilon_0\,\varepsilon_r$ 为电极间材料的介电常数；H_F 为电极结构的高度；h_{02} 为 EG_2 的固定电极重叠。初始重叠 h_{01}（见图 5.4a）等于位移振幅 x_{max}。必须注意的是，高度 H_F 是与器件层的厚度相等的技术参数。因此，H_F 的值取决于所使用的材料（例如 SOI 衬底）。在定制 SOI 衬底的情况下，器件层厚度取决于制造工艺和制造设施。

为了能够公正地比较 4 种不同的电极几何形状，使用了一组一致的参数值。对于所有的几何形状，选择 H_F 厚度为 50μm 和位移振幅 x_{max} 为 20μm。选择最小特征尺寸为 2.5μm 来定义 g_{01} 和 g_{04} 的间隙，参数 S_{02} 和 S_{03} 的值为 590nm，α 的角度为 11.31°。图 5.5a 所示为单个电极单元的电容对比位移 x 的变化。电极几何图形 EG_1 和 EG_4 呈现出电容的线性变化，而几何图形 EG_2 和 EG_3 呈现出电容 C_{max} 最大的非线性特征。电容 $\Delta C = C_{max} - C_{min}$［其中 $C_{max} = C_{(x_{max})}$，$C_{min} = C_{(-x_{max})}$］的变化如图 5.5b 所示，是位移幅值的函数。除几何尺寸 EG_2（$x_{max} > 5μm$）外，电容 C 的变化随位移幅值的增大而增大。这是因为电极重叠面积 $h_{02}H_F$ 和最小间隙不依赖于位移振幅。同样，图 5.5 所示的电容特性仅适用于单个电极元件。对于一个特定尺寸的传感器设计，该设计可以容纳的电极元件的数量取决于电极的几何形状，也可以是位移振幅的函数。因此，仅仅比较基于单一电极元件的不同电极几何形状是不够的。

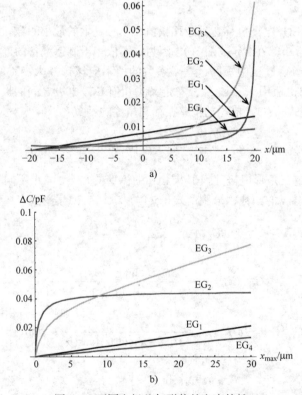

图 5.5 不同电极几何形状的电容特性：

a）电容作为位移的函数，最大位移为 20μm，b）电容变化作为位移幅度 x_{max} 的函数

根据 4 种不同电极几何形状，式（5.8）[25]~式（5.11）[25] 给出了在特定传感器区域内可排列的电极元件数量：

$$N_{EG_1} = \frac{L_t - W_{F_1}}{2(W_{F_1} + g_{01})} \quad (5.8)$$

$$N_{EG_2} = \frac{L_t - W_{F_2}}{2W_{F_2} + 3(x_{max} + s_{02})} \quad (5.9)$$

$$N_{EG_3} = \frac{L_t - 4W_{F_3}}{2\left(\dfrac{s_{03}}{\sin \alpha} + 2x_{max}\right)\tan \alpha + 2W_{F_3}} \quad (5.10)$$

$$N_{EG_4} = \frac{L_g}{2W_{F_4}} \quad (5.11)$$

式中，L_t 为总可用长度，可用于放置特定数量的电极元件。总可用长度是一个设计参数，取决于换能器的布局。参数 W_{F_1} 到 W_{F_3} 描述了 EG_1、EG_2 和 EG_3 的电极单元宽度，而 $W_{F_3} = x_{max}$ 定义了 EG_4 的电极宽度。根据式（5.12），$C_{EGi}(x)$ 和 N_{EGi} 的乘积得到的总电容 $C_{EGi\_t}(x)$：

$$C_{EGi\_t}(x) = N_{EGi}\, C_{EGi}(x) \quad (5.12)$$

为了捕捉位移幅值对电极元件 N_{EGi} 的数量和电容 $\Delta C_{EGi\_t}\left[\, C_{EGi\_t}(x_{max}) - C_{EGi\_t}(-x_{max})\,\right]$ 的总变化的影响，必须考虑具有可用长度的有限值的特定传感器布局。一个可能的布局如图 5.6 所示，它包含两个互补的可变电容器 $C_1(x)$ 和 $C_2(x)$。总可用长度用点表示（红色表示 C_1，绿色表示 C_2）。由图 5.6 可知，可放置有源换能器结构的总长度为每个电容 C_1 和 C_2，L_{Ci_k} 的总和：

$$L_t = \sum_k L_{Ci\_k} \quad (5.13)$$

为了允许在不同电极设计之间进行适当的比较，选择最小间隙和在相应的内部位移幅度 x_{max} 和 $-x_{max}$ 处分别等于 590nm。此外，G_{01} 和 G_{04} 的间隙被选择为尽可能小（相对于微细加工设备的技术限制），即 2.5μm。

图 5.7a 显示了传感器设计（见图 5.6）能够容纳的总可用长度为 13.6mm 的电极元件的数量。很明显，除了几何 EG_1 之外，该数目显著地依赖于位移振幅。对于位移幅值 $x_{max} = 20$μm，电极数量如下：$N_{EG_1} = 1038$，$N_{EG_2} = 190$，$N_{EG_3} = 520$，$N_{EG_4} = 164$。几何 EG_2 的电极重叠 h_{02} 是 60μm，当绘制电容的总变化作为位移幅度的函数时（见图 5.7b），与图 5.5b 相比，出现完全不同的特性。

通常，x_{max} 如果不是一个确定的约束，那么它可以作为一个可变的设计参数来最大化电容的总变化。ΔC_{EGi_t} 下降缓慢，所以电极几何 EG_3 适用于宽范围的大于 5μm 的内部位移振幅。然而，在设计 $x_{max} < 4$μm 的静电换能器时，电极几何 EG_2 更适用。几

何 EG_1 的总电容变化随位移振幅线性增加。从容量的角度来看，最好使用几何 EG_1 和 EG_3。

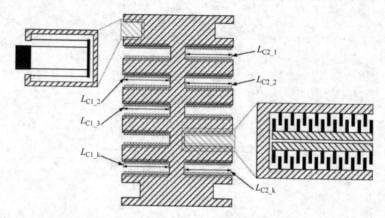

图 5.6 传感器布局：一个矩形的形状包含几个切口，为将悬架和电极元素结合提供了空间。中间的阴影部分定义了检测质量。悬架放置在检测质量的角落，如左上角所示。电极元件放置在右下角所示的长圆形截止阀内。总共有 10 个电极单元的空间。每个电极单元提供空间（更精确地说是两个可用长度段 L_{C1_k} 和 L_{C2_k}），用于放置特定数量的电极元件。总可用长度分别由节段 L_{C1_k} 和 L_{C2_k} 之和得到

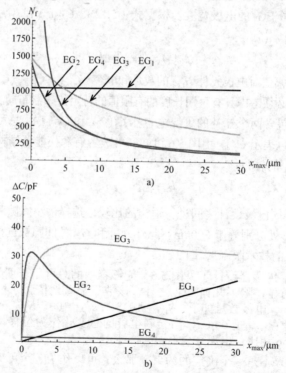

图 5.7 特定传感器设计特性：a）电极元件数量作为位移幅值的函数，b）电容的总变化作为位移幅值的函数

如图 5.8 所示，根据总可用长度为 13.6mm、位移幅度 x_{max} 为 20μm 的传感器，针对特定数量的电极元件，示出了电容 $C_{EGi}(x)$。与图 5.5a 相比，电极几何形状 EG_3 仍然在 $x = x_{max}$ 处获得最大的电容，然而，几何形状 EG_2 的值要低得多。

从图 5.8 中可以明显看出，在几何 EG_2 和 EG_3 中，单位位移的电容变化相当大。对于几何 EG_2，大部分的电容变化发生位移为 15 ~ 20μm 的区域。因此，如果检测质量的位移振荡比位移幅度（例如 15μm）小，则几乎不发生电容变化。从这个观点来看，电极几何形状 EG_1 是最优选的几何形状，因为在整个位移范围内，单位位移的电容变化是恒定的。

综上所述，在比较不同的电极几何形状时，仅仅关注单个电极元件是不够的，必须考虑完整的换能器设计。但是，从图 5.8 中也不能得出结论，即使用几何 EG_3 作为静电换能器结构可以达到最高的效率。因此，为了优化换能器参数，对换能器的系统行为进行仿真捕获是不可避免的。

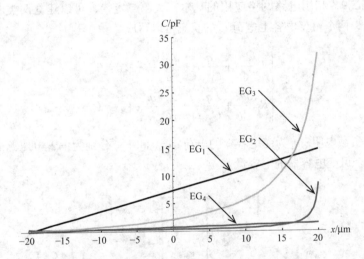

图 5.8　特定换能器布局的总电容作为位移的函数。

位移幅值是 20μm。不同电极的几何参数见表 5.2

表 5.2　计算特定传感器布局（见图 5.6）电容特性（见图 5.8）的参数

	L_i/mm	N_{EGi}	h_{0i}/μm	W_{Fi}/μm	H_{Fi}/μm	L_{Fi}/μm	s_{0i}/nm	g_{0i}/μm
EG_1	13.6	1038	20	4	50	44	—	2.5
EG_2	13.6	190	60	4	50	64	590	20.59
EG_3	13.6	520	20	4	50	43	590	4.51
EG_4	13.6	164	20	20	50			2.5

5.3 分析和数值模型

5.3.1 分析描述

　　为了理解和预测静电换能器的动态特性，必须推导出足够的模型描述。本章节所提出的模型是基于对传感器系统的分析描述，该系统包括两个能量域，一个机械域和一个电子域，它们由静电场机电耦合。下面，我们考虑了两个互补可变电容的配置（见图5.9），利用电极几何 EG_1 实现区域重叠电容的变化。但是，下面的过程也可以用来模拟一个可变电容器的配置，或者研究不同电极几何形状对传感器器件性能的影响。对于一个电容器模型，由式（5.14）表示的两个微分方程组简化为单个微分方程。考虑到不同的电极几何形状（见图5.4），只需将式（5.15）中的表达式替换为相应的电容函数［见式（5.4）~式（5.7）］，考虑电极元件数量式（5.8）和式（5.11）[25] 即可。

　　根据图5.9，利用电路网格应用的基尔霍夫第二定律，可以建立两类非线性微分方程。因此，两个可变电容上电荷 q_i 的状态可以写成

$$\begin{cases} R_1 \dfrac{dq_1}{dt} + \dfrac{q_1}{C_1(x)} + \dfrac{q_1+q_2}{C_{BV}} - V_{BV} = 0 \\ R_2 \dfrac{dq_2}{dt} + \dfrac{q_2}{C_2(x)} + \dfrac{q_1+q_2}{C_{BV}} - V_{BV} = 0 \end{cases} \qquad (5.14)$$

式中，R_i 为负载电阻；q_i 为变电容上的电荷；C_{BV} 和 V_{BV} 分别为偏置电压源的电容和电压；C_i 为两个可变电容器的电容量。

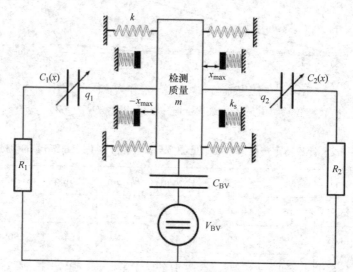

图5.9　带有两个互补可变电容的静电传感器的
机电模型，包括机械塞子、一个偏置电压和两个负载电阻

具有面积重叠特性（EG_1）的可变电容器的电容 C_i:

$$C_1(x) = 2N_F \varepsilon H_F \frac{x_{\max} + x}{g_{01}}$$

$$C_2(x) = 2N_F \varepsilon H_F \frac{x_{\max} - x}{g_{01}}$$

（5.15）

式中，N_F 是梳状电极的指数；ε 是固定电极和可动电极之间的介质的介电常数；N_F 是手指的高度，等于器件层的厚度；g_{01} 是手指与 $x_{\max}$ 之间的间隙，是指手指的初始重叠，等于最大位移幅度。

在机电系统中提供反馈的静电力计算如下：

$$F_{ES_1} = \frac{1}{2}V_{C_1}^2 \frac{dC_1(x)}{dx}$$

$$F_{ES_2} = \frac{1}{2}V_{C_2}^2 \frac{dC_2(x)}{dx}$$

（5.16）

式中，V_{C_1} 为可变电容上的电压。由式（5.16）可知，静电力与偏置电压的平方和电容的变化率成正比。如前所述，目前的机电传感器系统是一个连续系统，其中可变电容上的电压不受约束，所以会随时间变化。因此，与恒压区重叠电容器不同，静电力随时间变化不恒定。每个电容器的电压可描述为

$$V_{C_1} = \frac{q_1}{C_1(x)}$$

$$V_{C_2} = \frac{q_2}{C_2(x)}$$

（5.17）

式中，q_i 为可变电容 C_i 上的电荷。这两种情况下，存储在可变电容器中的电荷和电容值均随时间变化。

我们的模型中还包括弹性塞子，因为它们对设备的动态行为和性能有重大影响。由于机械塞子是必须在真实设备中实现的，模型中也必须考虑机械塞子。弹性塞子模型采用 Tvedt[24] 的描述，其中塞子用弹簧表示，当检测质量位移大于预先设定的位移极限 $x_{\max}$ 时，弹簧开始生效：

$$F_S = \begin{cases} 0 & , -x_{\max} \leqslant x \leqslant x_{\max} \\ -k_s(x + x_{\max}), & x < -x_{\max} \\ -k_s(x - x_{\max}), & x > x_{\max} \end{cases}$$

（5.18）

式中，k_s 为塞子的弹簧刚度，考虑到塞子的刚性特性，应选择比 k 大得多的弹簧刚度。在式（5.18）中，假定当塞子生效时不涉及阻尼，那么塞子的作用是纯弹性的。在这种情况下，这种理想的塞子行为是合理的，因为塞子本身（位移幅度的限制）对装置行为的影响是本研究的主要焦点。

在对谐振机电系统进行建模时，必须考虑材料（悬臂梁）内部摩擦和腔内黏性气

体流动引起的机械阻尼。机械阻尼系数 b 可表示为谐振腔质量因子 Q 的函数：

$$b = \frac{1}{Q} \omega_0 m \tag{5.19}$$

式中，ω_0 为机械角本征频率；m 为检测质量（包括可移动电极元件）的质量。根据式（5.7），从制造原型装置的频率响应测量中估计出仿真中使用的 Q 系数。

$$Q = \frac{f_R}{\Delta f} \tag{5.20}$$

式中，f_R 为谐振频率；f 为频率响应曲线的带宽。最后，检测质量 m 的运动（见图5.9）由牛顿第二定律描述：

$$m\ddot{x} = -b\dot{x} - kx - Fs + F_{ES_1} + F_{ES_2} - ma \tag{5.21}$$

式中，k 为弹簧刚度；ma 为设备加速度引起的激励力。由式（5.21）描述的检测质量的运动本质上是非线性的，因为静电力［见式（5.16）］取决于电压的平方［见式（5.17）］，它随时间变化。此外，止动力的不连续［见式（5.18）］也导致了式（5.21）的非线性行为。

5.4   数值模型

在 Matlab/Simulink 中将传感器模型的分析描述作为信号流模型实现。该模型考虑了静电力从电域耦合到机械域的非线性状态，因此必须用数值方法求解。此外，还考虑了机械塞子对检测质量位移的限制作用。

静电传感器模型的信号流示意图如图5.10所示。在具有一个自由度的力学域中，加速度信号 a 可以是谐波或随机的。然后用检测质量的位移 x 计算两个可变电容的瞬时电容 C_{io}。在电域中有两个自由度，通过求解式（5.14），根据瞬时电容值 C_i 确定可变电容器上的电荷 q_{io}。可变电容器上的电压 V_{C_i} 现在可以用式（5.17）计算。负载电阻上的瞬时电压 V_{R_i} 根据基尔霍夫电压定律（所有变量均为时变）：

$$V_{R_i} = V_{BV} - V_{C_i} - V_{BC} \tag{5.22}$$

式中，V_{BC} 为偏置电容上的电压。发电功率的峰值和方均根值（rms）按下式计算：

$$P_{peak,rms} = \frac{V_{peak,rms}^2}{R_i} \tag{5.23}$$

利用 C_i 的空间导数和电压 V_{C_i}，确定了静电力耦合回机械区域。总仿真时间的选择应使系统在仿真结束时处于稳定状态。系统模型的输出参数为负载电阻的电压、电流和功率。

本章所描述的全参数化模型可用于研究静电传感器器件在不同器件参数和工作条件下的性能。此外，它还提供了进行设备优化的可行性，为特定的一组操作条件提供了最佳的设备参数。

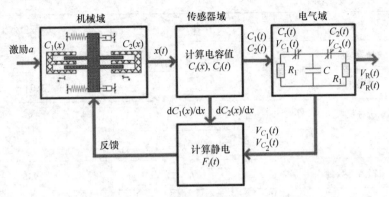

图 5.10　静电传感器模型的信号流示意图

5.5　功率输出及器件性能

5.5.1　设备设计

在这一章中讨论了一个特定的传感器设计，涉及输出参数和器件的行为。本设计基于图 5.6 所示的布局，其中检测质量以特定方式（鱼骨结构）成形，以获得较大的总可用长度 L_t[2]。表 5.3 所示为相关参数说明的摘要。电容电极包括具有恒定间隙变化面积重叠特性（EG_1）的交错梳状结构。固定式和移动式梳齿设计的间隙 g_0 为 2.5μm，初始重叠 L_0 为 20μm，选择了厚度为 50μm 的有源器件层。因此，每个电容器由 936 个电极元件实现，每个电容器电容的最大变化值 C 为 13.3pF（解析计算）。通过机械塞子，检测质量 m 的位移 x 限制（x_{max}）为 20μm。悬垂梁的宽度为 4μm，长度为 310μm。每个悬垂单元设计有两个折叠梁，因此谐振器的总弹簧常数 k 为 72.6kg/s^2（分析计算）。总有效质量 m 为 642μg 时，共振频率为 1692Hz。有效质量包括检测质量以及梁和桁架的质量。

表 5.3　特定传感器设计的参数定义

参数	表示	取值
机械参数		
验证质量的质量	m	642μg
总弹簧刚度	k	72.6 N/m
机械塞总刚度	k_s	10000N/m
位移限值	x_{max}	20μm

（续）

参数	表示	取值
悬梁宽度	W_B	4 μm
悬梁长度	L_B	310 μm
折叠梁数	N_{fb}	8
电容器的参数		
电极元件数量	N_F	936
初始重叠	L_0	20μm
指间间隙	g_{01}	2.5μm
指长	L_F	30μm
指高（器件层厚度）	H_F	50μm
总电容变化	ΔC	13.3pF
电路参数		
负载电阻	R_1, R_2	560kΩ
偏压电容	C_{BV}	1μF

5.5.2 装置性能

总的来说，模拟表明产生的电压（见图 5.11a）随着加速度振幅 A 线性增加，直到达到某个激励水平，此时输出电压开始趋于平稳。输出功率（见图 5.11b）的行为方式相同，但最初随着 a 的平方增加。电压及由此产生的功率停止增加时的励磁电平 a 取决于偏置电压 V_{BV} 的值。这种现象是由于当超过一定的激励水平时，检测质量开始影响机械塞子。励磁的进一步增加不会分别引起位移或电容的进一步增加。相反，塞子会导致输出功率以非常低的速度持续下降。由图 5.11 可知，所能产生的最大能量与电阻尼力的强度有很强的依赖性，电阻尼力的强度与偏置电压［见式（5.16）］有关。因此，随着偏置电压的增大，传感器装置在其最大内位移幅值时所需的机械能必然增大。综上所述，当励磁电平相应升高时，输出功率总是随着偏置电压的增大而增大。然而，偏置电压的取值受到实际约束条件的限制（如可变电容器击穿电压；由驻极体或偏置电容器击穿电压限制的偏置电压源的最大可能电压）。

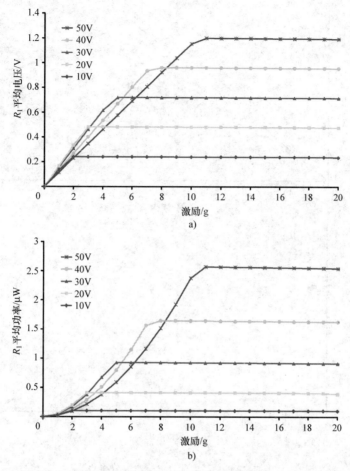

图 5.11　不同偏置电压的传感器参数：a）电压为激励函数，b）功率为激励函数

　　偏置电压对输出参数（电压和功率）的影响如图 5.12 所示。对于一个特定的激励水平（恒定加速度），可以找到一个最佳的偏置电压，在此电压（和功率）达到最大值。在最大功率点，验证质量以最大可能位移振荡，没有与机械塞子发生冲击。在最佳偏压下，发电机以冲击模式运行，即机械塞子阻碍验证质量的运动，从而发生冲击。当偏压大于最佳偏压值时，由于静电阻尼力的影响越来越大，检测质量的位移幅度开始减小。因此，可以通过选择偏置电压的最优值来调整静电传感器的工作条件（如励磁电平）。然而，最佳偏置电压也取决于负载电阻的值。在实际应用中，负载通常由一个相当复杂的电路来表示（与一个简单的负载电阻相比），一旦电路被制造出来，其阻抗就不能改变。因此，在使用相同的收集器电路时，对于不同的应用方案调整极化电压更为有用。然而，有必要确定负载电阻对输出性能的影响，以便在给定的应用程序场景中最大化输出参数电压和功率。

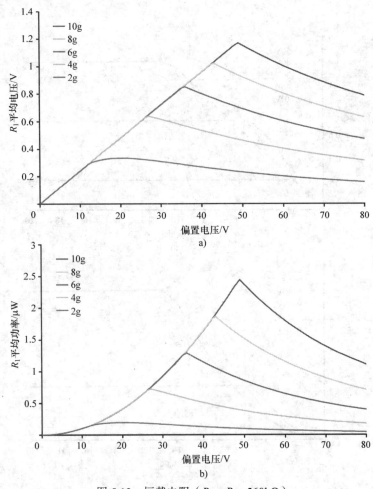

图 5.12 恒载电阻（$R_1 = R_2 = 560k\Omega$）

时偏置电压对输出参数的影响：a）输出电压，b）输出功率

图 5.13 所示为在特定激励条件下，偏置电压为 30V 时，负载电阻对输出电压和输出功率的影响。电压以渐进的速度增加，直到达到最佳负载电阻为止（见图 5.13a）。此时功率增益最大（见图 5.13b）。随着负载电阻的进一步增大，电压开始以递减速率增大，而功率明显下降。从图 5.13b 中还可以看出，最优负载电阻取决于励磁电平。对于更高的激励加速度，最佳电阻会向更高的值移动。综上所述，在特定的运行条件下优化负载电阻可以进一步提高输出功率。例如，当加速度振幅为 6g，偏压为 30V 时，使用 800kΩ 的优化负载电阻时，输出功率为 1.3μW（见图 5.13b）。在相同的工作条件下（6g，30V），但负载电阻为 560kΩ 时，输出功率为 0.92μW（见图 5.12b）。然而，当优化偏压（值为 36 V）的负载电阻为 560kΩ，加速度幅值为 6g 时，最大功率为 1.3μW（见图 5.12 b）。因此，对于一个固定的加速度幅值，无论是偏置电压还是负载电阻都可以进行优化，使输出功率最大化。这就为实际约束提供了一种灵活的优化方法。

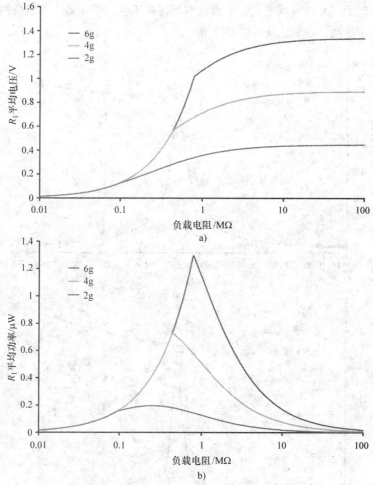

图 5.13 恒偏置电压（V_{BV}=30 V）下负载电
阻 R_1 和 R_2 对输出参数的影响：a）输出电压，b）输出功率

传感器的动态特性通过具有固定谐波加速度振幅 A 的频率扫描来表征。图 5.14
所示为传感器装置在不同激励水平和 30V 的固定偏压下的频率响应。根据激励加速
度，动态特性可能会有很大的不同。对于 5g 及以下的激励，向上进行频率扫描时会
出现典型的共振行为（见图 5.14）。图 5.12 ～ 图 5.14 对应的彩图见文后彩插。但是，
如果激励超过某个水平（>5g），传感器会在特定的频段内持续跟踪激励频率。在该区
域中，所产生的电压和所产生的功率的幅值不会下降到超出谐振频率范围，而是以渐
进的速度略微增加。这种行为也适用于低于或高于 30V 的偏压，这是因为检测质量的
振幅在共振频率或共振频率之前达到位移极限。因此，传感器开始以冲击模式运行，
即验证质量和机械塞子之间发生持续碰撞。假设机械塞子具有纯弹性特性，发电机的
动态特性与分段线性振荡器的动态特性相当[30]。对于谐波上扫激励，分段线性振荡
器具有更宽的带宽特性。在谐波激励的情况下，带宽的增加可能会提高振动传感器的

性能，其中激励频率随时间变化，而激励振幅保持不变，但如果传感器最初在高于共振频率的频率激励，则无法获得增加的带宽。

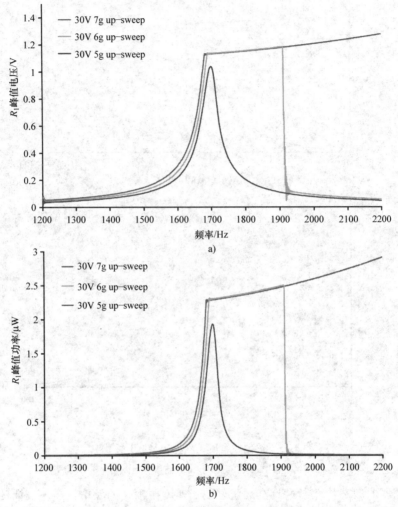

图 5.14   在频上扫描期间，传感器在机械塞子
影响下的动态特性：a）输出电压，b）输出功率

5.6   设备制造和特性描述

5.6.1   制造

制造静电传感器的方法有很多种，制造过程将取决于所用材料的选择。在下文中，描述了一种微制备工艺，该设备是利用定制 SOI 衬底在硅上实现的。该工

艺流程改编自用于制造加速度传感器和陀螺仪传感器的制造工艺（SCRESOI-50 工艺）[2,31]。该工艺使用一个 50μm 厚的活性层。首先，对基板晶圆进行干蚀刻，以形成 50μm 深的空腔，以使检测质量（包括附在验证质量上的可移动电极）自由移动（见图 5.15b）。然后产生一个 2000nm 的热氧化层，在基板和器件层之间提供隔离。随后，将高 p 掺杂器件晶圆黏附在基片上，通过化学机械抛光将其薄至所需厚度（见图 5.15c）。这就产生了一个定制的 SOI 材料，它包含了一个隐藏的空腔。为了实现器件层中的电容结构，固定电极和移动电极需要电隔离。

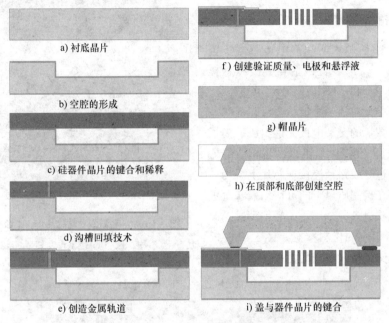

a) 衬底晶片

b) 空腔的形成

c) 硅器件晶片的键合和稀释

d) 沟槽回填技术

e) 创造金属轨道

f) 创建验证质量、电极和悬浮液

g) 帽晶片

h) 在顶部和底部创建空腔

i) 盖与器件晶片的键合

图 5.15　制造工艺流程

这是通过使用[31,32]中所述的沟槽回填技术实现的，其中，如图 5.15d 所示创建了隔离沟槽。沟槽回填技术还允许制造轨道交叉口，这可能是特定传感器设计所需的。接触固定和可移动电极的导线轨道是通过湿蚀刻 500nm 厚的铝层形成的（见图 5.15e）。在沉积铝层之前，会生成厚度为 200nm 的热氧化物，其结构可防止金属轨道之间发生短路。最后一步，对设备层进行干蚀刻，以形成验证质量、悬浮液和梳状电极（见图 5.15f）。对于器件晶圆的封装，通过湿蚀刻在晶圆片的正面（用于连接焊盘）和背面（用于自由移动检测质量）形成空腔（见图 5.15h）。然后用玻璃熔块黏合技术将器件晶圆和盖晶圆黏合在一起。这将产生一个密封，保护传感器结构不受环境影响，并允许在规定的真空中操作发电机（见图 5.15i）。最后，将晶圆片切成小块以分离器件，然后准备进行封装。

封装的传感器器件芯片采用导电环氧胶黏剂封装成陶瓷芯片载体（见图 5.16a）。这允许将衬底连接到地面，以避免衬底的任何不必要的充电。该芯片包括五个连接传感器和电路的焊盘。传统的焊接技术是用来将焊盘连接到 CLCC 封装上的。为了保护导线连接和器件芯片，可以在封装上附加陶瓷盖。在这个阶段，封装的传感器设备已经准备好集成在 PCB 级与电子电路。图 5.16b 所示为集成在 PCB 测试板上的封装设备。测试板上实现的电路如图5.9所示。因此，测试板包含两个负载电阻 R_1 和 R_2（各 560kΩ）和一对总容量为 1μF 的多层陶瓷电容器，用于偏压设备。

5.6.2 特性描述

图 5.17 所示为所制静电传感器装置的微观特写，该装置包括 4 个机械悬挂单元中的 1 个和 10 个电极单元中的 1 个。每个电极单元包括两个梳状电极，梳状电极由特定数量的交叉电极元件组成。为了形成两个可变电容 C_1 和 C_2，将相应的梳状电极通过导线路径连接在芯片上。为了接触附着在检测质量上的可移动梳状电极和固定梳状电极，金属轨道必须穿过隔离沟才能与相应的材料接触。图 5.17 的插图提供了交叉指状电极的更详细的视图。

a)

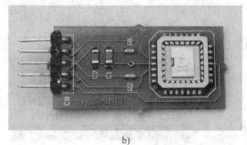

b)

图 5.16　静电微发生器：a）CLCC 封装的传感器芯片，b）PCB 测试板集成的封装传感器

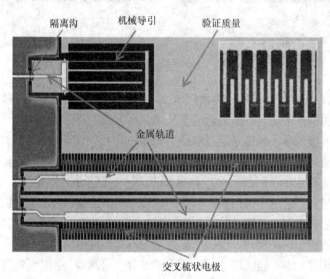

图 5.17　显示传感器结构细节的显微特写图，
包括四个机械悬挂中的一个和十个电极单元中的一个（见图 5.6）。
右上角的插图显示了交叉指状电极结构的详细视图，实现了区域重叠特性（EG_1）

可用于表征的最大可能偏压限制为陶瓷电容器的最大允许电压，即 50V。施加最大可能偏压的最大输出功率在大约 13g 的激励水平下实现。共振频率下的激励（谐波激励）g 在负载电阻上产生 1V（有效值）的电压。由于 1.8μA（有效值）的感应电流通过两个负载电阻 R_1 和 R_2 驱动，因此产生了 3.5μW（有效值）的总最大功率[2]。

图 5.17 所示为所制传感器装置的输出功率。传感器模型（见图 5.11b 和图 5.12b）对器件性能的预测与实验数据吻合良好。根据图 5.18a，输出功率随着数值模拟预测的进一步降低而降低。实验数据也证实了最佳偏压的存在（见图 5.18b）。

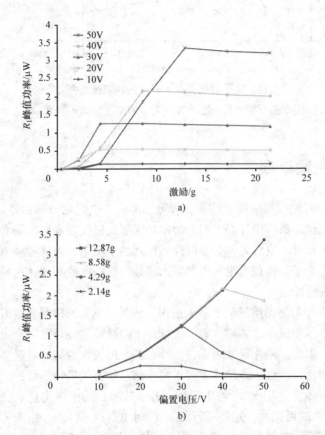

图 5.18 实验数据：a）输出功率为激励函数，b）输出功率为偏置电压函数

图 5.19 所示为不同偏压下传感器装置的频率响应。频率上升扫描（从较低频率到较高频率的扫描）产生的动态行为符合传感器模型数值模拟的预测。在这里，输出功率在共振频率之外的非常大的频带内持续增加。同样，这是由于设备在碰撞模式下工作。图 5.19 也显示了向下扫描特性。当通过共振频率将频率从较高值扫描至较低值时，与频率向上扫相比，会出现较低的频带。这证实了一种说法，即冲击式传感器的宽带特性只会发生在频率向上扫描时，因此初始起动频率必须低于共振频率。

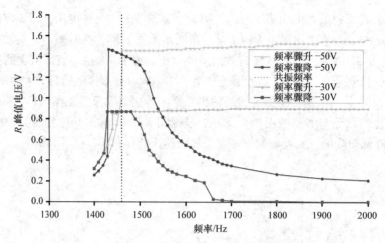

图 5.19　实验数据：在 1.5μm 的固定激励振幅下，
频率扫描期间的动态装置行为。加速度振幅 a 等于 yw^2

5.7　优化注意事项

如前所述，所能提取的能量在很大程度上取决于电阻尼力和激振力之间的平衡。因此，必须根据励磁条件设计静电阻尼力的最优值，以实现发电的最大化。静电阻尼力是传感器几何形状（电极元件数、电极元件间最小间隙、内部位移幅值等）和电气运行条件（偏置电压、负载电阻）等参数的函数。这些参数必须针对特定的操作频率和加速度幅值进行优化。

输出功率直接与振动质量的质量成正比。然而，更大的检测质量需要更大的芯片尺寸，这是每个芯片成本的关键参数。批量加工的最终优势是在一个工艺周期内同时生产大量芯片。因此，晶片尺寸越小，晶片布局上可放置的晶片就越多，每张晶片的成本就越低。因此，参数芯片尺寸需要对两个相互冲突的目标函数进行优化（每芯片的验证质量与成本之比很大）。综上所述，静电传感器的主要优点是装置尺寸非常小（由于微加工技术的可用性，这是可行的），同时也造成了缺点。由于传感器的验证质量很小，只能实现 μW 范围内的极低功率水平。因此，由静电 MEMS 传感器供电的系统必须是超低功率系统。

为了减少工艺缺陷，可能还需要对制造工艺进行优化。沟槽扩宽效应可能是由于工艺参数没有得到完美调整而造成的，可以产生高达 400nm 的间隙。这意味着结构之间的间隙比在掩码布局中设计的要大。沟道加宽效应也影响了悬索梁的梁尺寸，因此梁宽度小于设计值。此外，如果晶圆片上的波束尺寸不均匀，可能会发生共振频率的巨大变化（见图 5.20，彩图见文后彩插）。为了提高适用于特定操作条件的器件成材率，必须通过进一步改进制造工艺来降低梁的尺寸[2]。

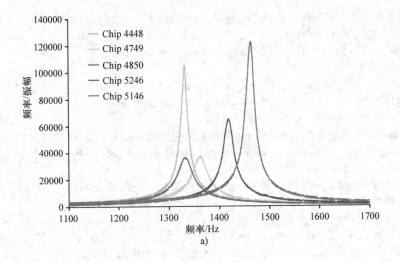

a)

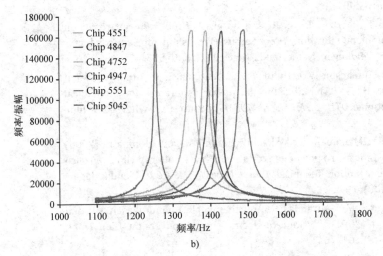

b)

图 5.20 共振频率的变化：a）批次 A，b）批次 B

参考文献

1. Trimmer W. S. N. (1989) Microrobots and micromechanical systems, *Sens. Actuators*, 19, 267–287.

2. Hoffmann D., Folkmer B., and Manoli Y. (2009) Fabrication, characterization and modelling of electrostatic micro-generators, *J. Micromech. Microeng.*, 19, 094001. DOI:10.1088/0960-1317/19/9/094001.

3. Breaux O. P. (1976) Electrostatic energy conversion system United States Patent US04127804.

4. Williams C. B. and Yates R. B. (1995) Analysis of a micro-electric generator for microsystems, *Proc. Transducers/Eurosensors 1995* (Stockholm, Sweden, June 1995), **1**, 369–372.

5. Tashiro R., Kabei N., Katayama K., Ishizuka Y., Tsuboi F., and Tsuchiya K. (2000) Development of an electrostatic generator that harnesses the motion of a living body (Use of a Resonant Phenomenon), *JSME Intl. J. Series C*, 43, 916–922.

6. Mitcheson P. D., Yeatman E. M., Rao G. K., Holmes A. S., and Green T. C. (2008) Energy harvesting from human and machine motion for wireless electronic devices, *Proc. IEEE*, 96, 1457–1486.

7. Tsutsumino T., Suzuki Y., Kasagi N., and Sakane Y. (2006) Seismic power generator using high-performance polymer electrets, *Proc. MEMS 2006* (Istanbul, Turkey, Jan. 2006) 98–101.

8. Tsutsumino T., Suzuki Y., Kasagi N., Kashiwagi K., and Morizawa Y. (2006) Micro seismic electret generator for energy harvesting, *Technical Digest PowerMEMS 2006* (Berkeley, USA, Nov. 2006), 133–136.

9. Sterken T., Altena G., Fiorini P., and Puers R. (2007) Characterisation of an electrostatic vibration harvester, *DTIP of MEMS & MOEMS* (Stresa, Italy, April 2007).

10. Sterken T., Baert K., Puers R., and Borghs S. (2002) Power extraction from ambient vibration, *Proc. SeSens* (Workshop on Semiconductor Sensors, Veldhoven, Netherlands, Nov. 2002), 680–683.

11. Miao P., Mitcheson P. D., Holmes A. S., Yeatman E. M., Green T. C., and Stark B. H. (2005) MEMS Inertial power generators for biomedical applications, *DTIP of MEMS & MOEMS* (Montreux, Switzerland, June 2005).

12. Naruse Y., Matsubara N., Mabuchi K., Izumi M., and Honma K. (2008) Electrostatic micro power generator from low frequency vibration such as human motion Technical, *Digest PowerMEMS 2008* (Sendai, Japan, Nov. 2008), 19–22.

13. Meninger S., Mur-Miranda J. O., Amirtharajah R., Chandrakasan A. P., and Lang J. H. (2001) Vibration-to-electric energy conversion, *IEEE Trans. VLSI Syst.*, 9, 64–76.

14. Mitcheson P. D., Sterken T., He C., Kiziroglou M., Yeatman E. M., and Puers R. (2008) Electrostatic microgenerators, *Meas. Control*, 41, 114–119.

15. Mur-Miranda J. O. (2004) Electrostatic Vibration-to-Electric Energy Conversion PhD Thesis, MIT.

16. Mitcheson P. D., Miao P., Stark B. H., Yeatman E. M., Holmes A. S., and Green T. C. (2004) MEMS electrostatic micropower generator for low frequency operation, *Sens. Actuators A*, 115, 523–529.

17. Noworolski J. M. and Sanders S. R. (1998) Microresonant devices for power conversion, *SPIE*, 3514, 260–265.

18. Miao P., Holmes A. S., Yeatman E. M., and Green T. C. (2003) Micromachined variable capacitors for power generation, *Proc. Electrostatics'03*, Edinburgh, UK.

19. Yen B. C. and Lang J. H. (2006) A variable-capacitance vibration-to-electric energy harvester, *IEEE Trans. Circ. Syst.*, 53, 288–295.

20. Basset P., Galayko D., Paracha A. M., Marty F., Dudka A., and Bourouina T. (2009) A batch-fabricated and electret-free silicon electrostatic vibration energy harvester, *J. Micromech. Microeng.*, 19, 115025 doi:10.1088/0960-1317/19/11/115025.

21. Galayko D., Basset P., and Paracha A. M. (2008) Optimization and AMS modeling for design of an electrostatic vibration energy harvester's conditioning circuit with an auto-adaptive process to the external vibration changes, *DTIP of MEMS & MOEMS* 2008.

22. Sterken T., Baert K., Puers R., and Borghs S. (2002) Power extraction from ambient vibration, *Proc. SeSens 2002*, Veldhoven, the Netherlands, pp. 680–683.

23. Sterken T., Baert K., Puers R., Borghs G., and Mertens R. (2003) A new power MEMS component with variable capacitance, *Proc. Pan Pacific Microelectronics Symposium 2003*, Edina, USA, pp 27–34.

24. Tvedt L. G. W., Blystad L. C. J., Halvorsen E. (2008) Simulation of an electrostatic energy harvester at large amplitude narrow and wide band vibrations, *DTIP of MEMS & MOEMS*.

25. Mahmoud M. A., El-Saadany E. F., and Mansour R. R. (2006) Planar electret based electrostatic micro-generator, *Proc. PowerMEMS 2006* (Berkeley, USA, Nov. 2006).

26. Bartsch U. (2006) Electrostatic Energy Harvesting using Ambient Vibration Diploma Thesis, IMTEK, University of Freiburg, Germany.

27. Madou M. J. (1998) *Fundamentals of Microfabrication,* CRC-Press.

28. Beeby S. P., Tudor M. J., and White N. M. (2006) Energy harvesting vibration sources for microsystem applications, *Meas. Sci. Technol.*, 17, R174–R195.

29. Hoffmann D., Folkmer B., and Manoli Y. (2007) Design considerations of electrostatic electrode elements for in-plane micro-generators, *Technical Digest PowerMEMS 2007* (Freiburg, Germany, Nov. 2007), 133–136.

30. Soliman M. S. M., Abdel-Rahman E. M., El-Saadany E. F., and Mansour R. R. (2008) A wideband vibration-based energy harvester, *J. Micromech. Microeng.*, 18, 115021.

31. Knechtel R. (2005) Halbleiterwaferbondverbindungen mittels strukturierter Glaszwischen-schichten zur Verkapselung oberflächenmikromechanischer Sensoren auf Waferebene Dissertation, Technical University of Chemnitz, Germany.

32. Gormley C., Yallup K., and Nevin W. A. (999) State of the art deep silicon anisotropic etching on SOI bonded substrates for dielectric isolation and MEMS applications, *Proc. Tech. Dig. 5th Int. Symp. Semiconductor Wafer Bonding* (Honolulu, Oct. 1999), 350–361.

第6章 热电发电机

Robert Hahn 和 Jan D.König

6.1 物理原理

　　热电的发现是很久以前完成的。1821 年，塞贝克观察到，当两个金属导体的接头处普遍存在不同温度时，指南针的指针会在彼此相连的导体附近发生偏转。这里的偏转度与温度差成正比。指南针运动的原因是由于导体之间的温差而产生的电场。塞贝克观察到的效应也作用于相反的方向，1834 年 Jean C. a.Peltier 首次描述了这种效应：如果电作用于两根相连的导体，接触点处就会发生温度梯度。热能从一个连接点输送到另一个连接点，导致冷却效应。

6.1.1 塞贝克效应

　　塞贝克效应是热能转化为电能的基本现象。它的物理意义可以通过考虑沿有限导体施加温度梯度的影响来理解。在没有温度梯度的情况下，导体中的载流子按热平衡费米 - 狄拉克分布进行分布；在温度梯度存在的情况下，载流子分布是不均匀的，因为热端载流子的动能更大，易于扩散到冷端。由于载流子扩散，与载流子运动相反的电场逐渐形成。

　　电路的连接由两个不同的导体 A 和 B 构成（见图 6.1），它们电串联，但热并联，在不同的温度 T_1 和 T_2 下保持连接，并且 $T_1>T_2$。本章提出了一种无电流的开路电势差 V，并由以下公式给出：

$$V = \alpha (T_1 - T_2) \tag{6.1}$$

　　同时，$\alpha = V/(T_1 - T_2)$ 定义了元素 a 和 b 之间的微分塞贝克系数 α_{ab}，对于较小的温差，其关系是线性的。

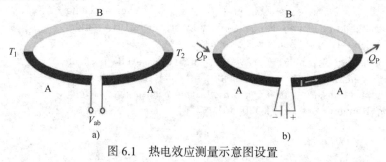

图 6.1 热电效应测量示意图设置

a）塞贝克系数 b）珀耳帖系数

虽然按照惯例 α 是塞贝克系数的符号，但有时也使用 S，塞贝克系数称为热电动势或热功率。如果电动势使电流沿电路的顺时针方向流动，并且以 V/K 或更常见的 $\mu V/K$ 进行测量，则 α 的符号为正。

对于温差较小的系统，该关系是线性的，定义接头的相对塞贝克系数 S_{AB}。$S_{AB} = S_A - S_B$ 是由材料 A 和材料 B 的热电压产生的整个电路的塞贝克系数。塞贝克系数的符号由电流流向决定，如果常规电流在热连接处趋向于从 A 流到 B，则认为它是正的。所以，该符号由所研究材料的载流子类型决定，例如 p 型或 n 型半导体。因此，塞贝克系数的符号及其大小取决于材料的选择。

6.1.2 珀耳帖效应

珀耳帖效应是热电制冷中的一种现象。珀耳帖效应产生于结两侧材料中电荷载流子的不同势能。电流流过接头时，必须与周围环境交换能量，以保持能量和电荷的守恒（见图 6.1b）。材料 A 的电流 I 从 A 流向材料 B，然后流向材料 A。在接头 1 处，单位时间内的热量 Q 可根据如下公式计算：

$$\frac{dQ}{dt} = \Pi_{AB}I \tag{6.2}$$

$\Pi_{AB} = \Pi_A - \Pi_B$ 是由两种材料的绝对珀耳帖系数给出的结的相对珀耳帖系数。按照惯例，当电流从 A 流向 B，Q 从周围被吸收时，Π_{AB} 为正值。与电流相关的吸收热量 Q 由 $\Pi_{AB}I$ 给出。至少等量的热量被排放到结 2 的周围环境中。

6.1.3 汤姆逊效应

汤姆逊效应与可逆热产生率有关，这是由于电流沿单根导体的一部分流过，并施加了温差。由于温差，单位时间内的热量由如下公式给出

$$\frac{dQ}{dt} = \beta I \Delta T \tag{6.3}$$

式中，β 是汤姆逊系数。这种效应的起源基本上与珀耳帖效应相同。这里沿着导体的温度梯度决定了载流子势能的差异。汤姆逊效应在热电装置中不是最重要的，但在详细计算中不能忽略。

6.1.4 开尔文关系

这三个热电系数通过开尔文关系相互联系，而塞贝克系数和珀耳帖系数是结的性质（相对系数）以及单一材料的汤姆逊系数的性质（绝对系数）：

$$S_{AB} = \frac{\Pi_{AB}}{T}; \quad \frac{dS_{AB}}{dT} = \frac{\beta_A - \beta_B}{T} \tag{6.4}$$

这些关系的有效性已经在一些热电偶材料中得到了证明。第二个关系使我们能够推导出单一材料的塞贝克系数的定义：

$$S = \int_0^T \frac{\beta}{T} dT \qquad (6.5)$$

n 型半导体的塞贝克系数为负，p 型半导体的塞贝克系数为正。

6.2 转换效率和优点

6.2.1 热电发电效率

热电转换器是一种热机，和所有热机一样，它遵循热力学定律。如果我们把转换器当作理想的发电机来运行，在这种发电机中没有热损失，那么效率就定义为在热接点上所吸收的热量与所提供的电能之比。热发电中重要参数的表达式可以通过考虑由单个热电偶组成的最简单的发电机，其热电偶由 n 型和 p 型半导体制成，如图 6.2 所示。热电偶由两个分支组成：一个 n 型材料，一个 p 型材料，长度为 L_n 和 L_p，截面 A_n 和 A_p 为常数。两个支路连接在电阻可以忽略的金属导体上。

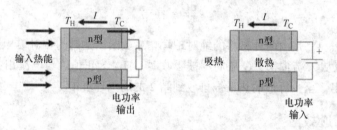

图 6.2 热电发生器（左），热电冰箱（右）

这些分支是电串联和热并联的。需要注意的是，热量只能通过沿热电偶分支传导来传递。

热电偶有两种用途。一方面，由于热源和漏极之间的温差引起的塞贝克电压，可以作为发电机产生电流，所产生的电力可由电阻负载使用。另一方面，电阻负载可以用电流源代替。在这里，热电偶起到了热泵的作用。利用珀耳帖效应，热量从 T_1 温度下的热源泵送到 T_2 温度下的散热器。

热电发电机将热能转换为电能的效率定义为

$$\phi = \frac{\text{电阻负载} R_L \text{的能量}}{\text{从热源分支吸收的热能}} \qquad (6.6)$$

电阻负载 R_L 的能量由电流 I 和 R_L 计算：

$$W = R_L I^2 \qquad (6.7)$$

从热源经分支 q_p 和 q_n 传递到散热管的热量与两种效应有关。一方面，热量由于热传导通过分支，热传导又与两个分支材料的热导率 λ_n 和 λ_p 有关。另一方面，由于珀耳帖效应，当热量在电流进入另一导体时必须耗散或吸收时，热量与电流一起传

输。从热源排放的热量为

$$q_p = \Pi_p I - \lambda_p A_p \frac{dT}{dx} = S_p IT - \lambda_p A_p \frac{dT}{dx}$$

$$q_n = \Pi_n I - \lambda_n A_n \frac{dT}{dx} = S_n IT - \lambda_n A_n \frac{dT}{dx} \tag{6.8}$$

式中，Π 是绝对珀耳帖系数；S 是绝对塞贝克系数。根据开尔文关系 6.4，珀耳帖系数被 $S \times T$ 替换。应注意，S_p 为正，S_n 为负，因此珀耳帖热流与热传导相反。

此外，根据焦耳定理，电流流过支路产生热量。单位长度的产热率为 $I^2/\sigma A$，其中 σ 为导电率。热量的产生意味着梯度不均匀。假设塞贝克系数与温度无关，则不存在汤姆逊效应：

$$-\lambda_p A_p \frac{d^2 T}{dx^2} = \frac{I^2}{A_p \sigma_p}; \quad -\lambda_n A_n \frac{d^2 T}{dx^2} = \frac{I^2}{A_n \sigma_n} \tag{6.9}$$

该方程可与边界条件 $T = T_1$ 在 $x = 0$（热源）和 $T = T_2$ 在 $x = l_p$ 或 $x = l_n$（耗尽）下积分一次。结合热流量在 $x = 0$（热源，$T = T_1$）前的方程：

$$q_p(x=0) = S_p IT_1 - \frac{\lambda_p A_p (T_2 - T_1)}{L_p} - \frac{I^2 L_p}{2 A_p \sigma_p}$$

$$q_n(x=0) = S_n IT_1 - \frac{\lambda_n A_n (T_2 - T_1)}{L_n} - \frac{I^2 L_n}{2 A_n \sigma_n} \tag{6.10}$$

在 $x = 0$ 时，单位时间内吸收的热量 W_Q 至少为

$$W_Q = q_p(x=0) + q_n(x=0)$$

$$= (S_p - S_n) IT_1 - G(T_1 - T_2) - \frac{I^2 R}{2} \tag{6.11}$$

式中，R 是两个分支电串联的总电阻；G 是两个分支热并联的热导率：

$$R = R_p + R_n = \frac{L_p}{A_p \sigma_p} + \frac{L_n}{A_n \sigma_n} \tag{6.12}$$

$$G = G_p + G_n = \frac{\lambda_p A_p}{L_p} + \frac{\lambda_n A_n}{L_n} \tag{6.13}$$

电流由产生的塞贝克电压以及电阻负载 R_L、R 之和计算得出：

$$I = \frac{u_p - u_n}{R + R_L} = \frac{(S_p - S_n)(T_1 - T_2)}{R + R_L} \tag{6.14}$$

效率 ϕ 可由一个分支中的恒定导电率、热导率和热电功率以及可忽略的接触电阻表示：

$$\phi = \frac{I^2 R_L}{(S_p - S_n) IT_1 + G(T_1 - T_2) - \dfrac{I^2 R}{2}} \tag{6.15}$$

在热电材料中，必须考虑发电和制冷过程中 σ、G 和 S 的温度依赖性。然而，如果在感兴趣的温度范围内，这些参数采用近似平均值，那么获得的效率的简单表达式仍然可以在可接受的精度范围内使用。

6.2.2 热电性能指标

根据式（6.15），效率是电阻负载与发电机电阻之比的函数。在最大功率时，输出表示为

$$\phi_p = \frac{(T_1 - T_2)}{T_1} \frac{1}{\dfrac{3}{2} + \dfrac{T_2}{2T_1} + \dfrac{4}{Z_c T_1}} = \eta_{\text{Carnot}} \frac{1}{\dfrac{3}{2} + \dfrac{T_2}{2T_1} + \dfrac{4}{Z_c T_1}} \tag{6.16}$$

式中，η_{Carnot} 是卡诺效率，$\eta_{\text{Carnot}} = (T_1 - T_2)/T_1$，这是温差 $(T_1 - T_2)$ 可获得的最大效率。如果 $R = R_L$，则获得最大功率输出。此外，热电电路的效率取决于电偶的品质因数：

$$Z_c = \frac{(S_p - S_n)^2}{RG} \tag{6.17}$$

这表明，除了卡诺效率外，ϕ_p 还依赖于支路的热功率、电阻和热导率。品质因数是衡量热电电路能在多大程度上近似卡诺效率。如果两个支路的几何结构匹配，能使吸收热达到最小值，则 Z_c 由以下公式确定：

$$Z_c = \frac{(S_p - S_n)^2}{\left[\left(\dfrac{\lambda_p}{\sigma_p} \right)^{1/2} + \left(\dfrac{\lambda_n}{\sigma_n} \right)^{1/2} \right]^2} \tag{6.18}$$

如果我们进一步假设这两个连接臂具有相似的材料常数，则该材料的品质因数可表示为

$$Z = \frac{\sigma S^2}{\lambda} \tag{6.19}$$

在这里 σS^2 被称为电功率因数。

通常，将无量纲因子 ZT（Z 乘以绝对温度）定义为品质因数更为方便：

$$ZT = \frac{\sigma S^2}{\lambda} T \tag{6.20}$$

在图 6.3 中，假设冷端温度 T_2 为 300K，则根据不同 z 值的温差绘制效率图。显然，为获得最佳发电效率，应最大化系数 ZT。这意味着，Z 值越高，T_1 和 T_2 之间的差异就越大。大概来说，平均因数为 3×10^{-3}/K 的热元件材料制成的热电偶在 500K 的温差下工作时，其效率约为 20%。

需要注意的是，只有在电流最优的情况下，Z 才能单独决定效率。这种简化虽然很有指导意义，但忽略了热电设备中热电兼容性的影响。热电兼容系数是指减小的电

流，这是达到 Z 确定的最高效率所必需的。在电流受到限制的情况下，相容系数随温度的变化而变化，因此实际器件的效率将低于 Z 计算得出的效率。热电兼容性的影响是分段式热电发生器最重要的，但它也影响所有热电器件性能的精确计算。为了分析计算热电发电机的精确性能，可以使用一种减少变量的方法，将所谓的强度特性和变量（如温度梯度、塞贝克系数、电流密度、热流密度）与所谓的广泛特性（如电压、温度差、功率输出、面积、长度、电阻、负载电阻）分开。除了传统的系统效率外，这种方法还允许定义局部的、密集的效率以及兼容性系数[1]的推导。第 6.4 节和 6.6 节给出了实际计算指南。

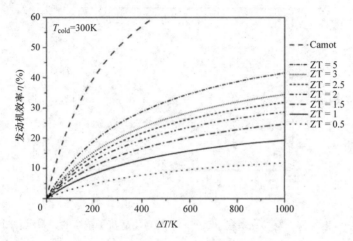

图 6.3　不同 Z 值的转换效率。效率随着品质因数
Z 值的增大和冷热侧差的增大而提高。（冷侧温度为 300K）

6.3　热电材料

6.3.1　理论材料方面

　　品质因数［见式（6.19）］中出现的三个参数都是载流子浓度的函数。电导率随载流子浓度的增加而增大，而塞贝克系数减小，如图 6.4 所示。因此，当载流子浓度在 $10^{19}/cm^3$ 左右时，功率因数达到最大值。

　　在热电材料中，电子对热导率的贡献通常约为总热导率的 1/3，也随着载流子浓度的增加而增加。在金属中，电子对热导率和导电率的贡献率与温度成正比，这是由维德曼 - 弗朗茨定律所规定的。

　　显然，在与重掺杂半导体材料或半金属相对应的载流子浓度下，品质因数最佳。因此，半导体是研究最多的热电应用材料。

　　几乎所有的导电材料都存在热电现象（除了低于 T_c 的超导体）。如上所述，由于品质因数随温度变化，在大多数情况下，使用无量纲的性能指标 ZT 作为性能指标。通常只有那些具有 $ZT > 0：5$ 的材料才被认为是热电材料。

根据式（6.19），对于 σ 高且 λ 低但本质上成比例的材料，可以获得良好的性能指标。因此，现代的高 ZT 材料在一定程度上欺骗了自然：它们有一个人造的原子结构，在这种结构中，材料的内部结构限制了声子的流动性，从而限制了其热导率（声子阻塞），而不阻碍甚至促进电子的流动（电子传输）。因此，如图 6.5 所示，努力通过降低晶格热导率来改善品质因数。

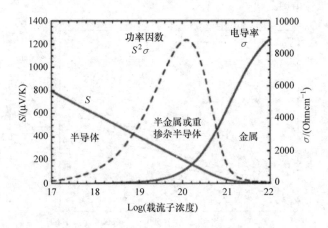

图 6.4　电导率、塞贝克系数、功率因数与自由载流子浓度的关系示意图[1]

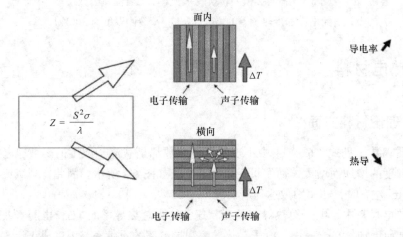

图 6.5　使用纳米尺度多层结构设计材料。在横向电荷传输的情况下，降低了热导率和高导电率

6.3.2　材料研究

目前正在探索两种研究途径。一种是寻找所谓的"声子玻璃 - 电子晶体"，该研

究提出，包含弱束缚原子或分子的晶体结构，在原子笼中"嘎嘎作响"，应该像玻璃一样传导热量，但像晶体一样传导电流。得到广泛关注的候选材料是填充的钴钛矿和包合物。在过去的十年中，材料科学家一直乐观地认为，低维结构，如量子阱（材料非常薄，基本上是二维的），量子线（截面非常小，被认为是一维的，也被称为纳米线）量子点在各个方向上都是量子受限的，而超晶格（量子阱的多层结构）将为获得显著改善的热电势图提供一条途径。在预期中，这些结构尺寸的减小将导致声子界面散射的增加，从而导致晶格导热系数的降低。

尽管低维结构在微电子技术中有着直接的应用，但目前这种技术价格昂贵，应用于大体积器件是一个难题。在某些方面，相对于量子阱超晶格而言，纳米线对于热电应用来说似乎是一个更有吸引力的命题，因为电流的几何形状比分子束外延（MBE）更有利，制备工艺也更符合集成技术。

此外，我们还在努力提高热电材料的竞争力，而不是品质因数。例如，致力于提高电力因数，降低成本，开发环保材料。例如，应用于燃料成本很低或基本上是免费的时候，如废热回收，那么每瓦特的成本主要取决于单位面积的功率和运行周期。稀土化合物 $YbAl_3$ 虽然性能相对较低，但功率因数几乎是碲化铋的三倍，而 $MgSn$ 的性能几乎相同，但价格不到碲化铋的四分之一。

数十年来，*ZT* 值一直停滞在 1 以下。现在，由于新材料的出现，实验室的测量值达到了 3.5。对于 1.5～2 的值，被认为是在更大的应用中使用 TEG 成本效益的盈利阈值。

TE 材料的种类从单晶或多晶固体通过半导体和金属、陶瓷氧化物延伸到薄层超晶格。

纳米技术生产的材料被认为是特别有前途的。它们是在已经熟悉的热电材料的基础上制造的，例如，将纳米颗粒嵌入宏观基体。

研究的另一个重点是由金属材料制成的纳米线，例如铋，其中的载流子只能沿着导线的轴线向一个方向移动。在实验室中，对于直径小于 15 的导线，*ZT* 值最高可达 3。纳米尺度多层结构，通常称为超晶格，其优点是可以直接转化为传统的垂直结构单元。这种结构表现出的物理效应提高了 *ZT* 值。热载流子和电荷载流子在各层中流动或垂直于各层流动。在跨平面电荷输运的情况下，即垂直于各层的输运，大量的界面散射了导热声子，从而大大降低了热导率。电荷载流子的传输在很大程度上没有受到干扰。这些概念也可以推广到散装材料中。散装材料中纳米结构的另一种有效形式不是基于外部层或粒子的目标排列，而是基于纳米尺度上热电材料的旋节分解。如图 6.6 所示，总的来说，*ZT* 值有相当大的改善。

V-VI 组件得到了广泛的应用，迄今为止，其纳米级 *ZT* 值最高，或 IV - VI 材料（PbTe 基）以及定向的、结构有序的 V-VI /IV - VI 复合材料。

有潜力的候选者是复杂的硫系化合物、包合物、Zintl 相、半赫斯勒化合物、陶瓷氧化物，或者来自 $CoSb_3$ 的具有空间能力的高温材料群，即 Skutterudites，因为它们发生在挪威的 Skutterud 镇。在后一种情况下，声子的散射中心是由立方晶格自由空间中的重原子引起的。图 6.6 概述了几种新型块状热电材料的性能随温度的函数。

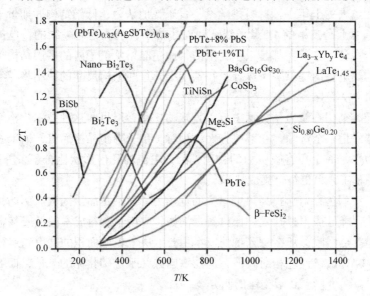

图 6.6 几种新开发材料的热电优值 ZT 概况[20, 21]

6.3.3 技术相关资料

图 6.7 所示为高温热电材料的性能随温度变化的数值。最重要的热电材料是用于室温应用的 Bi_2Te_3- 基固溶体，用于 600 ~ 800K 中温范围的 PbTe- 基固溶体，以及用于 1000K 以上温度的 $Si_{1-x}Ge_x$。

材料系统是否适合热电应用，不仅取决于材料的热电优值。此外，材料成本可能是一个重要因素。其他重要参数，包括机械稳定性、热扩散稳定性、接触稳定性（接触处无相互扩散）或空气中的抗氧化性。材料

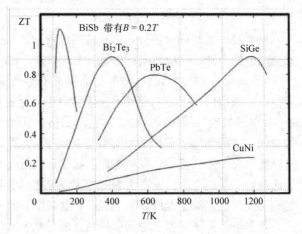

图 6.7 热电相关技术材料概述[22]

体系，如 n 型 BiSb 合金、p 型标签（碲 - 锑 - 锗 - 银）和 $FeSi_2$ 具有良好的热电性能，但由于升华率高、机械强度差或缺少同种 n 型或 p 型材料等各种实际困难而未被广泛使用。$ZTmax \approx 1$ 是整个温度范围 100 ~ 1500K 内的实际极限，在实验室中已经在不同的材料体系中实现了热电性能的显著改善，并有望在未来提高转换效率。

6.4　热电模块结构

在实际应用中，通过将大量热电偶夹在两个高导热板和电隔离板之间形成一个模块，使它们串联并热并联。这是因为半导体热电偶的输出电压仍然相对较低，大约为每度几百微伏。该模块是热电转换系统的组成部分。一个典型的模块实例和一个示意图分别如图6.8 和图 6.9 所示。

图 6.8　热电模块，来源：Fraunhofer IPM

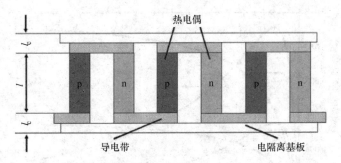

图 6.9　热电模块的主要结构

模块的性能不仅是热电材料的函数，而且在很大程度上受到热电偶之间的电接触电阻及其电气互连，以及互连件与模块板之间的热电阻的影响。电接触电阻会增加热电偶的内部阻抗，而热电阻会减小热电偶之间的温差。两者都能降低输出电压。基于图 6.9 中的模块配置，我们开发了一个简化模型，其中考虑了热接触电阻和电接触电阻[2]。可以看出，当模块在匹配负载下工作时，输出电压 V 和电流 I 由下式给出：

$$V = \frac{N\alpha(T_h - T_c)}{1 + 2r\frac{l_c}{l}} \tag{6.21}$$

$$I = \frac{A\alpha(T_h - T_c)}{2\rho(n+l)\left(1 + 2r\frac{l_c}{l}\right)} \tag{6.22}$$

式中，N 是一个模块中的热电偶数量；α 是塞贝克系数；ρ 是电阻率；T_h 和 T_c 分别是模块热侧和冷侧的温度；A 和 l 是截面积；热电偶长度 l_c 是接触层的厚度，

$$n = 2\frac{\rho_c}{\rho} \tag{6.23}$$

是电气接触参数，以及

$$r = \frac{\lambda}{\lambda_c} \tag{6.24}$$

是热接触参数。

式中，ρ_c 为电接触电阻率；λ_c 为热接触导电率；λ 为热元件材料的热导率。这些可以使用文献［3］中描述的方法进行估算。对于商用模块，适当的取值为 $n=0.1$，$r=0.2$。图 6.10 所示为热元件每单位面积的电流，I/A；和每个热电偶的电压，V/N；作为不同温度差下热元件长度的函数。电压随着热元件长度的增加而增加，而电流在较短的长度上表现出最大值。

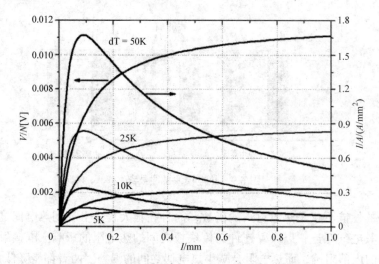

图 6.10　根据式（6.21）和式（6.22），不同温度差下
每个热电偶的电压和模块电流密度随热电偶长度的变化。

（ $\rho = 10^{-5}\,\Omega\mathrm{m}, \alpha = 240 \times 10^{-6}\,\mathrm{V/K}, n = 0.1\mathrm{mm}, r = 0.2, l_c = 0.2\mathrm{mm}$ ）

热电模块在匹配负载下工作时的功率输出 P 和转换效率 ϕ 可表示为[4]

$$P = \frac{\alpha^2}{2\rho} \frac{AN(T_h - T_c)^2}{(n+l)\left(1 + 2r\dfrac{l_c}{l}\right)^2} \tag{6.25}$$

$$\phi = \frac{\left(\dfrac{(T_h - T_c)}{T_h}\right)}{\left(1 + 2r\dfrac{l_c}{l}\right)^2 \left[2 - \dfrac{1}{2}\left(\dfrac{(T_h - T_c)}{T_h}\right) + \left(\dfrac{4}{ZT_h}\right)\left(\dfrac{n+l}{1 + 2rl_c}\right)\right]} \tag{6.26}$$

根据式（6.25）和式（6.26），图 6.11 所示为功率密度 $\rho = P/AN$ 和转换效率，在不同温度下作为热元件长度的函数。可以看出，为了获得较高的转换效率，模块的设计应采用较长的热元件。但是，如果需要较大的单位面积功率，则应在相对较短的长度上优化热元件长度。对于能量收集应用，在大多数情况下，效率并不重要，重要的是运行能源自给系统所需的输出功率。根据上述方程，可以确定给定规格和热元件材料所需的热电偶数量、*N* 和截面积。最佳热电长度与温度无关，然而，热元件长度的确定涉及一个相当复杂的优化过程，其经济可行性很大程度上取决于制造工艺。为了更好地优化特定的 TEG 集成，必须考虑集成环境的热阻抗，如第 6.6 节中所述。

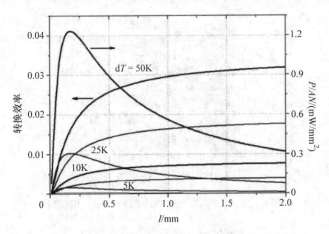

图 6.11　不同温差下的功率密度和转换效率与
热电偶长度的关系。材料和设计参数如图 6.10 所示

因此，适当选择接触材料和形成电、热连接是热电组件设计和制造的重要因素。重写式（6.25）：

$$P = FN\Delta T^2 \left(\frac{\alpha^2}{2\rho} \right) \left(\frac{A}{l} \right) \tag{6.27}$$

其中

$$F = \frac{1}{\left(1 + \dfrac{n}{l}\right)\left(1 + 2r\dfrac{l_c}{l}\right)^2} \tag{6.28}$$

这里 *F* 称为制造质量因子。理想情况下，当接触参数 *n* 和 *r* 接近 0 时，*F* 趋近于 1。然而，在实际应用中，总是存在接触电阻，导致 *F* < 1。显然，模块制造的一个关键目标是开发适当的制造技术和程序，以尽量减少接触电阻。也可以看出，一旦给出了接触参数 *n* 和 *r*，*F* 将受到热元件长度和接触层厚度的影响。从式（6.27）中也可以看出，如果忽略接触参数，对于面积与长度比相同的所有热电偶，TEG 的理想功率是相同的。对于 TEG 的电阻和热阻也是如此。

这种分析对微反应器具有特殊的意义。根据图 6.9 的排列所沉积的微反应器的热元件的长度可能非常短（几到几十微米）。从式（6.28）可以看出，非常小的接触参数

n 和 r 对于获得足够的 F 系数至关重要。显然，垂直结构微转换器的成功实现依赖于电接触和热接触特性的实质性改进。

图 6.12 所示为热电发电机到应用中的典型集成。TEG 基板与热侧和冷侧散热器之间的低热阻界面（外部界面）也很重要。由于每个表面都有特定的粗糙度，因此只有点接触会起到热通量的作用。为了降低热阻，已经开发了几种界面材料。它们填充了表面之间的空腔，并可以降低热界面电阻，如图 6.13 所示。

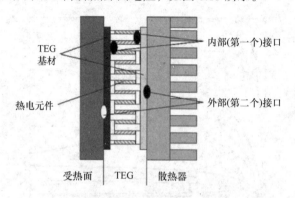

图 6.12　集成热电发电机内部和外部的热接口

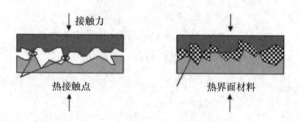

图 6.13　借助热界面材料改善热传递

与单个热电偶的界面相比，外部界面面积要大得多。因此，必须考虑 TEG 基板与热侧和冷侧材料的热膨胀系数（CTE）的差异。如果 CTE 差异较大，则必须使用可延展的界面材料，以补偿膨胀失配。实际界面材料的热界面电阻 R_{jx} 概述如图 6.14 所示。

近年来，已经开发了多种界面材料，这些界面材料具有高导热率并且具有低热接触电阻。尽管可以借助焊料或导热黏合剂实现稳定、自足的结点，但在所有其他情况下［例如导热油脂或相变材料（PCM）］，必须对 TEG 叠层施加一定的力，并进行冷却或加热。必须确保施加接触力所需的固定元件不会充当热旁路（见图 6.25 中的 K_{air2}）。在大多数情况下，使用薄焊料层或填充银的环氧树脂可获得最低的热界面电阻。除了图 6.14 所示的材料外，还使用了易延展的金属箔，例如铟箔。取决于温度范围、TEG 的尺寸和基材的表面特性的类型，界面材料的厚度以及接触压力，必须进行优化。

将 TEG 集成到能量收集应用程序中的下一个问题是散热器的设计。一方面，从用户的角度来看，小型化的系统是理想的。另一方面，对环境的热阻必须与 TEG 相匹配，必须散发足够的热量，并且必须在 TEG 上保持较高的温差。图 6.15 所示为典

型的传热系数 α_w 的概览。在大多数情况下，空气冷却将用于能量收集器的冷端。对于直立板的自然空气对流，在 $3 \sim 30W/m^2K$ 之间的传热系数是现实的，而强烈的强制空气运动可使传热系数增加到 $300W/m^2K$。

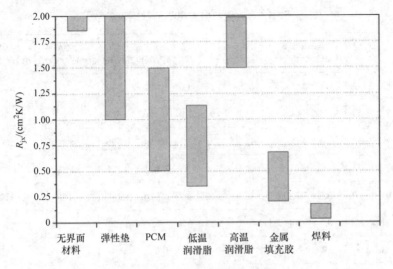

图 6.14 几种热界面材料的热阻

在大多数情况下，为电子设备冷却而开发的许多不同类型和设计的散热器可用于集热器。它们的传热系数是空气速度和安装方向的函数，可以在数据表中找到。从图 6.15可以看出，如果使用风扇代替自然对流空气，则传热系数会大大提高。由于 TEG 的输出功率是温差的幂函数，因此可以借助鼓风机将其轻松提高 $5 \sim 10$ 倍。但是，在大多数情况下，这不是能量收集应用程序的选择，因为空气运动消耗的能量多于发电机产生的能量。因此，必须优化无源冷却解决方案，例如大面积的散热器、热管和热虹吸冷却。

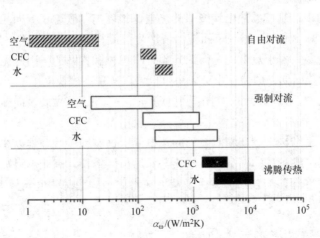

图 6.15 典型的传热系数（CFC- 氯氟烃）

表 6.1 所示为典型的商用热电模块，其中 V_o 为开路电压，I_s 短路电流，R_i 为内部电阻，G 是模块的热导率，G/A 为每个模块面积的热导率，P_1 为相对于模块面积的电功率（功率密度）。

表 6.1 典型热电发电机的数据表参数

厂商	型号	$l \times w \times h$ /(cm × cm × mm)	V_o /V	I_s /A	R_i /Ω	α /(V/K)	G /(W/K)	G/A /(mWcm²/K)	P_1^* /(mW/cm²)	T_{max} /°C
T	199-150-6	4 × 4×3.6	8.20	3.15	2.6	0.082	1.136	71	400	200
T	287-200-14	4 × 4×4.8	11.5	0.97	9.0	0.100	0.518	32	174	200
T	127-250-32	4 × 4×3.4	10.8	7.0	1.5	0.054	0.696	43	590	225
T	097-300-33	10 × 5×120	4.2	1.05	4	0.021	0.021	ca.50	1000	
M	240-100-50	0.5 × 0.7×0.5	1.20	0.15	8.0	0.024	1.388	4.1	110	150
N	N_x2	0.5 × 0.4×0.7	0.39	1.23	0.3	15	1500			
Hi-Z	HZ-2	2.9 × 2.9 × 5.1	3.2	0.8	4	0.032	0.4	47	148	250
Hi-Z	HZ-14	6.27 × 6.27 × 5	1.6				1.9	47	148	250

6.5 微型发电机

热电微转换器的发展，特别是与标准硅 IC 技术兼容的微电转换器，有望在能量收集设备中提供许多有希望的应用。米克罗发生器的设计基本上可以分为两种类型：垂直配置和水平配置。

在垂直结构中，制造的热电转换器的热电偶长度与薄膜生长方向相同，并表示如图 6.9 所示的结构。垂直于衬底表面施加或产生温度梯度。与传统发电机的区别在于所有尺寸都小得多。由于热电偶是借助光刻技术沉积和构图的，因此无需额外的成本即可制造大量的热电偶，即使在小型模块中也可以实现高模块电压。

在水平结构中，热电元件"躺在"衬底表面上，并且沿衬底表面施加或产生温度梯度。

可以使用水平结构来制造相对较长的热电偶。这有助于减轻难以获得垂直结构中所需的非常小的接触参数的困难。由于热电偶的长度较长，因此热阻抗可以更好地与无源低功率空气冷却匹配。然而，由于基板在水平结构中的热电元件下方非常靠近，所以引入了热旁路。

6.5.1 垂直配置的微型发电机

无须修改，即可将第 6.4 节中描述的方程式直接应用于垂直结构。在这种情况下，热电偶的长度非常短（10～20μm）。因此，非常小的接触参数 n 和 r 是必不可少的。如图 6.16～图 6.18 所示。在这些图中，根据式 6.21 和式 6.25 绘制了电压和功率，它们是接触热导率 λ_c 和特定接触电阻率 r_c 的函数。为了证明微型 TEG 与批量（宏）TEG 相比灵敏度更高，对两个典型示例进行了比较。表 6.2 总结了所使用的参数。

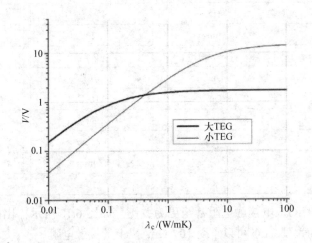

图 6.16　表 6.2 中（大）TEG 和微型 TEG
参数的比较：接触材料的热导率对 TEG 电压的影响

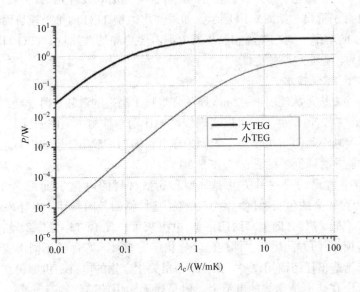

图 6.17　大型 TEG 和微型 TEG 的参数比较符合表 6.2：接触材料的导热率对 TEG 功率的影响

在图 6.16 和图 6.17 中，当接触材料的导热率低于 10W/mK 时，微型 TEG 的电压和功率就会降低，而对于整体 TEG，只有当 λ 值低于 1W/mK 时才能看到可见的影响。

表 6.2 用于微观和宏观 TEG 性能比较的参数

参数	单位	多 TEG	小 TEG
α	V/K	0.005	0.0027
l	Mm	1	0.02
l_c	μm	20	16
λ	W/mK	2.4	2.4
ρ_c	Qm^2	10^{-10}	10^{-10}
ρ	Qm	10^{-4}	10^{-5}
N		34	540
A-TEG	—	$3 \times 3cm^2$	$3 \times 3mm^2$
A- 结		$2 \times 4mm^2$	$40 \times 40\mu m^2$
ΔT	K	10	10

对于微型 TEG，电接触电阻甚至更为关键。如图 6.18 所示，比接触电阻值应低于 $10^{-11}\Omega m^2$，而大型 TEG 可以承受 10^{-8} Ωm^2 以上的接触电阻。

模块基板的厚度和导热率以与热腿接头的热特性类似的方式影响 TEG 性能，这意味着非常高的热导率和薄的基板是垂直微型 TEG 的先决条件。金刚石和 AlN 陶瓷基板具有最高的导热率，但成本较高。硅是微型 TEG 的一种广泛使用的材料，可以代替普通的氧化铝陶瓷。另外，热思考的热界面（见图 6.12 中的外部界面）和散热器的热导率也特别重要。如图 6.19 所示，如果使用微型 TEG 的每个模块面积的功率大于散装 TEG 的功率，则在热源和散热器中都需要更高的散热量。TEG 与热源和散热器之间的热界面电阻也必须更低。

垂直微型 TEG 技术

最简单的方法是从使用 1 ~ 2mm 厚的常规技术制造的散装材料开始，然后将其减薄至 200μm。在这种厚度下，可以实现较高的比功率输出（见图 6.11）。不能将脆性热电腿的厚度减小到约 200μm 以下，因为热电材料与扩散阻挡层和焊料之间的接触电阻会导致性能显著降低（见图 6.17 和图 6.18）。

进一步小型化的另一种方法是 p 型和 n 型材料的电化学沉积。可以实现 5 ~ 10μm/h 的相对较高的生长速度。由于 Bi_2Te_3 基材料的各向异性（电导率在"高 ZT"方向上比在"低 ZT"方向上高约四倍），电沉积可以使 Bi_2Te_3 与高 ZT 晶体一起沿垂直于导电基板[5]的方向生长。即使已经提出了完整技术程序的不同实验结果，但迄今为止尚未制造出任何商用设备。Bi_2Te_3 和相关化合物的电沉积机理仍在研究中。现在的研究集中在热电纳米线的电镀上，但是尚无实用的器件制造策略[6]。已经公开了一种坚固的工艺，用于制造带有电镀铜和镍热电偶的基于聚合物的柔性微热发生器[7]。由于低的热电材料特性，因此仅实现了 $20nW/cm^2$ 的功率密度。

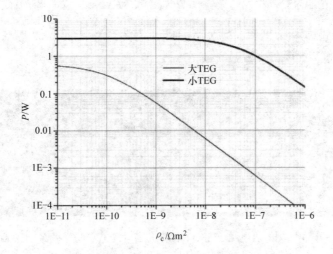

图 6.18 大型 TEG 和微型 TEG 的参数比较符合

表 6.2: 电接触电阻率对 TEG 功率的影响（λ_c= 10W / mK）

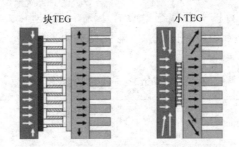

图 6.19 与多 TEG 的应用相比，在使用微型
TEG 的情况下，热源和散热器中的热量散布增加了

迄今为止，TEG 小型化的最成功方法是通过溅射[8,9]或真空蒸发[10]真空沉积 Bi_2Te_3 基材料。

基于 MicroPelt 公司的晶片级溅射技术的 Micro-TEG 可以在市场上买到[9]。来自 99.995% 元素源的高速溅射沉积（5μm/h）产生多晶单相 p 型和 n 型材料。通过退火的多晶材料，有效 ZT 值为 0.75。n 型 Bi_2Te_3 或 $Bi_2(Se_{0.05}Te_{0.95})_3$ 和 p 型（$Bi_{0.25}Sb_{0.75}$）$_2Te_3$ 层，其厚度约为可以在硅晶片上沉积 20μm，解决了较大的热膨胀系数不匹配（Si 和 V-VI 化合物的 CTE 相差 5～6 倍）的问题。n 型和 p 型材料分别生产并在两个不同的晶片上进行了优化（见图 6.20）。处理顺序如下：

1）氧化硅晶片上电接触/互连结构的制备。

2）溅射扩散阻挡层和 p 型或 n 型材料以及焊料层。

3）抗蚀剂和光刻在图案化中的应用。

4）干蚀刻热电偶元件。

5）退火。

6）借助晶圆锯将 n 型和 p 型裸片分割。

7）将 N 和 P 焊接在一起。

图 6.20 溅射和蚀刻的热电腿（左）和图案化芯片（右）的横截面[11]，©MicroPelt

已经证明了约 100 热电对 /mm² 的图案分辨率。由于热电材料直接沉积在一侧的接触层上，而可以在另一侧使用限定的非常薄的焊接层，因此可以将接触电阻保持在最低水平。可以进行 Ti/Pt 背面金属化，以促进与热源 / 散热器的热接触。表 6.3 所示为典型的 MicroPelt TEG 的一些数据手册信息。图 6.21 所示为 4×3 mm² TEG 的电功率和热流量与负载电阻和温度差的关系，彩图见文后彩插。每对具有 450 个引脚对的设备达到 α= 220μV/K[12]。

表 6.3 MicroPelt TEG 的参数[11]

参数	单位	MPG-D651	MPG-D751
l×w	mm²	3.3×2.5	4.2 ×3.3
厚度	mm	1.09	1.09
电阻 23°C	Q	185	300
热阻 85°C	K/W	22	12,5
净塞贝克电压 23°C	mV/K	75	140

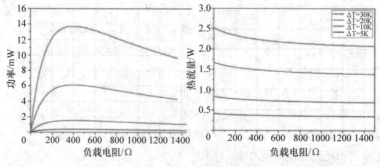

图 6.21 MicroPelt TEG MPG-D751 的输出功率和热流量与负载电阻和温度差的关系[11]

6.5.2　卧式微型发电机

可以使用水平结构来制造相对较长的热电元件，这导致更好的接触参数，但由于热电偶下方的基板，还产生了热旁路。由于与垂直 TEG 相比，设计有所不同。式（6.21）~式（6.28）不能用于水平配置。已经开发出一种修改的理论，该理论考虑了由于热电元件的大表面积而引起的基板热旁路和辐射损失的影响，这可以在文献 [13] 中找到。

该技术涉及基于膜的薄膜构图和牺牲层，它们已经广泛用于不同的传感器应用，例如红外辐射或气体流量的测量。

在文献 [14] 中描述了具有优化热流路径的卧式热电发电机的制造和设计优化。蜿蜒的热电偶（n-poly-Si / Al）位于 Si 晶片上，并采用薄膜技术制造以实现高集成度。通过具有高导热率的金属条将热通量垂直于基板平面引导至平面热电偶结。如图 6.22 所示，来自环境区域的热通量垂直引入芯片的覆盖区域，并沿平面方向引导通过热电偶，然后垂直释放至覆盖区域。该设备由几个模块组成，第一个模块带有热电偶，第二个和第三个模块包括产生高平面内温度梯度所必需的导热结构，而热通量垂直于设备（横向）。这样，热接触面积被最大化。原型发电机的输出功率为 9.5mV / K。

薄膜 SiGe 热电偶用于另一种水平微型 TEG 方法 [15,16]。这项工作的重点是尽可能多地增加热电偶的数量，以在非常低的温差下获得足够的高压（1 ~ 2V）。使用步进技术进行光刻，以 3 ~ 10μm 的横向尺寸和仅 2 ~ 3μm 的距离对 6μm 高的热腿进行构图。在尺寸为 $1 \times 2.5mm^2$ 的模具上，最多可制造 2500 个热电偶。处理顺序如下：

1）锥形侧壁的牺牲性 6μm 高 SiO_2 凸点的制造。

2）在基板上沉积 150 nm Si_3N_4 隔离层。

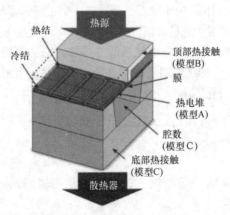

图 6.22　带有沉积的 n-poly-Si 和 Al 热腿的水平微型 TEG 配置 [14]

3）SiGe 的沉积，n 型和 p 型引脚的掺杂以及构图。

4）铝互连件的制造（同时顶部和底部）。

5）蚀刻牺牲性 SiO_2。

6）用 1μm 聚合物黏合剂对顶部芯片进行切割和黏合。

已获得高达 0.9V 的输出电压。在 $\Delta T_g = 3.3K$ 时测得的功率密度为 $0.3\mu W/cm^2$。通过降低 Al 和 SiGe 之间的接触电阻，可以实现进一步的改进。图 6.23 所示为热电偶的原理设置和显微照片。

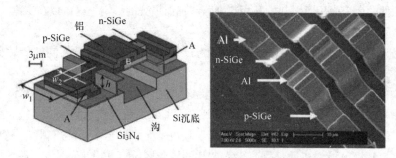

图 6.23　水平配置的薄膜 SiGe 热电偶的原理设置和 SEM 图片 [15,16]

6.6　系统级设计和 TEG 集成到能量收集应用程序中

6.6.1　系统级模型

前面的部分描述了各种温度差异下 TEG 的电气性能。在实际的能量收集系统的设计中，当 TEG 与一个小的自然对流散热器进行热连接时，人们不能认为可以在 TEG 上实现所需的温差。TEG 必须与可用的散热器热匹配，以使性能最大化。可以针对最大功率或最大电压进行系统优化。由于最近已开发出接受相当低输入电压的高效电压转换器（请参阅第 8 章），因此对于能量收集设备而言，功率优化首先受到关注。

已开发出 TEG 的物理模型，其中包括散热器和热源的热阻以及汤姆逊，珀耳帖和焦耳热 [17]（见图 6.24）。如果忽略了汤姆逊效应，则热腿上的温差可以表示为总温差 $\Delta T = T_1 - T_0$ 的函数，简化表示为

$$\Delta T_g \approx \frac{\Delta T}{1+(K_c + K_h)\left(\dfrac{1}{K_g} + \dfrac{\alpha^2 T_0}{R_1 + R_g}\right)} \tag{6.29}$$

式中，用 K_c，K_g 和 K_h 分别表示冷侧、TEG 分支和热侧的热阻；R_1 和 R_g 是负载和 TEG 的电阻。输出功率为

$$P_{out} = (\Delta T \alpha^2)\left(\frac{K_g}{K_g + K_c + K_h}\right)^2 \frac{R_1}{(R_1 + R_{g,eff})^2} \tag{6.30}$$

有效内阻 $R_{g,eff}$ 定义为

$$R_{\text{g,eff}} = R_{\text{g}} + T_0\alpha^2(K_{\text{c}} + K_{\text{h}})\frac{K_{\text{g}}}{K_{\text{g}} + K_{\text{c}} + K_{\text{h}}} \quad (6.31)$$

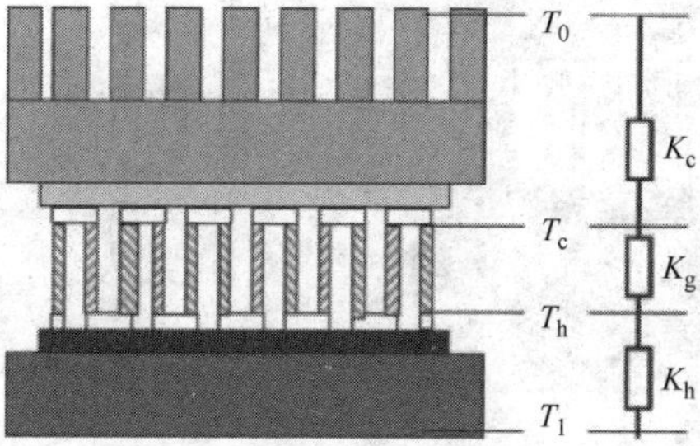

图 6.24　集成到应用中的 TEG 热阻的等效电路模型

达到最大输出功率：

$$R_1 = R_{\text{g,eff}} \quad (6.32)$$

因此这也取决于散热器和热源的热阻。这已经在图 6.21 中得到了证明，其中最大功率下的负载电阻高于表 6.3 中所示的 TEG 电阻。在大多数能量收集应用中，由于尺寸限制和使用自然空气对流，散热器的热阻较高且固定。因此，TEG 设计必须适应该条件。这意味着难以实现的热腿的高热阻（高纵横比）。当今，大多数传统的散装 TEG 仅适用于存在较大温差且可以采用自然对流散热方式的能量收集应用。

在温度差异非常小的情况下，例如在人体能量收集中，需要具有高耐热性的新型 TEG。还必须考虑周围空气的热阻。等效电路模型必须根据图 6.25 进行扩展。

6.6.2　人体可穿戴电子设备的 TEG 集成

人体在约 37 摄氏度的恒定温度下自我调节温度。利用这一点来对抗周围的空气温度提供了热收集人体上传感器节点的来源。一些生产穿戴式产品的公司，例如手表，已经开发出利用人体热量和环境温度之间的微小差异的设备，其发电量约为微瓦，这表明可以将类似技术应用于传感器节点。

根据图 6.25，TEG 与人体和周围环境热串联。由于人体皮肤的热导率低，因此构成大的热阻。由于在有限的温差下通常散热效率低下，因此环境的热阻也很大。为了增加散热，必须使用相对较大的散热器。如果散热片的面积大并且到皮肤的距离小，则构成寄生热流的热阻 K_{air2} 会变得很大。对于具有优化 K_{g} 的 TEG（见图 6.23），结果表明，通过增加散热器和皮肤之间的距离，可以显著减小 K_{air2}，从而获得更高的输出功率。最大功率密度约为在 5 mm 的距离处达到 25μW/ cm³（20℃）[18]。为了进行实际估算，表 6.4 总结了主体的一些热阻和可能的热流。热流的值表示最大值，该最大值受冷的感觉限制。随着环境温度的降低，发电量会增加，但如果环境温度接近 37℃，则发电量将降至零。因此，已经提出了由 TEG 和小的光伏模块组成的混合系统。

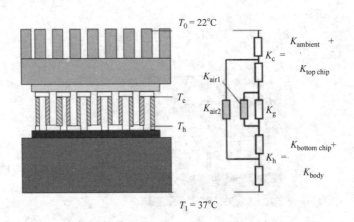

图 6.25 部署在人体上的 TEG 的等效电路模型

表 6.4 文献 [18] 中人体热阻和可能的热电流

位置	户内		户外 (−4 ~ 2℃)	
	K_{body}/(cm^{2}K/W)	q/(mW/cm^2)	K_{body}/(cm^{2}K/W)	q/(mW/cm^2)
前额	200 ~ 400	10 ~ 20	—	<45
大腿	400 ~ 900	4 ~ 15	300 ~ 500	15 ~ 60
腕 (视线)	440	15		65
腕 (动脉)	160	20		120

热能收集不仅适用于人体的外表面，还可以在内部用于为植入式医疗设备和传感器提供动力。在这种情况下，温度差通常低至 0.3 ~ 1.5K，但由于 TEG 直接与体液接触，因此与外部空气散热器相比，传热系数更高 (见图 6.15)。这些想法可以扩展到涉及其他温血动物的案件。

6.6.3　利用温度变化和瞬态 TEG 行为

对于某些应用，不是在稳态下而是仅在温度变化时才收集热能，这可能是由于环境条件的变化或设备操作模式的变化。在这些温度变化期间，可以在集成的 TEG 上建立显著的温度梯度，而在稳态下只有很小的温度差。图 6.26 所示为商用 TEG 的输出功率和温度随时间的变化，该 TEG 的两侧均装有金属针翅式散热器，并用蜡烛进行加热。

金属散热器具有大的热容量。因此，在起动阶段，与散热器加热时的稳态相比，保持的温度梯度要高得多。

借助 TEG，研究了飞机飞行过程中产生的瞬态热梯度为传感器节点供电[19]。

为了给这种方法的可用能量提供一个大概的上限，我们认为在起飞时从 15℃ 的地面温度换水 1ml，到 −60℃ 的巡航温度，然后降落回到地面温度需要 1.3kJ 的能量。

测试表明，使用集成式 TEG 可以提取 34J 的能量。

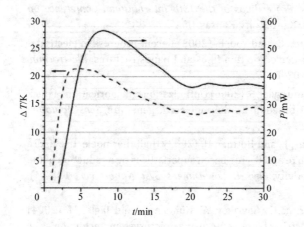

图 6.26　夹在金属散热片之间的 TEG 上产生的电功率和温差随时间变化

6.7　总结

对于热电材料的进一步改进和针对低温差能量收集应用而优化的 TEG 的商业化将是期望的。然而，如果适当地进行调整和集成，则来自热发生器的能量足以供应各种类型的传感器以及无线电发射器或其他能源自给系统。可以利用许多温度梯度源，例如太阳热，地面土壤到环境空气，水到室外环境中的空气，运输部门的发动机和燃烧热或发动机废热，飞机机舱，工业废热和人体温度。数字和模拟电子设备的电源需求不断下降，以及低输入电压的高效升压转换器的发展，促进了 TEG 作为自给自足系统（如传感器节点）的电源的部署。热电收割机和无线传感器的多个评估单元，最大功率约为市场上的 20mW[11]。

参考文献

1. Rowe, D. M. (2006) *Thermoelectrics Handbook: Macro to Nano*, CRC Press, New York, 2006.

2. Rowe, D. M., and Min, G. (1996) Design theory of thermoelectric modules for electrical power generation, *IEE Proc. Sci. Meas. Technol.*, **143**(6), 351–356.

3. Min, G., Rowe, D. M., Assis, O., and Williams, S. G. K. (1992) Determining the electrical and thermal contact resistances of a thermoelectric module, *Proceedings of the 11th International Conference on Thermoelectrics, Arlington*, TX, USA, pp. 210–212.

4. Min, G., and Rowe, D. M. (1995) Peltier device as a generator, in *CRC Handbook of Thermoelectric*, D. M. Rowe, CRC Press, New York, pp. 479–488.

5. Magri, P., Boulanger, C., and Lecuire, J. M. (1994) Electrodeposition of Bi_2Te_3 Films, *Proceedings of the 13th International Conference on Thermoelectrics*, Kansas City, Kansas, USA, 277–281.

6. Xiao, F., Hangarter, C., and Yoo, B. (2008) Recent progress in electrodeposition of thermoelectric thin films and nanostructures, *Electrochim. Acta*, **53**(28), 8103–8117.

7. Glatz, W., and Muntwyler, S. (2006) Optimization and fabrication of thick flexible polymer based micro thermoelectric generator, *Sens. Actuators A*, **132**, 337–345.

8. Beyer, H., Nurnus, J., and Böttner, H. (2002) High thermoelectric figure of merit ZT in PbTe and Bi_2Te_3-based superlattices by a reduction of the thermal conductivity, *Phys. E: Low-Dimens. Syst. Nanostruct.*, **13**(2–4), 965–968.

9. Böttner, H., Nurnus, J., Gavrikov, A., Kühner, G., and Jägle, M. (2004) New thermoelectric components using microsystem technologies, *J. Microelectromechan. Syst.*, **13**(3) 414–420.

10. Goncalves, L. M., Couto, C., Alpuim, P., and Rolo, A. G. (2010) Optimization of thermoelectric properties on Bi_2Te_3 thin films deposited by thermal co-evaporation, *Thin Solid Films*, **518**(10), 2816–2821.

11. www.micropelt.com, Datasheet 0025DSPG6&70210v1e.

12. Böttner, H., Nurnus, J., Schubert, A., and Volkert, F. (2007) New high density micro structured thermogenerators for stand alone sensor systems, Jeju Island, *Proc. ICT 2007,* 306–309.

13. Min, G. and Rowe, D. M. (1999), Cooling performance of integrated thermoelectric microcooler, *Solid-State Electron.*, **43**, 923–929.

14. Huesgen, T., Woias, P., and Kockmann, N. (2008) Design and fabrication of MEMS thermoelectric generators with high temperature efficiency, *Sens. Actuators A: Phys.*, **145–146**(7–8), 423–429.

15. Su, J., Goedbloed, M., van Andel, Y., and Leonov, V. (2009), Micromachined thermoelectrric energy harvester fabrication on 6-inch wafer and characterization, *Proceeding of 9th International Workshop on Micro and Nanotechnology for Power Generation and Energy Conversion Applications (PowerMEMS 2009)*, Washington, DC, USA.

16. Wang, Z., Leonov, V., and Fiorini, P. (2009) Realization of a wearable miniaturized thermoelectric generator for human body applications, *Sens. Actuators A: Phys.*, **156**(1), 95–102.

17. Freunek, M., Müller, M., Ungan, T., Walkner, W., and Reindl, L. M. (2009) New physical model for thermoelectric generators, *J. Electron. Mater.*, **38**(7), 1214–1220.

18. Leonov, V., Su, J., and Vullers, R. J. M. (2010) Calculated performance characteristics of micromachined thermopiles in wearable devices, *Proceedings of DTIP 2010*, 391–396.

19. Bailey, N., Dilhac, J., and Escriba, C. (2008) Scavenging based on transient thermal gradients: Applications to structural health monitoring of

aircrafts, *Proceedings of 8th International Workshop on Micro and Nanotechnology for Power Generation and Energy Conversion Applications (PowerMEMS 2008)*, Sendai, Japan.

20. Böttner, H. (2008) Thermoelectrics for high temperature differences may complement renewable energies: A survey about state-of-the-art of so-called high temperature thermoelectric materials, *Proc. Int. Conf. Thermoelectrics* (ICT2008), Corvallis, USA.

21. Sootsman, J., Chung, D., and Kanatzidis, M. (2009) New and old concepts in thermoelectric materials, *Angew. Chem. Int. Ed.*, **48**, 8616–8639.

22. Vining, C. B. (2007) *ZT* ∼ 3.5: Fifteen Years of Progress and Things to Come, *European Conference on Thermoelectrics, ECT2007, Odessa, Ukraine, Sept. 2007.*

第 7 章 太阳能电池

Monika Freunek Muller、Birger Zimmermann 和 Uli Wurfel

本章依据微能收获概述了光伏电池的工作原理。

7.1 光伏器件

光伏器件是将光转化为电能的器件。实现光电转换需要三个基本过程。第一步是吸收光子，从而使电子被激发，从低能态跃迁到高（不稳定）能态。电子激发后留下的未被占据的低能态称为空穴。然后，电子空穴对在空间上分离，最后电子和空穴不得不被运输集中在各自的电极上。在第一步，即通过吸收光子产生电子空穴对，因为电子空穴对不带电，所以光子的能量转化为化学能。随后，化学能通过载流子的分离转化为电能。

光伏器件是由仅在一定能级上显示电子能态的材料制成的。在固体中，这些能级变宽，形成所谓的带有间隙的能带。在室温下（一般为 25℃），几乎完全被电子占据的最高能带称为价带，大部分未被电子占据的最高能带称为导带。在有机材料中，这两个能带称为 HOMO（最高未占据分子轨道）和 LUMO（最低未占据分子轨道）。导带和价带被禁带 E_G 分隔。

通俗来讲，光伏器件可以被描述为两能级系统，能量 E_V 为价带顶，能量 E_C 为导带底。禁带 $E_G = E_C - E_V$。为了简化，我们忽略了在能量方面能带具有能态分布的事实。

电荷载流子的产生依靠光子的吸收，光子的能量为 $h_v = \hbar\omega \geq E_G$，这部分能量使得电子从价带顶 E_V 跃迁到导带底 E_C。相反，电子从 E_C 跃迁到 E_V 是光伏器件中的损失机理，这一过程被称为复合。它还可以被描述为导带底的电子与价带顶的空穴之间的化学反应（堙灭）。电子空穴对的产生是入射光子、价带中被占据的能态和导带中未被占据的能态的函数，因为只有价带中被占据能态的电子才能被激发到导带中的（自由）能态。电子和空穴的复合率是由高能级上的电子浓度和低能级上的空穴浓度决定的。

为了方便起见，我们假设价带中的能态大部分被占据，导带中的能态大部分未被占据，这同样适用于在非集中太阳辐射下的光伏器件。

如图 7.1 所示，半导体的能级 E_C（导带底）和 E_V（价带顶）被能隙 E_G 分隔。图片描述的电子空穴对（G）是通过吸收光子（具有能量 $\hbar\omega$）及其反向过程产生的，电子空穴对的堙灭称为复合（R）。图片表明，如果 $\hbar\omega > E_G$，多余的能量就会在相当短的时间内（在 10^{-12}s 范围内）通过光子辐射（晶格振动，热）而消失。这部分热量不会通过光伏器件转化为电能，但会损耗。这个过程叫作热化。

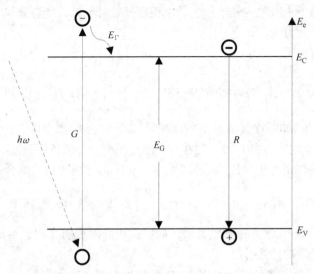

图 7.1　具有带隙 E_G 的半导体中的电子 E_e 的能量方案和通过吸收具有能量 $h\omega$ 和重组 R 的光子产生 G 的过程。还描述了热化，即将一部分电子能量转换成热能，通过能量 E_Γ 发射声子来加热

　　所有不同类型的光伏器件的共性是它们的电流 - 电压特性与二极管类似。这种相似性是光伏器件包含电子传输层和空穴传输层的结果。在有机或染料光伏器件中，电子传输层和空穴传输层可以是两种化学上不同的材料，例如，与硅太阳能电池相同的材料。在无光条件下，对光伏器件施加反向偏压，即 n 区为正极，p 区为负极，使得电子和空穴从两层的交界面流出。这意味着只有电子和空穴能够对电池内部产生的电流做出贡献。由从环境中产生的 300K 辐射所引起的产生速率非常小，它不依赖于施加的偏置电压。因此反向电流密度，即饱和电流密度 j_s 也很小。在正向中，电子注入电子传输层，空穴注入空穴传输层，它们在各自的传输层中传输直至两层交界面进行复合。因此正向电流称为复合电流。

　　复合是电子空穴间的化学反应，电子空穴的复合取决于电荷载流子浓度的乘积，并且更多的载流子流向结处，而不是消失在结处。在半导体中，电子和空穴的浓度与施加的偏置电压呈指数关系，因此前向电流随着电压的增加而指数式地上升。理想二极管是一种假想的器件，它忽略了电子和空穴的传输电阻，并且电子空穴的复合为纯辐射复合。用来描述理想二极管的电荷电流密度 j_Q 的对应等式如下

$$j_Q(V) = j_S\left[\exp\left(\frac{e_0 V}{k_B T}\right) - 1\right] + j_{sc} \tag{7.1}$$

式中，j_S 是饱和电流密度；e_o 是基本电荷量；V 是电压；k_B 是玻尔兹曼系数；T 是温度；j_{sc} 是短路电流密度。j_S 包含所有在黑暗中产生的不超过扩散长度的电荷载流子，而 j_{sc} 代表了在光照下由吸收的光子产生的电流密度。对于 j_{sc}，当垫子和空穴从结中流出时，短路电流密度为负。

此等式还可以写成[1]：

$$j_Q(V) = e_0 \int_{E_G}^{\infty} \phi_\gamma^0(\hbar\omega)\mathrm{d}\hbar\omega \times \left[\exp\left(\frac{e_0 V}{k_B T} \right) - 1 \right] - e_0 \int_{E_G}^{\infty} \phi_\gamma^{\text{source}}(\hbar\omega)\mathrm{d}\hbar\omega \qquad (7.2)$$

式中，$\phi_\gamma^0(\hbar\omega)$ 为 300K 背景辐射下的无穷小光子电流密度，其中，光子能量 $\hbar\omega$ 和 $\phi_\gamma^{\text{source}}(\hbar\omega)$ 是光源之一。式（7.2）意味着在温度平衡、无光条件下（不施加偏压），由环境辐射引起的特定光子能量 $\hbar\omega$ 的产生率，$\phi_\gamma^0(\hbar\omega)$ 是由等价的结合率所补偿的。这就是所谓的精细平衡原理。表达式 $\exp\left(\frac{e_0 V}{k_B T} \right)$ 表达了电子和空穴浓度与施加的电压以及它们的复合速率之间的指数关系。最后，积分限表明在理想情况下，每个具有 $\hbar\omega \geq E_G$ 的光子均被器件吸收。

用普朗克辐射定律可以计算出 300K 背景辐射下的光谱［见式（2.14）］。如果光源光谱已知，则光电池的转换效率被定义为

$$\eta = \frac{P_{el}}{P_{rad}} = \frac{j_{mpp} V_{mpp}}{\int_0^{\infty} \hbar\omega\phi_{\gamma,\text{source}}(\hbar\omega)\mathrm{d}\hbar\omega} = \frac{j_{sc} V_{oc} FF}{\int_0^{\infty} \hbar\omega\phi_{\gamma,\text{source}}(\hbar\omega)\mathrm{d}\hbar\omega} \qquad (7.3)$$

式中，j_{mpp} 和 V_{mpp} 分别为电流密度和最大功率点处的电压，即电流 - 电压特性曲线中的点；其中单位面积的输出功率 $P_{el} = jV$ 具有最大值；所谓的填充因子 FF 是 $j_{mpp} V_{mpp}$ 与 $j_{sc} V_{oc}$ 之间的比率。在图 7.2 中，它与较小矩形的面积（由 j_{mpp} 和 V_{mpp} 定义）除以较大矩形的面积（由 j_{sc} 和 V_{oc} 定义）相对应。优质太阳能电池的填充因子为 0.8 ~ 0.9。

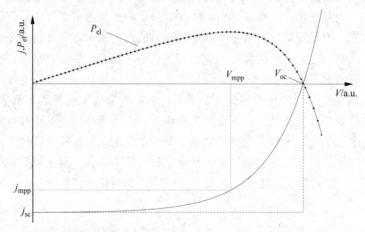

图 7.2 显示最大功率点的太阳能电池的电流 - 电压特性和电功率。填充因子 FF 是由 j_{mpp} 和 V_{mpp} 定义的较小矩形的面积除以由 j_{sc} 和 V_{oc} 定义的较大矩形的面积

7.1.1　太阳能电池的最大效率

　　光伏转换效率在很大程度上依赖于光源的光谱，并且对于每一个光谱，太阳能电池都存在一个最佳带隙。窄带隙材料能够吸收高比例入射光子，但由于电子空穴对的热化，光子会损失很多的能量。宽带隙材料则会更加有效地转化吸收光子的能量而吸收的能量很少。图 7.3 所示为由式（7.2）所得的计算结果，也就是说仅考虑辐射复合以及所有带有能量 $\hbar\omega \geqslant E_G$ 的光子均被吸收。这种方法是由 Shockley 和 Queisser 提出来的。这意味着忽略电荷载流子的非理想传输、界面复合或者杂质所可能造成的损失。AM0 的最大获得效率几乎为 30%，以及 5800K 的黑体光谱的 Ω 为 6.8×10^{-5}，其中，大约 32.5% 为 AM1.5 光谱。这是因为在 AM1.5 的光谱中，短波长的光子较少，所以减少了太阳能电池中的热量损失。对于 AM0 及 5800K 的光谱，其最佳带隙约为 1.5eV。对于 AM1.5 光谱，两个最佳带隙分别为 1.16eV 和 1.36eV。

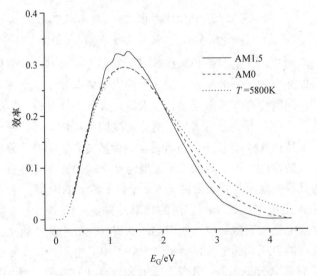

图 7.3　具有辐射复合的太阳能电池的转换效率仅作为其三种不同
光谱，AM1.5，AM0 和黑体辐射的能隙的函数，T=5800 K 且 Ω=6.8×10^{-5}

　　在室内条件下，与 AM0 和 AM1.5 相比，可用于光伏能量转换的强度要低得多。他们的强度通常在 0.1-10Wm^{-2} 范围内。针对这一原因，图 7.4 所示为效率与荧光灯管、白炽灯（模拟温度为 2856K 的黑体）和 AM1.5 光谱的带隙能量之间的关系，其强度均为 1Wm^{-2}。

　　对于带隙能量为 E_G=1.95eV 的白炽灯，其光谱的转化效率超过 51.5%。高转化率是窄频谱最小化热损失的结果。

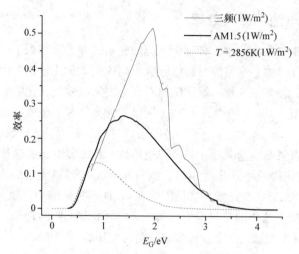

图 7.4　理想的单结光伏电池对三种不同光谱

（荧光灯泡、白炽灯和 AM1.5，均调节到 1Wm^{-2} 的强度）的效率

　　光伏发电装置可应用于能量收集系统的一个重要方面是其在较低照明强度下的性能，例如那些可以在室内找到的装置。在实际的太阳能电池中，电子和空穴的复合不仅仅具有辐射性，同时也存在像杂质复合、俄歇复合和表面复合一样的无辐射性复合过程[1,30]。另外，不同的复合过程表现了对光密度的独特依赖性。例如，对于高效率的硅太阳能电池，其在 AM1.5 以下的过程通常为俄歇复合，而杂质复合则限制了它们在较低的光密度下的性能。对特定的太阳能电池在不同的光强度下进行详细建模，其掺杂浓度、光伏材料的纯度及其表面钝化等是不得不考虑的因素。

　　为了确保从太阳能电池输出一定量的功率，需要连接多个电池以形成模块。这样做是为了将由集电器的有限导电性所引起的欧姆损耗最小化。通常，电池为串联连接，这将导致更高的电压，而电流保持不变。除了串联电阻外，实际的太阳能电池及其模块也总是具有并联分流电阻。图 7.5 所示为具有并联电阻 R_p 和串联电阻 R_s 的单二极管模型。相应的方程为

$$j_Q(V) = j_s\left[\exp\left(\frac{e_0(V - I_Q R_s)}{k_B T}\right) - 1\right] + j_{sc} + \frac{V - I_Q R_s}{R_p} \qquad (7.4)$$

式中，$I_Q = j_Q A$ 是 A 区域中的电流。为了确定串联和并联电阻对光伏器件性能的影响，我们再次应用了 Shockley-Queisser 极限形式。图 7.6 所示为太阳能电池在理想情况下和加入不同电阻的情况下能够获得的最大效率。计算的输入是温度 $T = 5800K$、频率 $\Omega = 6.8 \times 10^{-5}$ 的黑体辐射。从图 7.6 可以看出，在理想情况下（$R_s = 0$；$R_p = \infty$），效率与光强呈对数关系。串联电阻可以使效率降低，但效率随着光强和电流的增大而增大。在低光强下（例如 $I_e \leqslant 10W/m^2$），由于相应的电流较低，其串联电阻几乎不产生影响。光强度越低，并联电阻越大。显然，两种寄生电阻同时存在时，其效率最低。

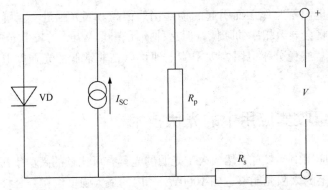

图 7.5　具有并联电阻 R_p 和串联电阻 R_s 的单二极管模型

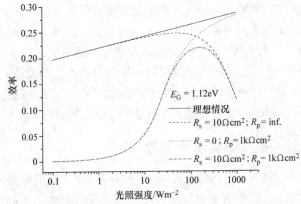

图 7.6　具有 1.12eV 带隙的理想太阳能电池的效率与光照强度的函数关系图，同时反映了串联和并联电阻对效率的影响。照射源是黑体辐射，T=5800K 且 Ω=6.8×10⁻⁵

作为第二个例子，我们模拟了一个太阳能电池，该太阳能电池针对图 7.7 所示的三波段荧光灯泡的光谱进行了优化。其带隙宽度为 1.95eV，并联电阻为 R_p=5MΩcm²。性能良好的太阳能电池所需的 R_p 更高，由图 7.7 可以看出，当光强大于 20W/m² 时，串联电阻影响太阳能电池的性能。大约在 2~20W/m² 光强范围内，四条曲线几乎没有差别。因为此时电流足够低，可以忽略串联电阻上的压降。另一方

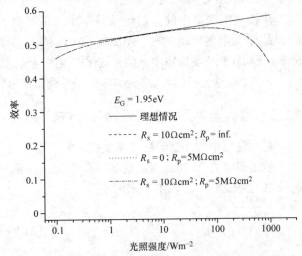

图 7.7　具有 1.95eV 带隙的理想太阳能电池的效率与光照强度的函数关系图，同时反映了串联和并联电阻对效率的影响。照明源是三频荧光灯泡（见图 2.9），并调整其强度

面，由于并联电阻不起作用而引起的损耗仍然很高。当光强进一步降低，由于并联电阻的存在，将会导致相率的降低，但这种损耗在 0.1W/m² 的较低光强下仍然很小。因此，如果注意避免分流电阻，太阳能电池可以在非常低的光强度下保持其良好的性能。

7.2 微能量收集应用中的光伏技术

在大多数应用中，来自天然或人工光源的光具有可比较的高功率密度和良好的可预测性。地球上的太阳光能够达到 1000Wm⁻² 内的最大强度。在办公楼中，可以预见从自然光和人造光中放射的最小强度为 0.1 ~ 4Wm⁻²[3]。

光伏系统的设计者需要选择技术并确定光伏模块所需面积 A 的大小。因此，设计者需要了解特定模块技术的效率 η 和入射光谱光子电流密度 φ_γ，如式（7.3）中所示。因此，对入射光的了解对于模拟光伏电池的效率是必不可少的。输出功率 P_{el} 的建模取决于所使用的光伏电池技术。由于错误的环境假设而产生的设计失败导致了用户接受度的缺乏并引入市场对光伏产品的不满意度。这对室内固定产品尤为重要，对于这种产品，设计的失误不能通过用户的介入而得到补偿，例如将计算器定向到窗口。

7.2.1 在标准测试条件下显示出的效率

对于户外应用，效率 η_{IEC} 通常根据 IEC60904-3，第 2 版的标准测试条件（STC）进行测量（2008 年）[4]。在编著测试条件中，室外条件近似为 1000Wm⁻² 的光强度，25℃ 的电池温度，并且太阳光的光谱分布需要通过 1.5 个地球大气层，即 1.5 的空气质量系数（AM），见式（2.16）。

在独立实验室中的当前记录效率中，单晶硅太阳能电池的 η_{IEC} = 25.6%，稳定的非晶硅太阳能电池的 η_{IEC}=10.2%，CdTe 的 η_{IEC}=21.0%，有机电池的 η_{IEC}=11.0%。Sharp 证明在独立实验室中，染料敏化电池的当前记录效率 η_{IEC}=11.9%。

表 7.1 所示为根据 IEC 60904-3 的条件测量的市售小模块光伏电池的参数。

7.2.2 室内条件下的效率和测试方法

室内应用中的光伏器件通常是指 IPV[28]，对于 IPV 器件没有测量标准。通常的做法是指照度 I_V 为 200Lux，通常来自于荧光灯管。单位为 Lux 或 lm/m² 的光照度 I_V 与辐射光谱辐照度 $I_{e,\lambda}$ 有一定的关系：

$$I_V = K_m \int_{380nm}^{780nm} I_{e,\lambda}(\lambda)V(\lambda)d\lambda \tag{7.5}$$

表 7.1　商业上可获得的小型和柔性光伏模块，表征数据是指大约 1000Wm^{-2} 的辐照度

公司	产品	面积 /cm^2	功率密度 /Wcm^{-2}
EPSSoltec[6]	SM 02-700	108.36	12.9[1]
Flexcell[7]	Sunpack 7W	3150	2.1[2]
IXYS[8]	IXOLARTMXOB17-12x1	1.54	12.9[2]
Konarka[9]	KT 25	201.24	1.1[3]
Plastecs[10]	SPMIN-2.5	0.97	+
PowerFilm[11]	SP3-37	23.68	2.8
Solaronix[12]	Mini High EffciencyCell	0.28	7.0[3]

注：[1] 晴天，白天。
　　[2] 标准测试条件。
　　[3] At 1000 Wm^{-2}。
　　+ 最新消息不可获得。

光度测量采用在 380 ~ 780nm 的可见光范围内的人眼可见度函数 $V(\lambda)$ 评估照明情况。因子 K_m=683lm/W 表示光照视觉的最大光谱发光效率。由式（7.5）可知，如果已知光源的光谱辐照度 $I_{e,\lambda}(\lambda)$，在可见光范围内，光度和辐射值之间是可以转换的。

光度照度 $I_V(\lambda)$ 可以用光度计测量，通常由 Si 光电二极管和 $V(\lambda)$ 滤波器组成。光度计在温度为 2856K 的条件下优化普朗克辐射器［也称为 CIE（Commission Inter-nationale de l'Eclairage），标准光源 $A=I_{e,\lambda}^{cal}(\lambda)$］，例如白炽灯。对于偏离光源的测量，需要计算失配因子 MMF：

$$MMF = \frac{\int_0^\infty I_{e,\lambda}^{cal}(\lambda)S_{cal}(\lambda)d\lambda}{\int_0^\infty I_{e,\lambda}^{act}(\lambda)S(\lambda)d\lambda} \tag{7.6}$$

$I_{e,\lambda}^{act}(\lambda)$ 是用具有光谱响应 $S(\lambda)$ 的检测器测量的实际光谱辐照度，并且光谱辐照度 $I_{e,\lambda}^{cal}(\lambda)$ 和光谱响应 $S_{cal}(\lambda)$ 均在测量仪器经过校准的情况下获得。虽然 $S(\lambda)$ 与 $S_{cal}(\lambda)$ 的偏差通常可以忽略不计，但是由于光谱不同，MMF 对于光源作为 LED 或荧光灯管的光度计测量至关重要（见图 2.9 和图 2.12）。

确定室内辐照度的主要辐射测量方法包括：

1）基于光电二极管的辐照度传感器；

2）基于热电阵列的太阳总辐射表；

3）光线跟踪程序，例如 Radiance[13]。

对于辐射计，也需要考虑 MMF。由于其广泛的光谱响应功能，太阳总辐射表最适合确定绝对值。对于具有许多变量的研究，射线追踪程序是测量的可靠替代方案。可以找到对这些方法的更详细的比较研究[14]。目前，对于室内应用，主要实现了非

晶模块，这些模块在计算器中是众所周知的。历史上，在白炽灯泡的辐照度下的无定形模块的性能可以使用光度计进行光度测量来估计。这是由于非晶太阳能电池的光谱响应接近人类可见度函数 $V(\lambda)$。

对于其他的技术包括晶体、有机和染料敏化模块，其中晶体模块需要针对室内条件进行优化。标准生产线上的电池是否可以在低强度下显示电压降取决于其掺杂水平的调整。Glunz 等人已经证明了用于低强度的高效晶体电池[29]。

表 7.2 所示为在光度条件下测量的商业非晶硅小模块的参数。在目前的测量标准状态下，对于室内应用，表 7.1 和表 7.2 中的数据表信息需要通过自己的测量来完成。

7.2.3 外部和标准条件

对于外部应用，可用太阳辐射功率 P_S 的估算可以通过将太阳描述为普朗克辐射器来计算，其表面温度为 $T=5800K$，半径为 $r_S=6.96\times10^8 m$。根据 Stefan-Boltzmann 定律，发射的太阳能功率 P_S 为

$$P_S = \sigma T^4 4\pi r_S^2 = 3.91\times10^{26}\,\mathrm{W} \tag{7.7}$$

式中，σ 是 Stefan-Boltzmann 常数，其大小为 $5.67\times10^{-8}\,\mathrm{Wm^{-2}K^{-4}}$。当地球轨道的平均半径 $r_e=1.496\times10^{11} m$ 时，每单位面积的地外太阳常数 I_e^{AM0} 变为

$$I_e^{AM0} = \frac{P_S}{4\pi r_e^{-2}} = 1390\,\mathrm{Wm^{-2}} \tag{7.8}$$

表 7.2　商业上可获得的小型光伏模块，表征数据指的是 200Lux 的光度照度

公司	产品	面积 /cm²	功率密度 / μ Wcm⁻²
Sanyo Solar[15]	AM-1411	3.5	3.4[1]
Schott Solar[16]	ASI2Oi06/ 025/0020 JJF	5.0	3.1[2]
Sinonar[17]	SS8223A-BY11	18.9	5.0[3]

注：[1]At 200 Lux, 荧光灯管，不稳定。

[2]At 200 Lux, 荧光灯管。

[3]At 200 Lux, 电灯，25°C。

为了估计光谱分布，式（2.14）可以适用。

地球上接收的辐照度由通过大气的光的入射角确定。由于光子与大气气体的相互作用，所接收的光发生变化。其标准测试条件符合 IEC 60904-3 第 2 版。参考 AM1.5，入射角为 48.19°，辐照度为 $I_e^{AM1.5} = 1000\,\mathrm{W/m^2}$。目前的参考光谱分布可以在国家可再生能源实验室找到[18]。地外太阳光谱辐照度 $I_{e,\lambda}^{AM0}$ 和地球分布 $I_{e,\lambda}^{AM1.5}$ 如图 2.9 所示。

假设大气质量分布均匀，可以根据纬度和季节计算 AM。例如，德国弗赖堡的 AM，北纬 48°，东经 7.8°，夏季为 1.12，冬至为 3.15。

其他要考虑的变量包括环境的反照率、环形辐射、气象条件，如云、障碍物、模

块方向、温度和其他环境影响，如污垢和水。使用分析和数值方法对该主题进行了介绍[19]。

7.2.3.1　室外条件总结

对于大多数可用的数据表，模块的特征是参考 IEC 60904-3 的第 2 版的太阳光谱分布。辐照度约为 1000 Wm^{-2} 和 AM1.5。虽然在大多数实际应用中，有效辐照度仍将低于此值，但这些条件下的特征数据可为设计过程的可重复测量条件提供合理的方向。

7.2.4　室内条件

室内光的条件通常基于人造光源，其具有针对人类可见度函数优化的光谱分布，以及通过窗口传输的日光。辐照度通常低于 10 Wm^{-2}，但在某些条件下可能超过 500 Wm^{-2}（这取决于与窗户的距离，太阳天顶角等因素）。对于室内辐照度，光与物体的相互作用变得更具有可能性。

通过物体的吸光系数 a，透射系数 t 和反射系数 r 来描述其相互作用如下：

$$1 = a + t + r \tag{7.9}$$

对于理想黑体的情况，当 $a = 1$，$r = 0$ 时，每个光子被吸收并转化为热量[13]，对于理想的白体，当 $a = 0$，$r = 1$ 时，每个光子都被反射。身体处于这两种情况之间。

窗户玻璃的透射系数可以测量或者从制造商获得。根据具体的技术和材料，t 在远红外范围内通常接近于零，并针对可见光谱进行了优化。对于热防护玻璃，t 在可见光谱中通常为 0.6～0.95。

表 7.3 所示为 EN12464-1.20 的典型室内反射系数[20]。

表 7.3　反射系数来自 EN12464-1.20

元件	EN 12464
天花板	0.6～0.9
墙体	0.3～0.8
工作空间	0.2～0.6
地板	0.1～0.5

图 7.8 所示为室内光的组成示意图。除了计算太阳光的变量之外，还需要考虑反射、透射参数、特定房间的几何形状，以及有关使用电灯和使用百叶窗的用户行为。

由于存在许多变量，经济可靠的方法是使用光线跟踪程序与用户模型相结合。特别是在办公楼中，主要的空间参数可以从现有的 CAD 模型中获得。这些模型也可以用于光线追踪程序作为 Radiance。Radiance 是一种经过验证的后向光线跟踪器，可以计算电光和自然光，并模拟复杂的材料属性。

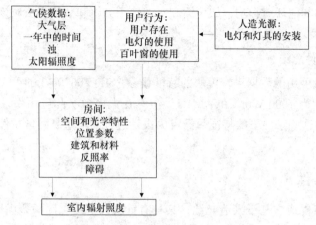

图 7.8　决定室内辐照度的主要因素

图 7.9 所示为这种射线追踪方法的模拟路径以及室内辐照度的相关测量[21]。辐照度数据可以从 METEONORM 气候模拟程序中获得，该程序是基于全球气象站的测量数据。使用 Radiance 模拟电光分布。日光贡献使用 DAYSIM 建模，并使用与 Radiance 相同的房间模型。DAYSIM 基于 Radiance，并使用日光系数方法基于时间步长计算日光[22]。

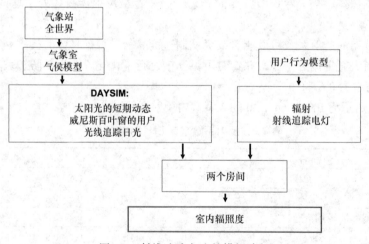

图 7.9　射线追踪方法的模拟路径

图 7.10 和图 7.11 所示为德国弗赖堡的示例性模拟研究中日光的平均辐照度贡献[3]。所研究的点 N1-N3 和 S1-S3 是在德国弗莱堡的两个办公室中具有不同方向和与窗户的距离的示例性安装点。从自然光获得的年平均辐照度范围为 0.8 ～ 50.1 Wm^{-2}。峰值范围为 7 ～ 609 Wm^{-2}。

图 7.12（彩图见文后彩插）所示为使用图 7.9 中的组合模拟方法模拟最坏情况的结果。最糟糕的情况是一个长 10m 并含有一个北窗、有许多深色家具的房间，时间为12 月，并且有 10 天以上因节假日而不使用电灯。

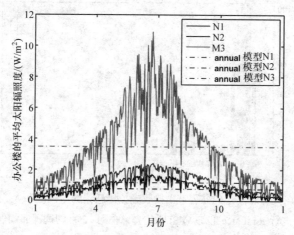

图 7.10　具有北窗的办公室中的虚拟传感器的
室内接收太阳辐照度。DAYSIM 仿真，位置是弗赖堡，德国

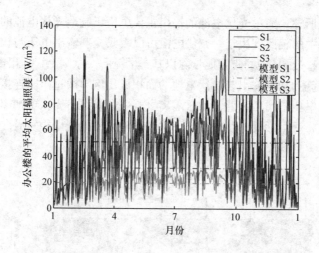

图 7.11　室内接收太阳辐照度为虚拟传感器在有
南窗口的办公室。DAYSIM 仿真，位置是弗赖堡，德国

7.2.4.1　室内条件总结

假设经常使用电灯的通用办公室，其最小辐照度为 $2 \sim 4 \mathrm{Wm}^{-2}$。对于 ipv-design，建议采用组合模拟方法，包括气候模拟程序，如 METEONORM，光线跟踪程序，如 Radiance 和 DAYSIM，以及用户模型。对于涉及光度值的测量数据，需要考虑取决于光源的失配因子 MMF。

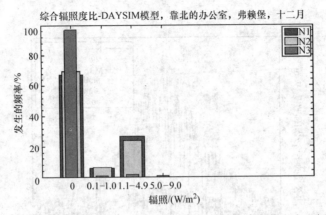

图 7.12　在具有北窗口的办公室中接收虚拟传感器的太阳能和人工辐照度，
在最坏情况下进行 Radiance 和 DAYSIM 仿真，采用 12 月的德国弗赖堡的用户模型

7.3　光伏电池的电流、电压和功率输出的调整

如前面章节所述，简单光伏电池的输出主要由用于制造光伏电池的半导体材料的带隙和光谱区域中的辐照度决定，光伏电池可以吸收光。输出电压与辐照度呈对数关系，并且其值不超过 eV 中的带隙能量除以基本电荷 e_0。原则上，输出电压和 FF 是区域无关的，而电流和功率输出与光伏电池的面积成比例。通过串联连接多个光伏电池元件可以使输出电压倍增。因此，通过隔离电极中的线可将光伏电池图案化成单独的电池元件。通过将一个元件的负电极与下一个电池元件的正电极重叠，使得相邻的电池元件串联连接（见图 7.13）。

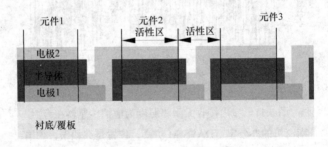

图 7.13　单电池元件的单片互连。以这种方式，
电池元件的电压总和与电阻损耗可以最小化

如果采用这种串联电路，则该设备称为模块。理想的模块输出和大小的计算如下：

$$V_{\text{oc, module}} = n_{\text{cells}} V_{\text{oc}} \tag{7.10}$$
$$I_{\text{sc}} = A_{\text{cell}} J_{\text{sc}} \tag{7.11}$$

$$A_{\text{module}} = n_{\text{cells}} A_{\text{cell}} \qquad (7.12)$$

对于实际布局，必须考虑一些技术限制。模块设计最重要的因素是电路引起的面积损耗和接触材料的电阻率，它在电流流动时引入电压降 ΔV，即功率损耗 $\Delta P = I\Delta V = RI^2$。如果使电池元件更宽，则可以减小相对面积损失，但电极材料的电阻所引起的欧姆损耗需要窄电池元件。

7.3.1　电路几何的优化

在大面积光伏模块中，电极的尺寸对于避免不必要的损失至关重要。光伏电池需要至少一个透明电极以允许光进入光活性层。用于该电极的典型材料是透明导电氧化物（TCO），例如氧化铟锡、氟化氧化锡或绝缘体/金属/绝缘体系统[31-39]，其仅分布于由半导体氧化物夹着的几纳米薄银层。新方法还包括掺杂的导电聚合物层[23-25,40]或碳纳米管膜[41-51]。参考文献中给出了概述[52,53]。这些材料的有限导电性导致了对光伏模块设计的限制。为了模拟光伏模块的性能，我们假设透明电极是电阻性的，而不透明电极则被认为不会导致转换的入射辐射功率的电阻损失。我们通过使用通常使用的不透明金属电极（1Ω/□）即薄层电阻来证明这种简化，与 TCO（10～100Ω/□）甚至有机电极（100～1000Ω/□）相比能产生可忽略的损失。具有一个电阻电极的宽度为 b 的光伏电池的 I-V 特性可以通过求解空间点 x 处的电流 $I(x)$ 和电压 $V(x)$ 的两个耦合一阶微分方程来计算：

$$\nabla \cdot I = j_{\perp}(V) \qquad (7.13)$$

$$\nabla V = \rho_{\square} I \qquad (7.14)$$

式（7.13）是透明电极中电流 I 的连续性方程。此外，$j_{\perp}(V)$ 是无穷小的光伏电池的电流密度，取决于特定工作点处的电压 V。式（7.14）是具有透明接触的表面电阻 $\rho_{\square}$ 的欧姆定律。

由于隔离线和电极的重叠，串联电路会引起一定的面积损失。该损失通常在几个 $100\mu m$ ～ $1mm$ 的范围内，这取决于结构化方法。面积损失和电阻损耗之间的折衷可以用数值模型优化，或者在很好的近似中，特别是在最佳情况下，用分析模型进行优化。由于光伏电池的 J-V 曲线，尤其是 J_{sc} 取决于辐照度，该最佳值将根据不同的光强度而变化。此外，与生产相关的参数可能改变该结果。例如，由于电池元件之间的不完全隔离或模块的有源区域上的缺陷导致的串联电路和并联电阻的接触电阻。如第 7.1 节中单个光伏电池所示，并联电阻可能是低光性能的主要问题。

如第 7.1 节节能室内光源所述，最佳带隙范围为 1.5～2.0eV。用于有机光伏电池的有机半导体具有该范围内的带隙，并且对于无缺陷的有机光伏电池而言，低光性能可能非常高，使其成为室内应用的潜在低成本选择[25]。这种光伏电池的可印刷性为任何新应用程序提供了一个非常容易实现的特定布局[54-57]，因为打印机的设计很容易适应新的图案。假设考虑到柔性基板上的高速印刷技术的典型精度，假设面积损失为 1mm。有关所选算法的详细信息可在别处找到[27]。考虑了两种照明强度，AM1.5

光伏照射强度为 1000Wm^{-2}，室内照度为 5Wm^{-2}。电流 - 电压特性来自 4.5% 有效的有机光伏电池，在 1000Wm^{-2} 的 AM1.5 照射下具有 10mAcm^{-2} 的短路电流密度。计算了四种类型的透明电极，玻璃上 ITO 的薄层电阻为 15Ω/□，聚合物基板上的 ITO 的薄层电阻为 60Ω/□，透明聚合物阳极（PEDOT）的薄层电阻 500Ω/□ 和 2000Ω/□。

强度为 1000Wm^{-2} 的 AM1.5 太阳辐射如图 7.14a 所示。正如预期的那样，对于最低的薄层电阻（玻璃上的 ITO 为 15Ω/□），获得了 84% 的基本电池（4.5% 太阳能效率）的最高相对模块效率。单个电池的最佳宽度为 9mm。当在柔性基板（60Ω/□）上选择 ITO 时，相对效率降低至（基本单元的）76%，最佳单元宽度为 6mm。在低光强度（5Wm^{-2}）下，电阻损耗显著降低。在 15Ω/□ 的低薄层电阻下获得 96% 的单电池效率，并且单元宽度为 40mm。宽度为 13mm 的聚合物阳极（500Ω/□）可以获得 89% 的相对效率。即使电阻率为 2000Ω/□，也可以获得超过 80% 的小面积效率，这表明在低光照条件下，完全有机光伏电池成为一种有趣的选择，具有很高的降低成本的潜力。

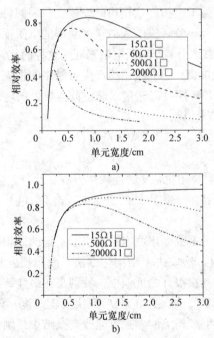

图 7.14　模拟的相对光伏模块效率取决于光活性层的宽度，以用于不同的薄层电阻。

a）：模拟 AM1.5 光伏照射，强度为 1000Wm^{-2}，b）：5 Wm^{-2}（相同光谱分布）的照明

7.3.2　特定应用的布局

具体的能量收集应用隐含着光伏模块布局的某些边界条件。由于光伏电池的输出高度依赖于光的辐照度和光谱的照明条件，因此对特定模块布局的第一次输入是典型的预期照明场景以及应用所消耗的功率和能量。虽然我们无法得知在使用系统期间遇到的不同光源的光谱对其将影响哪个带隙以及哪个半导体材料是最有利的，但是预期

的光强度及其在使用期间的典型百分比将决定模块的尺寸和布局。

　　此时，必须确定像电容器或蓄电池这样的储能系统是否属于系统的一部分。如果光伏电池的发电与应用的功耗之间的时间差异是可以预知的，则这是强制性的。明显处于高度波动的照明条件下，高辐照度的相位导致能量和相位的过度供应，其中，辐照度太低而不能在光伏模块的最大允许区域上提供足够的功率，而系统必须在这些时间段内运行。这种系统的一个例子可能是指每天 24h 连续收集数据的传感器系统。另一个例子是为电池充电的太阳能电池包，可以根据需要向消费电子设备供电。如果在应用程序的操作时间内有足够的可用光，则可以省略存储系统。一个示例是超市中的广告标签，其中照明条件在开放期间是恒定的。这是最简单的情况，因为光伏模块可以针对一种特定光谱和光强度进行定制，以提供所需的功率。如图 7.15 所示，对于没有能量存储的系统，人们将优化模块到最坏情况，而在波动条件下，必须优化模块以在典型的使用日期间产生最大能量，即，最大化式（7.15）中的积分。

$$E = \int_0^{t_1} \eta[P_{\mathrm{rad}}(t)] \times P_{\mathrm{rad}}(t)\mathrm{d}t \tag{7.15}$$

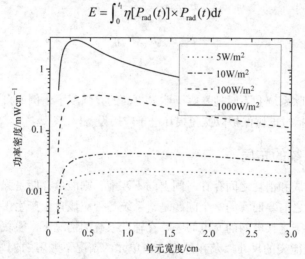

图 7.15　功率密度可用于不同的光强度与模块单元元件的
宽度。薄层电阻为 $500\Omega/\square$，这对于有机电极来说是一个很好的值

　　由于与在较低辐照度下针对高强度优化的模块的损失相比，高强度下的非最佳尺寸的损失更大，因此最佳情况优化是收获最大量能量的简单且性能良好的方法。对于能量自主系统，电池电容和光伏电池区域之间的平衡可能有利于优化最坏情况下一天的照明，因为如果可用辐射能量的季节差异均衡，则电池将变得非常大。而该平衡将取决于可承受的电池容量和光伏模块的面积。

7.3.3　没有储能系统的模块布局

　　如果不使用能量存储系统，则模块必须能够在最坏情况照明时为应用供电。在更高的光强度下，模块的效率会更低，但输出功率仍会很高（见图 7.15）。利用相应的光谱确定光伏电池的最佳带隙，而操作期间的最低预期辐照度主要影响模块的电路尺寸。为了计算适当的模块尺寸和几何形状，必须在这些照明条件下测量光伏电池的 *J-V* 曲线。通过该 *J-V* 曲线，电路尺寸如 7.3.1 节所述进行了优化，以便在可用功率最低的最坏情况下实现最高效率。利用得到的效率 η_{module}，可以根据应用程序消耗的功率 P_{appl}、辐照度 P_{rad}，及以下等式轻松计算为器件供电所需的区域：

$$A_{\text{module}} = \frac{\eta_{\text{module}} P_{\text{el}}}{P_{\text{rad}}} > \frac{\eta_{\text{module}} P_{\text{appl}}}{P_{\text{rad}}} \tag{7.16}$$

应用的工作电压决定了串联连接的单元的数量，因此模块 1 的长度（与隐含的宽度 *w*）由串联连接的单元的数量乘以串联电路的单元条带的最佳宽度 b_{opt}。根据式（7.17）~式（7.19）。必须考虑到光伏电池的 V_{mpp} 和电池条纹 b_{opt} 的最佳宽度取决于辐照度。

$$n_{\text{cells}} > \frac{V_{\text{system}}}{V_{\text{mpp}}(P_{\text{rad}})} \tag{7.17}$$

$$l = n_{\text{cells}} b_{\text{opt}}(P_{\text{rad}}) \tag{7.18}$$

$$w = \frac{A}{l} \tag{7.19}$$

如果不能排除系统会不时地暴露于明显更高的光强度下，例如自然光通过窗户照射，则应考虑包括过电压保护以避免损坏电子应用设备。

7.3.4 储能系统的布局

如果能源生成和消耗之间存在时间上的不匹配，则能量存储是强制性的。在确定模块区域的尺寸之前要回答的一个问题是，系统是否应该自主产生工作能量，或者光伏充电是否仅用于延长电网的充电间隔。在辅助系统的情况下，模块的面积将由应用确定，例如太阳能袋的尺寸以及在外部充电单元的情况下顾客的偏好。如第 7.3.1 节所述，串联电路的尺寸将针对运行期间经常遇到的最高辐照度进行优化。

通常，该区域应该至少足够大，以产生足够的功率，显著延长设备操作。因此，它必须在日常使用中提供一定比例的能量消耗。必须确定蓄电池的尺寸，以便至少在系统使用过程中遇到最长黑暗时段为设备供电。从图 7.16b 可以得出结论，典型的消费者应用可以在一天中的大部分时间（24h）内通过 4% 高效的光伏模块运行，其在夏季具有 Din A4 页面的尺寸。在冬季，可用的辐射能量明显减少，因此为这些设备供电所需的面积变得非常大（约 1m²）。此外，对于这种简单的估计，不考虑低辐照度下的效率降低，这实际上将进一步增加所需面积。由于人们将在夏季户外和冬季阳光明媚的日子里度过更多时间，因此这部分时间对远程能源的需求也将大大增加，从而减轻了这一明显的缺点。如图 7.17 所示，在 AM1.5 下具有大约 4% 的功率转换效率的 Din A4 页面尺寸的光伏电池，用于为 10Wh 的电池充电并且为功耗大约为 100M 的移动电话供电。峰值功率为 3W，平均功率为 400mW，这意味着平均每 30h 需要对电池进行一次充满电。通过计算可知在较低光强度下，其效率的对数会降低。图 7.16 和图 7.17 的彩图见文后彩插。

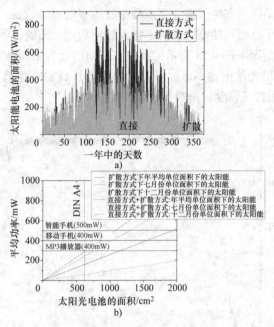

图 7.16 a) 参考年份的辐照度分布（DWD TRY-Dataset，Region Oberrheingraben unteres Neckartal，RepräsentanzstationMannheim），b) 对于不同的照明场景，在 24h 期间可以通过 4% 效率的光伏电池相对于光伏电池的尺寸收集的平均能量

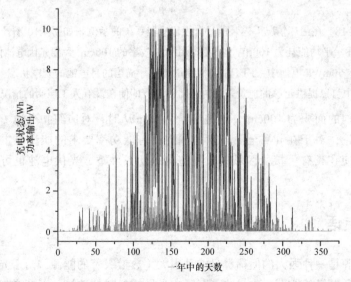

图 7.17 使用 Din A4 页面尺寸的光伏模块充电的 10 Wh 电池的充电状态和电力消耗，在日光下效率为 4%，并且用经常使用的手机作为电负载充电。在夏季，系统运行良好，并且光伏电池可以提供大量的使用能量。在冬天，仅在阳光明媚的日子，PV 模块提供的能量足以显著延长手机的使用

可以清楚地看到，该系统在夏季表现非常好，但仅在冬季非常晴朗的日子表现较好。如前所述，典型用户在晴天需要更高概率的远程电源。然而，考虑到在阴天寒冷的冬天对手套或鞋子进行直接电加热将不能很好地利用太阳能，因为需要几平方米的光伏电池。第二种情况如图 7.18 所示，其中，平均能耗为 100μW 的传感器应由弗莱堡朝北办公室的有机光伏电池供电。可用光源来自 DAYSIM 模型计算，如图 7.10 场景 N3 所示。在发生的光强度和光谱下假设效率为 4%。

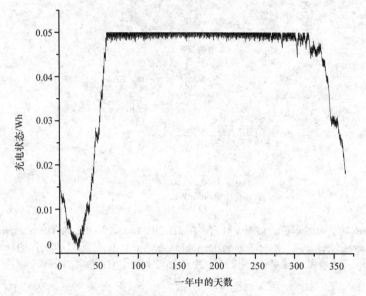

图 7.18　在最坏情况下安装能量自主传感器系统的示例，如图 7.10 场景 N3
中所述。平均能耗为 100μW 的传感器由 4% 效率的 100cm^2 大型光伏电池供电，
能量存储在 50mWh 电池中，用于季节性能量传输。描绘的是电池的充电状态，表明光伏
电池在一年中可以提供足够的能量来为传感器供电，即使在没有人工照明的情况下也是如此

光伏电池的面积为 100cm^2，电池容量为 50mW 时，对应纽扣电池。从这些计算可以得出结论，对于在 μW 至低 mW 范围内具有低功率要求的能量自主传感器系统的操作，即使在具有可接受区域的典型室内照明条件下，光伏电池也可提供足够的功率。

7.4　结束语

光伏能源是一种强大的但稀释且波动很大（数量级）的能源。由于光谱分布随着不同的光源和天气条件而变化，这甚至影响半导体材料的选择，因此增加了更多的复杂性。任何太阳能电池只有暴露在光线下才会发电；因此，这种能量收集器的放置对于系统的有用性非常关键。直接集成到诸如手机或 MP3 播放器之类的电子设备的外壳中通常不是最佳选择，因为它们大部分时间都在口袋或袋子中并且具有很小的表面积。为了给客户提供具有附加价值的工作系统，必须解决许多具体问题，并且需要仔细确定组件的尺寸以防止系统崩溃。但是，通过了解相关的照明条件，面对这一挑战并根据客户的需求和习惯优化系统可以产生显著的差异，并产生丰富、可靠和强大的能源。

参考文献

1. P. Würfel, *Physics of Solar Cells*. Wiley-VCH (2009).

2. W. Shockley and H. J. Queisser. Detailed balance limit of efficiency of P-N junction solar cells. *J. Appl. Phys.* **32**, 510 (1961).

3. M. Müller, J. Wienold, W. D. Walker, and L. M. Reindl. Characterization of indoor photovoltaic devices and light. *Proc. 34th IEEE Photovoltaic Specialist Conference*, June 7–12, 2009, Philadelphia, USA (2009), 738–743.

4. *Standard Test Conditions*, following *IEC 60904-3*, Ed. 2 (2008).

5. M. A. Green, K. Emery, Y. Hishikawa, and W. Warta. Short communication solar cell efficiency tables (version 45). *Prog. Photovoltaics Res. Appl.*, **17**(5), 320–326, (2009).

6. EPS soltec, http://www.eps-soltec.com, December 10, 2009.

7. Flexcell, http://www.flexcell.com, December 10, 2009.

8. IXYS, http://www.ixys.com/Product_portfolio/solar.asp, December 10, 2009.

9. Konarka, http://www.konarka.com/, December 10, 2009.

10. Plastecs, http://www.plastecs.com/, December 10, 2009.

11. PowerFilm, http://www.powerfilmsolar.com/index.htm, December 10, 2009.

12. Solaronix, http://www.solaronix.com/, December 10, 2009.

13. G. W. Larson and R. A. Shakespeare. *Rendering With Radiance: The Art and Science of Lighting Visualization*. Morgan Kaufmann Publishers, S. 536 (1998).

14. M. Müller, W. D. Walker, and L. M. Reindl. Simulations and measurements for indoor photovoltaic devices. In: *Proc. 24th European Photovoltaic Specialist Conference*, September 21–25, 2009, Hamburg, (2009).

15. Sanyo Solar, http://us.sanyo.com/solar/, December 10, 2009.

16. Schott Solar, http://www.schottsolar.com, December 10, 2009.

17. Sinonar, http://www.sinonar.com.tw/, December 10, 2009.

18. National Renewable Energy Laboratory: *Reference Solar Spectral Irradiance: Air Mass 1.5*, http://rredc.nrel.gov/solar/spectra/am1.5/, 10.12.2009.

19. A. Wagner. *Photovoltaik Engineering: Handbuch für Planung, Entwicklung und Anwendung*. Berlin Heidelberg, Springer-Verlag, 2nd ed. (2006).

20. EN12464-1, *Light and lighting - Lighting of work places - Part 1: Indoor work places*, 2003.

21. *Metenorm—Global Solar Radiation Database*, http://www.meteonorm. ch, December 10, 2009.

22. C. F. Reinhart. *Daylight Availability and Manual Lighting Control in Office Buildings: Simulation Studies and Analysis of Measurements*. Karlsruhe, Universität Karlsruhe, Fakultät für Architektur, Dissertation (2001).

23. M. Glatthaar, M. Niggemann, B. Zimmermann, P. Lewer, M. Riede, A. Hinsch, and J. Luther. Organic solar cells using inverted layer sequence, *Thin Solid Films* **491** (1–2), 298–300 (2005). ISSN 00406090 (ISSN). URL http://www.scopus.com/scopus/inward/record.urlfieid=2-s2.0-25144508569&p% artner=40&rel=R5.0.4.

24. B. Zimmermann, M. Glatthaar, M. Niggemann, M. K. Riede, A. Hinsch, and A. Gombert, ITO-free wrap through organic solar cells: A module concept for cost-efficient reel-to-reel production, *Solar Energy Mater Solar Cells* **91** (5), 374–378 (March 2007).

25. C. Lungenschmied, G. Dennler, H. Neugebauer, S. N. Sariciftci, M. Glatthaar, T. Meyer, and A. Meyer. Flexible, long-lived, large-area, organic solar cells, *Solar Energy Mater. Solar Cells* **91** (5), 379–384 (March 2007).

26. C. Wang, M. Waje, X. Wang, J. Tang, R. Haddon, and Y. Yan, Proton exchange membrane fuel cells with carbon nanotube based electrodes, *Nano Lett.* **4** (2), 345–348, (2004). URL ISI:000188965700031. 182.

27. Glatthaar. *Zur Funktionsweise organischer Solarzellen auf der Basis interpenetrierender Donator/Akzeptor-Netzwerke*. PhD thesis, Albert-Ludwigs-Universität Freiburg im Breisgau, (2007).

28. J. F. Randall. On the use of photovoltaic ambient energy sources for powering indoor electronic devices. p. 67, These N° 2806, EPFL, Lausanne (2003).

29. S. W. Glunz, et al. High-efficiency silicon solar cells for low-illumination applications. *Conference Record of the Twenty-Ninth IEEE Photovoltaic Specialists Conference*, pp. 450-453 (2002).

30. M. A. Green. *Silicon Solar Cells: Advanced Principles and Practice*. Sydney, Bridge Printery (1995).

31. M. Bender, W. Seelig, C. Daube, H. Frankenberger, B. Ocker, and J. Stollenwerk, Dependence of film composition and thicknesses on optical and electrical properties of ITO-metal-ITO multilayers, *Thin Solid Films* **326** (1–2), 67–71, (1998). ISSN 0040-6090. DOI: 10.1016/S0040-6090(98)00520-3. URL http://www.sciencedirect.com/science/article/B6TW0-3TMPJBG-8/2/af98d448% 535d7d91b5b7c3 909be49686.

32. X. Liu, X. Cai, J. Mao, and C. Jin. ZnS/Ag/ZnS nano-multilayer films for transparent electrodes in flat display application, *Appl. Surf. Sci.* **183** (1–2), 103–110, (2001). ISSN 0169-4332. DOI: 10.1016/S0169-4332(01)00570-0. URL http://www.sciencedirect.com/science/article/

B6THY-44C84C2-J/2/cc53068e898b7c78b926385040e261e7.

33. D. Sahu and J.-L. Huang. High quality transparent conductive ZnO/Ag/ZnO multilayer films deposited at room temperature, *Thin Solid Films* **515** (3), 876–879 (November 2006). URL http://www.sciencedirect.com/science/article/B6TW0-4KSD819-8/2/ebbd0f9f%4d47f85813c40469895abf56.

34. D. Sahu, S.-Y. Lin, and J.-L. Huang. ZnO/Ag/ZnO multilayer films for the application of a very low resistance transparent electrode, *Appl. Surf. Sci.* **252** (20), 7509–7514 (2006). ISSN 0169-4332. DOI: 10.1016/ j.apsusc.2005.09.021. URL http://www.sciencedirect.com/science/article/B6THY-4H9YBXD-B/2/c14423f9% 55213585b974a 98d5b02913e.

35. H. Pang, Y. Yuan, Y. Zhou, J. Lian, L. Cao, J. Zhang, and X. Zhou. ZnS/Ag/ZnS coating as transparent anode for organic light emitting diodes, *J. Luminescence* **122–123**, 587–589 (2007). ISSN 0022-2313. DOI: 10.1016/j.jlumin.2006.01.232. URL http://www.sciencedirect.com/science/article/B6TJH-4JGJGY5-S/2/c26459886e333966e958974e99 b6a575.

36. H. Park, J. Park, J. Choi, J. Lee, J. Chae, and D. Kim. Fabrication of transparent conductive films with a sandwich structure composed of ITO/Cu/ITO, *Vacuum* **83** (2), 448–450, (2008). ISSN 0042-207X. DOI: 10.1016/j.vacuum.2008.04.061. URL http://www.sciencedirect.com/science/article/B6TW4-4S9P5M4-D/2/b6253a9eb9f868c15b4de8779ecf5c3c.

37. D. Sahu, S.-Y. Lin, and J.-L. Huang. Investigation of conductive and transparent Al-doped ZnO/Ag/Al-doped ZnO multilayer coatings by electron beam evaporation, *Thin Solid Films* **516** (15), 4728 – 4732, (2008). ISSN 0040-6090. doi: DOI:10.1016/j.tsf.2007.08.089. URL http://www.sciencedirect.com/science/article/B6TW0-4PGPVP5-M/2/1b4c18dc% 4322a85650d23db7eec1b61d.

38. L. Cattin, F. Dahou, Y. Lare, M. Morsli, R. Tricot, S. Houari, A. Mokrani, K. Jondo, A. Khelil, K. Napo, and J. C. Bernede, MoO_3 surface passivation of the transparent anode in organic solar cells using ultrathin films, *J. Appl. Phys.* **105**(3), 034507 (2009). doi: 10.1063/1.3077160. URL http://link.aip.org/link/?JAP/105/034507/1.

39. B. Szyszka, P. Loebmann, A. Georg, C. May, and C. Elsaesser. Development of new transparent conductors and device applications utilizing a multi disciplinary approach, *Thin Solid Films* **518**(11), 3109–3114 (2010), (2009). ISSN 0040-6090. doi: DOI:10.1016/j.tsf.2009.10.125. URL http://www.sciencedirect.com/science/article/B6TW0-4XP37PM-1/2/a47ad59fbb1384ec5613e70fac468b83.

40. S. K. Hau, H.-L. Yip, J. Zou, and A. K.-Y. Jen. Indium tin oxide-free semi-transparent inverted polymer solar cells using conducting polymer as both bottom and top electrodes, *Organic Electron.* **10** (7), 1401–1407 (2009). ISSN 1566-1199. doi: DOI:10.1016/j.orgel.2009.06.019. URL http://www.sciencedirect.com/science/article/B6W6J-

4WNRK3J-2/2/aa33c95aed73638d725ff9d190aa5886.

41. D. L. Carroll, R. Czerw, and S. Webster. Polymer-nanotube composites for transparent, conducting thin films, *Synthetic Met.* **155** (3), 694–697 (2005). ISSN 0379-6779. doi: DOI:10.1016/j.synthmet.2005.08.031. URL http://www.sciencedirect.com/science/article/B6TY7-4HH81HY-G/2/744c1958810cbddde1b288aec42fd15e.

42. J. Moon, J. Park, T. Lee, Y. Kim, J. Yoo, C. Park, J. Kim, and K. Jin. Transparent conductive film based on carbon nanotubes and PEDOT composites, *Diamond Relat. Mater.* **14** (11–12), 1882–1887 (2005). ISSN 0925-9635. doi: DOI:10.1016/j.diamond.2005. 07.015. URL http://www.sciencedirect.com/science/article/B6TWV-4GYH7MY-1/2/38bff34faa2e1edc36c77585122311bc.

43. M. Kaempgen, G. Duesberg, and S. Roth. Transparent carbon nanotube coatings, *Appl. Surf. Sci.* **252** (2), 425–429 (2005). ISSN 0169-4332. DOI: 10.1016/j.apsusc.2005.01.020. URL http://www.sciencedirect.com/science/article/B6THY-4FFN4Y7-2/2/04482628% 96f1fead23f754d602c15bba.

44. R. Ulbricht, S. B. Lee, X. Jiang, K. Inoue, M. Zhang, S. Fang, R. H. Baughman, and A. A. Zakhidov. Transparent carbon nanotube sheets as 3-d charge collectors in organic solar cells, *Solar Energy Mater. Solar Cells* **91** (5), 416–419 (2007). ISSN 0927-0248. doi: DOI:10.1016/j.solmat.2006.10. 002. URL http://www.sciencedirect.com/science/article/B6V51-4MKV2M0-1/2/f9a11f5adae760e05bdb729f2f3567e6.

45. X. Yu, R. Rajamani, K. Stelson, and T. Cui. Fabrication of carbon nanotube based transparent conductive thin films using layer-by-layer technology, *Surf. Coatings Technol.* **202** (10), 2002–2007 (2008). ISSN 0257-8972. doi: DOI:10.1016/j.surfcoat.2007.08.064. URL http://www.sciencedirect.com/science/article/B6TVV-4PKXBJK-2/2/d254da00e6b24f56d1a76dd187292d1d.

46. L. Valentini, M. Cardinali, D. Bagnis, and J. M. Kenny, Solution casting of transparent and conductive carbon nanotubes/poly(3,4-ethylenedioxythiophene)-poly(styrenesulfonate) films under a magnetic field, *Carbon* **46** (11), 1513–1517 (2008). ISSN 0008-6223. DOI: 10.1016/j.carbon.2008.05.025. URL http://www.sciencedirect.com/science/article/B6TWD-4SPC0S8-2/2/c7764b67% c67a12c7d87eed0b8b124c39.

47. S. Paul and D.-W. Kim. Preparation and characterization of highly conductive transparent films with single-walled carbon nanotubes for flexible display applications, *Carbon* **47** (10), 2436–2441 (2009). ISSN 0008-6223. DOI: 10.1016/j.carbon.2009.04.045. URL http://www.sciencedirect.com/science/article/B6TWD-4W7J12T-1/2/8719852 2% f2cb50c831ea87fee03176ad.

48. T. Kitano, Y. Maeda, and T. Akasaka. Preparation of transparent and conductive thin films of carbon nanotubes using a spreading/coating technique, *Carbon* **47** (15), 3559–3565 (2009). ISSN 0008-6223.

DOI: 10.1016/j.carbon.2009.08.027. URL http://www.sciencedirect. com/science/article/B6TWD-4X24VR9-1/2/8a527864% cd53ada53d 2be68f5632041d.

49. G. Xiao, Y. Tao, J. Lu, and Z. Zhang. Highly conductive and transparent carbon nanotube composite thin films deposited on polyethylene terephthalate solution dipping, *Thin Solid Films* **518**(10), 2822–2824 (2010), (2009). ISSN 0040-6090. doi: DOI:10.1016/j.tsf.2009. 11.021. URL http://www.sciencedirect.com/science/article/B6TW0-4XR5N0B-2/2/f399170714471f34c2a8a03978cef9bf.

50. H. S. Ki, J. H. Yeum, S. Choe, J. H. Kim, and I. W. Cheong, Fabrication of transparent conductive carbon nanotubes/polyurethane-urea composite films by solvent evaporation-induced self-assembly (EISA), *Composites Sci. Technol.* **69** (5), 645–650 (2009). ISSN 0266-3538. DOI: 10.1016/j.compscitech.2008.12.012. URL http://www.sciencedirect. com/science/article/B6TWT-4V88FT1-1/2/b504efc0% 8a29ead4835 a48518d544a55.

51. R. A. Hatton, N. Blanchard, L. W. Tan, G. Latini, F. Cacialli, and S. R. P. Silva. Oxidised carbon nanotubes as solution processable, high work function hole-extraction layers for organic solar cells, *Org. Electron.* **10** (3), 388–395 (2009). ISSN 1566-1199. doi: DOI:10.1016/j.orgel.2008.12.013. URL http://www.sciencedirect.com/science/article/B6W6J-4V94X0D-5/2/b15d581f% 48fa01954fd6a4ba9f012811.

52. Z. Spitalsky, D. Tasis, K. Papagelis, and C. Galiotis. Carbon nanotube-polymer composites: Chemistry, processing, mechanical and electrical properties, *Prog. Polym. Sci.* **35** (3), 357–401 (2010). ISSN 0079-6700. doi: DOI:10.1016/j.progpolymsci.2009.09.003. URL http://www. sciencedirect.com/science/article/B6TX2-4X9NV3D-2/2/d2c2b1b4% d38ceb49265f68f55aace839.

53. C. G. Granqvist. Transparent conductors as solar energy materials: A panoramic review, *Solar Energy Materials and Solar Cells* **91** (17), 1529–1598 (2007). ISSN 0927-0248. doi: DOI:10.1016/j.solmat.2007.04.031. URL http://www.sciencedirect.com/science/article/B6V51-4P3TYF4-1/2/33b862d8% b208b7dd3ca821e723081cf1.

54. S. Shaheen, R. Radspinner, N. Peyghambarian, and G. Jabbour, Fabrication of bulk heterojunction plastic solar cells by screen printing, *Appl. Phys. Lett.* **79** (18), 2996–2998 (2001). URL ISI:000171726300045. 120.

55. F. C. Krebs, H. Spanggard, T. Kjaer, M. Biancardo, and J. Alstrup. Large area plastic solar cell modules, *Mater. Sci. Eng. B* **138** (2), 106–111 (March 2007).

56. F. C. Krebs. Fabrication and processing of polymer solar cells: A review of printing and coating techniques, *Solar Energy Mater. Solar Cells* **93**(4), 394–412 (2009), (2008). ISSN 0927-0248. doi: DOI:10.1016/j.solmat. 2008.10.004. URL http://www.sciencedirect.com/science/article/ B6V51-4V0VBXJ-1/2/c660b684% cbf8c104f1dd085e7f1ec1f4.

57. J. M. Ding, A. de la Fuente Vornbrock, C. Ting, and V. Subramanian. Patternable polymer bulk heterojunction photovoltaic cells on plastic by rotogravure printing, *Solar Energy Mater. Solar Cells* **93** (4), 459–464 (2009). ISSN 0927-0248. doi: DOI:10.1016/j.solmat.2008.12.003. URL http://www.sciencedirect.com/science/article/B6V51-4VF0XTX-5/2/a88f80d7% 05e2c2e26e76b3fb6ed3c0b0. Processing and Preparation of Polymer and Organic Solar Cells.

第 8 章　DC-DC 转换器

Markus Pouak

在能量收集应用中，DC-DC 转换器在为负载供电方面起着至关重要的作用。诸如为热发电机、压电和电动发电机的能量换能器提供变化的输出电压，其通常由于太高或太低而不能直接给负载供电。因此，DC-DC 转换器需要提供稳定的电源电压。在以下部分中，首先描述了像调节欧姆电阻器一样工作的线性调节器，然后是在能量存储装置（即电容器或电感器）的帮助下以至少两个周期性步骤传输电能的开关调节器。在最后一节中，详细考虑了负载与采用 DC-DC 转换器的能量转换器的匹配，其中控制转换器的输出以便为负载提供最大功率。

8.1　线性稳压器

线性稳压器的作用是独立于输出电流和输入电压而建立恒定的输出电压。因此，需要由一个或多个晶体管组成的调节元件。为了控制调节元件，使用环路放大器、几个电阻器的网络以及电压参考。

8.1.1　电路

通常，运算放大器完成环路放大器的任务，其将调节器的输出电压的一部分与参考电压进行比较。图 8.1 所示为线性稳压器的拓扑结构。调节环路自身调节，直到电压（V_{fb}）相对于参考电压（V_{ref}）尽可能少地偏离（取决于开路放大器和放大器的偏移电压）。这种调节概念的缺点是由输入和输出电压之间的电压降引起的功率损耗。这意味着当输入和输出电压之间的差异很小时效率很高。此外，线性稳压器的输出电压不能高于输入电压。与下面小节中描述的开关调节器相比，这种概念的优点是功率路径不包含开关元件。因此，输出端不会产生纹波。

8.1.2　分析模型

如图 8.2 所示，T_1 的栅极电压确定如下：

$$V_{\text{G1}} = g_{\text{a}} \left(V_{\text{ref}} - V_{\text{out}} \frac{R_2}{R_1 + R_2} \right) \tag{8.1}$$

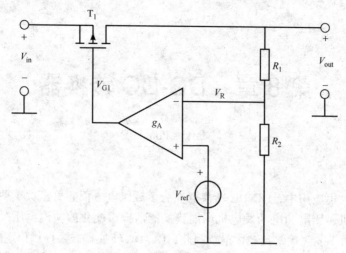

图 8.1 线性稳压器的框图

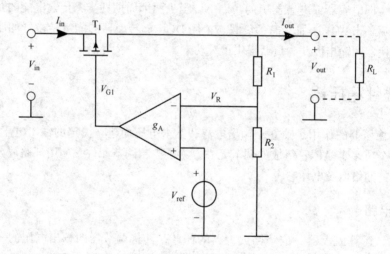

图 8.2 线性稳压器中的信号

整理上式可得:

$$V_{out} = \left(V_{ref} - \frac{V_{G1}}{g_a} \right) \frac{R_1 + R_2}{R_2} \tag{8.2}$$

假设放大器具有无限直流增益或至少非常高的直流增益，通常为运算放大器的情况，可以得到:

$$V_{out} = V_{ref} \frac{R_1 + R_2}{R_2} \tag{8.3}$$

在这种情况下，可以认为调节器的输出电压 V_{out} 与其输入电压 V_{in} 和输出负载 R_L 无关。此外，V_{out} 直接由电阻器 R_1 和 R_2 与参考电压 V_{ref} 的关系确定。

8.1.3　效率计算

调节器的输出电流 I_{out}（见图 8.2）可通过式（8.3）计算：

$$I_{\text{out}} = I_{\text{in}} - \frac{V_{\text{out}}}{R_1 + R_2} = I_{\text{in}} - \frac{V_{\text{ref}}}{R_2} \tag{8.4}$$

电路的整体效率可以表述如下：

$$\eta = \frac{P_{\text{out}}}{P_{\text{in}}} = \frac{V_{\text{out}} I_{\text{out}}}{V_{\text{in}} I_{\text{in}}} \tag{8.5}$$

因此，通过式（8.3）和式（8.4）可得：

$$\eta = \frac{V_{\text{out}}\left(I_{\text{in}} - \dfrac{V_{\text{ref}}}{R_2}\right)}{V_{\text{in}} I_{\text{in}}} = \frac{V_{\text{out}}}{V_{\text{in}}} - \frac{V_{\text{out}} I_{\text{ref}}}{V_{\text{in}} I_{\text{in}} R_2} = \frac{V_{\text{out}}}{V_{\text{in}}}\left(1 - \frac{V_{\text{ref}}}{I_{\text{in}} R_2}\right) \tag{8.6}$$

8.1.4　设计优化

由式（8.2），可以注意到图 8.2 的线性调节器工作得越准确，其环路放大器的增益 g_{A} 越高。参考式（8.6），通过最小化电阻器 R_1 和 R_2 两端的电流以实现最高可能的效率。因此，对于固定输出电压 V_{out}，必须使用最高可能的电阻值。此外，效率取决于输出和输入之间的电压比。例如，对于输入电压的 50% 在晶体管 T_1 中以热量的形式损失，这是因为调节器的输出电流小于或等于输入电流。否则，如果输出电压略低于输入电压，则稳压器可以非常有效地工作。例如，可以在线性技术的应用笔记中找到有关高效线性稳压器的详细注意事项[1]。

8.2　开关稳压器

开关稳压器是线性稳压器的替代品。它们还可以完成与输入电压和输出电流无关的恒定输出电压的任务。这里调节元件的工作方式类似于可以处于开起状态或关闭状态的开关。此外，对于开关稳压器，输出电压可能高于输入电压，具体取决于所用转换器的类型。另外，需要一个或多个储能元件（如电感器或电容器）。开关稳压器可分为四种主要子类型。

降压转换器（第 8.2.1 节）提供较低的输出电压，升压转换器（第 8.2.2 节）的输出电压高于输入电压。这两种类型的共同之处在于它们使用电感器作为能量存储元件。对于这两种类型的转换器，定义了关于电感器电流的两种不同操作模式。在连续导通模式（CCM）中，电流总是大于零，而在非连续导通模式（DCM）中，它在一定时间内为零。这将在后面进行详细的讨论。

　　反激式和正激式转换器使用变压器代替电感器。反激式转换器（如升压转换器）在开关关断状态期间将输入能量传输到输出电容器。正向转换器直接在导通状态下传输输入能量。对于高输出功率，它具有至少两个处于"推挽"配置的开关晶体管。然而，这种类型的转换器主要用于大于 100W 的输出功率，因此在最先进的能量收集应用中并不重要。第 8.2.5 节中描述的最后一种重要类型的转换器是电荷泵。这里，也使用几个开关晶体管，并且仅存在电容器作为能量存储元件。电荷泵主要用于由电容器的频率和大小决定的低输出电流。

　　最后，解释了一种基于迈斯纳振荡器的不常见类型的转换器。它可用于能量收集应用，其中能量传感器提供低于 500mV 的输出电压。与反激式转换器一样，采用变压器，但在这种情况下，二次绕组用于控制开关晶体管。

8.2.1　降压转换器

8.2.1.1　物理原理

　　降压转换器提供低于输入电压的输出电压。基本上，输入电压周期性地接通和断开，产生矩形电压，然后低通滤波器将平均值传送到转换器的输出。转换器的基本拓扑结构如图 8.3 所示。在开关打开后，由于电流仍在电感中流动，二极管导通。这样它就会被重新定向到负载。

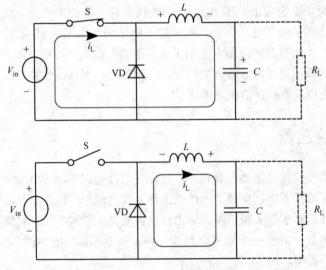

图 8.3　降压 DC-DC 转换器的物理原理

8.2.1.2　电路

　　降压转换器的典型电路如图 8.4 所示。根据所需的输出电压，将与输出电压成比例的电压和参考电压进行比较。两个不同的 V_{err} 信号之间的差异被放大并再次与锯齿波电压 V_{st} 进行比较。因此，比较器输出 V_{ctrl} 是控制开关晶体管 T_1 的脉冲宽度调制信号。当占空比为 1 时，输出电压 V_{out} 仅可以小于或等于输入电压 V_{in}，其中开关 T_1 一直闭合。

图 8.5 所示为脉冲宽度调制（PWM）信号的产生[2]。可以注意到，如果放大的误差信号 V_{err} 上升，就意味着输出电压下降到低于期望值，则开关晶体管的导通时间增加。以这种方式，转换器的输出电压增加，直到达到期望值。当 V_{err} 发生故障时，就会出现相反的情况。

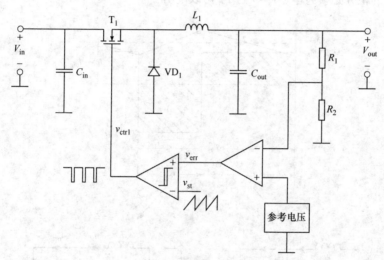

图 8.4 降压转换器的框图

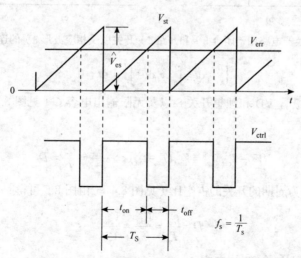

图 8.5 产生脉冲宽度调制（PWM）信号[2]

8.2.1.3 模型分析

Mohan 等人[2]对降压转换器进行了全面分析，本段对此进行了解释。对于图 8.3 中的电路，连续导通模式下稳态电感电流和电压的相应波形如图 8.6 所示。当开关闭合时（见图 8.6b），电感电流 i_L 线性上升，从而在电感上产生正电压 $V_L = V_{in} - V_{out}$。当开关打开时（见图 8.6c），电感电流继续流过二极管，将其存储的能量传递给输出。电感器两端的电压 V_L 现在变为负值，即 V_{out}。假设无损电感器和稳态操作，每个周期 T_s 上的 v_L 的积分必须为零。$T_s = t_{on} + t_{off}$ 可以说明：

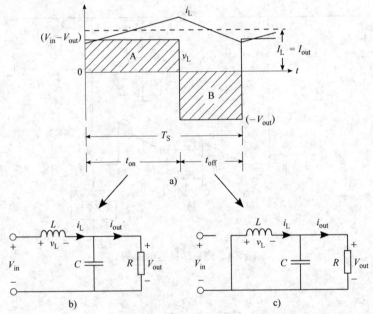

图 8.6 降压转换器电路用于闭合 b）和开路 c）开关以及相应波形 a）的连续导通模式[2]

$$\int_0^{T_s} v_L \mathrm{d}t = \int_0^{T_{on}} v_L \mathrm{d}t + \int_{t_{on}}^{T_s} v_L \mathrm{d}t = 0 \qquad (8.7)$$

对于理想二极管 VD 和理想开关 S 以及无限输出电容 C（见图 8.3），该等式可简化为

$$(V_{in} - T_{out})t_{on} = V_{out}(T_s - t_{on}) \Leftrightarrow \frac{V_{out}}{V_{in}} = \frac{t_{on}}{T_s} = D \qquad (8.8)$$

式中，D 是以 T_1 为周期的开关的占空比（见图 8.4）。由图 8.5 可得：

$$D = \frac{t_{on}}{T_s} = \frac{V_{out}}{V_{in}} = \frac{V_{err}}{\hat{V}_{st}} \qquad (8.9)$$

最后，输出电压 V_{out} 可表示为

$$V_{out} = \frac{V_{in}}{\hat{V}_{st}} v_{err} \qquad (8.10)$$

因此，输出电压 V_{out} 与放大的误差信号 V_{err} 成正比。如果电路元件中没有功率损耗，则可以假设 $P_{\text{in}} = P_{\text{out}}$，并且对于转换器的输入和输出之间的关系如下：

$$V_{\text{in}} I_{\text{in}} = V_{\text{out}} I_{\text{out}} \Leftrightarrow \frac{I_{\text{out}}}{I_{\text{in}}} = \frac{V_{\text{in}}}{V_{\text{out}}} = \frac{1}{D} \tag{8.11}$$

根据前述等式，可以观察到电路像 DC 变压器一样工作，其中一次侧和二次侧之间的绕组比可以在 0 和 1 之间线性调节，从而改变占空比。由于开关过程，电感两端的电压以每个周期步进幅度为 V_{in}。因此，在转换器的输入端连接滤波器以避免不希望的电流谐波会很有用。

到目前为止的考虑是针对降压转换器的连续导通模式（CCM），其中电感器电流始终为正且永远不会达到零。现在，检查连续和不连续传导模式之间的边界，其中电感器电流在每个时间段 T_{s} 结束时达到零。图 8.7a 所示为相关波形。子标号 B 代表平均电感电流 I_{L} 的边界条件。由于电感器电流的波形是三角形，因此可以立即跟随 I_{L}，$I_{\text{L, B}} = (1/2) i_{\text{L,peak}}$。当 $I_{\text{L}} = (1/L) \int_{\text{L}} \mathrm{d}t$ 时，进一步计算：

$$I_{\text{L,B}} = \frac{t_{\text{on}}}{2L}(V_{\text{in}} - V_{\text{out}}) = \frac{DT_{\text{s}}}{2L}(V_{\text{in}} - V_{\text{out}}) = I_{\text{out},B} \tag{8.12}$$

如果输入电压 V_{in} 保持恒定，则 V_{out} 可以用式（8.11）中的 DV_{in} 代入式（8.12）。得到：

$$I_{\text{L,B}} = \frac{T_{\text{s}} V_{\text{in}}}{2L} D(1-D) \tag{8.13}$$

其作为占空比 D 的函数如图 8.7b 所示。$I_{\text{L,B}}$ 的最大值可达到：

$$I_{\text{L,B}_{\text{max}}} = \frac{T_{\text{s}} V_{\text{in}}}{8L} \tag{8.14}$$

如图所示，如果输出电流 I_{out} 下降到 $I_{\text{L,B}}$ 以下，则电感电流将变得不连续，也就是说，它会再次上升到之前保持零状态一段时间。

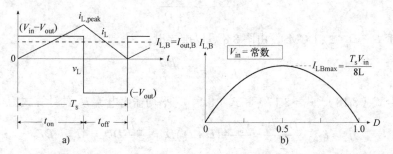

图 8.7　降压转换器处于不连续（DCM）和连续导通模式（CCM）之间的边界。
a）电感器电压和电流曲线，b）IL, B 作为 D 的函数，V_{in}=constant[2]

连续导通模式（CCM）中的波形如图 8.8a 所示，而非连续导通模式（DCM）中的波形如图 8.8b 所示。在 DCM 中，每个周期分为三个时间间隔 DT_{s}，其中开关闭合，

D_1T_s 与 D_2T_s 中开关均打开，电感器电流保持为零。首先，应该考虑输入电压 V_{in} 是恒定的。这是例如电动机速度控制中的典型情况。

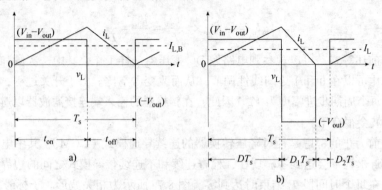

图 8.8 CCM 和 DCM

a）之间的边界中降压转换器的波形与 DCM，b）中的波形比较[2]

在 CCM 和 DCM 之间的边界处，$V_{out}=DV_{in}$ 并且式（8.14）可以引入式（8.12），得出：

$$I_{L,B} = \frac{DT_s}{2L}(V_{in} - V_{out}) = \frac{T_s D}{2L}(1-D)V_{in} = 4I_{L,B_{max}}D(1-D) \qquad (8.15)$$

在非连续模式下，一段时间内的积分（见图 8.8）必须为零：

$$\int_0^{DT_s} v_L \, dt = \int_{DT_s}^{D_1T_s} v_L \, dt + \int_{D_1T_s}^{D_2T_s} v_L \, dt = 0 \qquad (8.16)$$

简化最后一个等式得：

$$DT_s(V_{in} - V_{out}) - D_1T_sV_{out} + 0 = 0 \Rightarrow DT_sV_{in} - V_{out}T_s(D + D_1) = 0$$

得到：

$$\frac{V_{out}}{V_{in}} = \frac{D}{D + D_1} \qquad (8.17)$$

由于 $D + D_1 < 1$（DCM），由图 8.8 可以推导出：

$$i_{L,B_{max}} = V_{out}\frac{D_1T_s}{L} \qquad (8.18)$$

结合式（8.18）、式（8.17）和式（8.14），平均输出电流 I_{out} 的计算式为

$$I_{out} = i_{L,B_{max}}\frac{D + D_1}{2} = \frac{V_{out}T_s}{2L}(D + D_1)D_1 = \frac{V_{in}T_s}{2L}DD_1 = 4I_{L,B_{max}}DD_1 \qquad (8.19)$$

将上述等式重新整理得：

$$D_1 = \frac{I_{out}}{4I_{L,B_{max}}D} \qquad (8.20)$$

此外，使用式（8.17）可以最终说明：

$$\frac{V_{out}}{V_{in}} = \frac{D^2}{D^2 + \dfrac{I_{out}}{4I_{L,B_{max}}}} \qquad (8.21)$$

在图 8.9 中，针对不同的占空比绘制各种输出电压 V_{out} 与输出电流 I_{out} 的关系曲线。V_{out} 归一化为固定输入电压 V_{in}，并且 I_{out} 至最大平均电感器电流，即 $I_{L,B_{max}} = \dfrac{T_s V_{in}}{8L}$。虚线表示 CCM 和 DCM 之间的边界。

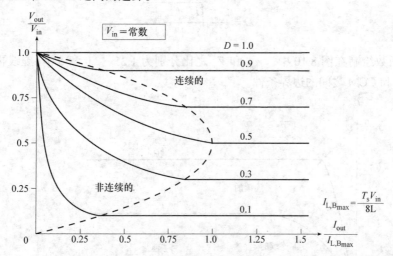

图 8.9 具有恒定输入电压 V_{in}[2] 的降压转换器的 CCM 和 DCM 之间的限制

现在，分析降压转换器的恒定输出电压 V_{out} 的情况。例如，如果将压电发电机的整流交流输出用作调节器的输入，那将是所希望的情况。当 $V_{in} = \dfrac{V_{out}}{D}$，将其代入式（8.12）$I_{L,B} = \dfrac{T_s V_{out}}{2L}(1-D)$，获得以下内容：

$$I_{L,B} = \frac{T_s V_{out}}{2L}(1-D) \qquad (8.22)$$

并且在恒定的 V_{out} 下，最大平均电感器电流可达到：

$$I_{L,B_{max}} = \frac{T_s V_{out}}{2L} \qquad (8.23)$$

这样，式（8.22）可以表述如下：

$$I_{L,B} = (1-D)I_{L,B_{max}} \qquad (8.24)$$

必须提到的是，占空比 D 等于零，而 V_{out} 大于零，这仅在理论上是可能的，因为这将需要无限输入电压 V_{in}。对于恒定 V_{out} 下的转换器的功能，重要的是将占空比 D 表示为 $I_{out}/I_{L,B_{max}}$ 的函数。对于 DCM，式（8.17）和式（8.19）也可用于常数 V_{out}。结合式（8.23）和式（8.19），I_{out} 可以简化为

$$I_{out} = I_{L,B_{max}}(D + D_1)D_1 \qquad (8.25)$$

对式（8.17）重新整理，D_1 可表示如下：

$$D_1 = D\left(\frac{V_{in}}{V_{out}} - 1\right) \qquad (8.26)$$

将式（8.26）代入式（8.25）并重新整理得 D 的表达式为

$$D = \frac{V_{out}}{V_{in}}\sqrt{\frac{I_{out}/I_{L,B_{max}}}{1 - V_{out}/V_{in}}} \qquad (8.27)$$

该函数绘制在图 8.10 中，V_{out} 和 V_{in} 之比分别为 1.25、2.0 和 5.0。虚线再次显示了 DCM 和 CCM 之间的边界条件。

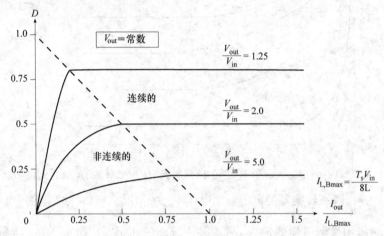

图 8.10 对于不同的 V_{out}/V_{in} 的值，占空比为 I_{out} 与 $I_{L,B_{max}}$ 之比的函数

8.2.1.4 效率计算

Gildersleeve 等人[3]对降压转换器的效率进行了详细分析。如图 8.11 所示，显示出了具有负载的同步降压转换器的典型设计。它类似于图 8.3 中的电路，但二极管由第二个开关晶体管代替，可减小由二极管正向电压引起的损耗。另外，显示寄生元件以说明转换器本身消耗的功率。在下一段中考虑转换器的电气元件中的特定损耗，以估计降压转换器的效率。

降压转换器中的负载电流 I_{Load}（见图 8.11）与平均电感电流 I_L 相同。由于电感器 L 的等效串联电阻（ESR）和开关的导通状态电阻会产生损耗，并且其产生的功耗可表示如下：

$$P_{I,Load} = (R_{L,ESR} + R_{T1/2})I_{Load}^2 \qquad (8.28)$$

为简单起见，假设两个晶体管（T_1 或 T_2 导通）均为导通状态且电阻相同。

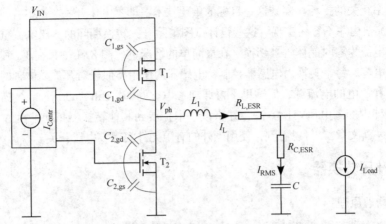

图 8.11 具有寄生元件的同步降压转换器

纹波电感器电流的 RMS 值 I_{RMS}（其为瞬态电感器电流 i_L 的 AC 分量的 RMS 值）产生额外的功率损耗。这些功率损耗在电容器、电感器和开关中消耗。此外，开关的死区时间通过其体二极管产生功率损耗，但这里没有考虑到这一点。因此，RMS 损失可归纳为以下等式：

$$P_{I,RMS} = (R_{L,ESR} + R_{C,ESR} + R_{T1/2})I_{RMS}^2 \qquad (8.29)$$

另外，由于开关晶体管的控制器的电流消耗，存在功率损耗。一部分是由于其静态电流，第二部分是由于寄生栅极电容 C_{gs} 和 C_{gd} 的充电和放电电流（见图 8.11）。控制器的静态电流损耗和栅极驱动开关损耗可以估算为[4]

$$P_{Contr} \approx I_{Contr}V_{in} + (Q_{g,T1} + Q_{g,T2})V_{in}f_s \qquad (8.30)$$

利用开关频率 f_s 和栅极电荷 $Q_{g,T1}$ 和 $Q_{g,T2}$ 对 Q_{gs} 和 Q_{gd} 进行充电和放电。此外，由于晶体管 T_1 和 T_2 的电压和电流重叠，存在开关损耗，可近似如下：

$$P_{SW} \approx V_{in}I_{Load}t_{sum}f_s \qquad (8.31)$$

其中图 8.11 中 V_{ph} 的电流和电压的上升和下降总时间为 t_{sum}。最后，将上述等式代入到 $P_{loss}=P_{I,Load}+P_{Q,Contr}+P_{SW}$，由此可以估算降压转换器的总功率损耗。可以注意到，在轻负载时，由于控制器静态电流以及栅极充电和放电引起的损耗变得显著，而对于重负载电流，主要损耗是由电压和电流重叠以及 ESR 电阻引起的。此外，当然还有依赖于转换器的开关频率。在高频时，由于电压和电流重叠以及栅极驱动而导致的损耗增加。

8.2.1.5 设计优化

优化降压转换器通常需要在几何尺寸和效率之间进行权衡，因为电感通常是电路的最大部分。如果它的尺寸很大，那么电感可以很高，同时具有低 ESR。因此，由于在最后一段中做出的假设，开关频率可以较低，从而导致高效率。如果电感器很小，电感也必须很小，以避免降低 ESR。因此，必须选择更高的开关频率，并且必须采取措施来限制与频率相关的损耗。实现这一目标的重要技术，即零电压开关（ZVS）和零电流开关（ZCS）架构并不容易实现。这些设计试图消除开关转换期间的电压电流重叠，因为当电压或电流为零时晶体管被切换。在最简单的情况下，图 8.11 中只在 V_{ph} 和地之间增加了一个电容。每个转换由电感器控制，电感器的作用类似于对开关晶体管的寄生电容进行充电和放电的电流源，但这里不再详细考虑。例如，Bill Andreycak[5] 描述了降压转换器设计中的零电压切换方法，并将该技术扩展到其他转换器拓扑。由 A. K. Panda 等人的另一篇文章[6] 可以看到，使用额外的有源元件实现零电压开关。

8.2.2 升压转换器

8.2.2.1 物理原理

如果需要来自输入源的更大电压，则升压转换器是有用的电路。关于能量收集传感器，它是热发电机和电感发电机的重要设备，其输出电压通常低于 1V。图 8.12 所示为升压转换器的物理原理。

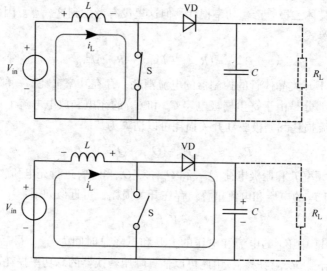

图 8.12　升压转换器的物理原理

在第一阶段（见图 8.12 中的上部电路），开关闭合，电感电流理想地呈线性上升，因此，存储在电感中的能量也在上升。在第二阶段（见图 8.12 中的下部电路）中，开关打开，并且存储在电感器中的能量被传递到输出，其与第二能量存储元件，即电容器 C 相连接。由于断开的开关 S 引起的电流变化使得电感器电压加到输入电压上。两相周期性地交替，并且以这种方式，输出电压总是大于或等于转换器的输入电压。

8.2.2.2 电路

升压转换器的典型框图如图 8.13 所示，与图 8.4 中的降压转换器非常相似。调节环路的工作方式与第 8.2.1 节中针对降压转换器所述的方式相同。

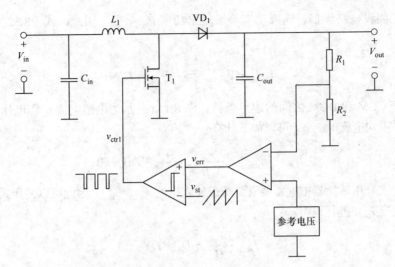

图 8.13　升压转换器的框图

8.2.2.3　模型分析

升压转换器的以下计算是基于 Mohan 等人[2]的分析。对于图 8.12 的电路,升压转换器的连续导通模式的稳态波形如图 8.14 所示。

与降压转换器一样,假设无损耗电路,区域 A 和 B 必须相等,因此:

$$V_{in}(T_s - T_{off}) + (V_{in} - V_{out})t_{off} = \frac{V_{out}}{V_{in}} = \frac{T_s}{t_{off}} = \frac{1}{1-D} \tag{8.32}$$

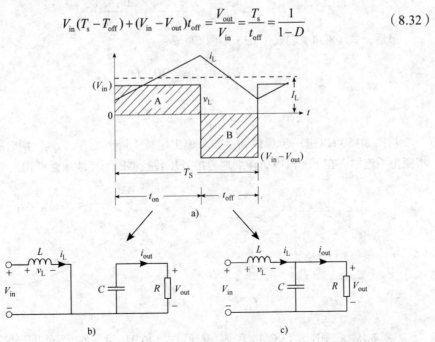

图 8.14　升压转换器电路用于闭合 a)和开路 b)开关以及相应波形 c)的连续导通模式[2]

由于假设电路无损，输入功率等于输出功率 $P_{in} = P_{out}$。因此，式（8.32）可以说明：

$$V_{in}I_{in} = V_{out}I_{out} \Leftrightarrow \frac{I_{out}}{I_{in}} = 1 - D \qquad (8.33)$$

对于 CCM 和 DCM 之间的边界条件，图 8.15a 所示为电感电流 i_L 和电压 V_L 稳态的波形。平均电感电流 $I_{L,B}$ 可以如下计算：

$$I_{L,B} = \frac{1}{2}i_{L,Peak} = \frac{1}{2}\frac{V_{in}}{L}t_{on} = \frac{T_s V_{out}}{2L}D(1-D) \qquad (8.34)$$

由于在升压转换器中电感器电流等于输入电流（$i_L = i_{in}$），因此可以使用式（8.33）对输出电流 $I_{out,B}$ 进行说明：

$$I_{out,B}\frac{T_s V_{out}}{2L} = D(1-D)^2 \qquad (8.35)$$

实际升压转换器设计的一个重要案例是输出电压应该是恒定的。因此，在图 8.15b 中，针对 $I_{L,B}$ 和 $I_{out,B}$ 显示出了关于恒定 V_{out} 的占空比 D 的曲线图。$I_{L,B}$ 和 $I_{out,B}$ 的最大值为

$$D = 0.5 \Leftrightarrow I_{L,B_{max}}\frac{T_s V_{out}}{8L} \qquad (8.36)$$

$$D = \frac{1}{3} \Leftrightarrow I_{out,B_{max}} = \frac{2}{27}\frac{T_s V_{out}}{L} = \frac{0.74 T_s V_{out}}{L} \qquad (8.37)$$

最后，式（8.34）和式（8.35）可以写成：

$$I_{L,B} = \frac{1}{4}I_{L,B_{max}}D(1-D) \qquad (8.38)$$

$$I_{out,B} = \frac{27}{4}I_{out,B_{max}}D(1-D)^2 \qquad (8.39)$$

从图 8.15 可以进一步观察到，如果输出电流下降到低于 $I_{out,B}$，则电感器电流 i_L 将变得不连续。在下一段中更详细地考虑升压转换器的不连续导通模式。

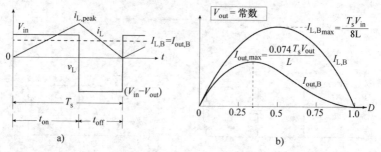

图 8.15　在不连续（DCM）和连续导通模式（CCM）之间的边界处升压转换器。
a）电感器电压和电流曲线，b）$I_{L,B}$ 作为 D 的函数，其中 V_{out}＝常数 [2]

如图 8.16 所示为 CCM 和 DCM 的电感器电流和电压波形。对于两者，输入电压 V_{in} 和占空比 D 是恒定的，但图 8.16b 中的输出功率较低。例如，当负载电阻 R 上升时，就会发生这种情况。因此，在图 8.16b 中，$I_L = I_{out}$ 正在减小，并且电感器电流变得不连续。换句话说，在降至零之后，电感器电流在 $D_2 T_s$ 的时间内保持为零，然后在下一个周期再次上升。同时，输出电压 V_{out} 由于在时间间隔 $D_1 T_s$ 期间更快地转变为电感器电流而增加。再次集成图 8.16b 的电感器电压 i_L，其必须在一个周期内为零，使得：

$$DT_s V_{in} + D_1 T_s (V_{in} - V_{out}) = 0 \Leftrightarrow \frac{V_{out}}{V_{in}} = \frac{D_1 + D}{D_1} \tag{8.40}$$

并且使用 $P_{in} = P_{out}$，找到 I_{out} 和 I_{in} 之间的比率为

$$\frac{I_{out}}{I_{in}} = \frac{D_1}{D_1 + D} \tag{8.41}$$

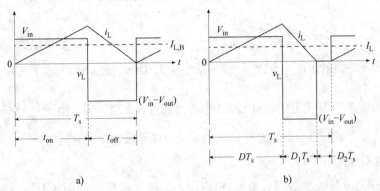

图 8.16　a）CCM 和 b）DCM 中的升压转换器的电感器电压和电流曲线（V_{in}= 常数）[2]

由于 $I_{in} \frac{1}{2} i_{L,peak} (D + D_1)$（见图 8.16）并且 $i_{L,peak} \frac{1}{2L} \int_0^{DT_s} V_{in} \mathrm{d}t$，整理如下：

$$I_{in} = \frac{V_{in}}{2L} DT_s (D + D_1) \tag{8.42}$$

将式（8.41）代入前一个等式得出：

$$I_{out} = \frac{V_{in} T_s}{2L} DD_1 \tag{8.43}$$

对于实际的升压转换器设计，通常希望在变化的输入电压 V_{in} 和输出电流 I_{out} 处具有恒定的输出电压 V_{out}。因此，有必要调整占空比。结合式（8.37）、式（8.40）和式（8.43），得到以下结果：

$$D = \sqrt{\frac{4}{27} \frac{V_{out}}{V_{in}} \left(\frac{V_{out}}{V_{in}} - 1 \right) \frac{I_{out}}{I_{out,B_{max}}}} \tag{8.44}$$

占空比 D 绘制于图 8.17 中，相对于不同输入电压与输出电压比（V_{in}/V_{out}= 0.25、

0.5、0.8）的电流比为 $I_{out}/I_{out,Bmax}$

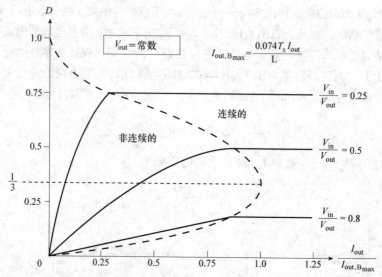

图 8.17 对于具有（V_{out} = 常数）[2] 的升压转换器，DCM 和 CCM（虚线）之间的限制

如果占空比 D 是固定的并且 DCM 中的负载将非常轻，那么由于 $\dfrac{V_{out}}{V_{in}} = \dfrac{I_{in}}{I_{out}}$，输出电压将变得非常高。在实际设计中，这种情况可能导致输出电容过电压。

8.2.2.4 效率计算

Gildersleeve 等人的效率计算[3] 也可用于如图 8.18 所示的同步升压转换器设计。很明显，存在与图 8.11 的降压转换器设计中相同的寄生元件。而且，出现的栅极 - 源极和栅极 - 漏极电压基本相同。与降压转换器的计算相比，升压转换器的效率计算的差异在于由平均输入电流 I_{in} 确定 ESR 损耗 $P_{I,In}$ 和开关损耗 P_{SW}。

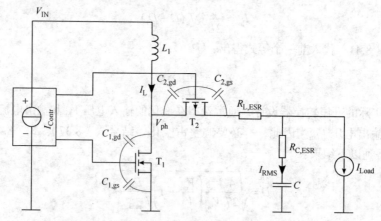

图 8.18 具有寄生元件的同步升压转换器

同样，如第 8.2.1 节所示，图 8.18 中升压转换器的功率损耗可表示如下：

$$P_{\text{I,in}} = (R_{\text{L,ESR}} + R_{\text{T1/2}})I_{\text{in}}^2 \tag{8.45}$$

$$P_{\text{I,RMS}} = (R_{\text{L,ESR}} + R_{\text{C,ESR}} + R_{\text{T1/2}})I_{\text{RMS}}^2 \tag{8.46}$$

$$P_{\text{Q,Contr}} \approx I_{\text{Contr}}V_{\text{in}} + 16C_{\text{gs}}I_{\text{in}}^2\frac{f_{\text{s}}}{3} \tag{8.47}$$

$$P_{\text{SW}} \approx V_{\text{in}}I_{\text{in}}t_{\text{sum}}f_{\text{s}} \tag{8.48}$$

8.2.3 降压 - 升压转换器

8.2.3.1 物理原理

降压 - 升压转换器的物理原理如图 8.19 所示。当开关 S 闭合时，电感器连接到输入电压 V_{in} 并且电感器电流 i_{l} 线性上升。随后，当开关打开时，i_{L} 下降，电感电压改变其极性。现在二极管 VD 导通，电容器 C 充电到负电感电压。因此，当需要与输入电压绝对值相同的负电压时，降压 - 升压转换器是有用的。此外，该拓扑结构能够产生大于或小于输入电压的任何输出电压。

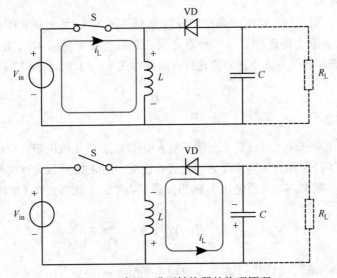

图 8.19 降压 - 升压转换器的物理原理

8.2.3.2 电路

降压 - 升压转换器的框图如图 8.20 所示，类似于 8.2.1 和 8.2.2 节。在调节回路中，还显示出了误差放大器和比较器的电源连接，因为在这种情况下它们必须连接到输入电压。实际上，误差放大器和比较器的电源不能连接到输出电压 V_{out}，因为它与地相比是负的（见图 8.20）。

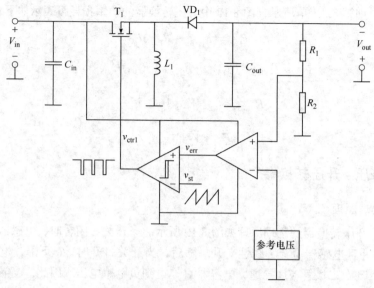

图 8.20 降压 - 升压转换器的框图

8.2.3.3 模型分析

在本节中，对降压 - 升压转换器的分析如 Mohan 等人[2] 的研究所示。降压 - 升压转换器可以表示为降压和升压转换器之间的级联连接（见第 8.2.1 节和 8.2.2 节）。因此，降压 - 升压转换器的电压转换比可以通过将式（8.8）和式（8.32）相乘来获得：

$$\frac{V_{out}}{V_{in}} = \frac{D}{1-D} \tag{8.49}$$

因此，输出电压 V_{out} 可以高于或低于输入电压 V_{in}，具体取决于占空比 D。图 8.19 中的电路简化了降压和升压转换器之间的级联连接。图 8.21 所示为连续导通模式下的波形。一个开关周期的电感器电压 V_l 的积分必须为零，由此得到式（8.49）：

$$V_{in}DT_s + (-V_{out})(1-D)T_s = 0 \Leftrightarrow \frac{V_{out}}{V_{in}} = \frac{D}{1-D} \tag{8.50}$$

对于电流转换比，得到以下结果（忽略功率损耗，$P_{in}=P_{out}$）：

$$\frac{I_{out}}{I_{in}} = \frac{1-D}{D} \tag{8.51}$$

CCM 和 DCM 边界处的降压 - 升压转换器的波形如图 8.22a 所示。这里，电感电流在每个周期结束时变为零。平均电感电流 $I_{L,B}$（见图 8.22a）可按如下方式计算：

$$I_{L,B} = \frac{1}{2}i_{L,peak} = \frac{T_s V_{in}}{2L}D \tag{8.52}$$

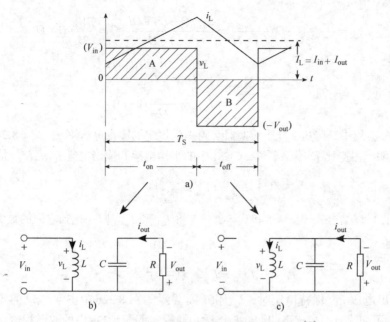

图 8.21　CCM 中降压 - 升压转换器的模型[2]

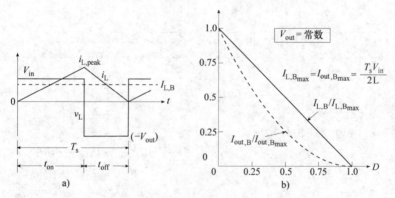

图 8.22　降压 - 升压转换器处于不连续（DCM）和连续导通模式（CCM）
之间的边界。a）电感器电压和电流曲线，b）$I_{L,B}$ 与 D 的对比 V_{in}，D= 常数[2]

由于假设平均电容器电流为零（电容器 C 没有欧姆损耗）（见图 8.21），所以：

$$I_{out} = I_L - I_{in} \tag{8.53}$$

将式（8.50）代入式（8.52）得到：

$$I_{L,B} = \frac{T_s V_{out}}{2L}(1-D) \tag{8.54}$$

并且使用式（8.51）和式（8.52）得到转换器 $I_{out,B}$ 的平均输出电流：

$$I_{out,B} = \frac{T_s V_{out}}{2L}(1-D) - \frac{I_{out,B}}{1-D} \Rightarrow \frac{I_{out,B}(1-D) + DI_{out,B}}{1-D} = \frac{T_s V_{out}}{2L}(1-D)$$

$$\Rightarrow \frac{I_{out,B}}{1-D} = \frac{T_s V_{out}}{2L}(1-D) \qquad (8.55)$$

$$\Rightarrow I_{out,B} = \frac{T_s V_{out}}{2L}(1-D)^2$$

在许多应用中，降压 - 升压转换器必须提供恒定的输出电压 V_{out}。式（8.54）和式（8.55）表明当占空比 D 等于零时，CCM 中的平均电感和输出电流 $I_{L,B}$，$I_{out,B}$ 最大：

$$I_{L,B} = I_{out,B} = \frac{T_s V_{out}}{2L} \qquad (8.56)$$

因此，可以结合式（8.54）和式（8.56）将 $I_{L,B}$ 和 $I_{out,B}$ 归一化到它们的最大值：

$$I_{L,B} = I_{L,B_{max}}(1-D) \qquad (8.57)$$

$$I_{out,B} = I_{out,B_{max}}(1-D)^2 \qquad (8.58)$$

当输出电压 V_{out} 保持恒定时，$I_{L,B}$ 和 $I_{out,B}$ 显示为图 8.22b 中占空比 D 的函数。图 8.23b 显示了连续导通模式下的波形与连续导通模式下图 8.23a 中的波形相比。

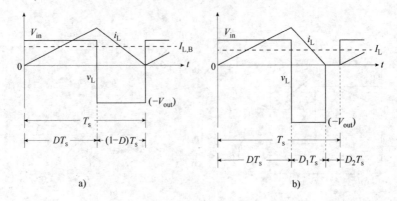

图 8.23　CCM 和 DCM

a）之间的边界中的降压 - 升压转换器的波形与 DCM，b）中的波形比较[2]

电感电压 V_L 的积分（见图 8.23b）等于零，因此可以计算：

$$V_{in} D T_s + (-V_{out}) D_1 T_s = 0 \Leftrightarrow \frac{V_{out}}{V_{in}} = \frac{D}{D_1} \qquad (8.59)$$

且：

$$\frac{I_{out}}{I_{in}} = \frac{D_1}{D} \qquad (8.60)$$

当 V_{out} 再次保持不变并使用上面的公式时，作为 V_{out}/V_{in} 的函数，D 可以表示为

$$D = \frac{V_{\text{out}}}{V_{\text{in}}} \sqrt{\frac{I_{\text{out}}}{I_{\text{out,B}_{\max}}}} \qquad (8.61)$$

其在图 8.24 中绘制为对应不同的 $V_{\text{out}}/V_{\text{in}}$ 值，$I_{\text{out}}/I_{\text{out,B}_{\max}}$ 的函数。

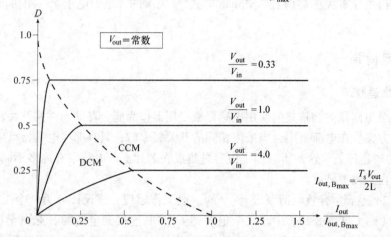

图 8.24 具有（$V_{\text{out}}=$ 常数）[2] 的降压 - 升压转换器的 DCM 和 CCM（虚线）之间的限制

8.2.4 反激式转换器

反激式转换器的拓扑结构是采用变压器代替电感器的降压 - 升压转换器。因此，它适用于开关模式电源，例如，需要输入和输出之间的电隔离。图 8.25 所示为基本电路及其操作。在第一阶段，开关 S 闭合，输入的能量存储在一次电感器 L_1 上。在第二阶段，能量通过二次电感器 L_2 传递到输出电容器 C 并从那里传递到负载 R_L。

与降压 - 升压转换器一样，反激式转换器可用于输入电压的上变频和下变频。然而，反激式转换器对于能量收集应用来说不太有用，因为通常不需要从能量源到

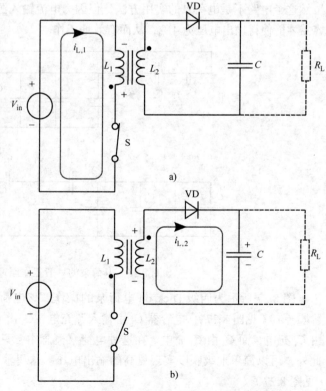

图 8.25 反激式转换器的基本电路和工作原理

输出的隔离。变压器甚至会增加电路的电路板空间，因为绕组之间的良好耦合是闭合磁心形式所必需的。此外，必须设计两个绕组，而不是单个电感器中的一个绕组，以获得可接受的低欧姆损耗。反激式转换器可以与降压 - 升压转换器类似地考虑，这里不再详细讨论。有关更多信息，Mohan 等人[2]编著的《电力电子》一书可能会有所帮助。

8.2.5 电荷泵

8.2.5.1 物理原理

电荷泵电路是先前描述的使用电感器或变压器作为能量存储元件的开关转换器拓扑的替代方案。在电荷泵中，当采用相同的开关频率时，只有那些电容器可以用于较低 ESR 的构建任务。这使得它们也更容易集成在芯片上。电荷泵有许多不同的概念，其中两个在下段中描述。

图 8.26 所示为有效电荷泵设计[7]的一般工作原理，该设计分为两个工作阶段。在阶段 1（a）（见图 8.26）中，三个电容器 C_1 并联连接到电压源，充电至电压 V_{in}。在阶段 2（b）中，另外三个电容器 C_2 充电至 V_{in}，而其他三个电容器串联连接至电压源。该系列链也在该点连接到输出。因此，输出电压 V_{out} 是输入源电压 V_{in} 的四倍。虽然这个电路不是电荷泵的实用方法，但因为电流输入源的连续流动，它需要 6 个电容器才能使得输出电压为 $4V_{in}$，从而有效地工作。

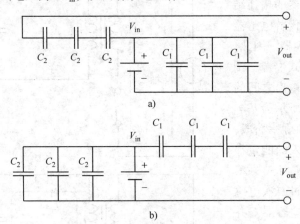

图 8.26 电荷泵的一般工作原理

图 8.27 所示为四级 Dickson 电荷泵的操作，该电荷泵也分为两个工作阶段。在阶段（a）（见图 8.27），电容器 C_1 由输入源充电，C_3 由 C_2 充电。在阶段（b）中，C_2 由 C_1 充电，而 C_4 由 C_3 充电。在这种电荷泵概念中，只需要四个电容即可实现 $4V_{in}$。此外，可以简单地级联以实现更高的输出电压。这里输入电流仅在阶段（a）中流动（见图 8.27）。

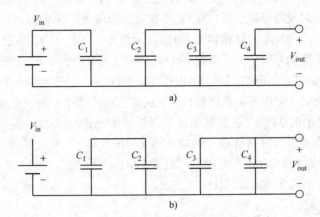

图 8.27 四级 Dickson 电荷泵的工作原理

8.2.5.2 电路

图 8.28 所示为三级 Dickson 电荷泵[8]的框图。它提供输出电压 V_{out} 三倍于输入电压 V_{dd}，并分为两个独立的原理图来说明稳态下的两个状态。

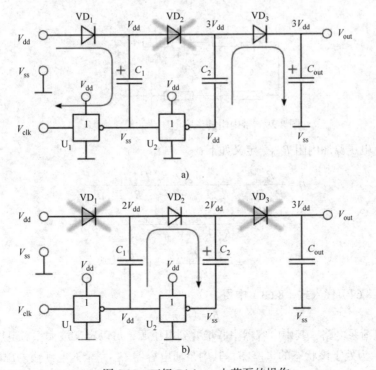

图 8.28 三级 Dickson 电荷泵的操作

在第一阶段（见图 8.28a），反相器 U_1 的输出为低电平（V_{ss}），因此反相器 U_2 的输出为高电平（V_{dd}）。以这种方式，C_1 通过二极管 VD_1 充电，C_{out} 通过二极管 VD_3 由 C_2 充电。VD_2 当时没有导通（反向偏置）。在第二阶段（见图 8.28b），反相器 U_1 的输出为高电平（V_{dd}）。因此，反相器 U_2 的输出为低电平（V_{ss}），C_2 通过二极管 VD_2 由 C_1 充电，而二极管 VD_1 和 VD_3 不导通。时钟信号 V_{clk} 通常由提供 V_{dd} 的矩形振荡器提供。

二极管具有一定的正向电压（取决于二极管的类型），这会降低输出电压并因此降低电荷泵的效率。使用开关晶体管代替二极管可提高效率，输出电压更接近理论值（见图 8.28 概念中的 $3V_{in}$）。在文献中，可以找到实现这一点的许多可能性，这当然导致设计的更高要求的材料清单。例如，Jong-Min Baek[9] 等人发布了一个包含高效 Dickson 电荷泵的 EEPROM 上变频器。或者，Mensi[10] 等人设计了一种具有高电压效率的电荷泵，集成在 90nm CMOS 工艺上。

8.2.5.3 分析模型

电荷泵转换器的详细分析由 Steensgard[7] 等人完成。它以一个简单的堆叠电压源模型开始，例如电池的输出电压 V_{cell} 通常具有内部电阻 R_{cell}（见图 8.29）。

通过这种拓扑结构，可以定义每个电池的相对电压降 β：

$$\beta = \frac{R_{cell}I_{cell}}{V_{cell}} \quad (8.62)$$

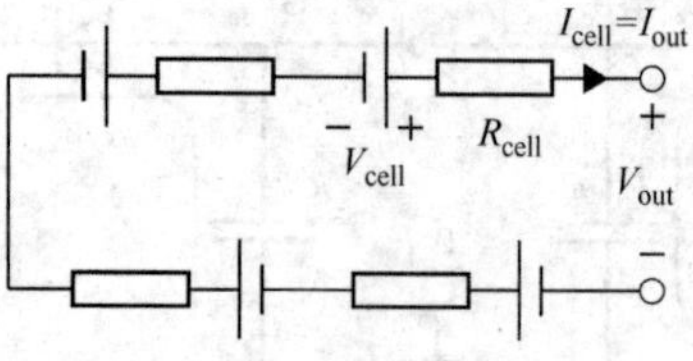

图 8.29　带内阻的串联电压源的简单模型

效率（电压源加内阻 R_{cell}）定义如下：

$$\eta = \frac{P_{load}}{P_{loss}P_{load}} = \frac{(V_{cell} - R_{cell}I_{cell})I_{cell}}{R_{cell}I^2_{cell} + (V_{cell} - R_{cell}I_{cell})I_{cell}}$$

$$= \frac{V_{cell} - R_{cell}I_{cell}}{R_{cell}I_{cell} + V_{cell} - R_{cell}I_{cell}} \quad (8.63)$$

$$= \frac{V_{cell} - R_{cell}I_{cell}}{V_{cell}} = 1 - \frac{R_{cell}I_{cell}}{V_{cell}}$$

将式（8.62）代入式（8.63）中得：

$$\beta = 1 - \eta \quad (8.64)$$

考虑电荷泵电路，其中电容器串联堆叠到电压源，可以定义最大相对电压降 β_{max}。图 8.30 所示为处于该状态的星座图，其中泵浦电容器 C_{pp} 完全充电到输入源两端的电压 V_{dd}。电压调节器连接到电荷泵的输出，以实现与连接负载无关的恒定输出电压 V_{out}（见图 8.30）。此外，缓冲电容器 C_{buf} 用于状态，其中泵电容器充电并没有连接到电压调节器。线性稳压器（见 8.1 节）需要一个最小输入电压来保持所需的输出电压稳定。因此，电荷泵本身的输出电压 V_{buf} 必须始终高于线性稳压器的输出电压 V_{out}。所以，β_{max} 定义为电荷泵 V_{buf} 的输出电压下降到调节器的最小输入电压的点。

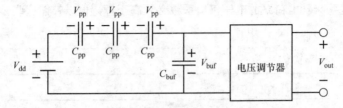

图 8.30 电荷泵与状态下的线性稳压器级联，其中电容器 C_{pp} 充电至 V_{dd}

每个电容器 C_{pp} 上的瞬态电压 V_{pp}（见图 8.30）现在定义如下：

$$V_{pp}(t) = V_{dd}[1 - \beta(t)] \tag{8.65}$$

考虑一段时间内，泵浦电容器 C_{pp} 随电流放电：

$$I_{pp}(t) = C_{pp}\frac{dV_{pp}(t)}{dt} = C_{pp}V_{dd}\left(\frac{d\beta(t)}{dt}\right) \tag{8.66}$$

最大可用输出电流 I_{max} 为

$$I_{max} = C_{pp}V_{dd}\frac{V_{dd} - V_{pp,min}}{T} = C_{pp}\beta_{max}V_{dd}f_s \tag{8.67}$$

本式带有开关频率 f_s。在下一节中将使用本小节中获得的等式计算电荷泵的效率。

8.2.5.4 效率计算

Steensgard[7] 等人计算了电荷泵的效率，采用图 8.31 所示的倍压器，工作在"推-拉"操作下。这意味着在每个相位中，一个泵浦电容器 C_{pp} 被充电，而另一个泵浦电容器 C_{pp} 被放电到输出缓冲电容器 C_{buf}。因此，该电路可以理解为图 8.26 中的概念的实现。ϕ 是一个矩形时钟信号，用于控制倍压器的逆变器和开关（见图 8.31）。

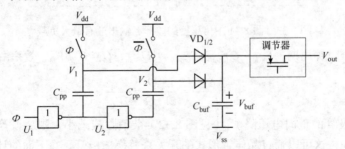

图 8.31 简单电荷泵：倍压器

开路调节器输出的相应波形如图 8.32 所示。可以发现在电压 V_1、V_2 和 V_{buf} 的最大值之间存在电压降。原因在于二极管 VD_1 和 VD_2 实际上通常存在电压降 V_{on}。此外，可以注意到 V_{buf} 大于 V_{out}。这可以通过图 8.33 来理解，其中最大负载连接在线性调节器的输出端。由于从 C_{buf} 到输出的电荷传输，输出电流在 V_{buf} 上引起周期性波动。另外，在实际线性稳压器中，输入和输出之间始终存在最小电压降。因此，调节器的输出电压 V_{out} 随着二极管的正向电压 V_{buf} 上的最大电压纹波和调节器的最小电压降的变化而降低。这意味着电荷泵的电压倍增系数必须高于理论值以补偿这些影响。

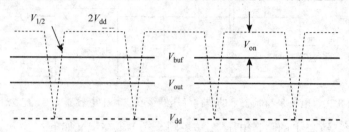

图 8.32　开路调节器输出的相应波形

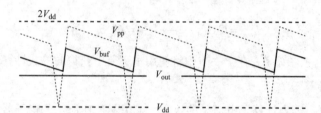

图 8.33　图 8.31 中倍压器的波形，输出端有最大负载

对于每个时钟周期，$E_{load} = QV_{out}$，$E_{supply} = 2QV_{dd}$，$Q = C_{pp}\beta V_{dd}$，效率由下式给出：

$$\eta = \frac{E_{load}}{E_{supply}} = \frac{V_{out}Q}{2V_{dd}Q} = \frac{V_{out}}{2V_{dd}} \tag{8.68}$$

如果二极管的正向电压降 V_{on}（见图 8.32）被消除或减小，则从该等式推导出效率增加。例如，这可以通过晶体管形式的开关来替换二极管。在下面的计算中，调节器被认为是理想的，并且使用开关代替二极管用于图 8.31 的倍压器。开关由时钟信号 φ 控制（见图 8.34）。作为最大相对电压降 β_{max} 的函数的输出电压 V_{out} 为

$$V_{out} = V_{buf} = V_{dd} + V_{dd}(1 - \beta_{max}) = V_{dd}(2 - \beta_{max}) \tag{8.69}$$

代入式（8.68）得

$$\eta = \frac{V_{dd}(2 - \beta_{max})}{2V_{dd}} = 1 - \frac{\beta_{max}}{2} \qquad (8.70)$$

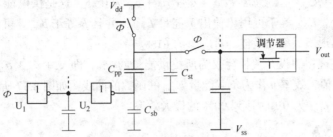

图 8.34 带寄生元件的倍压器

总之，效率仅仅是最大值的函数，它取决于理想的稳压器、理想的开关、逆变器和电容器。在图 8.34 中，显示出了杂散电容 C_{sb}。这些通常存在于由金属路径和衬底形成的集成电路中。假设 C_{sb} 包括反相器中晶体管的寄生电容。在上部电源轨和开关的公共节点之间可以找到类似的寄生电容（顶板杂散电容 C_{st}）（见图 8.34）。

在以下等式中，顶板和底板杂散电容 C_{st} 和 C_{sb} 表示为泵浦电容 C_{pp} 的一部分：

$$C_{st} = \alpha_{st} C_{pp} \qquad (8.71)$$

$$C_{sb} = \alpha_{sb} C_{pp} \qquad (8.72)$$

逆变器中出现功率损耗 [U_1 和 U_2，（见图 8.34）] 主要取决于驱动器的"强度"。驱动器强度由数字门的最大输出电流决定。由于数字门的输出级的晶体管像电阻器一样工作，与其输出端的电容串联，因此驱动器强度决定了电流，从而决定了输出电容充电或放电所需的时间。这意味着在高频时，必须使用"强"驱动器，以便足够快地对输出电容充电和放电以到达电源轨。图 8.34 的倍压器中的驱动器的强度也可以表示为泵浦电容器 C_{pp} 的因子 α_{dr}。当 $E = 1/2CV^2$ 时，开关能量损失可归纳为

$$E_{sw} = (\alpha_{st} + \alpha_{sb} + \alpha_{dr})C_{pp}V_{dd}^2 \qquad (8.73)$$

而由泵浦电容器的电压降引起的损耗表示为

$$E_{\beta} = \beta_{max}V_{dd}Q_{out} = \beta_{max}\beta V_{dd}^2 C_{pp} \qquad (8.74)$$

由于 $Q_{out} = C_{pp}V_{dd}\beta$。采用式（8.69），剩余的负载能量为

$$E_{load} = (2 - \beta_{max})V_{dd}Q_{out} = (2 - \beta_{max})\beta_{max}V_{dd}^2 C_{pp} \qquad (8.75)$$

先前的能量方程绘制为图 8.35 中可用输出电荷的函数。可以注意到，如果输出负载电流增加而开关损耗 E_{sw} 保持恒定，则电压降损失 E_{beta} 上升。因此，对于轻负载，建议降低频率以减少开关损耗。

使用式（8.73）、式（8.74）和式（8.75）的整体效率。计算如下：

$$\eta = \frac{E_{load}}{E_{load} + E_{\beta} + E_{sw}} = \frac{1}{1 + \frac{\beta_{max}}{2 - \beta_{max}} + \frac{E_{sw}}{E_{load}}} \qquad (8.76)$$

如果将该函数绘制为归一化负载能量 $E_{load}/(C_{pp}V_{dd}^2)$ 的函数，则结果是针对不同 β_{max} 值的曲线阵列。在图 8.36 中，效率 η 是针对 β_{max} 从 0.05 ~ 1.00 绘制的。假设开关损耗 $E_{sw} = \alpha C_{pp}V_{dd}^2$ 的总常数 $\alpha = \alpha_{st} + \alpha_{sb} + \alpha_{dr}$ 为 0.25，这是供电能量的 25%。在曲线的终点处，E_{load} 等于可用（输出）能量 E_{avail}，并且 β 等于 β_{max}。可以观察到，在 $\beta_{max} = 0.35$ 时实现了效率的最佳，对应于约 61%。

如果我们现在假设开关损耗仅为所提供能量的 1%，即 $\alpha_{st} + \alpha_{sb} + \alpha_{dr} = 0.01$，则对于不同的 β_{max} 值，效率 η 作为负载能量 E_{load} 的函数的曲线图如图 8.37 所示。这里，可以注意到，在 β_{max} 为 0.1 时达到 90% 的最大效率。

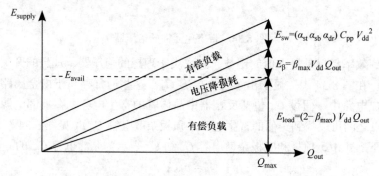

图 8.35 带寄生元件的倍压器

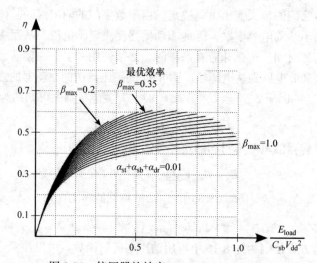

图 8.36 倍压器的效率，$\alpha_{st} + \alpha_{sb} + \alpha_{dr} = 0.25$

图 8.37 说明了电荷泵设计的效率可达 90%。然而，对此的努力通常是大电容器和低开关频率。当在集成电路设计上实现电荷泵电路时，这显然是一个挑战，因为大电容只能在片外实现。由于电荷泵所需的电容器数量与级数相乘，因此几何尺寸会使电荷泵设计变得不实用。但仍有优化空间，如下节所示。

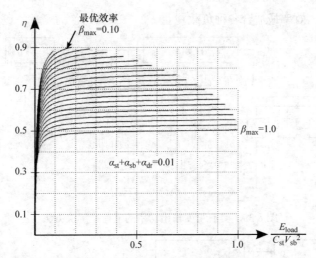

图 8.37　$\alpha_{st}+\alpha_{sb}+\alpha_{dr}=0.01$ 的倍压器效率

8.2.5.5　设计优化

Steensgard[7] 等人展示了优化电荷泵效率的各种示例。以下是主要可能性：

1）根据负载电流改变泵浦电容 C_{pp} 的大小。

2）根据负载电流改变时钟频率，以减少开关损耗。

3）只有当 C_{buf} 的电压下降到一定值以下时，才使用大缓冲电容 C_{buf} 并接通电荷泵。

第一种方法如图 8.38 所示，其中电荷泵的几个级并联连接。根据输出所需的功率，可以打开和关闭电荷泵级。以这种方式，泵浦电容 C_{pp} 适合于负载。由于此设计需要大量电容器，因此仅在集成电路中有用。该解决方案的优点是可以在低负载下降低开关损耗而不改变 V_{clk} 信号的频率。该电荷泵方案也用于 Bedarida[11] 等人的专利中。

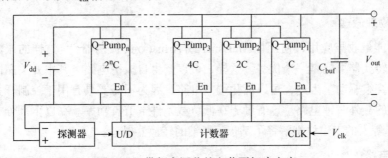

图 8.38　带频率调节的电荷泵解决方案

电荷泵的另一种优化方法如图 8.39 所示。这里，频率由开关电容控制器调节，以减少低负载条件下的开关损耗。因此，需要压控振荡器。在该电路中使用开关电容误差放大器，以防止由于欧姆分压器引起的功率损耗。最后一种优化电荷泵效率的替代方案如图 8.40 所示。用于产生时钟脉冲的电荷泵触发器由电压调节环控制。此设计的目标是将每次切换转换次数减少到最小。以这种方式，时钟信号 ϕ 的占空比几乎在 0 ~

0.5 变化。因此，效率最适合各种负载。

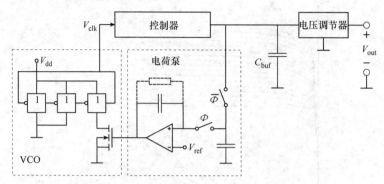

图 8.39 具有可变输出功率的电荷泵解决方案

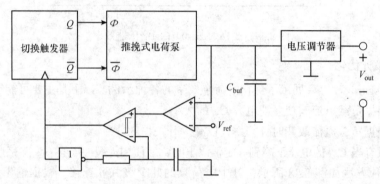

图 8.40 带有占空比调节的电荷泵解决方案

8.2.6 基于 Meissner 振荡器的转换器

8.2.6.1 物理原理

对于能量收集应用，使用像 Meissner 或 Armstrong 振荡器[12]这样的振荡器拓扑构建开关转换器可能是一个优势。这样，可以产生自振荡电路，其中开关晶体管由变压器上的绕组驱动。因此，可以简化调节电路，因为不需要具有用于控制开关晶体管的驱动器的额外时钟电路。这有助于在低负载条件下节省功率。在以下部分中，根据 Pollak[13]等人的工作详细解释了基于迈斯纳的转换器概念。

8.2.6.2 电路

图 8.41 所示为前面描述的基于迈斯纳转换器概念的简单解决方案。在这种情况下，使用结型场效应晶体管（JFET），其是常用有源元件。因此，其阈值电压是负的，或者换句话说，需要负电压来将其关断。该电路的工作方式类似于升压转换器，请参见第 8.2.2 节，只需通过耦合电感完成晶体管的控制。这与 8.2.4 节中的反激式拓扑形成对比，其中变压器用于转换功率而不是控制开关晶体管。这可以作为图 8.41 电路的一个优点而被注意到，因为二次绕组不需要针对低 ESR 进行优化，否则会增加变压器

的尺寸。

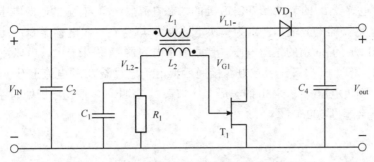

图 8.41 基于迈斯纳振荡器的转换器的电路示例

电路的操作如下：由于当输入电压 V_{IN} 从零上升时，N-JFET T_1 导通，所以通过变压器电感 L_1 的电流也上升。因此，在二次电感 L_2 上感应出电压，这是从 V_{L2} 到 V_{G1} 的负计数。此外，由于 N-JFET 从其栅极到其源极的 p-n 结在此时导通，因此电源 V_{L2} 延伸到负供电轨也变为负电压。事实上，通过 L_1 的电流在某些时候不再上升。原因是变压器的磁心进入饱和状态或 JFET 限制电流，因为其导通电阻，对于标准类型的 N-JFET，其通常在 50Ω 的范围内。然而，此时 L_2 上的电压达到零并且电容器 C_1 上的负电压 V_{L2} 变得等于 JFET "栅极电压 V_{G1}"，导致 JFET 快速关断。电容器现在通过电阻器 R_1 放电，直到 JFET 再次导通并开始振荡。振荡的频率仅由 R_1 和 C_1 的时间常数决定。

8.2.6.3 仿真结果

本节显示了前一节中描述的自振荡转换器的一些仿真结果。"完成"设计工具的 "pectre" 模拟器用于该任务[14]。相应的电路图如图 8.42 所示。它与图 8.41 中的电路相同，但另外插入了变压器的寄生直流电阻 R_{L1} 和 R_{L2}。对于模拟，输入电压为 300mV，负载电阻为 100kΩ，输出电容为 100nF。

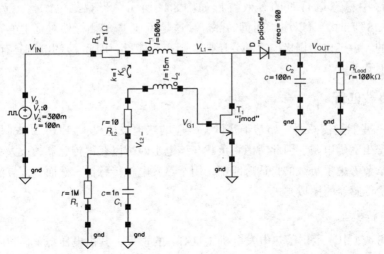

图 8.42 基于 Meissner 振荡器的转换器的简单仿真电路

图 8.43 所示的波形显示了起动时的模拟结果。还绘制了电压网络 V_{L1} 到 V_{G1}、V_{L2} 到 V_{G1} 以及电感器 L_1 的节点 $/L_1/PLUS$ 处的瞬态电流。在净 V_{IN} 上的电源电压接通的时刻，流过电感器的电流增加，因为一次电感器 L_1 耦合到二次电感器 L_2，其中电压不能高于 N-JFET 的 pn 结的正向电压。其原因是电容器 C_1 仍未充电，可以注意到关于图 8.43a 的波形 V_T（"V_{L2-}"）。在电源接通后，由于电感器 L_1 的电流上升，C_1 被越来越多地充电到负电压。图 8.43b 的波形 V_T（"V_{G1}"）表明，由于 T_1 栅极处的导通 pn 结，电压永远不会超过 500mV。

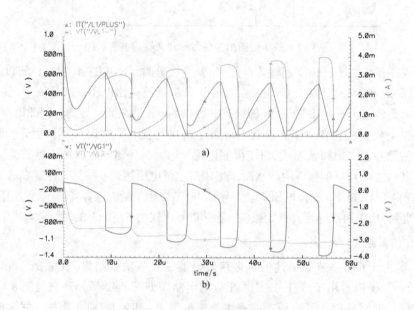

图 8.43 起动阶段耦合电感转换器的仿真波形

图 8.43 中稳态运行时的等效波形如图 8.44 所示。当观察电感器电流的波形 I_T（"$L_1/PLUS$"）时，可以注意到负的部分。这是由在 T_1 的栅极处对寄生电容充电和放电引起的。由于仅为栅极电容和变压器之间交换能量，因此 L_1 的电流具有负分量，因此能量不会丢失。

8.2.7 负载匹配

由于一些能量传感器（如基于塞贝克效应的热电发电机（TEG）或太阳能电池）具有内部寄生欧姆电阻，因此考虑将负载与该电阻匹配以获得传感器的最大功率是有用的。本章节考虑了负载的自适应匹配，用于热发电机传感器。然而，该方法可以用于等效能量传感器的模拟方式。

8.2.7.1 分析模型

在图 8.45a 中，示出了热电发电机（TEG）的模型，其由电压源 V_{OC} 和内部电阻器 R_{TG} 组成。

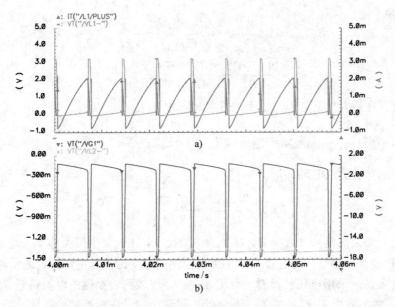

图 8.44　稳态下耦合电感转换器的仿真波形

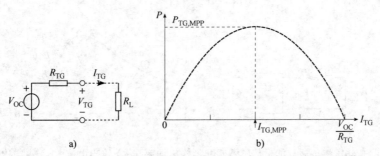

图 8.45　在电压转换器 b）之后将负载与直接连接的能量传感器 a）匹配

TEG 的输出功率 P_{TG} 可以表述如下：

$$P_{TG} = (V_{OC} - R_{TG}I_{TG})I_{TG} = V_{OC}I_{TG} - R_{TG}I_{TG}^2 \tag{8.77}$$

这是一个二次函数，当没有输出电流 I_{TG} 或输出电流等于 V_{OC}/R_{TG} 时，此等式等于零。在图 8.45b 中绘制了 P_{TG} 与 I_{TG} 的关系图，其中可以发现最大电流 I_{MPP} 将 P_{TG} 方面区分为 I_{TG} 并等于零：

$$\frac{\Delta P_{TG}}{\Delta I_{TG}} = V_{OC} - 2P_{TG}I_{TG} = 0 \Leftrightarrow I_{TG,MPP} = \frac{V_{OC}}{2R_{TG}} \tag{8.78}$$

采用式（8.77），最大功率 $P_{TG,\ MPP}$ 为

$$P_{TG,MPP} = V_{OC} \frac{V_{OC}}{2R_{TG}} - R_{TG} \frac{V_{OC}^2}{(2R_{TG})^2} = \frac{V_{OC}^2}{2R_{TG}} - \frac{V_{OC}^2}{4R_{TG}}$$

$$= \frac{2V_{OC}^2 - V_{OC}^2}{4R_{TG}} = \frac{V_{OC}^2}{4R_{TG}} \qquad (8.79)$$

因此，在最大功率点 $I_{TG,\ MPP}$ 处产生的输出电压 $V_{TG,\ MPP}$ 为

$$V_{TG,MPP} = V_{OC} - R_{TG} I_{TG,MPP} = V_{OC} - \frac{V_{OC}}{2R_{TG}} = \frac{V_{OC}}{2} \qquad (8.80)$$

具有的等效负载电阻 $R_{L,\ MPP}$ 为

$$R_{L,MPP} = \frac{V_{TG,MPP}}{I_{TG,MPP}} = \frac{V_{OC}}{2} \frac{2R_{TG}}{V_{OC}} = R_{TG} \qquad (8.81)$$

总之，如果满足条件 $R_L = R_{TG}$ 和 $V_{TG} = V_{OC}/2$，则 TEG 提供最大功率。通常，对于低于 10℃ 的温度梯度，现有技术的 TEG 提供小于 1V 的输出电压，这通常对于提供电路来说太低。采用电压转换器（见图 8.46a），连接到转换器的电阻负载 R_L 产生连接到 TEG 的等效电阻 R_{eq}。关于以下分析，假设使用升压转换器。因此，第 8.2.2 节中的式（8.32）是有帮助的：

$$V_{TG} = V_{out} - (1-D) \qquad (8.82)$$

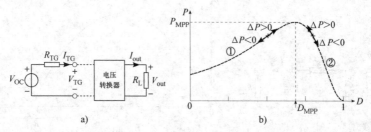

图 8.46 将负载与能量传感器匹配：输出功率与 a）输出电流，b）占空比

实际上，升压转换器并不理想，并且具有一定的效率 η。假设任何负载电流的效率相等，则可以用 $P_{out} = \eta P_{TG}$ 计算：

$$V_{out} I_{out} = \eta V_{TG} I_{TG} \Rightarrow I_{TG} = \frac{I_{out}}{\eta(1-D)} \qquad (8.83)$$

TEG 输出端的等效电阻 R_{eq}（见图 8.45a）现在可以表示为

$$R_{eq} = \frac{V_{TG}}{I_{TG}} = \frac{V_{out}(1-D)}{\dfrac{I_{out}}{\eta(1-D)}} = \eta(1-D)^2 \frac{V_{out}}{I_{out}} = \eta(1-D)^2 R_L \qquad (8.84)$$

TEG 的输出电流 I_{TG} 可以表述如下：

$$I_{TG} = \frac{V_{OC}}{R_{TG} + R_{eq}} = \frac{V_{OC}}{R_{TG} + \eta(1-D)^2 R_L} \qquad (8.85)$$

将 I_{TG} 代入式（8.77）可得：

$$
\begin{aligned}
P_{TG} &= \frac{V_{OC}^2}{R_{TG} + \eta(1-D)^2 R_L} - \frac{R_{TG}V_{OC}^2}{(R_{TG} + \eta(1-D)^2 R_L)} \\
&= \frac{R_{TG}V_{OC}^2 + \eta(1-D)^2 R_L V_{OC}^2 - R_{TG}V_{OC}^2}{(R_{TG} + \eta(1-D)^2 R_L)} \\
&= \frac{\eta(1-D)^2 R_L V_{OC}^2}{(R_{TG} + \eta(1-D)^2 R_L)^2}
\end{aligned}
\tag{8.86}
$$

对于 TEG 的输出功率。如果相对于占空比 D 绘制该函数（见图 8.46b），则可以再次观察到 DMPP 处存在全局最大值。这意味着我们可以为适应占空比的任何电阻负载找到最佳功率点。任何其他转换器类型都可以完成相同的操作，只有式（8.82）必须交换。考虑式（8.84），由于使用了升压转换器，因此 R_L 必须大于 R_{eq}。在采用降压-升压转换器的情况下，R_L 可以大于或小于 R_{eq}。然而，为了找到最大功率点，必须调节占空比 D，这导致变换器的输出电压变化，参见式（8.82），在电阻负载 R_L 的情况下。通常，类似负载的无线收发器或传感器不是电阻性的，需要由固定电压供电。在这种情况下，不可能从能量传感器中抽出最大功率，因为电流和功率由负载本身固定。然而，如果在电压转换器的负载和输出之间使用诸如电池或电容器的能量存储装置，则仍然可以在最大功率点操作能量传感器。它的工作原理如下所示。

图 8.47 所示为图 8.46a 的配置，其中电池作为电压转换器的负载。在这种情况下，可以假设当转换器的输出电流 I_{BAT} 最大化时，最大功率被提供给负载，因为输出电压 V_{BAT} 缓慢变化。实际上，对于以下分析，假设 V_{BAT} 是常数。例如，现在降压-升压转换器用于电压转换。因此，电压转换率来自式（8.59），再次写下图 8.47 的配置：

$$
\frac{V_{BAT}}{V_{TG}} = \frac{D}{1-D}
\tag{8.87}
$$

因此，I_{TG} 可以计算如下：

$$
I_{TG} = \frac{V_{OC} - V_{TG}}{R_{TG}} = \frac{1}{R_{TG}}\left(V_{OC} - V_{BAT}\frac{1-D}{D}\right)
\tag{8.88}
$$

如果在式（8.77）中引入了这个结果，可以计算出 TEG 的输出功率：

$$
\begin{aligned}
P_{TG} &= V_{OC}I_{TG} - R_{TG}I_{TG}^2 \\
&= \frac{V_{OC}}{R_{TG}}\left(V_{OC} - V_{BAT}\frac{1-D}{D}\right) - \frac{1}{R_{TG}}\left(V_{OC} - V_{BAT}\frac{1-D}{D}\right)^2 \\
&= \frac{V_{OC}^2}{R_{TG}} - \frac{V_{OC} - V_{BAT}}{R_{TG}}\frac{1-D}{D} - \frac{1}{R_{TG}}\left(V_{OC}^2 - 2V_{OC}V_{BAT}\frac{1-D}{D} + V_{BAT}^2\frac{(1-D)^2}{D^2}\right) \\
&= \frac{V_{OC}V_{BAT}}{R_{TG}}\frac{1-D}{D} + \frac{V_{BAT}^2}{R_{TG}}\left(\frac{1-D}{D}\right)^2
\end{aligned}
\tag{8.89}
$$

通过将 P_{TG} 与占空比 D 区分开，可以实现 TEG 的最大输出功率：

$$\frac{\Delta P_{TG}}{\Delta D} = \frac{V_{OC}V_{BAT}}{R_{TG}}\frac{-D-(1-D)}{D^2} - 2\frac{V_{BAT}^2}{R_{TG}}\frac{1-D}{D}\frac{-D-(1-D)}{D^2}$$

$$= \frac{V_{OC}V_{BAT}}{R_{TG}}\frac{-1}{D^2} + 2\frac{V_{BAT}^2}{R_{TG}}\frac{1-D}{D^3} \qquad (8.90)$$

$$= 2\frac{V_{BAT}^2}{R_{TG}}\frac{1-D}{D^3} - \frac{V_{OC}V_{BAT}}{R_{TG}D^2}$$

并将函数结果等于零：

$$\frac{\Delta P_{TG}}{\Delta D} = 2\frac{V_{BAT}^2}{R_{TG}}\frac{1-D}{D^3} - \frac{V_{OC}V_{BAT}}{R_{TG}D^2} = 0$$

$$\Rightarrow 2V_{BAT}\frac{1-D}{D} - V_{OC} = 0 \Rightarrow \frac{1}{D}-1 = \frac{V_{OC}}{2V_{BAT}} \Rightarrow \frac{1}{D} = \frac{V_{OC}}{2V_{BAT}}+1 \qquad (8.91)$$

$$\Rightarrow D_{MPP} = \frac{1}{\dfrac{V_{OC}}{2V_{BAT}}+1} = \frac{2V_{BAT}}{V_{OC}+2V_{BAT}}$$

可以概括的是，为了在电压转换器的输出端使用电池最大化 TEG 的输出功率（见图 8.47），占空比 D_{MPP} 仅取决于 V_{OC} 和 V_{BAT}。实际上，在不将 TEG 与电路的其余部分断开的情况下，无法测量开路电压 V_{OC} 和内部电阻 R_{TG}。因此，更可行的是找到测量能量传感器的输出功率的电气结构，使得其自身发现最大值。在接下来的小节中只显示了一个通用的解决方案，因为在文献中已经有很多关于这个主题的工作。有关更多信息，例如 Sullivan[15] 等人或 Koutroulis[16] 等人的工作可能会有所帮助。

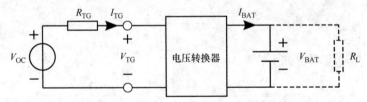

图 8.47 将电池负载与使用电压转换器的能量转换器匹配

8.2.7.2 物理原理

使用图 8.46b 可以找到"最大功率点跟踪器"（MPPT）的通用算法。在 P_{MPP} 图中，标记了两个区域（1 和 2）。根据 P_{MPP} 所在区域开始监管，算法的表达式如下：

$$\text{Area}(1): \Delta P > 0 \Rightarrow \Delta D \uparrow \qquad (8.92)$$

$$\Delta P < 0 \Rightarrow \Delta D \downarrow \qquad (8.93)$$

$$\text{Area}(2): \Delta P > 0 \Rightarrow \Delta D \downarrow \qquad (8.94)$$

$$\Delta P < 0 \Rightarrow \Delta D \uparrow \qquad (8.95)$$

从这些陈述中，可以推断出必须根据实施的解决方案选择起点。图 8.48 所示为采用图 8.13 的升压转换器的可能设计的框图。能量转换器 V_{TG} 和 I_{TG} 的输出电流和电压用作 MPPT 的输入，并相乘以提供与换能器输出功率成比例的信号。通常，分流电阻器 R_S 将 TEG 的输出电流 I_{TG} 转换为电压信号，然后将其放大（见图 8.48）。乘法器之后的信号通过低通滤波器馈送，以消除由于转换器的切换引起的电流纹波，并防止 MPPT 对由此产生的功率信号纹波进行调节。然后区分滤波器的输出信号以知道功率是上升还是下降。比较器连接到微分器，以增加或减少转换器的占空比。这是用积分器实现的，它随后将比较器信号相加作为时间的函数。积分器的输出是升压转换器的控制信号，它对应于图 8.13 中电压调节转换器中的误差信号 v_{err}。

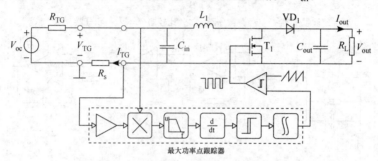

图 8.48 最大功率点跟踪器的设计示例

比较器的输出是反转还是与其输入无关，取决于使用哪种均衡器算法，见式（8.92）/（8.93）或式（8.94）/（8.95）。事实上，必须确定在占空比 $D = 0$ 或 $D = 1$ 时开始电路的操作。建议的 MPPT 只有在换能器的输出功率变化不快于响应时才能正常工作。否则可能会发生最大功率点变为错误区域中的某个点（见图 8.46b 中的图表），并且该算法无法在正确的方向上引导占空比。因此，这种设计对于 TEG 而言比对太阳能电池更实用，因为通常施加到 TEG 的温度梯度不会像施加到太阳能电池的光强度那样快地改变。在文献中可以找到其他解决方案，例如，Sullivan[15] 等人在触发器的帮助下，能够在式（8.92）/（8.93）和式（8.94）/（8.95）的算法之间切换工作。

8.2.7.3 电路

对于图 8.48 的 MPPT 环路，可能存在模拟和数字解决方案，而对于数字解决方案，至少需要一个模数转换器和一个数模转换器以及微控制器。对于能量收集应用，通常选择可消耗更多功率的一种架构。

对于图 8.48 中的模拟解决方案，电路如图 8.49 所示，每级需要一个运算放大器。其他部分是标准电路，带有用于微分器、比较器和积分器的运算放大器。有时使用放大器而不是比较器是有意义的，因为对于来自微分器输出的可能的 DC 分量，其增益较低。积分器的输出用作转换器的 PWM 的控制信号。

对于乘法器，这里没有给出典型的设计。例如，对于乘法器任务，可以使用 ADI 公司的 AD633[17] 等商用集成电路。然而，特别是 AD633 消耗几毫安的电流，这对于能量收集应用来说可能太多了。但是，可以绕过乘法器仅测量电流而不是功率。例如，如果电压转换器的输出端的电池在图 8.47 中的前述解决方案中是连接的，则可以认为输出电流相对于输出电压是恒定的。在这种情况下，MPPT 跟踪转换器的最大输出功率比跟踪换能器的输出功率更准确。考虑到典型的升压转换器在较高的输入电压下具有较高的效率，这意味着换能器的最大输出功率与传送到电池的最大功率不同。

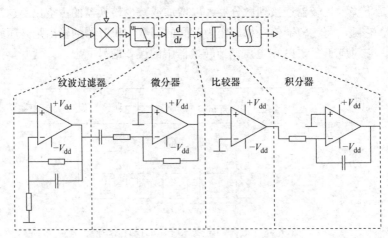

图 8.49 最大功率点跟踪器的模拟实现

8.2.7.4 效率

最大功率跟踪回路的效率益处可以使用图表来估计，其中输出功率被绘制为热电发电机的输出电流的函数。因此，图 8.45 和式（8.77）的理论模型被使用。使用 TEG，V_{OC} 与施加的温度梯度 T 成正比：

$$V_{OC} = \alpha_m \Delta T \tag{8.96}$$

式中，α_m 为塞贝克系数。例如，对于典型的 TEG，来自 "hermalforce.de" 公司的 127-150-26[18] 或来自 Peltron GmbH 公司的 PKE-128-A-1027[19]，其中 $m = 0.05$，对于开路电压 V_{OC} 为 100mV、200mV、300mV、400mV 和 500mV，输出功率 P_{TG} 作为输出电流 I_{TG} 的函数的曲线图如图 8.50 所示。除了这些电压之外，还记录了 TEG 的相应温度梯度 T。

例如，在 10K 的温度梯度下，TEG 在其最大功率点 P_{TG}=6.2mW 下工作，输出电流 I_{TG}=25mA。现在认为应用温度梯度从 10K 降低到 6K，输出电流保持在 25mA（见图 8.50）。在这种情况下，TEG 的输出功率下降到 P_{TG}=1.2mW，而最大功率点将是 P_{TG}=2.5mW 和 I_{TG}=15mA。这个例子表明，使用自适应方法可以获得 100[（2.5mW-1.2mW）/1.2mW]=108% 的 TEG 输出功率，以便始终在能量传感器的最佳功率点工作。

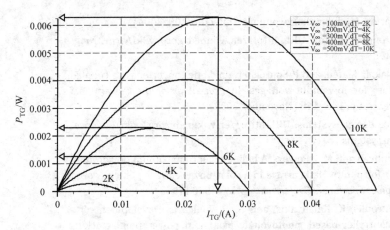

图 8.50　不同开路电压 V_{OC} 的典型 TEG 的输出功率与输出电流的关系

参考文献

1. J. Williams, High efficiency linear regulators, *Linear Technology Application Note.* **32**, 1–12 (1989).

2. N. Mohan, T. M. Undeland, W. P. Robbins, *Power Electronics: Converters, Applications and Design* (Wiley, 1995).

3. M. Gildersleeve, H. P. Forghani-zadeh, G. A. Rincón-Mora. A comprehensive power analysis and a highly efficient, mode-hopping dc-dc converter. In *Proc. 2002 Asian-Pacific Conference on ASICs*, pp. 153–156 (2002).

4. Y. Chen. Resonant gate drive techniques for power mosfets. Master's thesis, Virginia Polytechnic Institute and State University (May, 2000).

5. B. Andreycak, *Zero Voltage Switching Resonant Power Conversion* (Texas Instruments Incorporated, 2001).

6. A. Panda, H. N. Pratihari, B. Prasad, Panigrahi, and L.Moharana, A zero voltage transition synchronous buck converter with an active auxiliary circuit, *DSP Journal.* **Volume 9**, 41–49, (2009).

7. J. Steensgaard, V. Ivanov, Switched-capacitor power supplies. In *Advanced Engineering Course on Power Management Lausanne, Switzerland*, pp. 1–89 (Sept., 2007).

8. Charge pump (11, 2011). URL http://en.wikipedia.org/wiki/Charge_pump.

9. J.-M. Baek, J.-H. Chun, and K.-W. Kwon, A power-efficient voltage upconverter for embedded eeprom application, *IEEE Transactions on Circuits and Systems II: Express Briefs.* **57** (2010).

10. L. Mensi, A. Richelli, L. Colalongo, and Z. M. K. Vajna, A voltage efficient PMOS charge pump architecture, *Research in Microelectronics and Electronics* (2006).

11. L. Bedarida. Modular charge pump architecture (09, 2004).

12. Armstrong oscillator. URL http://en.wikipedia.org/wiki/Armstrong_oscillator.

13. M. Pollak, L. Mateu, and P. Spies. Step-up dc-dc converter with coupled inductors for low input voltages. In *Procedings of the PowerMEMS Conference*, pp. 145–148 (November 2008).

14. Cadence design systems. URL http://en.wikipedia.org/wiki/Cadence_Design_Systems.

15. C. R. Sullivan and M. J. Powers, A high-efficiency maximum power point tracker for photovoltaic arrays in a solar-powered race vehicle, *Power Electronics Specialists Conference*. pp. 574–580 (1993).

16. E. Koutroulis, K. Kalaitzakis, and N. C. Voulgaris, Development of a microcontroller-based, photovoltaic maximum power point tracking control system, *IEEE Transactions on Power Electronics*. **16**, 46–54 (01, 2001).

17. Low cost analog multiplier. URL http://www.analog.com/static/imported-files/data_sheets/AD633.pdf.

18. Thermogenerator (12, 2011). URL http://www.thermalforce.de/de/product/thermogenerator/TG127-150-26e_.pdf.

19. Thermogenerator pke 128 a 1027 (12, 2011). http://www.peltron.de/elemstdt.html.

第 9 章 AC-DC 转换器

Loreto Mateu 和 Peter Spies

振动是能量收集系统中普遍使用的环境源。压电、静电和电动换能器提供来自环境振动的 AC 电力。因此，AC-DC 转换器是必要的，以便将它们的 AC 功率转换成能量收集系统的负载所需的 DC 功率。用于这些传感器的 AC-DC 转换器通常是两级功率转换器，包括以下部件：

（1）AC-DC 整流器。整流通常使用二极管的全波或半波整流器完成。另一种解决方案包括在电动换能器的情况下使用电压倍增器来增加低输出电压并同时对它们进行整流。电流倍增器用于压电换能器中，用于增加低输出电流和整流输出功率。

（2）DC-DC 转换器。在对 AC 电源进行整流之后，需要使用 DC-DC 转换器来调整换能器和负载的电压电平。有时，DC-DC 转换器的目的不是设置一定的电压，而是最大化从换能器获得的功率，这对于输出功率在微瓦或毫瓦范围内的能量收集系统特别感兴趣。

在电动转换器部分中还提供了直接 AC-DC 转换器，其中单个转换器对 AC 电力进行整流并使电压适应负载的要求。

指出的三个换能器中的每一个的电压和电流水平以及转换原理是不同的。因此，本章分为三个主要部分，一个用于每个传感器，其中呈现和分析特定的 AC-DC 转换器。本章是不同作者关于该主题的已发表论文的汇编。对于每个 AC-DC 转换器，引入电路以及转换器背后的物理原理。当有用时，还会提供理论分析和效率数据。

9.1 用于压电传感器的 AC-DC 转换器

9.1.1 电压倍增器

韩[1]等人介绍了三种不同的 AC-DC 整流器：二极管 - 电阻器整流器、二极管整流器和同步整流器（见图 9.1）。整流器用于将压电 AC 功率转换成 DC 功率。然后，电荷泵用于为滤波电容器和电阻负载提供稳定的输出电压。

电路：压电元件被建模为与电容器 C_1 和电阻器 R_p 串联的 sinu soidal 电压源 v_p（见图 9.1）。图 9.1a 所示的电路是半波整流器，在二极管 VD_1 之前电阻器 R_c 与压电元件并联连接。电阻器放置在这个位置，因为它减少了输出电容器的充电时间。R_c 的最佳值是能够在最小时间内无负载地达到电容器 C_2 上的最终电压的值。此外，通过电阻器 R_c[1] 的并联连接提取更多能量。

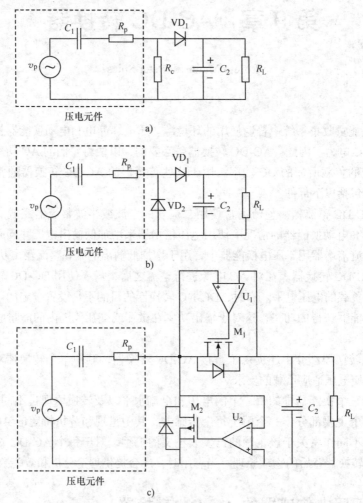

图 9.1　AC-DC 整流器 a）二极管 - 电阻器整流器，b）无源全波整流器，
c）同步全波整流器的影响[1]

　　图 9.1b 所示的电路是一个全波整流器，用作倍压器。在谐振频率下，压电元件的电容支配其内部电阻器，因此整流器用作倍压器，其中电容器由压电元件固定。图 9.1c 所示的电路具有与图 9.1b 所示电路相同的拓扑结构，但二极管由同步驱动的晶体管代替。图 9.1c 所示的 MOSFET 的体二极管使得当没有供给比较器的电源时，图 9.1c 所示的电路成为图 9.1b 所示的电路。因此，当系统中没有初始功率时，图 9.1c 可以起动，然后向运算放大器供电以开始同步操作。当输入电压具有负值时，比较器 U_2 提供导通晶体管 M_2 的高信号。图 9.1c 所示电路的工作原理如下：当整流器的输入电压高于输出电压时，比较器 U_1 向晶体管 M_1 的栅极提供正信号，使其导通。

在图 9.1a、b、c 所示的电路中使用 80kΩ 的负载获得的效率分别为 34%、57% 和 92%[1]。

9.1.2 带倍压器的半波整流器

Le[2] 等人给出了先前在图 9.1b、c 中所示的相同设计和图 9.2a 中所示的附加电路。该电路是带有倍压器模块的半波整流器,如图 9.2b 所示。因此,只有一半的压电波被整流,然后再乘以因子 2。

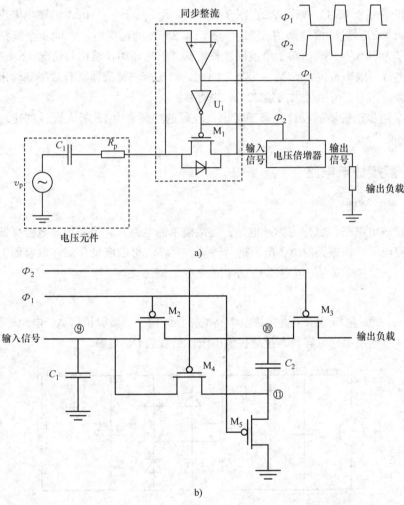

图 9.2 a)半波同步整流器和倍压器,b)倍压器的晶体管级电路[2]

9.1.2.1 电路

由 PMOS 晶体管、反相器和比较器组成的同步整流器连接在压电元件之后。当压电元件的输出电压高于 PMOS 之后的电压时,它接通并且时钟信号 ϕ_1 具有高电平。然后，用输入电压对图 9.2b 所示的电容器 C_1 充电。此外，两个 PMOS 晶体管 M_2 和 M_5 导通，电容器 C_2 充有压电元件的输出电压。当压电元件的输出电压变得低于 PMOS 晶体管 M_1 之后的电压时，信号 ϕ_2 具有高电平，并且在倍压器电路中连接到它的 PMOS 晶体管导通。然后，连接在节点 10 和 11 之间的电容器与连接在节点 9 和地之间的电容器串联连接，因此，所获得的输出电压是压电输出电压的两倍。

9.1.2.2 效率测量

Le[2] 等人用无源全波整流器、同步全波整流器、半波同步整流器和电压倍增器分别构建了一个 ASIC，如图 9.2，图 9.1b、c 所示。对于 5 ~ 10μA 的输出电流，无源全波整流器的测量峰值效率为 65%。对于 5 ~ 30μA 的输出电流，同步全波整流器的测量效率为 70% ~ 85%。对于半波同步整流器和倍压器拓扑结构的情况，58nA ~ 5μA 的输出电流，效率范围为 65% ~ 88%。因此，同步全波整流器具有效率和输出功率的最佳组合，因为它可以提供高达 22μW 的功率。

对于同步整流器的设计，必须考虑比较器的功耗。由 Le 等人设计的比较器，仅消耗 165nW。

9.1.3 直接放电电路

9.1.3.1 物理原理

直接放电电路，也称为标准电路，是最简单的电路，它为采用压电传感器的负载提供直流电源。该电路对 AC 电源进行整流，并将收集的能量存储在电容器上。压电元件在图 9.3 中模拟为与电容器 C_1 并联的正弦电流源 i_p。

9.1.3.2 电路

图 9.3 所示电路显示了直接放电电路的拓扑结构。二极管桥将 AC 电源转换为 DC 电源，并且使用第二电容器来过滤提供电阻性负载的 DC 电源。

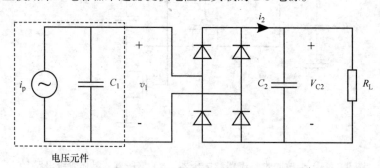

图 9.3 使用二极管桥和存储电容作为 AC-DC 电源转换器的压电电源[3]

与该电路相关的波形如图 9.4 所示。在时间间隔 u 期间，压电电流对其电容充电，并且没有电流通过二极管桥从压电元件流到负载。在半个周期的剩余时间内，压电元件上的电压高于电容器 C_2 上的电压，因此电桥的二极管导通，电流从压电元件流到

滤波电容器 C_2 和负载。

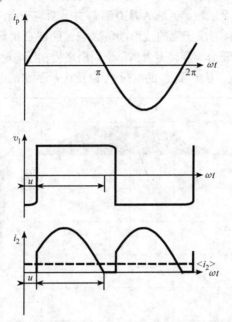

图 9.4　由压电元件产生的电流 i_p 的波形、压电元件上的电压 v_1 和通过整流桥的电流 i_2[4]

9.1.3.3　模型分析

在该分析中，假设 C_2 足够大，以认为 C_2、V_{C2} 上的电压是恒定的[4]，并且激励压电元件的机械力是正弦。从压电元件流到 C_2 和 R_L 的电流是：

$$i_2(t) = \begin{cases} 0 & 0 \leq t \leq u/\omega \\ \dfrac{C_2}{C_2 + C_1} I_p \left| \sin\left[\omega(t)\right] \right| & u/\omega \leq t \leq \pi/\omega \end{cases} \quad (9.1)$$

如果假设 $C_2 \gg C_1$，则压电材料产生的几乎所有电流都转移到负载。平均输出电流是：

$$i_2(t) = \frac{2I_p}{\pi} - \frac{2V_{c2}\omega C_1}{\pi} \quad (9.2)$$

压电元件输出的平均输出功率由下式给出：

$$P(t) = \frac{2V_{c2}}{\pi}\left(I_p - V_{c2}\omega C_1\right) \quad (9.3)$$

先前对直接放电电路的分析假设是正弦机械激励。然而，环境中存在其他类型的机械激发[5,6]。将分析通用机械激励以找到可以在存储电容器中累积的最大电压的值的表达式，以及用于存储电容器和并联连接的压电元件的数量的适当值的选择。当必须满足某些能量要求时，这个数字尤为重要。该分析对于已知由压电产生的电荷量的任何类型的机械激励都是有效的。

图 9.5 所示为人体行走活动期间由压电聚偏二氟乙烯（PVDF）元素产生的电流波形。可以以这种波形区分三个区域。区域 A 从 0 到 t_{z1} 并且对应于当前波形的第一个正区域；区域 B 从 t_{z1} 变为 t_{z2} 并且对应于当前波形的负区域；区域 C 是最后区域并且从 t_{z2} 到 T。压电电流的一个周期的积分为零，因为在每个周期之后在压电材料上没有累积电荷。因此，从 0 到 t_{z1} 的电荷 Q_a，从 t_{z1} 到 t_{z2} 的电荷 Q_b 以及从 t_{z2} 到 T 的电荷 Q_c 的总和为零。

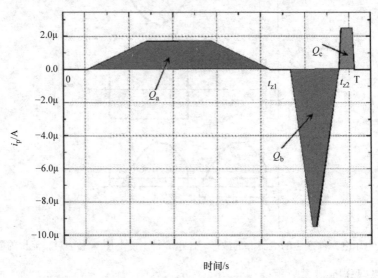

时间/s

图 9.5 步行活动期间 PVDF 压电元件的电流波形 i_p [5]

参数 Q_a、Q_b 和 Q_c 定义为电流波形过零点之间产生的电荷：

$$Q_a = \int_0^{t_{z1}} i_p(t)\,\mathrm{d}t \tag{9.4}$$

$$Q_b = \int_{t_{z1}}^{t_{z2}} i_p(t)\,\mathrm{d}t \tag{9.5}$$

$$Q_c = \int_{t_{z2}}^{T} i_p(t)\,\mathrm{d}t \tag{9.6}$$

如果压电元件被循环激励并且其电流被整流，则 C_2 上的起动电压具有如图 9.6 所示的轮廓。最初，当 C_2 完全放电时，由压电元件 i_p 产生的所有电流都对 C_1 和 C_2 充电。因此，C_2，V_2 上的电压首先迅速增加，但在随后的步骤中，开起二极管以对 C_2 充电变得越来越困难。最后，当 C_1 上的峰值电压等于 C_2 上的电压加上 $2V_d$ 时，二极管最终关闭，V_2 不再增加。

如图 9.7 所示，在 t_{z2} 和 T 之间，二极管截止，因为在一个周期内 C_2 上的最大电压达到 t_{z2}。考虑到这一点并且为了简单起见假设二极管的正向电压为零，C_2 上的最终输出电压的表达式为 [5,6]

$$V_{\max C_2}\Big|_{I_0=0} = -\frac{Q_b}{2C_1} \tag{9.7}$$

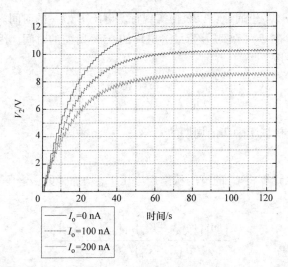

图 9.6　对于控制电路的不同电流消耗，C_2 上的模拟电压波形。用于 HSPICE 仿真的值是
C_1=22nF，C_2=1μF。选择的二极管型号为 1n4148

如最后的表达式所示，V_2 的最终电压与压电电容 C_1 和由产生的电荷给出的机械
激励有关。

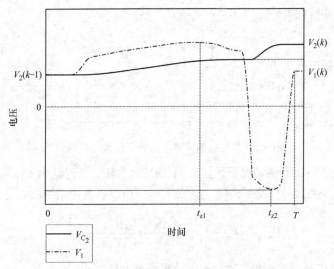

图 9.7　C_1（V_1）和 C_2（V_2）上的模拟电压波形。用于 HSPICE 仿真的值是 C_1=22nF 和 C_2=1μF。
采用的二极管模型是 1n4148[5]

在 C_2 上实现特定电压 $V_2(k)$ 所需的步骤数 k 是：

$$k = \frac{1}{2} \frac{\ln\left\{1 - \left[V_2(k)/V_{\max C_2}\right]\right\}}{\ln\left[(C_2 - C_1)/(C_2 + C_1)\right]} \tag{9.8}$$

步骤的数量或实现特定电压所需的机械激励的数量，与压电电流源 i_p 的周期无关。通过将步数乘以步进周期可以获得实现特定电压 $V_2(k)$ 的时间。

术语 t_f 定义为在 C_2 上实现等于最终电压的 95% 所需的时间。因此，实现该电压的机械激励的数量是：

$$k_f = \frac{1}{2} \frac{\ln(0.05)}{\ln\left[(C_2 - C_1)/(C_1 + C_2)\right]} \qquad (9.9)$$

并且 t_f 是一个机械激励 T 的周期的 k_f 倍。

$$t_f = k_f T \qquad (9.10)$$

类似地，可以计算将 C_2 的电压从给定电压 V_{off} 增加到另一电压 V_{on} 所需的应力循环的数量：

$$k_s = \frac{1}{2} \frac{\ln\left[(V_{\max C_2} - V_{on})/(V_{\max C_2} - V_{off})\right]}{\ln\left[(C_2 - C_1)/(C_2 + C_1)\right]} \qquad (9.11)$$

图 9.8 所示为带有稳压器电路和负载的直接放电电路。随着压电元件的重复应力，存储电容器中的电压增加。每当该电压达到特定极限 V_{on} 时，电容器就连接到稳压器输入端，并将其放电到较低的电压 V_{off}，从而为负载提供能量 E_{req}（包括稳压器所需的能量）。然后电容器 C_2 再次从调节器断开，允许它再充电。控制电路在监视 C_2 上的电压时具有电流消耗 I_o。

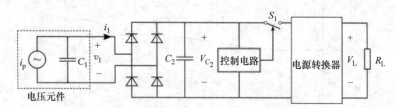

图 9.8 带控制和调节电路的直接放电电路[5]

为了在电流消耗 I_o 的情况下计算 C_2 上的最大电压，已经认为 C_2 不在区域 B 中放电（见图 9.5）。在这种情况下，C_2 上的最大电压由以下表达式给出：

$$V_{\max C_2} = V_{\max C_2}\Big|_{I_0=0} - \frac{I_0(C_2 - C_1)(t_{z1} - t_{z2p})}{4C_1 C_2} \qquad (9.12)$$

式中，t_{z2p} 对应于当前波形第二次超过前一周期的 0A。

9.1.3.4 设计优化

待供电的电子负载可以用两个参数表征。首先，执行其操作所需的能量 E_{req}。其次，器件的电源电压 V_{dd}。假设该值由电压调节器固定。

电路如前所述工作，电容器在 V_{off} 和 V_{on} 之间工作。给定一定的压电元件和激励类型，应力循环的数量取决于电容 C_2 以及 V_{on} 和 V_{off} 的值 [见式（9.11）]。然后，期望选择这三个参数的值以最小化 C_2 再充电的循环次数。最小允许电压 V_{off} 必须大于

V_{dd}，以允许电压调节器的正确操作。

$$V_{off} = V_{dd} + \varepsilon \tag{9.13}$$

通常，C_2 必须提供的能量是：

$$E_{req} = \frac{1}{2} C_2 \left(V_{on}^2 - V_{off}^2 \right) = \frac{1}{2} C_2 \left[V_{on}^2 - \left(V_{dd} + \varepsilon \right)^2 \right] \tag{9.14}$$

由式（9.14），C_2 可以作为 V_{on}、V_{dd} 和 V 的函数获得。然后，通过将获得的 C_2 的表达式代入式（9.8），获得所需能量的步数和 V_{on} 之间的关系。在式（9.15）中给出了将 C_2 上的电压从 0V 增加到值 V_{on} 所需步数 k_{ini} 的表达式，而 k_s [见式（9.16）] 给出了增加 C_2 上的电压从 V_{off} 到 V_{on} 所需的步数表达式。

$$k_{ini} = \frac{1}{2} \frac{\ln\left(1 - \left(V_{on} / V_{max C_2}\right)\right)}{\ln\left[\left\{2E_{req} / \left[V_{on}^2 - \left(V_{dd}+\varepsilon\right)^2\right] - C_1\right\} / \left\{2E_{req} / \left[V_{on}^2 - \left(V_{dd}+\varepsilon\right)^2\right] + C_1\right\}\right]} \tag{9.15}$$

$$k_s = \frac{1}{2} \frac{\ln\left(\left(V_{max C_2} - V_{on}\right) / \left(V_{max C_2} - \left(V_{dd}+\varepsilon\right)\right)\right)}{\ln\left[\left\{2E_{req} / \left[V_{on}^2 - \left(V_{dd}+\varepsilon\right)^2\right] - C_1\right\}\left\{2E_{req} / \left[V_{on}^2 - \left(V_{dd}+\varepsilon\right)^2\right] + C_1\right\}\right]} \tag{9.16}$$

对于最小 k_{ini}（第一次初始充电的循环次数）和最小 k_s（再充电循环次数），电容器 C_2 的最佳值和电压 V_{on} 不相同。然而，V_{on} 和 C_2 的最合适的值将是最小化 k_s 的值，因为初始充电周期 k_{ini} 仅在负载的操作中发生一次。来自式（9.14）~式（9.16）的幅度 C_2、k_{ini} 和 k_s，在图 9.9 中表示为 V_{on} 的函数。观察到存在最小值 k_s，选择特定电压 V_{on} 处的步数，选择电容器 C_2。电容器 C_2 的容值在 $V_{on,opt}$ 下为 $C_{2,opt}$。如果选择 C_2 的另一电容值，则确保为负载供应 100μJ 能量所需的步骤数增加。因此，选择适当的电容值对于使用较少的步骤来为负载供电是重要的。

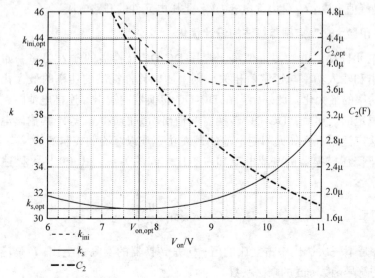

图 9.9　V_{on,C_2} 和 k_{ini} 的最佳值为 100V 供电，负载为 3V，C_1=22nF，充电周期最小为 $k_{s,opt}$

9.1.4 直流放电电路与 DC-DC 转换器配合使用

9.1.4.1 物理原理

一般的收集电路由压电传感器、AC-DC 整流器和存储整流能量的电容器组成。然后，使用开关转换器将能量从存储电容传输到电池（见图 9.10）。在存储电容器 C_2 上存在最佳电压电平，从压电传感器流出的功率最大。因此，DC-DC 转换器必须以适当的占空比工作以实现该最佳电压。

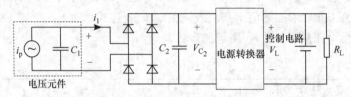

图 9.10 带有直接放电电路和 DC-DC 转换器作为电源管理单元的压电电源[3]

9.1.4.2 效率优化

Ottman 等人使用降压转换器作为 DC-DC 转换器，将转换器的输入电压 V_{C_2} 调节到最大化压电元件提供的功率的值 [见式（9.17）]。对于正弦机械激励，该概念以两种不同的方式发展。第一种方法是自适应电路，动态地最大化为电池充电的电流[4]，而第二种方法包括计算最佳占空比和具有等于最佳的固定占空比的电路设计[7]。

电容器 C_2 的电压计算如下：

$$V_{C_2} = \frac{I_p}{2\omega C_1} = \frac{V_{OC}}{2} \qquad (9.17)$$

式中，I_p 是峰值电流；C_1 是内部电容；V_{OC} 是压电元件的开路电压。

9.1.4.3 采用最大功率点跟踪算法的设计优化

由压电元件提供的功率近似等于降压 DC-DC 转换器的输入功率。如果假设转换器的输出和输入功率与恒定值相关，则由压电元件提供的功率的最大化等于转换器的输出功率的最大化。此外，当在 DC-DC 转换器的输出端连接电池时，可以认为其电压是恒定的。然后，DC-DC 转换器的输出功率的最大化等于其输出电流的最大化。该方法广泛用于例如太阳能电池的最大功率点跟踪器的控制算法[8]。图 9.11 所示为稳态下降压转换器的电池电流和占空比之间的关系，式（9.18）描述了控制电路的算法。

$$D_{i+1} = D_i + K \operatorname{sgn}\left(\frac{\partial I}{\partial D}\right) \qquad (9.18)$$

式中，D_{i+1} 是下一次迭代中占空比的值；D_i 是转换器的实际占空比；K 是应用于偏导数 $\partial I/\partial D$ 的符号函数 sgn 的乘法系数。

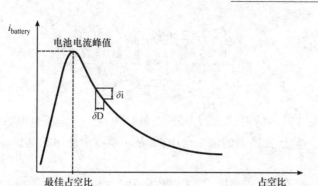

图 9.11　流入电池的电流与占空比的关系，压电能量收集电路采用稳态降压转换器[4]

控制算法根据曲线的斜率（$\partial I/\partial D$）改变实际占空比 D_i 的值，以便获得具有最大占空比的点，从而提供最大电池电流。如果斜率为正，则意味着占空比小于最佳占空比并且必须增加，而如果斜率为负，则必须减小占空比以获得最佳值。该算法由 Ottman 等人在数字信号处理器（DSP）中实现[4]。

9.1.4.4　采用最大功率点跟踪算法的电路

图 9.12 所示为实施的详细能量收集电路。降压转换器具有分流电阻器，用于检测随后由 A/D 转换器放大和采样的电池电流。控制器使用式（9.18）的算法产生用于转换器的占空比的控制信号。

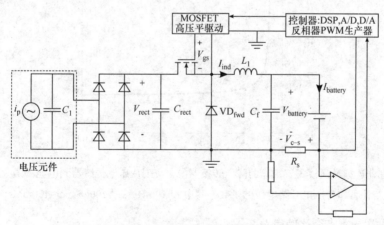

图 9.12　压电能量收集电路[4]

除整流器外，所实现的转换器的效率为 74% ~ 88%[4]。

采用固定占空比的设计优化：Ottman[7] 等人开发了第二个电路，用于通过采用降压转换器的正弦机械激励使压电元件所获得的功率最大化。在这种情况下，计算最佳占空比，并将其值固定在驱动转换器的控制电路中。假设降压转换器工作在不连续电流传导模式（DCM），压电元件产生的功率为[7]

$$P_{\text{in}} = \frac{D^2 \left(\dfrac{2I_{\text{p}}}{\pi} - \dfrac{2\omega C_1 V_{\text{out}}}{\pi} \right) \left(\dfrac{2I_{\text{p}}}{\pi} + \dfrac{D^2 V_{\text{out}}}{2Lf_{\text{s}}} \right)}{2Lf_{\text{s}} \left(\dfrac{2\omega C_1}{\pi} + \dfrac{D^2}{2Lf_{\text{s}}} \right)^2} \qquad (9.19)$$

式中，D 是开关变换器的占空比；I_{p} 是压电峰值电流；C_1 是压电电容；ω 是压电元件的角频率；V_{out} 是降压变换器的输出电压；L 是转换器中使用的电感；f_{s} 是转换器的开关频率。

提供最大功率的最佳占空比 D_{opt} 用 $\partial P_{\text{in}}/\partial D = 0$ 计算，得到：

$$D_{\text{opt}} = \sqrt{\frac{4V_{C_2} \omega L C_1 f_{\text{s}}}{\pi \left(V_{C_2} - V_{\text{battery}} \right)}} \qquad (9.20)$$

式中，V_{C_2} 是 C_2 上的电压；V_{battery} 是电池的电压（见图 9.12）。

图 9.13 所示为作为压电开路电压函数的最佳占空比。在式（9.20）中，V_{C_2} 对应于压电开路电压 V_{oc} 的一半，并且该电压远大于 V_{battery}。因此，式（9.20）可以近似为

$$D_{\text{opt}} = \sqrt{\frac{4\omega L C_1 f_{\text{s}}}{\pi}} \qquad (9.21)$$

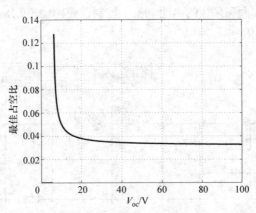

图 9.13 在非连续导通模式下工作的降压转换器中，实现从压电传感器到电池的最大功率传输的最佳占空比，作为压电开路电压的函数，其中 $L=10\text{mH}$，$C_{\text{p}}=200\text{nF}$，$\omega=400\text{rad/s}$，$f_{\text{s}}=1\text{kHz}$

9.1.4.5 采用固定占空比的电路

图 9.14 所示为能量收集电路，它是一个双模式转换器电路。当压电传感器提供的能量太低而不能为开关变换器供电时，它以类似于直接放电方法的方式累积在电池中。转换器的输出电流流过 R_3 并由低功率电流放大器 U_2 放大。电流放大器的输出连接到无源低通滤波器，以考虑几个机械激励来平均电流值。然后，将与电流成比例的电压和具有内部参考电压的超低功率比较器 U_3 中的固定电压进行比较。采用第二比较器 U_4 来确定电池电压是否高于或低于某个电压。两个比较器的输出连接到 AND 门

U_5。与门的输出信号确定两个转换器电路中的哪一个利用从压电换能器提取的功率对电池充电。

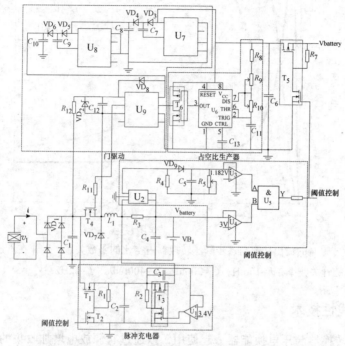

图 9.14　降压转换器中具有固定占空比的能量收集电路[7]

当电池充电到一定电压以上并且电池电流足够高时，降压转换器的控制电路被激活。高电池电流值意味着机械激励足以为降压转换器的控制电路供电。当一个条件没有完成时，脉冲充电器电路被激活。

脉冲充电器电路将电容器 C_2 充电到由比较器 U_1 固定的特定电压。当 C_2 上的电压高于标称电池电压（例如 3.4V）时，C_2 通过 PMOS 晶体管 T_3 放电到电池。也可以认为脉冲充电器是转换器的起动电路。

控制降压转换器的恒定占空比信号由定时器 U_6 产生，工作在非稳态操作[9]。由定时器获得的输出信号被 T_6 反相并用作高压驱动器 U_9 的输入。由于可以由压电元件获得高电压值，电压驱动器是必要的，以便操作降压转换器的开关晶体管 T_4。此外，需要增加电池电压以给电压驱动器供电。因此，采用两个倍压器（U_7 和 U_8）。

9.1.4.6　采用固定占空比的电路的效率计算

图 9.15 所示为不同开关频率下降压转换器占空比的输出功率。对于占空比和开关频率的不同组合，实现最大功率。然而，更高的开关频率提供了具有更宽范围的占空比的响应曲线，以获得最大功率点。因此，开关频率的选择特别重要。

除整流器外，转换器的效率为 10% ~ 70%[7]。

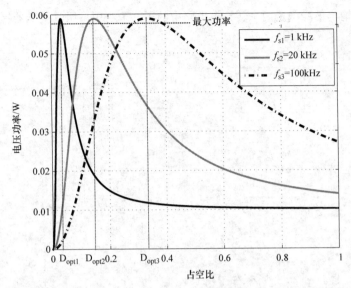

图 9.15 压电传感器的输出功率与逐步降压转换器占空比的函数关系，工作在不连续电流模式下，对于不同的开关频率，$L=10mH$，$C_p=200nF$，$\omega=400rad/s$，$f_s=1kHz$，$V_{out}=3V$，$V_{rect}=34V$[10]

9.1.5　非线性技术

非线性转换器与压电换能器一起使用，以通过有源放电增加收集的能量。由压电元件产生的电荷的一部分用于对其内部电容器充电和放电。在非线性技术中，当达到压电元件上的最大电压时，由于压电元件的内部电容器、电感器与压电元件的连接引起谐振，导致压电电压极性的反转，在很短的时间内与机械激励相比。本节中正在考虑的非线性技术有三种：电感并联同步开关收集（并联 SSHI）、电感（串联 SSHI）上的串联同步开关收集和同步电荷提取（SECE）。

可以在两种不同的场景中比较非线性技术和线性技术。在第一种情况下，正在考虑由能量收集过程引起的没有振动阻尼的压电换能器，如弱耦合系统，未在其共振频率下激励的压电元件，以及位移固定的结构。在第二种情况下，检查受到恒定幅度的正弦力的强耦合系统。线性技术在第二种情况下比非线性技术获得更好的结果，而在第一种情况下，非线性技术比线性技术获得更多的功率[11-13]。

9.1.5.1　并行 SSHI 技术

物理原理： 图 9.16a、b 所示分别为没有控制电路的并行 SSHI 电路及其稳定状态下的相关波形[13]。在该技术中，开关在大多数时间是开路的，并且当压电元件上的电压等于负载上的电压 V_L 加上二极管电桥上的电压降时，电流流过二极管电桥。然而，当在压电元件上检测到最大电压时，开关闭合并且压电电流流过电感器 L_{res}。此时，利用压电内部电容器产生谐振 LC 电路，并且压电元件上的电压在由式（9.22）给出的时间内改变其极性。

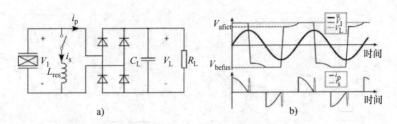

图 9.16　并行 SSHI 能量收集技术 a）电路，b）波形[13]

$$t_1 = \pi\sqrt{L_{res}C_1} \qquad (9.22)$$

电路： 图 9.17 所示为并行 SSHI 电路，包括由 Ben-Yaakov[14] 等人实现的控制电路。利用具有滞后的无源微分器检测压电电压波形的峰值。之后，在参考压电元件一侧的超低功率比较器中比较该信号。

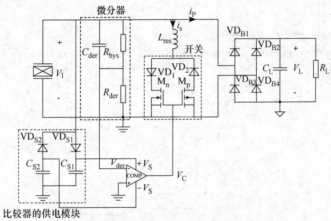

图 9.17　并行 SSHI 电路，包括其控制电路[14]

压电材料产生的电流仅在开关打开时流过整流二极管和负载。当压电电压达到最大值时，开关闭合。超低功率比较器由压电元件通过由二极管 VD_{S1} 和 VD_{S2} 以及电容器 C_{S1} 和 C_{S2} 组成的电路供电。电容器 C_{S1} 通过 VD_{S1} 以压电元件的正峰值电压充电，并提供正电源电压 $+V_S$，而 C_{S2} 通过 VD_{S2} 以压电元件的负峰值电压充电，并提供负电源电压 $-V_S$。

将电感器与压电元件并联连接的开关由两个二极管 VD_1 和 VD_2 以及两个 MOS-FET［Mn（NMOS）和 Mp（PMOS）］组成。当压电电压的极性从正变为负时，VD_1 和 M_n 构成压电元件的开关，而 VD_2 和 M_p 构成压电元件中极性相反变化（负到正）的开关。

具有滞后的微分器由组件 C_{der}，R_{der} 和 R_{hys} 组成。电阻器 R_{hys} 产生滞后以避免晶体管 M_n 和 M_p 的不期望的换向。刺激压电元件的机械振动的频率决定了微分器的分量的值。因此，并行 SSHI 电路具有有限的工作带宽[15]。

图 9.18 所示为并行 SSHI 电路的测量波形，如图 9.17 所示，当压电元件以低于差

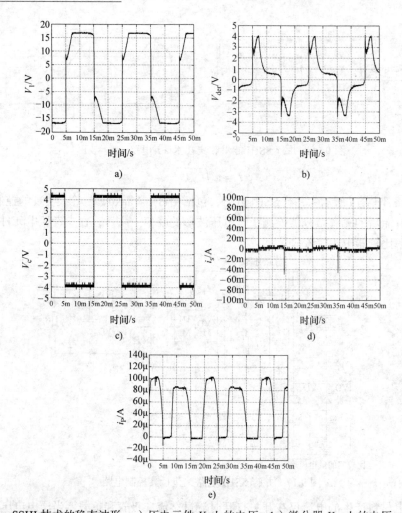

图 9.18 SSHI 技术的稳态波形：a）压电元件 V_1 上的电压，b）微分器 V_{der} 上的电压，c）开关
晶体管 V_c 的栅极上的电压，d）流经电感的电流，e）整流在二极管桥输出端流过的电流 i_p

动器的截止频率的频率振动时，在 V_{der} 处获得的信号对应于信号 V_1 的导数。当压电电
流的极性从正变为负时，压电电压开始下降，V_{der} 为负，而当压电电压为负并开始增
加时，V_{der} 为正。将导数信号与在压电元件一侧获得的参考电压进行比较。因此，当
V_{der} 为负时，比较器 V_c 的输出信号为正，并且 M_n 导通。然后，压电元件的正电流流
过 L_{res}、VD_1 和 M_n。压电元件的内部电容器和电感器形成谐振电路，该谐振电路在由
式（9.22）给出的时间内改变压电元件的极性。当没有电流再次流过电感器时，压电
元件的极性从正变为负。以相同的方式，当 V_{der} 为正时，V_c 为负并且 M_p 导通，使得
负电流可能流过电感器并反转压电电压。

效率因素：由于开关电路和电感器的损耗，反转后的压电电压的绝对值低于反转
之前的绝对值。反转的特征在于比率 γ，其与压电换能器[13]的极性变化之前（V_{before}）

和之后（V_{after}）的电压相关。

$$V_{after} = -V_{before}\gamma \qquad (9.23)$$

当开关断开且没有电流流过电感器时，电流流过二极管电桥和负载。从图 9.19 可以推断，在标准电路的情况下存在最佳负载，其使从压电元件提取的功率最大化以在最大功率点工作。可以在二极管桥之后使用 DC-DC 电压调节器，其将 SSHI 之后的电压调节到利用最佳负载获得的值。

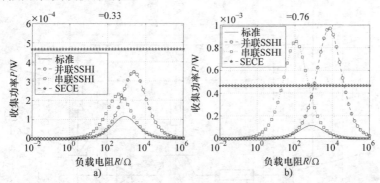

图 9.19　不同能量收集方法的模拟功率与负载的函数关系：a）γ=0.33 和 b）γ=0.76

9.1.5.2　系列 SSHI 技术

物理原理：图 9.20a、b 所示分别为串联 SSHI 收集电路和相关波形。在这种情况下，电感器与压电元件串联连接。当开关闭合时，产生的电流仅通过电感器、二极管电桥和负载流动。否则，没有电流从压电元件流出。与并行 SSHI 一样，控制电路必须检测压电传感器上的峰值电压，此时关闭开关。因此，所采用的控制电路的工作原理是并联和串联的 SSHI。

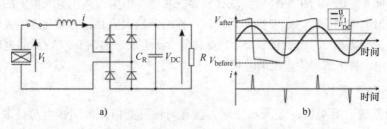

图 9.20　串联 SSHI 能量收集技术：a）电路，b）波形 [13]

串联和并联 SSHI 技术提供相当的收获功率，但它们的最佳负载是不同的（见图 9.19）。

电路：图 9.21 所示为同步开关阻尼电感（SSDI）技术的框图 [15]。SSDI 技术采用的控制电路拓扑结构也可以用于并联和串联 SSHI 电路，而不是图 9.17 中所示的电路。图 9.22 所示的控制电路包括一个包络检波器、一个比较器和一个开关，如图 9.22 所示，用于寻找压电正峰值。

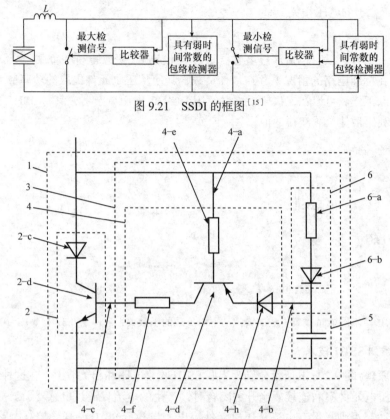

图 9.21 SSDI 的框图[15]

图 9.22 电路实现图 9.21 中的包络检波器、比较器和开关，用于检测压电元件上的正峰值[15]

包络检波器由微分器组成，其元件为电阻器 6-a、二极管 6-b 和电容器 5。比较器功能由方框 4 完成。PNP 晶体管实现比较器的功能，因为，当压电元件上的电压低于微分器输出上的电压时，或者换句话说，当检测到最大值时，它只允许电流流动。开关功能对应于方框 2，由二极管 2-c 和晶体管 2-d 组成，如图 9.17 所示的电路。仅在检测到压电元件上的最大电压时才接通。

9.1.5.3 SECE 技术

物理原理：图 9.23a、b 所示分别为具有两种可能拓扑的同步电荷提取（SECE）技术的电路：反激和降压 - 升压。在 SECE 电路的情况下，电感器和开关在二极管桥之后而不是在 SSHI 拓扑中发生之前连接。

当在整流电压 V_R 处检测到最大值时，控制电路产生施加到晶体管 T_1 的栅极的正电压。一旦晶体管导通，压电电流就流过电感器，能量从压电元件传递到电感器。当流过电感器的电流最大时，整流电压为零，并且晶体管截止，因为从压电元件到电感器的能量传递已经完成。因此，压电元件处于开路状态。之后，电流开始通过二极管 VD[16] 流到存储电容器 C_L 和电阻性负载 R_L。图 9.24 所示为 SECE 电路的不同波形。

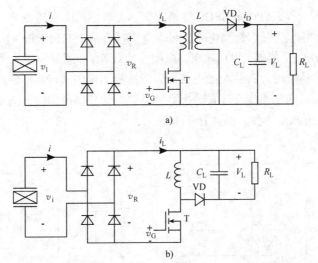

a)

b)

图 9.23　SECE 能量收集电路：a）反激式拓扑，b）降压 - 升压拓扑[16]

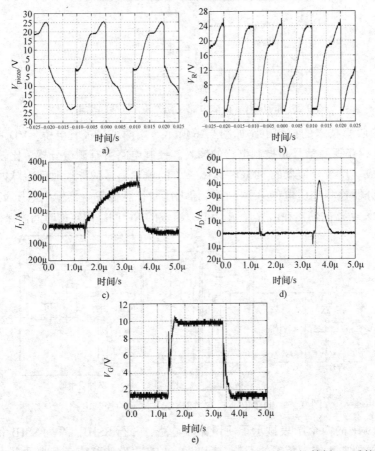

图 9.24　SECE 技术的稳态波形：a）压电元件上的电压 V_{piezo}，b）二极管桥 V_R 后的整流电压，c）流过电感器 I_L 的电流，d）流过二极管 I_D 的电流，e）栅极电压 V_G

电路：Tan[17]等人设计了 SECE 电路的实际实现，如图 9.25 所示。该电路采用反激式拓扑结构，并包含一个起动电路。起动电路具有两个二极管桥（VD_6，VD_7，VD_8和 VD_9），其对压电换能器的 AC 功率，电阻性负载 R_{10} 和通常导通的耗尽型 NMOS T_2进行整流。在起动阶段，T_2 将第二个二极管桥连接到反激式转换器的输出。起动电路对能够为初始阶段期间操作反激式转换器的晶体管的控制电路供电的 C_L 充电。之后，由于栅极 - 源极电压变为负，晶体管 T_2 截止。

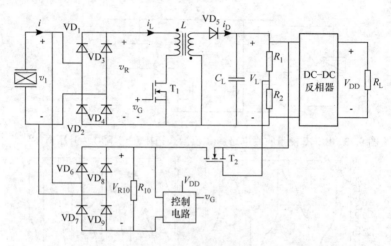

图 9.25 同步电荷提取电路（SECE）包括起动电路[17]

SECE 收集技术的控制电路如图 9.26 所示。用两个二极管电桥（$VD_6 \sim VD_9$）和 R_{10} 作为负载获得的信号是控制电路的输入。控制电路由有源微分器、比较器和脉冲发生器组成。反激变换器的 NMOS 晶体管 T 的控制信号的导通时间由脉冲发生器固定。当微分器检测到压电传感器上的峰值电压时，脉冲发生器输出电压 v_G 从 0 变为 V_{DD}。脉冲发生器的输出在由 R_{21}，R_{22} 和 C_4 组成的 RC 网络固定的时间内保持在 V_{DD}。

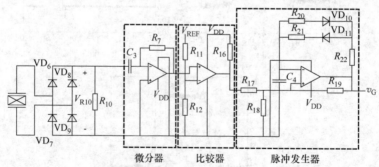

图 9.26 同步电荷提取（SECE）技术的控制电路[17]

图 9.19 中的两个图表显示了使用标准电路、并行 SSHI、系列 SSHI 和 SECE 电路转换的模拟功率作为负载的函数。标准和 SSHI 电路为特定负载提取最大功率，而 SECE 技术为各种电阻提供恒定功率。然而，当使用最佳电阻负载时，使用 SECE 技

术提取的输出功率低于采用并行和串联 SSHI 技术的提取功率。为标准和 SSHI 电路提供最大功率的最佳负载是振动频率的函数[18]。因此，为了使用具有不同单激励频率的 SSHI 电路，必须重新调整降压转换器的输入电压值，以便在最大功率点工作。然而，在 SECE 电路的情况下，这不是必需的，因为输出功率几乎与电阻负载无关。

9.1.5.4 低频脉冲谐振技术

电路原理：本节介绍的电路（见图 9.27）是对 SECE 电路的修改。像在 SECE 电路中一样，首先对由压电元件传递的 AC 功率进行整流，并且当在整流电压中检测到最大值时，接通 T_9 以将压电元件连接到电感器。一旦压电元件已经放电并且整流电压达到零值，则 T_9 截止。此时，流过电感器的电流 i_L 具有其最大值。之后，T_{10} 导通，电感电流为电池充电。当 i_L 为零时，关闭 T_{10} 以确保电池没有放电。

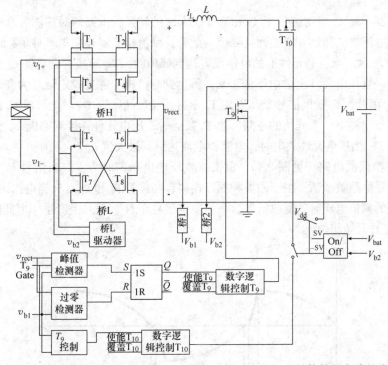

图 9.27 脉冲谐振转换器包括电桥 H，带 P-MOS 和 N-MOS 晶体管的全波整流器，
以及桥 L，同步整流器[19]

转换器的输入频率范围是 10Hz ~ 1kHz，这是在用作压电元件的机械激励的大多数振动源的应用范围内。

电路：徐[19]等人设计了图 9.27 所示的低频脉冲谐振变换器。转换器由两个桥式整流器组成：桥 H 和桥 L。桥 H 由 n 沟道和 p 沟道 MOSFET 组成，而桥 L 仅由 n 沟道 MOSFET 组成。桥 L 的栅极电压由桥 L 驱动器控制。

桥 H 是同步桥式整流器，采用与 n 沟道 MOSFET 相关的二极管。对于 p 沟道

MOSFET 的情况，体二极管位于漏极和源极之间，对于 n 沟道 MOSFET 的情况，体二极管位于源极和漏极之间。因此，当压电电压为正时，MOSFET T_1 和 T_4 的体二极管正向偏置，而当压电电压为负时，MOSFET T_2 和 T_3 的体二极管正向偏置。

在压电电压的正半周期期间，晶体管 T_1 和 T_4 导通，允许电流流动而没有与其体二极管相关的功率损耗。以类似的方式，当在压电元件上存在导通晶体管 T_2 和 T_3 的负电压时，半波电流被整流而没有与其体二极管相关的功率损耗。因此，对于高于某一限制的电压，电桥 H 具有低功率损耗，因为 MOSFET 的栅极阈值电压限制了可以使用导电晶体管而非体二极管整流的输入电压的值。

桥 L 具有与桥 H 相同的工作原理，基于 MOSFET 的相关体二极管，但在这种情况下仅采用 n 沟道 MOSFET。当压电电压接近零时使用电桥 L。但是，电桥 H 也可以在电池放电时运行。

图 9.28 所示为控制信号 T_9 Gate 和 T_{10} Gate 的转换器电路的时序图。在时间 a 期间，压电电压将其值从 0 增加到其峰值。此时，峰值检测器开起 T_9。峰值检测器电路如图 9.29 所示。当压电元件上的电压没有达到峰值时，T_{11} 导通，电容器 C_s 充电到压电电压。一旦压电元件上的电压低于 v_s，就达到峰值电压并且设定信号为高以关闭晶体管 T_{11}。因此，T_9 栅极信号变高以使 T_9 导通并通过晶体管 T_{12} 对电容器 C_s 放电，以便准备用于检测下一个峰值的电路。当 T_9 接通时，压电元件连接到构成 LC 谐振电路的电感器 L。当压电元件放电时，电感器电流达到其最大值 I_m。

过零检测器电路（见图 9.30）负责查找压电电压何时为零。当信号 V_{b1} 为高时，过零检测器电路被激活。由于栅极和漏极连接，晶体管 P_b 和 P_{comp} 充当电流镜。当 v_{rect} 低于电路的阈值电压时，复位信号为高。复位信号在 N_{Gate} 信号上产生一个低值，该信号关闭 T_9 并开始相位 c。

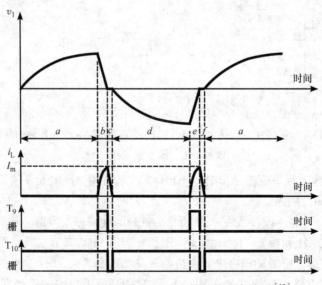

图 9.28　压电电压和 T_9 和 T_{10} 信号的时序波形[19]

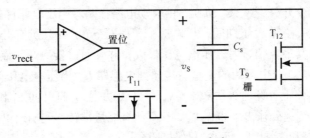

图 9.29 峰值检波电路[19]

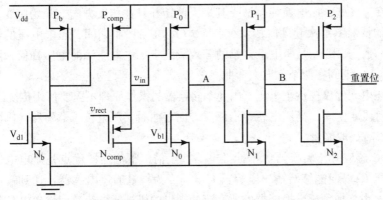

图 9.30 零电压交叉检测电路[19]

转换器的 T_{10} 控制块产生 T_{10} 的控制信号 T_{10}Gate。该控制信号在阶段 c 的开始处具有高值并且持续 i_L 从 I_m 连接到零所需的时间,将电感器连接到电池以提取电感器的存储能量。在压电元件的负半周期期间发生类似的操作。

9.1.5.5 AC-DC 电感升压转换器

本节介绍的非线性电路不包括传统的 AC-DC 转换器,如其他能量收集电路中采用的全桥或倍压器。

电路原理:图 9.31a 所示为 Dallago[20] 等人设计的 AC-DC 感应升压转换器的简化示意图,转换器使压电元件保持开路直至达到其最大应变,这在压电电压最大时发生。此时,存储在压电元件中的能量由 AC-DC 转换器提取。转子的工作原理与机械应力的压电元件一起显示在图 9.31b 中。

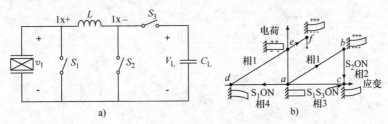

图 9.31 a)非线性技术示意图,b)压电元件的工作循环[20]

转换器有三个开关：S_1、S_2 和 S_3，由驱动电路控制。当压电元件静止时，电路的操作在点 a 开始。在阶段 1 期间，压电应变（路径 a-b）并且所有开关都是开路的。当压电材料处于其最大偏转时，压电电压最大，并且通过接通 S_2（路径 b-c）开始阶段 2。因此，压电悬臂中可用的能量被传递到电感器 L。当压电电压为零时，所有能量都存储在电感器上。此时，阶段 3（点 c）开始并且 S_2 打开而 S_1 和 S_3 关闭，允许能量从电感器 L 传递到输出电容器 C_L。一旦所有能量都转移到输出电容器，相 4（路径 c-d）开始，S_2 和 S_3 打开，而 S_1 只保持闭合。

在阶段 4 期间，压电换能器在相反方向上弯曲，并且由于 S_1 闭合，压电电压几乎为零。在点 d 处，压电换能器遭受其最大偏转并且在相反方向上开始应变，在所有开关打开的情况下再次起动阶段 1（路径 d-f）。在阶段 1 期间，压电电压的值从 0 增加到 $|-V_1|+V_1$，其中 V_1 是压电悬臂梁的等效戴维宁压电电压源的电压峰值，因为压电悬臂在路径 d-f 期间在两个方向上弯曲。

由于压电元件仅提供正电压，因此本转换器的操作原理不需要使用传统的 AC-DC 拓扑。在阶段 4 期间，当压电悬臂沿相反方向弯曲时，压电传感器短路。因此，在阶段 4 期间没有提取能量。

AC-DC 感应升压转换器优于标准电路甚至倍压整流器的优点是压电电压不得高于输出电压 V_L 以便能够对输出电容器充电，因为能量通过电感器传递到输出电容器[20]。因此，由施加到压电换能器的所有应变提供的机械能被传递到输出电容器。

电路：AC-DC 电感升压转换器中所示的更详细的电路包括其用于控制开关的驱动电路，如图 9.32 所示。在图 9.31a 中，S_1 由两个 n 沟道 MOSFET T_1 和 T_2 代替。T_1 在阶段 4 期间关闭，而 T_2 在阶段 3 期间关闭。

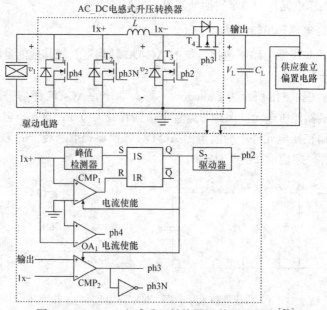

图 9.32　AC-DC 电感升压转换器及其驱动电路[20]

在起动阶段期间，晶体管 T_1、T_2 和 T_4 的寄生体二极管提供倍压器的拓扑，因此 C_L 上的电压开始增加。

在阶段 1 期间，驱动电路保持转换器的所有开关都断开。当峰值检测器电路检测到压电电压上存在峰值时，阶段 2 开始。峰值检测器的输出信号连接到触发器的置位输入，触发器输出连接到开关 T_3 的驱动器。当存储在压电元件中的所有能量都已转移到电感器时，该阶段结束。此时，电感电流最大，这意味着压电电压为零。比较器 CMP_1 评估该条件并将触发器输出复位为开路 T_3。当电压 V_2 高于输出电压 V_L 时，CMP_2 接通开关 T_2 和 T_4，并且阶段 3 开始。当电压 V_2 低于 V_L 时，电感器电流为零，因此开关 T_2 和 T_4 打开。当压电电流 i_p 变为负值时，阶段 4 开始，这导致 OA_1 接通开关 T_1。运算放大器 OA_1 和开关 T_1 将晶体管的漏极 - 源极电压限制为运算放大器的输入偏移电压为 20mV。

9.1.5.6　非线性技术的设计优化

主要关注的是当非线性技术必须处理施加到压电换能器的不同激励频率时，控制电路的操作有两种可能性：

1）将具有彼此接近的谐振频率的不同压电元件并联或串联连接，以获得如参考文献 [21] 中的宽带压电能量收集装置。在这种情况下，频率范围很小，并且包括在非线性技术的控制电路中的微分器将在整个频率范围内正确地操作。

2）同时使用压电元件的不同谐振模式。在这种情况下，只有一种类型的压电传感器用于不同的弯曲模式。由于带宽限制，频率很远，控制电路的微分器无法响应所有频率。

图 9.33 所示为使用 SECE 技术获得的输出功率的四个不同图表，其中 SECE in 表示在二极管桥之后获得的功率，SECE out 表示在降压 - 升压转换器之后获得的功率。图 9.33a、b 和 c 分别显示了压电换能器的第一、第二和第三固有频率的 SECE 电路的输出功率，而图 9.33d 显示了当三个第一固有频率同时施加到压电换能器[3] 时的输出功率。图 9.33a~c 显示了 SECEin 的测量值是标准电路获得的最大输出功率的三倍。尽管如此，图 9.33d 中的图表显示，与标准技术相比，由于三种不同频率的组合，SECE 技术的功率增益仅为 1.7。在这种情况下，Lefeuvre 等人建议选择适当的压电电压局部极值。

Lallart[15] 等人分析了同样的问题。对于 SSDI 技术，当宽带频率应用于压电元件时可以得出结论，最有效的方法是仅在压电元件上达到全局最大值而不是在局部最大值期间闭合开关并将压电连接到电感。这种切换方法需要一种新的控制技术，如图 9.34 所示，其中使用了两个包络检测器：第一个用于大时间常数，第二个用于弱时间常数。这些包络检波器之间的唯一区别是微分器的电阻和电容值。图 9.34 中的控制图对于实现串联和并行 SSHI 技术的更好结果也是有效的。

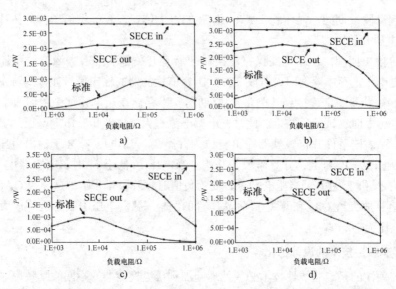

图 9.33 作为压电负载函数的功率：a）56 Hz 时的第一固有频率，b）334Hz 的第二固有频率，
c）第 9 自然频率为 915Hz，d）混合三种模式[3]

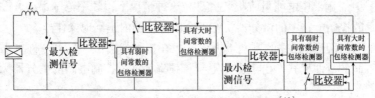

图 9.34 自适应 SSDI 技术的控制框图[15]

9.2 用于静电传感器的 AC-DC 转换器

在静电发生器中，电容器的可移动板通过抵抗电容器的两个板之间存在的库仑力的运动将机械能转换成电能。

门宁[22]等人提出了一种具有两种不同设计的静电发生器。第一种设计有两个并联电容器，以恒定电荷工作，其中一个是带有移动板的可变电容器。第二种设计是使用恒定电压操作的可变电容器。这些发生器也称为库仑阻尼谐振发生器（CDRG），因为它们基于静电阻尼。

可变电容器的电容的变化可以通过改变电容器板之间的距离或电容器板的重叠区域来实现。

9.2.1 物理原理

如果可变电容器上的电荷在电容减小时保持恒定（例如，减小板的重叠面积或增加它们之间的距离），则电压将增加。另一方面，如果电容器上的电压保持恒定而电容减小，则电荷将减少。图 9.35 所示为在恒定电荷（路径 A-B-D-A）或恒定电压（路径 A-C-D-A）接近后对电容器充电和放电的过程。由总路径包围的能量是在机械到电气转换过程中提取的能量。

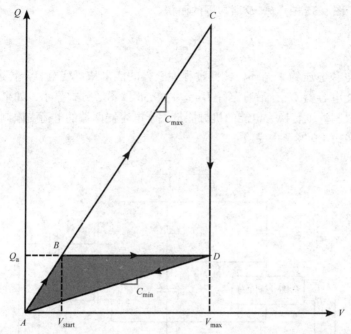

图 9.35　解释静电能量转换的图[22]。由点 ABD 包围的区域对应于在一个电荷约束的转换循环中转换的能量，而由点 ACD 包围的区域是在一个电压约束的转换循环中转换的能量

当电容（由 Q-V 曲线的斜率给出）最大时，电荷约束的转换周期开始。此时，电压源以初始电压 V_{start} 对可变电容器充电，并且转换周期从点 A 到点 B。在路径 B-D 期间，板以恒定电荷 Q_a 从最大电容 C_{max} 移动到最小电容 C_{min}。随着电容减小并且电荷保持恒定，电压增加直到其在 D 点达到其最大值 V_{max}。在路径 B-D 期间，机械振动被转换成电能。电容器的放电如路径 D-A 所示。在一个电荷约束的转换周期中转换的能量由式（9.24）给出，并且对应于图 9.35 中的阴影区域 A-B-D-A。

$$E_{charge} = \frac{1}{2}\left(C_{min}V_{max}^2 - C_{max}V_{start}^2\right) \qquad (9.24)$$

由于电荷没有变化，

$$C_{max}V_{start} = C_{min}V_{max} \qquad (9.25)$$

然后，式（9.24）可以改写为

$$E_{charge} = \frac{1}{2}V_{start}V_{max}\left(C_{max} - C_{min}\right) \qquad (9.26)$$

当电容最大时，电压约束的转换周期也从 A 点开始。此时，电压源以初始电压

V_{max} 对可变电容器充电，因此周期从点 *A* 到点 *C*。路径 *C-D* 对应于从最大电容 C_{max} 移动到最小电容 C_{min} 的板。路径 *D-A* 表示电容器的放电。在路径 *C-D* 中发生的机械运动被转换成具有恒定电压的电能。在一个电压约束转换周期中转换的能量由式（9.27）给出，它等于图 9.35 中点 *ACD* 所包围的面积。

$$E_{voltage} = \frac{1}{2}(C_{max} - C_{min})V_{max}^2 \tag{9.27}$$

对于充电和电压约束循环，转换过程中获得的能量从可变电容器传递到图 9.36a 中所示的储能电容器 C_{res}，沿着路径 *D-A*。图 9.35 以图形方式显示，如果电容器两端的电压受到限制，则转换为电能的机械能量大于电容器两端的电荷受限制。转换能量的分析比较在式（9.28）中完成。

$$\frac{E_{voltage}}{E_{charge}} = \frac{V_{max}}{V_{start}} \tag{9.28}$$

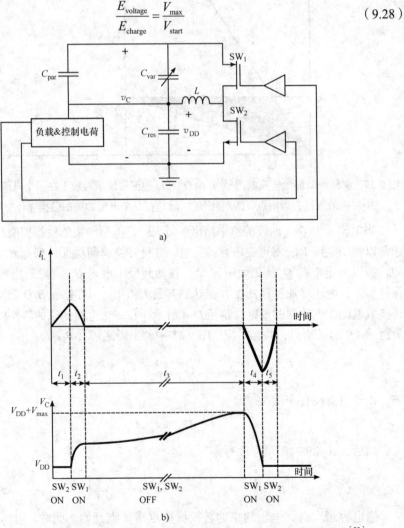

图 9.36　a）用于电荷约束转换周期的 *AC-DC* 电路，b）V_c 和 i_L 的时间波形[22]

电荷约束的转换周期仅使用电压源 V_{start} 为控制电子器件供电并用初始电荷对可变电容器充电。然而，电压受限的转换周期需要两个电源，一个用于为控制电子设备供电，另一个为 V_{max}，具有较高的值以对可变电容器充电。因此，理想的替代方案是仅使用一个电压源但获得电压约束能量转换循环的能量。实现该解决方案，增加了与可变电容器并联连接的第二电容器 C_{par}。

图 9.37 所示为带和不带并联电容的能量转换周期。在电压受限的能量转换循环的情况下，区域 *A-C-D-A*（没有 C_{par}）等于区域 *A-C′-D′*（具有 C_{par}）。然而，对于电荷约束的能量转换循环，当连接 C_{par}（区域 *A-B′-D′-A*）时比在不使用 C_{par} 时（区域 *A-B-D-A*）转换更多的能量。现在，再次比较电荷和电压约束的能量转换周期，得到以下结果：

$$E'_{\text{charge}} = E'_{\text{voltage}} - \frac{(\Delta Q)^2}{2(C_{\text{par}} + C_{\text{max}})} \tag{9.29}$$

根据前面的等式，推断出通过添加电容器 C_{par} 来增加用于电荷约束方法的电能。当 C_{par} 接近无穷大时，两个周期的能量相等。然而，添加 C_{par} 的缺点是，对于电荷约束循环，所需的初始电压更高。

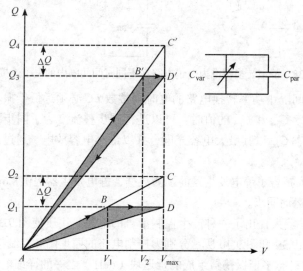

图 9.37　C_{par} 与 C_{var} 并联的能量转换循环[23]

9.2.2　用于电荷约束转换周期的 AC-DC 电路

图 9.36 显示了当电容器 C_{par} 与可变电容器 C_{var} 并联时，电荷约束能量转换周期所需的转换器。它还显示电感上的电流波形 i_{L} 和电压波形 V_{C}。转换器电路具有两个开关 SW_1 和 SW_2，它们由控制电路接通和断开。

开始时，两个开关都断开，只有 C_{res} 充电到电源电压 V_{dd}，因此 $V_{\text{C}}=V_{\text{dd}}$。当检测到 C_{par} 和 C_{var} 的并联连接的最大电容时，转换循环开始。在时间间隔 t_1 期间，SW_2 导通，

并且 C_{res} 与电感器 L 并联连接。因此，存在从 C_{res} 到 L 的能量传递，并且电感器电流 i_L 增加。在 t_2 期间，SW_2 关闭，SW_1 打开。然后，并联电容器 $C_{par}+C_{var}$ 由电感器充电并且其电流减小。在 t_3 处，两个开关都断开，并且与 C_{par} 并联连接的可变电容器 C_{var} 由于机械振动而将其电容从最大值改变到最小值。因此，电容器 C_{par} 和 C_{var} 两端的电压达到其最大值并且完成机械 - 电能转换循环。在 t_4 期间，SW_1 接通，电能完全从 C_{par} 和 C_{var} 传递到电感器。当电容器两端的电压为零并且通过电感器的电流达到其最大绝对值时，时间间隔 t_5 开始。此时，SW_1 关闭，SW_2 打开，电感器与 C_{res} 并联，为电容器充电。

图 9.38 所示为图 9.36 中电子电路的不同电气连接，具体取决于所考虑的时间间隔[23]。

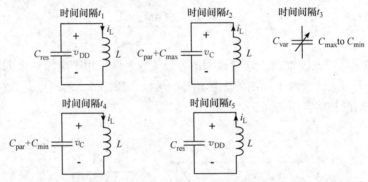

图 9.38　静电转换器电力电子电路在不同时间间隔内的电子连接[23]

在任何时间间隔中功率转换电路的电时间常数 LC 必须远低于振动时间常数。当已知组分 L、C_{var}、C_{par} 和 C_{res} 的值时，可以进行同步整流。为了同步，必须考虑振动频率，以确保 $C_{par}+C_{var}$ 以其最大电容充电，并以最小电容放电。通过这种方式，振动转换为电能最大[24]。

门宁[25]等人报告了静电发生器的预测数据，静电发生器提供 8.6μW 的输出功率，而无法与电容器运动同步。

Miyazaki[26]等人提出了一种产生控制信号的电路，用于使图 9.36 中的开关 SW_1 和 SW_2 通信。图 9.39 和图 9.40 所示分别为控制电路的原理图和控制信号的定时波形。图 9.39 包括由单稳态多谐振荡器组成的延迟块（del1）之一的详细电路。处于高状态的延迟信号的时间间隔由 $t=\ln(2)R_dC_d$ 给出，其中 R_d 是电位计，因此其值是手动调节的。时钟信号 f_{ref} 对应于静电发生器的谐振频率。

控制电路的上延迟块（del1、del2 和 del3）在振动周期的一半期间切换，而下延迟块（del4、del5 和 del6）在周期的另一半期间切换。在延迟块之后，存在连接到 PMOS 晶体管的栅极的双输入 NOR 门和连接到 NMOS 晶体管的双输入 OR 门。NOR 门具有延迟块 del5 和 del3 的输出信号作为输入，因此，当块 del5 或 del3 输出为高时，PMOS 晶体管导通。或门具有延迟块 del6 和 del2 的输出作为输入，因此，当块 del6 或 del2 输出为高时，NMOS 晶体管导通。

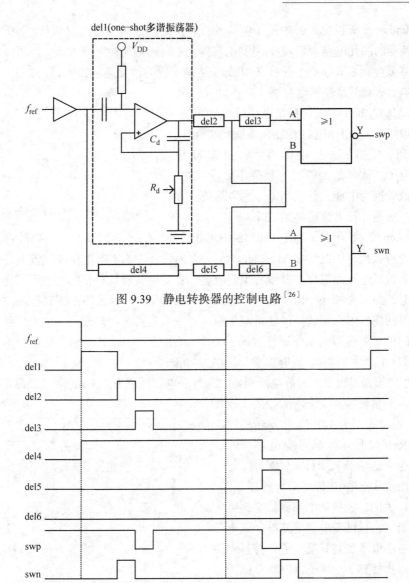

图 9.39　静电转换器的控制电路[26]

图 9.40　控制电路的时序波形[26]

　　Miyazaki[26]等提供了静电发生器效率的分析。由于可变电容器的机械到电转换损耗，从可变电容器到 *LC* 谐振电路的电荷传输中的损耗，以及由于开关与机械激励的非理想同步导致的损耗，效率降低。机械到电气转换具有功率最大化条件，其决定了微型发电机的最佳设计。根据电感 *L*、电容 *C* 和寄生电阻 *R* 中的能量消耗来分析电荷传输效率。定时捕获效率假定为 100%。在该方法中，机电转换效率为 57%，电荷输送效率为 37%，因此总转换器效率为 21%。对于 45Hz 下 1μm 的输入振动，微型发电机的测量功率为 120nW。

Roundy[27]等提出了一种用于电荷约束转换的静电转换器。图 9.41[28]所示为该静电转换器的简化电路。V_{in} 是为可变电容器充电所需的初始电压，该电压可以从另一个电容器或电池获得。C_{var} 表示用 MEMS 结构完成的可变电容器。C_{par} 是与 C_{var} 相关的寄生电容，C_{stor} 是存储电容器，其中转换的电能被累积。SW_1 和 SW_2 是转换器电路的两个开关。工作原理如下：当可变电容器具有其最大电容时，SW_1 接通，C_{var} 以 V_{in} 充电。然后，再次打开 SW_1 并且 C_{var} 从其最大值变为其最小值。因此，实现机械转换为电能，并且当 C_{var} 达到其最小值时，SW_2 接通并且电荷转移到 C_{stor}。

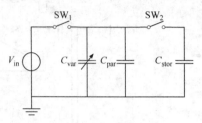

图 9.41　静电转换器的电路[27]

Sterken[29]等开发了静电 MEMS CDRG 的新方法。他们设计的主要改进是使用驻极体进行极化。因此，在 Meninger[25]等人的设计中不需要电压源。该器件由两个并联的微机械电容器组成，并带有恒定电荷。可变电容器具有相反的电容变化，当一个增加时，另一个减小。Roundy[27]等人和 Meninger[25]等人的系统具有不发生静电转换的时间段，因为当转换的能量增加时，可变电容器必须被充电和放电。然而，本文提出的可变电容器的工作原理确保了 100% 的占空比。设计的微型发电机原型能够在 1.2 kHz 下产生 100μW 的电功率，位移为 20μm。

苗[30]等人提出了一种静电发生器，其可变电容范围为 1～100pF，以恒定充电模式运行，能量转换率为每循环 2.4μJ 或 24μW，振动频率为 10Hz。功率转换器电路如图 9.42 所示。当可变电容器的一个板连接到端子 V_{in} 时，晶体管 T_1 导通以将能量从电池 B_1 传递到电感器 L_1。然后，T_1 关闭，能量从电感器传递到可变电容器。一旦可变电容器充电，其电容从其最小值增加到其最大值，并且可变电容器连接到 V_{out} 端子以提取存储的电能。首先，能量通过二极管 VD_2 传递到电感器 L_2，然后传输到电池。

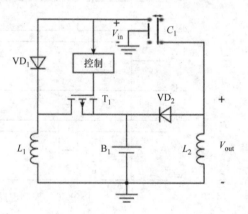

图 9.42　Miao 等人[30]提出的功率转换器示意图

斯塔克[31]等人设计了一种用于低频的非共振静电发生器，可用于从人体运动中回收能量。采用的功率转换器电路是改进的降压转换器（见图 9.43）。机械运动后存储在可变电容器中的电压约为 250V。因此，高侧 MOSFET 必须阻断高电压，并且用于控制其栅极电压

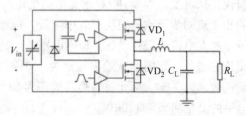

图 9.43　半桥降压转换器[31]

的驱动电路以 MOSFET 的源极为参考。

　　可变电容器与耗尽层的寄生电容器并联连接，并且当高侧 MOSFET 导通时，存储在该寄生电容器中的能量丢失，以降低存储在可变电容器上的电压。降压转换器必须在最长 1μs 的短脉冲期间处理 0.1 ~ 1A 范围内的电流。电感的增加会增加电流的脉冲持续时间，因此峰值电感电流减小，这降低了 MOSFET 的导通状态功率损耗。进行了不同电感和并联的 MOSFET 数量的模拟，20 个 MOSFET 和 100μH 的转换效率为 65%，30 个 MOSFET 和 10μH 的转换效率为 42%。

　　Despesse[32] 等设计了一种改进的反激式转换器，如图 9.44 所示，它超越了 Stark 等人的改进型降压转换器的两个问题。高端 MOSFET 的栅极驱动和直通电流反向偏置低端 MOSFET 的阻断结。新转换器具有两个晶体管：K_p 和 K_s，由 B_1 表示的能量存储单元，可变电容器 C_{var} 和具有电感 L_p 和 L_s 的变压器。晶体管 K_p 导通，用于将能量从 B_1 传输到电感器 L_p。一旦 K_p 关闭并且 K_s 接通，则能量被传递到可变电容器。可变电容器的放电开始接通晶体管 K_s 并且之

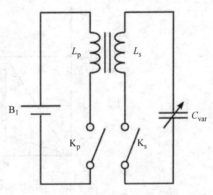

图 9.44　静电能量收集反激转换器[32]

后分别断开和接通 K_s 和 K_p，以将存储在变压器上的能量传递到能量存储元件 B_1。

　　Mitcheson[33] 等人模拟了图 8.43 所示的改进降压和改进的反激式转换器。由于改进的反激式转换器的二极管的寄生电容降低了发电效率，因此使用改进的降压转换器实现了更高的效率。

　　Yen[34] 等人设计了一个由电荷泵和降压转换器组成的转换器电路。图 9.45 所示为转换器，其中 C_{res} 代表为电阻性负载 R_L 供电的储能电容器。具有可变电容器 C_{var} 的二极管 VD_1 和 VD_2 构成电荷泵，其通过二极管 VD_1 向可变电容器提供初始电压，并通过二极管 VD_2 将在 C_{var} 上收集的能量传递到 C_{store}。然后，降压转换器将电压 V_{store} 降低到 V_{res}。

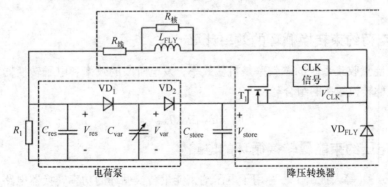

图 9.45　静电能量收集转换器电路由电荷泵和降压转换器构成[34]

可变电容器通过二极管 VD_1 充电到能量转换周期的值 V_{res}，即图 9.46 所示的能量转换周期。由于机械振动，可变电容器将其电容增加到恒定电压时的最大值，即图 9.46 中的路径④ - ①。之后，机械振动会降低恒定电荷下的可变电容。因此，V_{var} 增加，二极管 VD_1 反向偏置，即图 9.46 中的路径① - ②。当电压 V_{var} 高于 V_{store} 时，二极管 VD_2 正向偏置，即图 9.46 中的路径② - ③。当 VD_2 正向偏置时，能量从 C_{var} 传递到 C_{store}，而 C_{var} 继续减小，因此 V_{var} 继续增加，直到 C_{var} 达到其最小电容值。然后，机械振动迫使 C_{var} 增加，这导致二极管 VD_2 反向偏置，即图 9.46 中的路径③ - ④。

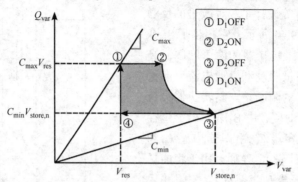

图 9.46 静电能量收集电路的能量转换周期[34]

从图 9.46 可以推断，能量转换循环的第一部分是在恒定电荷下完成的（路径① - ②）。然而，一旦 VD_2 打开，能量转换循环既不是在恒定电荷下也不是在恒定电压下完成的（路径② - ③）。电容 C_{store} 上的电压计算如下：

$$V_{store,n} = V_{res}\left\{\left(1 - \frac{C_{max}}{C_{min}}\right)\left[\left(\frac{C_{store}}{C_{min} + C_{store}}\right)^2 + \frac{C_{max}}{C_{min}}\right]\right\} \tag{9.30}$$

式中，n 是完成的循环次数。

如果在电容器 C_{store} 之后没有放置降压转换器，则该电容器上的电压将达到以下值：

$$v_{store,\infty} = \frac{C_{max}}{C_{min}} V_{res} \tag{9.31}$$

9.2.3 电荷约束转换循环的效率计算

静电能量收集系统的总效率是机械效率、发电阶段的效率和电子转换器对可变电容器放电的转换效率的组合[35]。

$$\eta_{eff} = \eta_{mech}\eta_{gen}\eta_{conv} \tag{9.32}$$

9.2.4 电压约束能量转换循环的电路

Torres[36] 等人提出了一种用于电压约束能量转换循环的功率转换器电路。图 9.47 所示为转换器的工作原理，它有三个阶段：a）预充电、b）收获、c）恢复。锂离子电池是用于在可变电容器中以恒定电压 V_b 充电并且用于在电压受限的能量转换循环期间存储转换能量的能量存储元件。

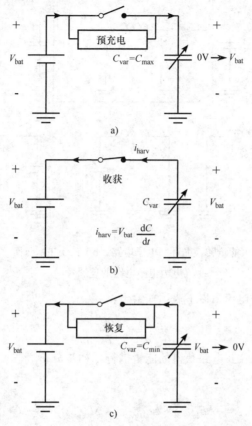

图 9.47　Torres 等[36]提出的电压约束能量转换循环的电子电路

　　因此，在阶段 a）中，具有其最大电容 C_{max} 的可变电容器由锂离子电池充电。在阶段 b）期间，可变电容器将其电容从其最大值 C_{max} 改变到其最小值 C_{min}。因此，电流 i_{harv}［见式（9.33）］从可变电容器流向储存收集能量的电池。一旦可变电容器达到其最小值，则可变电容器在阶段 c）中被放电到电池中。

　　用于电压约束能量转换循环的转换器电路的更详细的示意图如图 9.48 所示。为了降低功率损耗，可变电容器通过电感器 L 充电至其初始电压。因此，预充电阶段包括第一阶段，其中能量从锂离子电池传递到电感器（步骤 1，开关 S_1 和 S_3 闭合）和第二阶段，其中该能量从电感器传递到可变电容器（步骤 2，开关 S_2 和 S_4 闭合）。在收获阶段（步骤 3）期间，开关 S_5 闭合，将可变电容器连接到电池。因此，可变电容器从其最大电容变为其最小电容，同时恒定电压 V_{bat} 施加到其端子，导致电流 i_{harv} 对电池充电。在这种情况下没有恢复阶段，因为电容器中剩余的能量被认为与收集的能量相比非常低，并且在恒定充电条件下可变电容器上的电压降低。

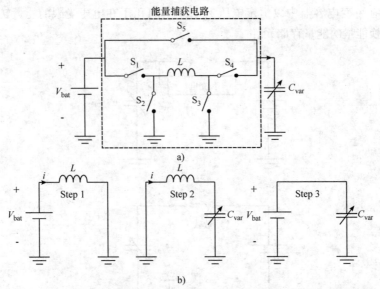

图 9.48　a）电压约束能量转换循环的电子电路，b）E.O. Torres 等[36] 提出的不同阶段的
电力电子电路的连通性

收获阶段产生的电流由以下表达式给出：

$$i_{harv} = V_{bat} \frac{\partial C}{\partial t} \qquad (9.33)$$

Torres 等人对该收获电路获得的能量进行了初步分析。假设没有电力损失。每个周期获得的净能量为

$$\Delta E_{Net} = -\Delta E_{Invested} + \Delta E_{Harvested} + \Delta E_{Recovered} = \frac{1}{2} \Delta C V_{bat}^2 \qquad (9.34)$$

投入的能量对应于以最大电容对电容器进行预充电所需的能量：

$$\Delta E_{Invested} = \frac{1}{2} C_{max} V_{bat}^2 \qquad (9.35)$$

在收获阶段期间存储在电池中的能量由下式给出：

$$\Delta E_{Harvested} = \int V_{bat} i_{harv}(t) dt = V^2 \int \frac{dC(t)}{dt} dt = V_{bat}^2 \Delta C \qquad (9.36)$$

充电阶段结束后，电容器中的能量将被释放：

$$\Delta E_{Recovered} = \frac{1}{2} C_{min} V_{bat}^2 \qquad (9.37)$$

图 9.49 所示为完整的静电能量收集发生器，包括其控制信号。在该电路中，电池被建模为与电阻 R_{ESR_BAT} 串联的大电容器。可变电容器被建模为与可变电容器 C_{var} 和串联电阻 R_{ESR_VAR} 并联的寄生电容器 C_{PAR}。电感器模型包括串联电阻 R_{ESR_L}。开关 S_1 是 PMOS 晶体管（MP_1），而 S_2 和 S_3 是 NMOS 晶体管（MN_2 和 MN_3）。开关 S_4 是 CMOS 传输门，其由晶体管 MN_4 和 MP_4 的并联连接组成，允许电流在两个方向上流

过开关。连接到 CMOS 开关晶体管的栅极的控制信号（$\phi_{\text{L-C}}$、$\phi_{\text{L-D}}$ 和 ϕ_{H}）由低功率数字信号处理（DSP）单元产生。

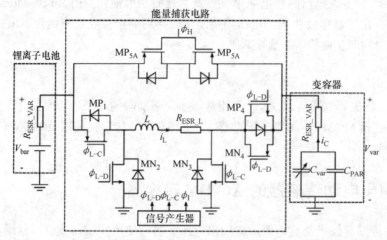

图 9.49　E.O. Torres 等[36] 对电压约束能量转换循环的详细静电能量收集电路

　　控制信号 $\phi_{\text{L-C}}$ 连接到晶体管 MP$_1$ 和 MN$_3$ 的栅极，以使信号在预充电阶段期间变为高值时闭合开关。每次切换后，所有开关打开的死区时间间隔可防止短路和高峰值电压。$\phi_{\text{L-D}}$ 控制开关 MN$_2$，MN$_4$ 和 MP$_4$。因此，当 $\phi_{\text{L-D}}$ 具有高值并且电感器用电池电压对 C_{var} 充电时，开关闭合。一旦可变电容器充电，预充电阶段结束，控制信号 $\phi_{\text{L-D}}$ 变为低值并且开关 MN$_2$，MN$_4$ 和 MP$_4$ 断开。在死区时间之后，控制信号 ϕ_{H} 变为低状态，闭合开关 MP$_{5A}$ 和 MP$_{5B}$ 并开始收获阶段。

　　图 9.50 所示为控制信号，C_{var} 的电容值，可变电容器上的电压（V_{var}），通过电感器 i_{L} 的电流和通过可变电容器 i_{C} 的电流，作为突出不同相位的时间的函数。

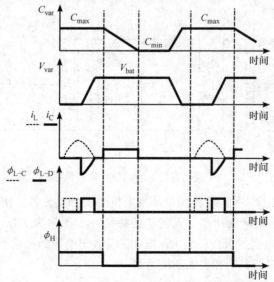

图 9.50　静电能量收集电路的时序波形[36]

9.2.5 电压约束能量转换循环的效率计算

Torres[36]等人提出的静电能量收集发生器的功率损耗。由 RinconMora[37]等人详细分析。由于静电发生器的电压约束能量转换周期中存在功率损耗，由式（9.34）给出的每个周期获得的净能量减少到

$$\Delta E_{\text{Net}} = \frac{1}{2}\Delta C V_{\text{bat}}^2 - \sum P_{\text{Losses}} T_{\text{Vib}}$$（9.38）

式中，T_{Vib} 是振动的周期；$\sum P_{\text{Losses}}$ 是能量转换周期期间的总平均功率损耗。转换器的功率损耗包括 MOSFET 和二极管的损耗，电感器中的传导损耗以及 MOSFET 驱动器消耗的功率。

9.3 用于电动传感器的 AC-DC 转换器

电动传感器提供交流电源和低输出电压。通常使用变压器或电压倍增器电路来增加这些电压。在变压器之后，需要整流器来获得 DC 电力，而电压倍增器已经提供 DC 电力。

9.3.1 通用 AC-DC 转换器

用于电动换能器的 AC-DC 转换器的框图如图 9.51 所示[38]。该转换器采用变压器 X_1（匝数比为 1:10）来增加电动换能器输出的低输入电压 v_{gen}。之后，半波整流器将能量存储在电容器 C_1 中。需要低功率电压调节器来使电容器 C_1 上的电压 V_{C1} 适应电子负载的要求。图 9.51 中采用的电压调节器是同步降压开关转换器。

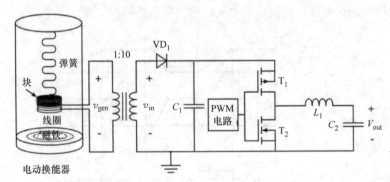

图 9.51　基于变压器的电动能量收集转换器的框图[38]

由 Amirtharajah[39]等人设计的电动发电机采用分立元件，使用人行走作为输入能量并提供大约 400μW 的功率。人行走的特征在于频率为 2Hz，最大振幅为 2cm，这对应于将电动发电机放置在口袋中。电动能量收集电源的振动源不被认为是周期性的，因为人体运动通常具有相关的随机运动。

Yuen[40]等设计了 AA 电池大小的电动能量收集电源，包括一个电压倍增器和一个大输出电容器。采用倍频器、三倍频器和四倍频器乘法器，以及具有 230mV 低正向电压的肖特基二极管，并根据输入电容的输入功率、能效和充电时间分析其结果。电动发电机包括起动电路，一旦其电压达到特定值，该起动电路将存储电容器连接到负载。该电压确保负载的正确操作。由 Yuen 等人设计的能量收集电源供电的负载，是一种无线温度计，当振动加速度为 4.63m/s^2，振幅为 $250\mu\text{m}$，频率为 70.5Hz 时，每20s 传输一次测量数据，负载消耗 $27.6\mu\text{W}$。

图 9.52 所示的电动转换器的操作是不连续的。电压倍增器的输出电容器 C_{storage} 存储换能器提供的能量。发生器的起动时间是将电容器从 0V 充电到 $V_{\text{th}}(\text{H})$ 所需的时间，而操作之间的时间是将存储电容器从 $V_{\text{th}}(\text{L})$ 充电到 $V_{\text{th}}(\text{H})$ 所需的时间。

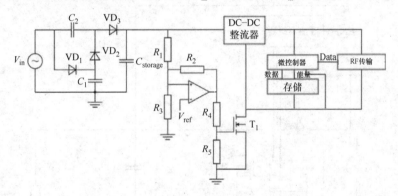

图 9.52　基于电压倍增器的电动转换器的框图

James[41]等人设计了两个采用电动换能器的原型。这两个原型包括一个转换电路，用于增加、整流和调节由传感器提供的输出电压，一个监控物理参数的传感器和一个通信接口。当磁体在 102Hz 下移位 0.4mm 时，电动力传感器在 0.5V（有效值）时产生 2.5mW，负载为 100Ω。

电动换能器提供低输出电压，其在 James 等人提出的每个原型中以不同方式增加。第一个原型用 Amirtharajah[39]等人的变压器升级电动变换器输出电压。然后，采用全波整流器，根据变压器效率评估变压器的不同心材（铁氧体和铁基）。由于所考虑的低工作频率（100Hz），具有铁氧体磁心的变压器被丢弃。比较了三种不同的铁基变压器，变压比为 1：7 的变压器效率最高，输出电压为 3.5V。

在全波整流器中测试肖特基二极管和信号二极管，以确定哪种具有最佳效率。肖特基二极管获得了更好的结果。由于开关松动，全波整流器的效率随着频率而降低。对于电压调节器，采用简单的齐纳调节器，因为它提供比商用 DC-DC 转换器更高的效率（80%～84%）。

第二个原型使用四倍电压倍增器电路来升压和整流电动换能器输出电压，如 Yuen[40]等人的设计。

9.3.2 双极性升压转换器

Mitcheson[33] 等人提出了一种双极性升压转换器，用于整流和增加从电磁换能器获得的 AC 电压。在这种方法中没有桥式整流器，其功能由两个升压转换器代替，其中每个升压转换器在换能器提供的 AC 信号的半周期期间被激活。图 9.53 所示为双极性升压转换器，其中上升压转换器和下升压转换器分别在换能器的正半周期和负半周期期间使用。极性检测器电路是驱动升压转换器的 MOSFET 所必需的。两个升压转换器都是同步的，以避免同时连接两个转换器。升压转换器以非连续导通模式工作，以便在 MOSFET 中具有较低的导通功率损耗，并避免二极管中的反向恢复效应。对于 50 mW 左右的输入功率，双极性升压转换器的效率接近 50%。

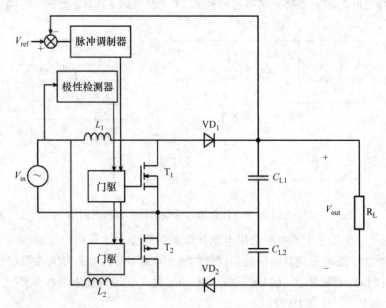

图 9.53 双极性升压转换器[33]

9.3.3 直接 AC-DC 转换

9.3.3.1 物理原理

Dwari[42-45] 等区分了可用于电动力传感器的转换器的两种不同拓扑：传统的两级转换器包括一个二极管桥式整流器，后面是一个标准的开关 DC-DC 转换器和一个没有二极管桥的直接 AC-DC 转换器。

采用二极管桥的整流是不可行的，因为电动换能器通常提供的输出电压仅为几百毫伏。此外，桥式整流器的二极管上的正向电压降将显著降低转换器的效率。因此，Dwari 等人设计了本节介绍的三种不同的直接 AC-DC 转换器拓扑结构。

Dwari[42] 等揭示了 Mitcheson[33] 等人提出的双极性升压转换器。在输出端出现纹波问题，只能使用大输出电容器来解决。每个输出电容器仅在半个周期内充电。但是，电容器会持续为负载充电，从而在电容器的输出电压中产生高纹波。然而，高电容的使用有两个缺点：转换器的尺寸和响应慢。

9.3.3.2　升压和降压 - 升压转换器的电路

图 9.54 所示为 Dwari[42,45] 等人提出的直接 AC-DC 转换器。基于升压和降压 - 升压转换器，电感器 L_1，晶体管 T_1 和二极管 VD_1 是升压转换器的一部分，而降压 - 升压转换器由电感器 L_2，晶体管 T_2 和二极管 VD_2 组成。两个转换器对相同的输出电容器 C_L 充电。

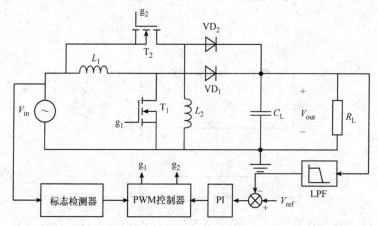

图 9.54　由升压和降压 - 升压转换器组成的直接 AC-DC 转换器[42,45]

升压转换器在换能器的正半周期期间操作，而降压 - 升压转换器在负半周期期间操作。在正半周期期间，开关 S_2 断开而开关 S_1 以其相应的占空比操作，而在负半周期期间，开关 S_1 断开并且 S_2 被操作。

选择在该电路上使用的 n 沟道 MOSFET，使体二极管上的正向压降高于换能器提供的电压峰值，以便不导通。二极管 VD_1 和 VD_2 是肖特基二极管。两个转换器均工作在非连续导通模式（DCM），从而降低了二极管的开关损耗和二极管反向恢复损耗。此外，在 DCM 中，用于恒定占空比的转换器的输入电压和输入电流是成比例的，这意味着由电动换能器传递的电流和电压将是同相的，这确保了可以从换能器中提取最大功率。

图 9.55 所示为该直接 AC-DC 转换器的四种不同工作状态。前两个状态对应于电动换能器电压的正半周期，而最后两个状态对应于负半周期电压。因此，n 沟道 MOSFET T_2 在两个第一状态期间打开，而 n 沟道 MOSFET T_1 在两个最后状态期间打开。在第一状态期间（见图 9.55a），n 沟道 MOSFET T_1 闭合，电流 i_{L1} 流过电感器 L_1 和 n 沟道 MOSFET T_1。在第二状态期间（见图 9.55b），n 沟道 MOSFET T_1 断开，电流 i_{L1} 流过电感器 L_1 和二极管 VD_1，为输出电容器 C_L 充电。在两个第一状态期间，电流不能流过 n 沟道 MOSFET T_2 的体二极管，因为其正向电压降高于换能器的峰值电

压。在第三种状态下（见图 9.55c），n 沟道 MOSFET T$_2$ 闭合，电流 i_{L1} 流过电感器 L$_2$ 和 n 沟道 MOSFET T$_2$，而处于第四状态（见图 9.55d），n 沟道 MOSFET T$_2$ 断开，电流流过电感器 L$_2$ 和二极管 VD$_2$，对输出电容器 C$_L$ 充电。

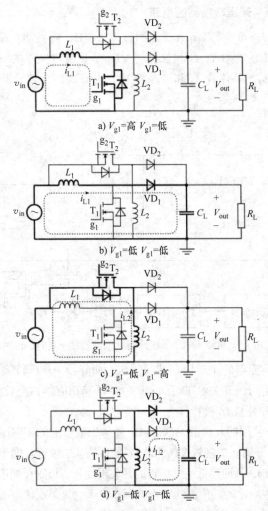

图 9.55　由升压和降压 - 升压转换器组成的直接 AC-DC 转换器的工作状态[42,45]

图 9.56 所示为升压和降压 - 升压转换器的自起动操作电路。Dwari[45] 等人提出的电路包含电池，该电池在没有可用输出电压的情况下通过二极管 VD$_b$ 向控制电路提供电压 V_b。一旦直接 AC-DC 转换器将输出电容器 C$_L$ 充电到其最终值，二极管 VD$_b$ 就反向偏置，并且控制电路由转换器输出通过二极管 VD$_a$ 供电，并且电池通过二极管 VD$_c$ 再充电。为确保自起动电路的正常运行，必须满足以下条件：

$$V_b < V_{out} - V_d \tag{9.39}$$

式中，V_d 是二极管的电压降。

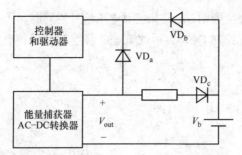

图 9.56　直接 AC-DC 转换器的自起动电路, 由升压和使用电池的降压 - 升压转换器组成[45]

9.3.3.3　升压和降压 - 升压转换器的分析模型

图 9.57a 所示为直接 AC-DC 转换器的输入电流波形, 图 9.57b 所示为正半周期内的输入电流 i、栅极信号 V_{g1} 和输入电压 v_{in} 波形, 其中升压转换器工作[45]。

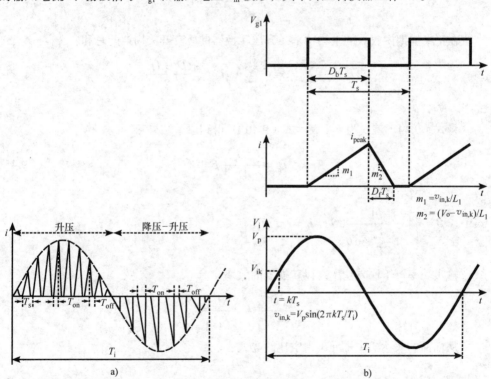

图 9.57　a) 升压和降压 - 升压转换器的输入电流波形, b) 在正半周期期间输入电流波形、栅极信号和输入电压[45]

电动换能器在第 k 个开关周期中提供的电压为

$$V_{in,k} = V_p \sin\left(2\pi k \frac{T_s}{T_i}\right) \tag{9.40}$$

式中，T_s 是转换器的开关周期；T_i 是换能器电压信号的周期。

由于升压转换器工作在 DCM，因此流过电感器 L_1 的峰值电流为

$$i_{L_1,\text{peak},k} = v_{\text{in},k} \frac{D_b T_s}{L_1} \tag{9.41}$$

式中，$D_b T_s$ 是开关 S_1 保持闭合的时间。

$i_{L_1,\text{peak},k}$ 也可表示为

$$i_{L_1,\text{peak},k} = \left(V_0 - v_{\text{in},k}\right) \frac{D_f T_s}{L_1} \tag{9.42}$$

式中，$D_f T_s$ 是电感电流从峰值变为零所需的时间。

在一个开关周期中从电动换能器和升压转换器提取的平均功率为

$$P_{kb} = v_{\text{in},k} i_{L_1,\text{peak},k} \frac{D_b + D_f}{2} \tag{9.43}$$

在正半周期内收获的平均功率是升压转换器的所有开关周期的总和：

$$P_{ib} = \frac{2}{N} \sum_{k=1}^{N/2} P_{kb} = \frac{2}{N} \sum_{k=1}^{N/2} v_{\text{in},k} i_{L_1,\text{peak},k} \frac{D_b + D_f}{2} \tag{9.44}$$

式中，$N = T_i / T_s$。

将式（9.44）替换为 $v_{\text{in},k}$ 表示式（9.40），得到以下结果：

$$P_{ib} = \frac{V_p^2 D_b^2 T_s}{4L_1} \beta \tag{9.45}$$

式中，$\beta = \frac{2}{\pi} \int_\pi^0 \frac{1}{1 - \frac{V_p}{V_0} \sin\theta} d\theta$；$\theta = 2\pi t / T_i$。

输出功率等于输入功率乘以转换器的效率 η。

$$\frac{V_p^2 D_b^2 T_s}{4L_1} \beta = \frac{V_o^2}{R_L} \frac{1}{\eta} \tag{9.46}$$

从前面的表达式中推导出占空比的等式：

$$D_b = \frac{2V_o}{V_p} \sqrt{\frac{L_1}{R_L T_s \eta} \frac{1}{\beta}} \tag{9.47}$$

降压 - 升压转换器的占空比可以以类似的方式计算：

$$D_c = \frac{2V_o}{V_p} \sqrt{\frac{L_2}{R T_s \eta}} \tag{9.48}$$

升压转换器和降压 - 升压转换器的占空比之间的关系由下式给出：

$$\frac{D_b}{D_c} = \sqrt{\frac{L_1}{L_2}\frac{1}{\beta}} \tag{9.49}$$

当 $V_o \gg V_p$ 时，β 的值接近 1。因此，从式（9.49）推导出，如果升压和降压 - 升压转换器具有相同的电感，则可以用相同的占空比控制它们[45]。

9.3.3.4　升压和降压 - 升压转换器的效率

直接 AC-DC 升压和降压 - 升压转换器采用电磁微型发电机进行仿真和制造，可在 100Hz 时提供 400mV 的正弦峰值电压。该转换器已经过测试，采用商用元件，可提供 3.3V 的输出电压至 200Ω 的电阻负载。使用具有相同值的两个电感器 $L_1 = L_2 = 4.7\mu H$。模拟过程中获得的效率为 63%，控制电路的平均功率为 2.2mW[45]。

电压值为 3V 的电池用于自起动操作，起动时间为 4.6ms。

根据模拟中采用的相同输入和输出条件，转换器的实验结果计算出 61% 的效率。表 9.1 所示为与测量值一致的估计功率损耗[45]。较高的功率损耗归因于电感器和 MOSFET。MOSFET 的导通损耗导致其总损耗的 93%，其余 7% 则由开关损耗引起。因此，使用导通电阻较低的 MOSFET 可以提高转换器的效率[45]。

9.3.3.5　升压和降压 - 升压转换器的设计优化

由 Dwari 等人设计的直接 AC-DC 转换器可以用于两个不同的目的。转换器的占空比可以设置为收集电动换能器[46]提供的最大功率，或者为某个负载提供恒定的输出电压[45]。本节计算转换器的最佳占空比，该转换器收获最大功率，作为电动换能器的机械阻尼的函数，该机械阻尼随振动频率而变化。

表 9.1　基于升压和降压 - 升压转换器的直接 AC-DC 转换器的功率损耗[45]

零件	预计功耗 /mW
升压电感 L_1	4.7
降压 - 升压电感	4.9
升压 N 沟道 MOSFET T_1	6.2
降压 - 升压 N 沟道 MOSFET T_2	6.3
升压肖特基二极管 VD_1	2.4
降压 - 升压肖特基二极管 VD_2	2.5
负载电容 C_L	0.1
控制电路	2.2
PCB 走线电阻和接触电阻	1.6

Dayal[46] 等使第一种方案的方法从换能器中提取最大功率。图 9.58 所示为具有两个内部电阻[46]的电动传感器的内部等效电路。电动换能器线圈中感应电动势的表达式为

$$\varepsilon_{ind} = B_e l z'(t) \tag{9.50}$$

式中，B_e 是电磁场强度；l 是线圈的长度；$z'(t)$ 是相对于壳体的磁体振动幅度。

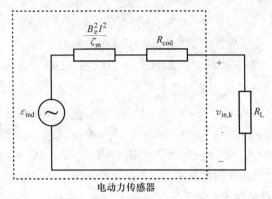

图 9.58　连接到电阻负载的电动传感器的等效电路[46]

如果负载直接连接到电动力传感器，则当负载的值为 0 时，负载的功率最大：

$$R_{L,opt} = R_{coil} + \frac{B_e^2 l^2}{\zeta_m} \qquad (9.51)$$

式中，R_{coil} 是电动换能器线圈的电阻；ζ_m 是机械阻尼。

对于升压和降压 - 升压 AC-DC 转换器设计，电动换能器提供的功率以式（9.45）计算。该功率等于 v_{ink} 平方的 RMS 值（有效值）除以直接 AC-DC 转换器的等效电阻。

$$P_i = \frac{V_p^2 D^2 T_s}{4L}\beta = \left(\frac{V_p}{\sqrt{2}}\right)^2 \frac{1}{R_{eq}} \qquad (9.52)$$

重新排列前一个等式的项，计算出转换器提供的电阻。

$$R_{eq} = \frac{2L}{D^2 T_s \beta} \qquad (9.53)$$

当 R_{eq} 等于 $R_{L,opt}$ 时，电动传感器为直接 AC-DC 转换器提供最大功率。因此，转换器以占空比为单位从换能器中获取最大功率。

$$D_{opt} = \sqrt{\frac{2L}{\left(R_{coil} + \dfrac{B_e^2 l^2}{\zeta_m}\right)T_s \beta}} \qquad (9.54)$$

机械阻尼随频率而变化，因此可以修改其电阻以匹配换能器内阻的转换器并从中提取最大功率。但是，Dayal[46] 等人不提供控制电路的任何原理图。

9.3.3.6　二次侧二极管转换器的电路

图 9.59 所示为由 Dwari[43] 等人设计的具有二次侧二极管拓扑结构的直接 AC-DC 转换器。转换器具有电感器 L，四个肖特基二极管（$VD_1 \sim VD_4$），由两个 n 沟道 MOS-FET 组成的双向开关 S_1，滤波电容器 C_L 和电阻输出负载 R_L。

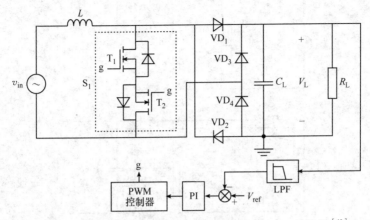

图 9.59　具有二次侧二极管拓扑结构的直接 AC-DC 转换器[43]

转换器的拓扑结构类似于升压转换器，后跟二极管桥（VD_1~VD_4）。升压转换器之后的二极管的位置导致低电流流过它们，因此功率损耗低于二极管桥位于电动换能器之后的情况。

双向开关 S_1 可以在换能器电压的正半周期和负半周期期间导通。在正半周期期间，当以地为参考的栅极信号 g 为高时，n 沟道 MOSFET T_1 在正向传导，而 n 沟道 MOSFET T_2 在反向传导。在负半周期期间，n 沟道 MOSFET T_2 正向导通，n 沟道 MOSFET T_1 反向导通。当栅极信号 g 为低时，由于 n 沟道 MOSFET 的体二极管的连接，没有电流流过它们。

图 9.60 所示为直接 AC-DC 转换器的四种工作状态[43]。在两个第一状态期间，电动换能器电压处于正半周期，而在最后两个状态期间，它处于负半周期。在第一状态期间，栅极信号 g 为高并且电流流过电感器 L 和开关 S_1。在第二状态期间，栅极信号 g 为低并且 MOSFET 不再导通。因此，电流流过电感器 L 和二极管 VD_1 和 VD_4。当发生第三种状态时，栅极信号 g 为高电平，电流流过开关 S_1 和电感器 L。对于第四状态，栅极信号 g 为低并且电流通过二极管 VD_3 和 VD_2 整流。

该转换器具有相同功能的修改版本：升压转换器和后续全桥整流器如图 9.61 所示。Dwari[44] 等在该设计中用二极管 VD_3 和 VD_4 代替分别用于 N 沟道 MOSFET T_3 和 T_4。然而，为了控制 S_3 和 S_4 的开关信号，这种新拓扑需要符号检测器电路。栅极信号 g_3 具有高值，而栅极信号 g_4 在换能器电压的正半波期间具有低值。以类似的方式，栅极信号 g_4 具有高值，而栅极信号 g_3 在换能器电压的负半波期间具有低值。

图 9.61 中的 AC-DC 转换器还为具有 p 沟道 MOSFET T_1 和 n 沟道 MOSFET T_2 的双向开关 S_1 提供了不同的拓扑结构。因此，两个不同的栅极信号 g_1 和 g_2 分别对于 T_1 和 T_2 的控制是必需的。

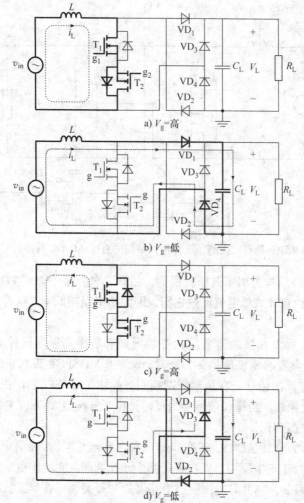

图 9.60 具有二次侧二极管拓扑结构的直接 AC-DC 的工作状态[43]

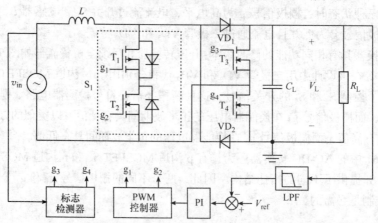

图 9.61 具有二次侧二极管拓扑的直接 AC-DC 转换器[44]

9.3.3.7　二次侧二极管转换器的效率

使用这种转换器测得的效率是用电动换能器测量的，提供 400mV 峰值的正弦电压，谐振频率为 100Hz，在 3.3V 时提供 200Ω 的负载电阻。转换器的开关频率为 50kHz，电感为 4.7μH，输出电容为 68μF。

转换器在 DCM 中工作，占空比为 0.7，模拟效率为 65.6%。该转换器的实验结果提供 0.76 的占空比和 57.8% 的效率。表 9.2 所示为各种组分的估计功率损失，这与实验结果非常一致。

表 9.2　具有二极管拓扑结构的直接 AC-DC 转换器的功率损耗[43]

零件	面值	损失	功率损耗估计（mW）
升压电感 L_1	4.7μH	R_{est}=40mΩ	7.3
输出电容 C_1	68μF	R_{esr}=9mΩ	—
N 沟道 MOSFETs T_1 and T_2	20V，6A	$R_{ds,on}$=30mΩ 和 V_{gs}=3V	11
肖特基二极管 VD_1，VD_2，VD_3 和 VD_4	23V，1A	V_f=250mV 和 15mA	17.2

9.3.3.8　分离电容转换器的电路

第三个直接 AC-DC 转换器如图 9.62 所示。与前一个一样，该转换器仅具有一个电感器和双向开关 S_1。在这种拓扑结构中，前一个转换器的二极管桥已被半波电压整流器取代。

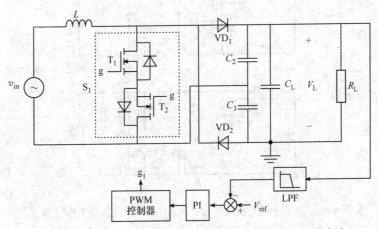

图 9.62　具有基于分离电容的拓扑的直接 AC-DC 转换器[43]

与 Dwari[42] 等人设计的升压和降压 - 升压转换器组成的直接 AC-DC 转换器相比，这种新型拓扑结构和二次侧二极管拓扑结构具有优势，以及 Mitcheson[33] 等人提出的双极性升压转换器是仅使用一个电感器而不是两个电感器。

图 9.63 所示为分离电容转换器的四种工作状态。前两个状态对应于换能器电压的正半波，而最后两个状态对应于负半波。在第一状态期间，栅极信号 g 为高，因此电流流过电感器 L 和开关 S_1。在第二状态，栅极信号 g 为低，开关 S_1 断开。因此，

电流流过电感器 L 和 VD_1，充电电容器 C_2 和 C_L，以及放电电容器 C_3。在第三状态，门信号 g 为高，并且换能器的电流流过开关 S_1 和电感器 L。在最后状态期间，栅极信号 g 具有低值，并且电流流过二极管 VD_2，对电容器 C_L 和 C_3 充电，以及使电容器 C_2 放电。

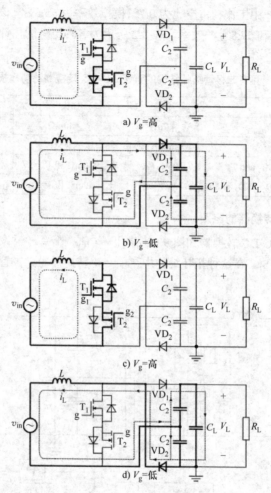

图 9.63 基于分离电容拓扑的直接 AC-DC 转换器的工作状态[43]

电容器 C_2 和 C_3 与电容器 C_L 的并联连接是对 Mitcheson[33] 等人的设计的改进，因为输出电压纹波减小了。

9.3.3.9 分离电容转换器的效率

该转换器获得的效率是通过电动换能器获得的，该电动换能器提供 400mV 峰值的正弦电压，谐振频率为 100Hz，在 3.3V 时提供 200Ω 的负载电阻。转换器的开关频率为 50kHz，电感为 4.7μH，输出电容为 68μF。

转换器在 DCM 中工作，占空比为 0.68，模拟效率为 67%。该转换器的实验结果提供 0.73 的占空比和 60.3% 的效率。表 9.3 所示为各种组分的估计功率损失，这与实验结果非常一致。肖特基二极管的功率损耗还包括电容器 C_2 和 C_3 上的功率损耗。

表 9.3　采用基于分离电容的拓扑结构的直接 AC-DC 转换器的功率损耗[43]

零件	面值	损失	功率损耗估计 /mW
升压电感 L_1	4.7μH	R_{esr}=40mΩ	7.3
输出电容 C_1	68μF	R_{esr}=9mΩ	—
分体电容器 C_2 和 C_3	33μF	R_{esr}=28mΩ	—
N 沟道 MOSFETs T_1 and T_2	20V，6A	$R_{ds,on}$=30mΩ 和 V_{gs}=3V	11
肖特基二极管 VD_1，VD_2，VD_3 和 VD_4	23V，1A	V_f=250mV 和 15mA	8.6

9.3.3.10　二次侧二极管转换器和分离电容转换器的设计优化

Dwari[44] 等探讨了使用电动换能器中存在的线圈的电感作为直接 AC-DC 转换器的电感器的可能性，因为线圈的自导性在其工作范围内可以被认为是恒定的。

Dwari[44] 等结合电动换能器的有限元分析（FEA）模拟分相电容转换器。换能器提供正弦输出电压，峰值电压为 500mV，频率为 100Hz，峰 - 峰位移为 2mm。FEA 模拟证实电动换能器的线圈电感在位移范围内保持恒定，约为 13μH。转换器为输出电压为 3.3V 的 200Ω 负载供电。

9.4　结论

已经提出并分析了来自几位作者的 AC-DC 转换器的不同拓扑结构，用于压电、静电和电动换能器。还讨论了这种转换器操作所需的控制电路。过去几年里，超低功耗运算放大器、微控制器和 DC-DC 转换器在市场上的出现简化了实现自供电能量收集系统的任务，其功率范围为几十微瓦到几毫瓦，其中机械振动作为环境源。

已经指出了在换能器的 MPP 中工作的重要性，并且已经引入了文献中存在的几个例子。

振动的频率影响换能器和 AC-DC 转换器的控制电路。调节换能器在特定频率下谐振，该频率被调谐到所施加的振动。然而，换能器的宽度非常窄，并且环境振动源的频率的微小变化可能导致所产生的功率的急剧减少。在文献中，存在可调谐的压电和电磁换能器，其实现 10Hz 的频率带宽。此外，当 AC-DC 转换器的控制电路具有有限的频率响应时，环境振动的变化会影响 AC-DC 转换器的行为。

参考文献

1. J. Han, A. von Jouanne, T. Le, K. Mayaram, and T. S. Fiez, Novel power conditioning circuits for piezoelectric micropower generators, *Applied Power Electronics Conference and Exposition, 2004. APEC '04. Nineteenth Annual IEEE*. **3**, 1541–1546, vol. 3 (2004). doi: 10.1109/APEC.2004. 1296069. URL http://dx.doi.org/10.1109/APEC.2004.1296069.

2. T. Le, J. Han, A. Von Jouanne, K. Mayaram, and T. Fiez, Piezoelectric micropower generation interface circuits, *IEEE J Solid-State Circuits*. **41**(6), 1411–1420 (2006).

3. E. Lefeuvre, A. Badel, C. Richard, L. Petit, and D. Guyomar. Optimization of piezoelectric electrical generators powered by random vibrations. In *Dans Symposium on Design, Test, Integration and Packaging (DTIP) of MEMS/MOEMS*. Citeseer (2006).

4. G. Ottman, H. Hofmann, A. Bhatt, and G. Lesieutre, Adaptive piezoelectric energy harvesting circuit for wireless remote power supply, *IEEE Trans. Power Electron*. **17**(2), 669–676 (September 2002).

5. L. Mateu and F. Moll, Appropriate charge control of the storage capacitor in a piezoelectric energy harvesting device for discontinuous load operation, *Sens. Actuators A*. **132**(1), 302–310 (2006).

6. L. Mateu and F. Moll. Analysis of direct discharge circuit to power autonomous wearable devices using PVDF piezoelectric films. In *Proceedings of International Telecommunications Energy Conference (Intelec)*, pp. 45–50 (September 2005).

7. G. Ottman, H. Hofmann, and G. Lesieutre, Optimized piezoelectric energy harvesting circuit using step-down converter in discontinuous conduction mode, *IEEE Trans. Power Electron*. **18** (2), 696–703 (March 2003).

8. T. Esram and P. Chapman, Comparison of photovoltaic array maximum power point tracking techniques, *IEEE Trans. Energy Conversion*. **22**(2), 439–449 (2007).

9. Lm555 timer. http://www.national.com/ds/LM/LM555.pdf (July 2006). URL http://www.national.com/ds/LM/LM555.pdf.

10. G. Ottman, H. Hofmann, and G. Lesieutre. Optimized piezoelectric energy harvesting circuit using step-down converter in discontinuous conduction mode. In *Power Electronics Specialists Conference, 2002. PESC 02, 2002 IEEE 33rd Annual*, vol. 4, pp. 1988–1994 (June 2002).

11. D. Guyomar, D. Sebald, S. Pruvost, M. Lallart, A. Khodayari, and C. Richard, Energy Harvesting from Ambient Vibrations and Heat, *J. Intell. Mater. Syst. Struct*. **20** (March 2009).

12. Y. Shu, I. Lien, and W. Wu, An improved analysis of the SSHI interface

in piezoelectric energy harvesting, *Smart Mater. Struct.*. **16**, 2253–2264 (2007).

13. S. Priya and D. Inman, *Energy Harvesting Technologies*. (Springer Publishing Company, Incorporated, 2008).

14. S. Ben-Yaakov and N. Krihely. Resonant rectifier for piezoelectric sources. In *Applied Power Electronics Conference and Exposition, 2005. APEC 2005. Twentieth Annual IEEE*, vol. 1 (2005).

15. M. Lallart, . Lefeuvre, C. Richard, and D. Guyomar, Self-powered circuit for broadband, multimodal piezoelectric vibration control, *Sens. Actuators A.* **143**(2), 377–382 (2008).

16. E. Lefeuvre, A. Badel, C. Richard, and D. Guyomar, Piezoelectric energy harvesting device optimization by synchronous electric charge extraction, *J. Intell. Mater. Syst. Struct.* **16**(10), 865 (2005).

17. Y. Tan, J. Lee, and S. Panda. Maximize piezoelectric energy harvesting using synchronous charge extraction technique for powering autonomous wireless transmitter. In *IEEE International Conference on Sustainable Energy Technologies, 2008. ICSET 2008*, pp. 1123–1128 (2008).

18. J. Brufau-Penella and M. Puig-Vidal, Piezoeletric energy harvesting improvement with complex conjugate impedance matching, *J. Intell. Mater. Syst. Struct.* **20**(5), 597–608 (2009).

19. S. Xu, K. Ngo, T. Nishida, G. Chung, and A. Sharma, Low frequency pulsed resonant converter for energy harvesting, *IEEE Trans. Power Electron.* **22**(1), 63–68 (2007).

20. E. Dallago, D. Miatton, G. Venchi, V. Bottarel, G. Frattini, G. Ricotti, and M. Schipani, Electronic interface for piezoelectric energy scavenging system. pp. 402–405 (2008).

21. H. Xue, Y. Hu, and Q. Wang, Broadband piezoelectric energy harvesting devices using multiple bimorphs with different operating frequencies [Correspondence], *IEEE Transactions on Ultrasonics, Ferroelectrics and Frequency Control.* **55** (9), 2104–2108 (2008).

22. S. Meninger, J. Mur-Miranda, R. Amirtharajah, A. Chandrakasan, and J. Lang, Vibration-to-electric energy conversion, *IEEE Trans. Very Large Scale Integr. Syst.* **9**(1), 64–76, (2001). ISSN 1063–8210.

23. R. Amirtharajah, S. Meninger, J. Mur-Miranda, A. Chandrakasan, and J. Lang. A micropower programmable dsp powered using a mems-based vibration-to-electric energy converter. In *Solid-State Circuits Conference, 2000. Digest of Technical Papers. ISSCC. 2000 IEEE International*, pp. 362–363, 469 (2000).

24. E. Torres and G. Rincón-Mora. Long-lasting, self-sustaining, and energy-harvesting system-in-package (SiP) wireless micro-sensor solution. In *International Conference on Energy, Environment, and Disasters (INCEED), Charlotte, NC* (2005).

25. S. Meninger, J. Mur-Miranda, R. Amirtharajah, A. P. Chandrasakan, and J. H. Lang, Vibration to electric energy conversion, *IEEE Trans. VLSI.* **9**(1) (February 2001).

26. M. Miyazaki, H. Tanaka, T. N. G. Ono, N. Ohkubo, T. Kawahara, and K. Yano. Electric-energy generation using variable-capacitive resonator for power-free LSI: efficiency analysis and fundamental experiment. In *Proceedings of the ISLPED 03*, pp. 193–198 (25–27 August 2003).

27. S. Roundy, P. Wright, and K. Pister. Micro-electrostatic vibration-to-electricity converters. In *Proceedings of ASME International Mechanical Engineering Congress and Exposition IMECE2002*, vol. 220, pp. 17–22 (November 2002).

28. S. Roundy. *Energy scavenging for wireless sensor nodes with a focus on vibration to electricity conversion*. PhD thesis, University of California (2003).

29. T. Sterken, K. Baert, R. Puers, and S. Borghs. Power extraction from ambient vibration. In *Proceedings of the Workshop on Semiconductor Sensors*, pp. 680–683 (November 2002).

30. P. Miao, A. Holmes, E. Yeatman, T. Green, and P. Mitcheson. Micro-machined variable capacitors for power generation. In *Proc. Electrostatics*, **3**, pp. 53–58 (March 2003).

31. B. Stark, P. Mitcheson, P. Miao, T. Green, E. Yeatman, and A. Holmes. Power processing issues for micro-power electrostatic generators. In *Power Electronics Specialists Conference, 2004.PESC 04.2004 IEEE 35th Annual*, vol. 6, pp. 4156–4162 (2004).

32. G. Despesse, T. Jager, J.-J. Chaillout, J.-M. Leger, and S. Basrour. Design and fabrication of a new system for vibration energy harvesting. In *Research in Microelectronics and Electronics, 2005 PhD*, vol. 1, pp. 225–228 vol.1 (25–28, 2005). doi: 10.1109/RME.2005.1543034.

33. P. Mitcheson, T. Green, and E. Yeatman, Power processing circuits for electromagnetic, electrostatic and piezoelectric inertial energy scavengers, *Microsyst. Technol.* **13** (11), 1629–1635 (2007).

34. B. Yen and J. Lang, A variable-capacitance vibration-to-electric energy harvester, *IEEE Trans. Circuits Syst I.* **53** (2), 288–295 (February 2006). ISSN 1549-8328. doi: 10.1109/TCSI.2005.856043.

35. B. Stark, P. Mitcheson, M. Peng, T. Green, E. Yeatman, and A. Holmes, Converter circuit design, semiconductor device selection and analysis of parasitics for micropower electrostatic generators, *IEEE Trans. Power Electron.* **21**(1), 27–37 (2006). ISSN 0885-8993.

36. E. Torres and G. Rincón-Mora. Electrostatic energy harvester and Li-ion charger circuit for micro-scale applications. In *IEEE Midwest Symposium on Circuits and Systems (MWSCAS), San Juan, Puerto Rico* (2006).

37. G. Rincón-Mora and E. Torres, Energy harvesting: A battle against power losses (September 2006).

38. R. Amirtharajah and A. Chandrakasan, Self-powered signal processing using vibration-based power generation, *IEEE J. Solid-State Circuits.* **33** (5), 687–695 (1998). ISSN 0018-9200.

39. R. Amirtharajah and A. Chandrakasan. Self-powered low power signal processing. In *Proceedings of the Symposium on VLSI Circuits Digest of*

Technical Papers, pp. 25–26 (June 1997).

40. S. Yuen, J. Lee, W. Li, and P. Leong, An AA-sized vibration-based microgenerator for wireless sensors, *IEEE Pervasive Comput.* **6**(1), 64–72 (January–March 2007).

41. E. James, M. Tudor, S. Beeby, N. Harris, P. Glynne-Jones, J. Ross, and N. White, An investigation of self-powered systems for condition monitoring applications, *Sens. Actuators A.* **110** (1–3), 171–176, (2004).

42. S. Dwari, R. Dayal, and L. Parsa, A novel direct AC/DC converter for efficient low voltage energy harvesting. In Industrial Electronics, 2008. IECON 2008. 34th Annual Conference of IEEE pp. 484–488 (November 2008). ISSN 1553-572X. doi: 10.1109/IECON.2008.4758001.

43. S. Dwari, R. Dayal, L. Parsa, and K. Salama, Efficient direct AC-to-DC converters for vibration-based low voltage energy harvesting. In Industrial Electronics, 2008. IECON 2008. 34th Annual Conference of IEEE pp. 2320–2325 (November 2008). ISSN 1553-572X. doi: 10.1109/IECON.2008.4758319.

44. S. Dwari and L. Parsa, Low voltage energy harvesting systems using coil inductance of electromagnetic microgenerators. In Applied Power Electronics Conference and Exposition, 2009. APEC 2009. Twenty-Fourth Annual IEEE pp. 1145–1150 (February 2009). ISSN 1048-2334. doi: 10.1109/APEC.2009.4802807.

45. S. Dwari and L. Parsa, An efficient AC-DC step-up converter for low-voltage energy harvesting, *Power Electronics, IEEE Transactions on.* pp. **25**(8), 2188–2199 (2010). ISSN 0885-8993. doi: 10.1109/TPEL.2010.2044192.

46. R. Dayal, S. Dwari, and L. Parsa, Maximum energy harvesting from vibration-based electromagnetic microgenerator using active damping, *Electron. Lett.* **46**(5), 371–373 (March 2010). ISSN 0013-5194. doi: 10.1049/el.2010.3264.

第 10 章　射频电力传输

Josef Bernhard、Tobias Dräger 和 Alexander Popugaev

10.1　引言

除了上述从机械、热能或太阳能源中清除能量的原理外，本章还涉及电磁场的能量收集。射频电力传输，或所谓的无线电力传输，如今是移动设备制造商的主要研究课题之一，因为它有望消除用于为诸如手机和笔记本电脑之类的设备供电或充电的任何电缆和连接器。实际上，射频传输在所有能量清除技术中提供了最高的能量回收。由于除了太阳之外不存在具有足够能量的自然电磁场源，因此需要用于产生和辐射具有足够能量以在一定距离上赋予电子设备能力的电磁波的源。这些源通常仅用于电力传输，但也可以是提供足够电力的射频数据传输系统的源。随着无线数据传输系统的可用性增加，后者变得越来越有吸引力。在任何情况下，都必须考虑有关使用频段和最大辐射无线电功率的监管限制。

本章介绍了基于电磁场的无线电力传输原理。将解释类似于变压器和远场无线电传输的电感耦合链路的两个主要原理，将描述系统概念，并且将给出创建自己的无线电力传输系统的一些提示。

10.2　物理原理

10.2.1　电磁场：发电和辐射

无线通信中的关键作用是由天线执行的。IEEE 标准天线术语定义（IEEE Std 145-1983）引入了"天线"术语，其以下列方式描述："发射或接收系统的那部分设计用于辐射或接收电磁波。"

辐射机制如图 10.1 所示。众所周知，在由电容器和电感器组成的谐振电路中，能量在这两个元件之间振荡。拆开电容器的板，我们将闭合的谐振电路修改成一个开放的电路，将其转换成天线。

电容器的构建方式是其电场必须扩散到周围区域。在非静电场的情况下，电场和磁场之间的物理链路也将在该结构旁边产生磁场。这种开放式谐振电路表现为无限小的电偶极子 - 最简单的电子天线。

另一种可能性是使用线圈作为辐射元件。电路的感应性以磁场必须扩散到周围环境的方式改变。在该结构旁边存在磁场。如果它是非静态的，则在一定距离处也会产生电场。这种开放式谐振电路就像一个无限小的磁偶极子，即最简单的磁性天线[1]。

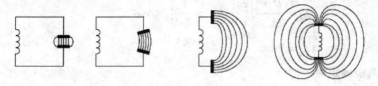

图 10.1 将振荡电路转换为天线

10.2.1.1 无限小的电偶极子

有各种类型的天线，为了解释射频传输的物理原理，我们将局限于偶极子。两种天线如图 10.2 所示，在球面坐标系中考虑是方便的。

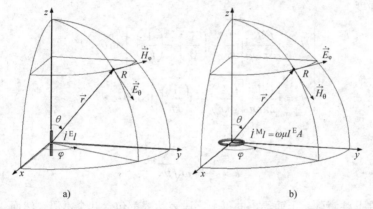

图 10.2 弗劳恩霍夫地区内无限小的电 a）和磁 b）偶极子及其主要的场分量

电偶极子由其长度 l 和有效电流 i^E 描述。磁偶极子是电偶极子的两倍，可以通过虚拟磁流 i^M 来描述。磁偶极子的真实模型是一个带有电流 i^E 和面积 A 的小环路：

$$i^M = \omega \mu i^E A \qquad (10.1)$$

本章中的任何地方，电流以及电场和磁场强度分别为 $\vec{E}$（V/m）和 $\vec{H}$（A/m），由它们的复数值表示，其考虑具有恒定频率的振荡的幅度和相位。

在没有推导的情况下，我们给出了两种天线的场分量的关系[11]：

1. 电偶极场组件

磁场强度：

$$\begin{cases} \dot{H}_\phi = j\dfrac{\dot{i}^E l k^2}{4\pi}\left[\dfrac{1}{kr} - j\left(\dfrac{1}{kr}\right)^2\right]\sin\theta \cdot e^{-jkr} \\[4mm] \dot{H}_r = \dot{H}_\theta = 0 \end{cases} \qquad (10.2)$$

电场强度：

$$\begin{cases} \dot{E}_{\theta} = \mathrm{j}\dfrac{\dot{I}^{\mathrm{E}}lk^{3}}{4\pi\omega\varepsilon}\left[\dfrac{1}{kr} - \mathrm{j}\left(\dfrac{1}{kr}\right)^{2} - \left(\dfrac{1}{kr}\right)^{3}\right]\sin\theta\cdot\mathrm{e}^{-\mathrm{j}kr} \\[3mm] \dot{E}_{\mathrm{r}} = \dfrac{\dot{I}^{\mathrm{E}}lk^{3}}{2\pi\omega\varepsilon}\left[\left(\dfrac{1}{kr}\right)^{2} - \mathrm{j}\left(\dfrac{1}{kr}\right)^{3}\right]\cos\theta\cdot\mathrm{e}^{-\mathrm{j}kr} \\[3mm] \dot{E}_{\phi} = 0 \end{cases} \tag{10.3}$$

2. 磁偶极场组件

电场强度：

$$\begin{cases} \dot{E}_{\phi} = -\mathrm{j}\dfrac{\dot{I}^{\mathrm{M}}lk^{2}}{4\pi}\left[\dfrac{1}{kr} - \mathrm{j}\left(\dfrac{1}{kr}\right)^{2}\right]\sin\theta\cdot\mathrm{e}^{-\mathrm{j}kr} \\[3mm] \dot{E}_{\mathrm{r}} = \dot{E}_{\theta} = 0 \end{cases} \tag{10.4}$$

磁场强度：

$$\begin{cases} \dot{H}_{\theta} = \mathrm{j}\dfrac{\dot{I}^{\mathrm{M}}lk^{3}}{4\pi\omega\mu}\left[\dfrac{1}{kr} - \mathrm{j}\left(\dfrac{1}{kr}\right)^{2} - \left(\dfrac{1}{kr}\right)^{3}\right]\sin\theta\cdot\mathrm{e}^{-\mathrm{j}kr} \\[3mm] \dot{H}_{\mathrm{r}} = \mathrm{j}\dfrac{\dot{I}^{\mathrm{M}}lk^{3}}{2\pi\omega\mu}\left[\left(\dfrac{1}{kr}\right)^{2} - \mathrm{j}\left(\dfrac{1}{kr}\right)^{3}\right]\cos\theta\cdot\mathrm{e}^{-\mathrm{j}kr} \\[3mm] \dot{H}_{\phi} = 0 \end{cases} \tag{10.5}$$

其中
$$k = \frac{2\pi}{\lambda} = \omega\sqrt{\mu\varepsilon}$$

我们在此注意到，上面给出的每个字段表达式都包含几个术语。然而，这些术语中只有一部分负责场的波传播[2]。

10.2.1.2 天线场区

天线辐射的平均功率可写为表面积分：

$$P_{\mathrm{rad}} = \frac{1}{2}\oiint\limits_{s}\mathrm{Re}\left(\dot{E}\times\dot{H}\right)\mathrm{d}s \tag{10.6}$$

通常，径向方向上的有用功率流由复杂的横向场分量限定。式（10.2）~式（10.5）的分析允许将天线周围的场细分为三个主要区域[10]：

（1）近场区域（$kr\ll1$）：对于电偶极子，只有横向场分量能够产生径向功率，$\dot{E}_{\theta}$ 和 $\dot{H}_{\phi}$，其项为 $-(1/kr)^{3}$ 和 $-\mathrm{j}(1/kr)^{2}$，它们分别处于时间相位正交。因此，磁场强度可忽略不计，因此场主要是反应性的，并且根据式（10.6）没有辐射的功率流。

以类似的方式，对于磁偶极子，功率主要集中在磁场中，并且在该区域中可以忽略电场。在这种情况下的磁场分布与电偶极子附近的电场分布相同。

（2）中间（菲涅耳）区域（$kr \approx 1$）：这里必须考虑字段表达式中的所有项，因为它们给出了具有可比较值。但是，只有横向部件才会产生径向功率流。当然，在同相的情况下，只有 $\dot{E}_\theta$ 和 $\dot{H}_\phi$ 导致时间平均功率流的径向部分不为零。有几个分量和因子 $1/kr$，$(1/kr)^2$ 和 $(1/kr)^3$ 的术语代表场分布，但必须指出只有因子 $1/kr$ 的分量导致功率辐射。

（3）远场（弗劳恩霍夫）区域（$kr \gg 1$）：主要场分量 $\dot{E}_\theta$ 和 $\dot{H}_\phi$，均为 $1/kr$，同相；由于以下关系，在远场太空区域中没有存储能量：

$$I_m\left(\dot{E} \times \dot{H}\right) \approx 0 \qquad (10.7)$$

所有的功率流都辐射并分布在球体上，其半径等于从天线到观察点的距离。这种远场分布通常是不均匀的，并且可以描绘为"远场模式"，如图 10.3 所示，用于无限小的偶极子。

根据天线场区域对辐射和功率流的讨论为今天使用的三种不同方法实现射频功率传输提供了背景：

1）近场中的电容耦合。

2）近场感应耦合（线圈）。

3）远场微波传输（例如，半波偶极子）。

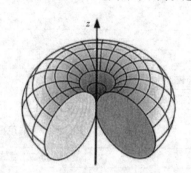

图 10.3　无穷小偶极子的三维振幅模式

10.2.2　频段：特征和用法

用于技术环境中的射频功率传输的规划系统也是使用正确的载波频率的问题，其允许针对给定条件的所有期望特征的最佳方法。系统的主要限制是所需的范围和天线的大小。选择频段时必须考虑以下几个方面：

1）使用低频提供了更大的可用近场区域，因此在发射机天线附近提供更多功率。但是，必须证明系统没有到达需要不同天线的中间区域。低频远场传输需要与发射天线相当长的距离。

2）天线的几何尺寸不能在不损失其性能的情况下任意减小。由于波长较长，低频天线的几何尺寸通常大于较高频率。

3）较低频率的传输为信息传输提供较少的带宽。

表 10.1 所示为无线电频谱及其主要用途。在设计无线电力传输系统时，必须考虑相关的频率规定。对于最有希望的应用 RFID 和其他电感耦合系统，其中也不使用导线传输功率，存在若干频带。在这些应用中，诸如 RFID 应答器之类的无源设备由读取站的辐射电磁场供电。表 10.2 所示为根据欧洲法规管理局[12]的 RFID 系统的可用频谱及其规定。频谱分为电感耦合系统的频段（通常低于 30MHz）以及 30MHz 以上的 UHF 和微波系统。

表 10.1 无线电频谱的使用

频带	波长	频率范围	应用
极低频（ELF）	∞~100km	0 ~ 3kHz	声学（20Hz~20kHz）
较低频（VLF）	100~10km	3 ~ 30kHz	声学，潜艇
低频（LF）	10~1km	30 ~ 300kHz	长波广播
中频（MF）	1km~100m	300kHz ~ 3MHz	AM 广播
高频（HF）	100~10m	3 ~ 30MHz	业余广播，CB 广播（26.6~27.4MHz），RFID，短波广播
较高频（VHF）	10~1m	30 ~ 300MHz	FM 广播（87.5~108.0MHz）
超高频（UHF）	1m~10cm	300MHz ~ 3GHz	DECT（1880~1900MHz/1920~930MHz）
—	—	—	GSM（824~894MHz/876~960MHz/1710~1880MHz/1850~1990MHz）
—	—	—	RFID（860 ~ 960MHz）
—	—	—	WLAN（2400 ~ 2482MHz）
超较高频（SHF）	10 ~ 1cm	3~ 30GHz	WLAN（5.15 ~ 5.25GHz）
极高频（EHF）	1cm ~ 1mm	30 ~ 300GHz	HDTV，雷达，卫星

表 10.2 RFID 和其他电感耦合应用的频率调节（根据文献 [12]）

频带	功率 / 磁场	注释
90~119kHz	42dBμA/m	在距离 10m 到发射机
119~135kHz	66dBμA/m	在距离 10m 到发射机，水平下降 3dB/ 八度
135~140kHz	42dBμA/m	在距离 10m 到发射机
13.553~13.567MHz	42dBμA/m	在距离 10m 到发射机
865.6~867.6MHz	2W e.r.p.	—
2446~2454MHz	500mW e.i.r.p.	—

对于电感耦合系统，使用 119 ~ 135kHz 和 13.56MHz 的频段，但可提供低于 119kHz 和高于 135kHz 的额外频段。最大发射信号强度受到限制，并定义为距离发射器 10m 处测量的最大磁场强度。

在 UHF 频谱中，865 ~ 867MHz 的频带在欧洲用于 RFID 应用，并允许最大等效辐射功率为 2W。这种能量足以为超过 10m 距离的 UHF 识别转发器等无源设备供电。其他国家 / 地区允许 UHF RFID 应用的最大功率为 4W。

在较高频率，全球 2.4GHz 频段内的短距离设备和无线数据链路（如 WLAN 或蓝牙）范围内的 2.446 ~ 2.454GHz 频段可用于 RFID 应用，并允许等效的各向同性辐射功率高达 500mW。

10.2.3 基本概念

无线电力传输系统的基本元件（见图 10.4）是产生电磁场和接收器的源，其接收电磁场并将其转换为 DC 电力。在源和汇之间，电磁波通过传输通道。它是一种介质，通常是空气，但也可能存在固体材料，如中间的障碍物，这取决于源和水槽的距离 d。不仅要考虑源和汇的距离，还要考虑介质的工作频率、物理特性（金属、介电、可渗透材料），噪声或不需要的电磁场。

图 10.4　无线电力传输的基本要素

信号源（见图 10.5）包括一个用于工作频率的发生器和一个带有耦合天线的匹配电路的信号放大器。控制器将在不同的工作条件下处理传输系统。在附加数据传输的情况下，还需要调制器和解调器。

接收器（见图 10.6）由带有匹配电路的天线、一个整流器和一个电压转换器组成。天线的设计和与接收器电路的匹配会影响整个电路的效率。通常，接收信号的幅度非常低。在设计接收器时，将接收的 RF 信号转换为高效率的 DC 电源是主要挑战。其他章节中给出了此任务的解决方案。最后，水槽中会有某种负载，由接收的能量提供动力。

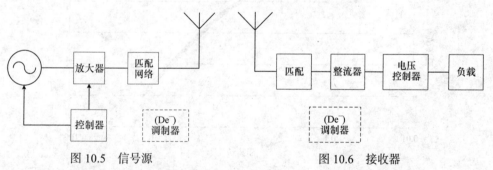

图 10.5　信号源　　　　　　　　　　　图 10.6　接收器

对于具有电感耦合的较低频率，必须考虑一次和二次绕组之间的影响。一次绕组的耦合区域内的二次绕组将影响源中一次绕组的行为。一次绕组和二次绕组之间的耦合将强制改变匹配，同时两个绕组之间的链路有效。根据这种效果，水槽中的负载变化将转化为源的变化。

在远场应用中，具有良好匹配的高增益天线对于有效的能量传输是必不可少的。一个众所周知的原则是将所谓的整流天线[5]构建为匹配天线和低压电压转换器的组合。

10.2.4　电感耦合

在天线的近场区域内，两种耦合可能性（电容和电感）用于传输功率和交换信息。电感耦合是更常见的原理，可以在当今的许多应用中找到。

如图 10.7 所示的线圈发射的磁场 H 可以用下面的等式描述，其中 r 是具有 N 个绕组的线圈的半径，I 是通过线圈的电流，x 是到线圈的距离。

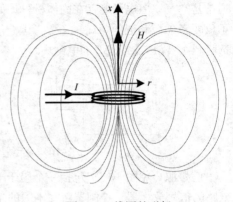

$$H(x) = \frac{INr^2}{2\sqrt{(r^2 + x^2)^3}} \qquad (10.8)$$

随着到线圈的距离 x 的增加，场 H 的强度减小。对等式的仔细观察表明，在相对于半径的线圈的小距离 x 处，可以忽略项 x^2 并且 H 场保持几乎恒定直到一定距离（见图 10.8）。在距离 $x=r$ 时，场强迅速下降。在自由空间中，场强的衰减在线圈的近场中每

图 10.7　线圈的磁场

十年大约为 60dB，在远场中为每十倍 20dB[4]。图 10.8 仅显示了 x 轴上的场的近场区域，没有 N 和 I 的特定值。

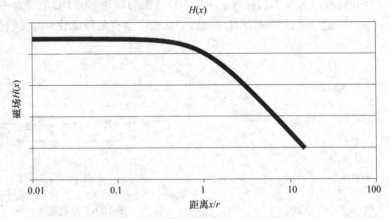

图 10.8　磁场与距离之间的关系

具有单个环形绕组的线圈的磁通量 ϕ，其是通过线圈区域的磁场的积分，可以定义如下：

$$\Phi = BA = \mu HA \qquad (10.9)$$

对于具有 N 圈的循环，总通量 Ψ 定义如下：

$$\Psi = \sum \Phi = N\Phi \qquad (10.10)$$

为了表征环路的行为，电感 L 由磁场 H 定义为

$$L = \frac{\Psi}{I} = \frac{N\Phi}{I} = \frac{N\mu HA}{I} \qquad (10.11)$$

或者从它的几何形状定义为

$$L = N^2 \mu r \ln\left(\frac{2r}{d}\right) \tag{10.12}$$

线径 $d \ll 2r$ [4,7]。

为了在磁耦合系统中传输能量，需要第二线圈 L_2，其将位于第一线圈附近。第一线圈 L_1（发射器）发射由电流 I_1 引起的磁场。由电流 I_1 引起的磁通量通过第二线圈并感应出引起电流 I_2 的电压。

第二线圈中的感应电流又将产生其自身的磁场，该磁场对第一线圈产生反应。可以用与第一线圈相同的方式将第二线圈描述为具有 N_2、I_2、r_2、A_2 和 Ψ_2 的电感 L_2。

对于能量传输，必须知道第一和第二线圈之间的互连。

类似于导体环的（自）电感 L 的定义，互感 M_{21} 被定义为由第二线圈包围的部分通量 Ψ_{21} 与第一线圈的电流 I_1 的比率。

$$M_{21} = \frac{\psi_{21}(I_1)}{I_1} = \oint_{A_2} \frac{B_2(I_1)}{I_1} dA_2 \tag{10.13}$$

由于整个系统是对称的，因此也可以用该关系定义互感 M_{21} 和部分磁通 Ψ_{21}

$$M = M_{12} = M_{21} \tag{10.14}$$

为了对两个回路之间的耦合进行定性预测，可以用电感计算两个线圈的耦合系数 β（$0 \le \beta \le 1$）：

$$\beta = \frac{M}{\sqrt{L_1 L_2}} \tag{10.15}$$

它有两个极端情况：

1）$\beta = 0$ 描述了两个完全去耦的线圈。由于距离很远或磁屏蔽，这是可能的。

2）如果两个线圈都经受相同的磁通量，则它们是完全耦合的，$\beta = 1$。变压器是这种总耦合的技术应用，其中两个或更多个线圈缠绕成高渗透性铁心。由于存在损失，在实际应用中无法达到值 $\beta = 1$。

式（10.16）显示哪些参数影响以单个 x 轴为中心的两个平行导体回路的耦合系数 （$r_1 \le r_2$）[8]。

$$\beta = \frac{\mu \pi N_1 N_2}{2\sqrt{L_1 L_2}} \frac{r_1^2 r_2^2}{\left(\sqrt{r_1^2 + x^2}\right)^3} \tag{10.16}$$

根据法拉第定律，第二个线圈的感应电压可以计算为

$$u_2 = \oint E_2 ds = -\frac{d\psi(t)}{dt} \tag{10.17}$$

对于图 10.9 中所示的等效电路，可以计算出感应电压：

$$U_2 = \frac{d\psi_2}{dt} = M\frac{dI_1}{dt} - L_2\frac{dI_2}{dt} - I_2 R_2 \overset{\omega=2\pi f}{=} j\omega M I_1 - j\omega L_2 I_2 - I_2 R_2 \tag{10.18}$$

为了提高图 10.9 中等效电路的效率，附加电容器 C_2 与第二线圈 L_2 并联连接。利用该容量，该电路是并联谐振电路，其谐振频率对应于传输系统的工作频率。还可以向第一线圈添加谐振电容器。

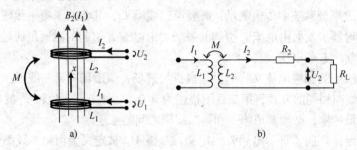

图 10.9　a）磁耦合环，b）耦合环的等效电路图

上述两个线圈构建了一个能量传输系统，其中第一个线圈作为发射器，第二个线圈作为接收器（见图 10.10），带有负载电阻 R_L。

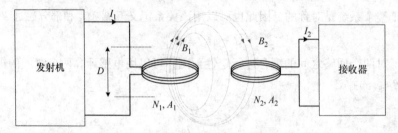

图 10.10　感应传输系统

谐振电容抵消了接收器中的杂散电感和发射器中的磁化电感。现在，电力传输的唯一剩余损耗限制是线圈的绕组电阻，其阻抗比电感的阻抗低一个或两个数量级 a。因此，对于给定的发电机源，可以在谐振变压器系统中接收更多的功率。

为了描述谐振线圈的行为，可以计算品质因数 Q。高 Q 因数导致线圈中的高电流，从而改善功率传输。然而，它也导致低带宽，在考虑通过线圈的附加数据传输时必须考虑该带宽。

$$Q \approx \frac{2\pi f_o L_{\text{Coil}}}{R_{\text{Total}}} \tag{10.19}$$

它是根据感应电阻和线圈的电阻损耗之比来计算的。通过品质因数，可以简单地计算带宽[4,8]。

$$B \approx \frac{f_o}{Q} \tag{10.20}$$

传输系统的最终等效电路如图 10.11[4,8] 所示。

两个耦合线圈可以描述为具有互感 M、电阻和无功损耗的理想变压器。

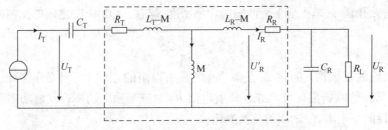

图 10.11　感应传输系统的等效电路

10.2.5　远场无线电传输

第 10.2.1 节解释了使用偶极天线产生和辐射电磁场的原理。为了进一步讨论电磁功率传输，假设电力传输系统的接收器放置在发射器的电磁场的远场中。如前所述，从近场到远场的过渡取决于频率。频率越高，天线的远场转换越接近。

各向同性辐射器的电磁波从其原点球形地传播到空间中并向周围空间辐射功率。随着到源的距离增加，功率分布在增加的球表面区域上。所谓的辐射功率密度 S 定义为发射天线的有效全向辐射功率（EIRP）与球体表面[3,4,6]的商：

$$S = \frac{P_{EIRP}}{4\pi r^2} \qquad (10.21)$$

辐射功率密度 S 是指向矢量 $\vec{S}$ 的绝对值。

$$\vec{S} = \vec{E} \times \vec{H} \qquad (10.22)$$

在远场区域中，两个场矢量是垂直的。

利用这种关系和空气中的特征波阻抗，$Z_F = \sqrt{\varepsilon_0 \mu_0} = 337\Omega$，可以计算距离辐射源一定距离 r 处的场强：

$$E = HZ_F = \sqrt{SZ_F} = \sqrt{\frac{P_{EIRP} Z_F}{4\pi r^2}} \qquad (10.23)$$

当穿过空间时，电磁波的电场矢量正在改变其垂直于指向矢量方向的方向。变化可以以线性方式发生，垂直或水平，或以圆形方式，左手或右手发生。这种效应称为电磁场的极化，由天线决定。线性极化天线的一个例子是偶极天线；圆极化的一个例子是螺旋天线。为了实现最佳的功率传输，必须使用具有相应极化的发射和接收天线[4,6]。

电磁波的辐射和接收发生在承载电压和 / 或电流的任何导体上。天线是高度优化的导体，用于辐射或接收（或两者）特定频率范围内的波。定义了几个特征来描述天线的方向敏感行为：

1）相对辐射矢量 $G(\Theta)$ 和主辐射方向 G_i 给出定向辐射功率和天线馈电功率 P_1 之间的连接。由于这种关系，G_i 也被称为天线增益：

$$S = \frac{P_{EIRP}}{4\pi r^2} = \frac{P_1 G_i}{4\pi r^2} \qquad (10.24)$$

2）有效孔径 A_e 是入射平面波辐射功率密度 S 与接收功率 P_e 之间的比例因子：

$$P_e = SA_e = \frac{\lambda_0^2}{4\pi} G_i S \qquad (10.25)$$

3）天线的复数输入阻抗 Z_A 是源所见的所有电阻的总和，并且必须匹配。它包括所有载流部分的欧姆损耗电阻 R_r，辐射电阻 R_V 对应于输入功率、发射功率和描述频率相关损耗的复电阻 X_A 之间的转换损耗：

$$Z_A = R_r + R_V + jX_A \qquad (10.26)$$

图 10.12 说明了上述一些值[4,6]。

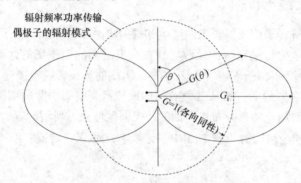

图 10.12　偶极子与各向同性发射器相比的辐射方向图

利用这些定义，现在可以用数学方式描述微波传输系统。Friis 公式给出了收发器发射功率与最终从自由空间接收的 RF 功率之间关系的值，具体取决于天线增益、距离 r 和工作频率 f：

$$\frac{P_r}{P_t} = G_t G_r \left(\frac{\lambda}{4\pi r} \right)^2 \qquad (10.27)$$

传输系统的远场区域内的任何无线电力传输都必须处理与 λ^2/r^2 成比例的这些损耗。开发人员将通过根据传输距离和功能仔细选择传输频率来抵消那些具有匹配良好的高增益天线[4,5]。

10.3　设计优化

10.3.1　高频信号的产生和放大

晶体振荡器是正弦信号的常见来源。与 LC 振荡器相比，它们具有高频稳定性。通过使用分频器、倍频器和锁相环电路，可以导出来自一个参考频率的宽范围的频率。

线性（例如，A 和 B 模式）和开关放大器电路（例如，D 和 E 模式）用于 RF 发射器中，并且也可用作集成电路。对于能量传输系统，数字放大器的设计可能是值得的。然而，利用可用的晶体管技术，开关频率仍然是高频和 GHz 应用中 D 类、E 类和 S 类放大器设计的限制因素。

10.3.2　天线和匹配

10.3.2.1　低频系统：线圈天线

在 10.2.4 节中，给出了导体环天线的一般特性。推荐环形天线最适合于产生在磁耦合近场传输中传输能量所需的磁场（H）。环形天线是用于特定频率的调谐 LC 电路。当感应阻抗等于电容阻抗时，天线将处于谐振状态。从第 10.2.4 节开始，第一个结论可能是感应系统的最佳天线是一个巨大的线圈，当谐振调谐时，环路匝数最大（最大电感 L）且电阻最小（绕组）。

在实际设置中，线圈电感不应该达到太高的值，因为它仍然可以调谐和匹配天线。对于公共电容匹配，高电感（例如，对于 13MHz 系统为 5μH）将倾向于用于谐振和匹配的非常低的电容器值。使用低于 10pF 的值在电路中是不实际的，因为寄生影响具有大约相同的尺寸。即使采用其他匹配策略（如平衡 - 不平衡转换器），非常高的电感以及环路的寄生电容（例如，邻近效应）也会导致低于发射频率的不需要的谐振。匹配和优化将很困难甚至不可能。

尺寸大约为波长一半的几何巨大线圈不再仅用作磁性天线。朝向磁场分量的特征行为开始消失。

应最大化线圈天线的品质因数以实现良好的功率传输。天线具有带通特性（见图 10.13）。但是，周围或负载网络的变化将影响质量因素。特别是如果系统中的品质因数非常高以在电力传输中获得最佳结果，则这些影响将使整个系统的风险被误解并迅速丧失效率。出于这个原因，线圈的调谐和匹配必须在连接的网络、负载和周围材料的存在下进行。在附加数据传输的情况下，例如，通过子载波的调制，质量因子必须适合所需的附加带宽。根据式（9.20）[4,7,8]，高质量因子导致低带宽。

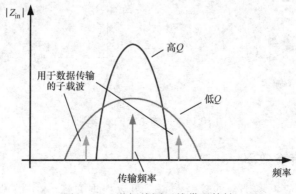

图 10.13　谐振线圈天线带通特性

10.3.2.2 高频系统

对于高频系统，通常使用不同类型的电天线，如偶极天线、贴片天线或缝隙天线。为了发送和接收电磁波，天线必须一方面与自由空间阻抗相匹配，另一方面与所连接电路的阻抗相匹配。没有良好的匹配，这些阻抗转换的损耗将太高。

天线的匹配总是妥协。通常，高频系统使用调制载波，匹配必须适合所需的全部带宽。因此，不可能有精确的解决方案。Bode-Fano 准则表示最佳匹配结果，理论上可以通过对反射系数的最小幅度的理论限制来实现[3-5]。

10.3.3 电压整流和稳定

在大多数情况下，无线电力接收器的输出应该是负载电路的直流电源。因此，必须纠正通常为正弦的接收信号。在许多情况下，信号幅度非常低，建议使用低阈值二极管和高质量电容。天线和整流器的组合也称为整流天线。电压接收的共同点是全波整流器、倍压器和 Greinacher 整流器。在文献中也可以使用变压器来产生更高的电压幅度。前面几章详细解释了这些任务的电路。然而，应该考虑这些电路如何影响整个系统的阻抗行为，涉及天线的设计和匹配，特别是如果负载电路具有非线性功耗[4,5,8]。

10.4　无线电力传输的效率

在无线电力传输系统中，三部分 RF 信号生成，空中接口和电压整流器是整个无线传输系统效率的主要贡献者（见图 10.14）。信号发生 1 和整流 / 电压转换 3 的影响是显而易见的，并且对于传输系统的系统和硬件设计来说是一项具有挑战性的任务。

当然，无线电传输 2 在 1 和 3 之间的效率 η_{Radio} 受天线设计的影响，并且匹配主要取决于发射器和接收器之间的距离。空中电力传输效率的理论极限受到距离、频率或波长以及传输原理（近场耦合，远场传输）的影响。

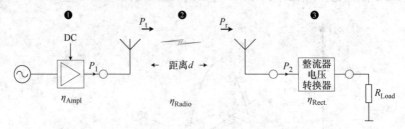

图 10.14　传输系统的效率因子

10.4.1　低频传输效率

对于具有感应近场耦合的较低频率，可以根据文献［8］描述传输作为具有发射和接收线圈 $L_{1/2}$ 的电感的谐振变压器系统的传输功能，它们之间的耦合为 β［见式

（9.16）] 和工作角频率为 ω_0。

$$\eta = \frac{P_2}{P_1} = \frac{1}{1 + \left[\dfrac{\omega_0 L_2}{R_L}\left(\dfrac{1}{\beta^2}-1\right)\right]^2} - j \frac{\dfrac{\omega_0 L_2}{R_L}\left(\dfrac{1}{\beta^2}-1\right)}{1 + \left[\dfrac{\omega_0 L_2}{R_L}\left(\dfrac{1}{\beta^2}-1\right)\right]^2} \qquad (10.28)$$

$$\eta = \left|\frac{P_2}{P_1}\right| = \frac{1}{\sqrt{1 + \left[\dfrac{\omega_0 L_2}{R_L}\left(\dfrac{1}{\beta^2}-1\right)^2\right]}} \qquad (10.29)$$

其中耦合为

$$\beta = \frac{\mu\pi N_1 N_2}{2\sqrt{L_1 L_2}} \frac{r_1^2 r_2^2}{\left(\sqrt{r_1^2 + d^2}\right)^3} \qquad (10.30)$$

图 10.15 所示为根据式（9.29）的频率为 13.56MHz 的电感耦合传输效率的示例。对于计算，假设以下值：

$$L_1 = L_2 = 2.4\mu H, \ R_L = 500\Omega, \ N_1 = N_2 = 6, \ r_1 = r_2 = 2cm$$

图 10.15 显示了两个传输线圈之间短距离达到 2cm 的 75% 的非常恒定的效率。很明显，只能在短距离内进行有效的动力传输。在图中，黑实线标记所选频率的近场区域的末端。在发射和接收线圈的尺寸的距离内将实现良好的传输效率。通过改变线圈的直径，可以调整图中的线性区域。通过增加线圈的尺寸，这种用于有效功率传输的最佳区域也将增加。虽然所有其他选择的参数，尤其是频率将缩放图形，但主要形式将保持如图所示[8,14]。

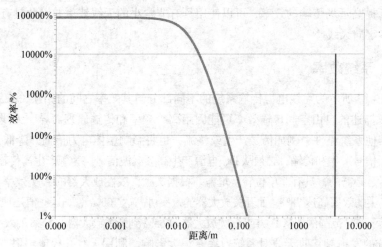

图 10.15　低频传输效率 @13.56MHz

10.4.2 高频传输效率

对于具有电磁远场传输的更高频率，效率可以通过式（9.27）中 Friis 公式中给出的远场损耗来描述，其中最简单的形式是天线增益：

$$\eta = \frac{P_1}{P_2} = G_2 G_1 \left(\frac{\lambda}{4\pi r} \right)^2 \qquad (10.31)$$

公式的最后一部分描述了自由空间路径损耗（FSPL），即根据距离 d 和频率 f，通过自由空间的视线路径的信号强度损失。

图 10.16 所示为 868MHz 远场传输的波长为 0.35m 的行为，式（9.31）中的天线增益 G_1 和 G_2 设置为 1。必须注意的是，给定式（9.31）只能用于变速器的远场区域。距离大于约 4λ 的距离将导致不真实的结果。在图中，黑实线标记所选频率的远场区域的开始。

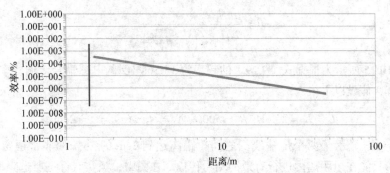

图 10.16   @868MHz 高频传输的自由空间路径损耗

该图表明，在 1m 或更大的范围内，只能传输少于 0.01% 发射功率的少量能量。对于 RFID 系统，例如，在辐射功率为 4W 的情况下，可以在接收器侧（RFID 应答器）实现 1mW 或更小的功率。

为了提高远场传输的效率，可以使用具有非常小的天线波束并因此具有高天线增益的更多定向天线[6,7]。

10.4.3 系统效率

图 10.17 所示为无线电力传输系统的不同部分与其效率之间的相互关系：

本章描述的自由空间传输效率可能因距离、频率和传输原理而异。无线电力传输系统的其他系统组件，例如信号产生或整流，也将影响整体电力传输并降低其效率。

对于信号产生和传输，必须从 DC 电源产生高频载波信号。为了产生高传输功率，信号放大器是必需的，具有非单位转换增益。根据文献，线性放大器的 A 类效率达到 50%，B 类和 C 类的效率高达 78%，而开关放大器的效率可高达 100%[13]。这些值是理论最大值，典型值低于并且范围例如从 B 类或 C 类放大器的 65% 到开关放大器的 85% 的效率。

系统的发射和接收天线对系统效率有很大影响。利用天线孔径或辐射方向图，还具有良好的匹配性，天线可以帮助改善传输，如前面部分所述。

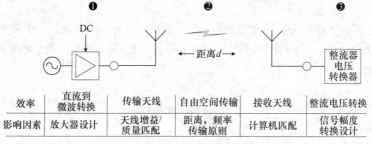

图 10.17 效率影响概述

在接收器侧，输入功率必须被整流并转换为固定的稳定输出电压。根据系统设计和传输距离，可以在紧密耦合系统中使用高接收器信号电压，在高频率下使用较长的传输距离时可以获得非常低的信号幅度。特别是对于远程高频传输，将该低幅度 AC 信号整流为 DC 电压是一项具有挑战性的任务。由于信号电压低，整流二极管不会被适当地偏置并导致高损耗。这是设计无源 UHF-RFID 应答器的一个严重问题。UHF-RFID 整流电路效率的典型值为 10%～15%[15]。

10.5 应用示例：无源 RFID 系统

作为无线电力传输的众所周知的应用，可以提及无源射频识别（RFID）系统。在各种不同类型的 RFID 系统中，大多数无源系统在 125kHz（LF）和 13.56MHz（HF）频率下以电感耦合操作，并且在 865～928MHz（UHF）的频率范围内具有远场传输。这些系统包括有源读取器设备和一个或多个无源转发器。读取器发送强载波信号，为转发器电路供电。除了电力传输之外，设备，读取器和应答器两者都可以通过调制载波来相互传输信息。这些系统的主要应用是用转发器标记的物体的无线识别。双向信息传输使得可以向应答器读取或写入数据。在某些情况下，功能扩展到无线传感器系统。

表 10.3 所示为无源 RFID 系统的典型值[4]。

表 10.3 RFID 参考值

	低频	高频	超高频
TX 频率	115～135kHz	13.56MHz	865～928MHz
典型操作距离	0～1.5m	0～1m	13m
天线原则	环形天线	环形天线	主要偶极天线
最大带宽	65kHz	fTX847kHz	Maxz500kHz
调制上行链路	ASK	ASK	ASK
调制下行链路	ASK，FSK 副载波	副载波	后向散射
典型数据速率	10kBd	106kBd	640kBd

使用这些无源 RFID 系统的主要问题是处理影响传输性能的周围环境、材料特性和场效应。因此，必须在申请中考虑它们，并指出经常缺乏理论背景的用户自己评估

这些影响。

这对于任何无线电力传输系统都是一个重要问题，在系统开发过程中必须予以考虑。

关于 RFID 的实际研究主题致力于增加应答器设备的操作距离、数据速率、接收功率和功能。

参考文献

1. Hansen, J. E. (1988), *Spherical Near-Field Antenna Measurements*, Peter Peregrinus Ltd., ISBN 0 86341 110 X.

2. Gregson, S. (2007), *Principles of Planar Near-Field Antenna Measurements*, British Library Cataloguing in Publication Data, ISBN 978-0-86341-736-8.

3. Pozar, M. (1998), *Microwave Engineering*, 2nd Ed., John Wiley & Sons, Inc., ISBN 0-471-17096-8.

4. Finkenzeller, K. (2002), *RFID Handbuch*, 3. Auflage. Hansen Verlag München Wien, ISBN 3-446-22071-2.

5. Curty, J. P., Declercq, M., Dehollain, C., Joehl, N. (2007), *Design and Optimization of Passive UHF RFID Systems*, Springer Science+Business Media, ISBN 0-387-35274-0.

6. Stirner, E. (1976), *Antennen Band 1 Grundlagen*, Hüthing Verlag Heidelberg.

7. Rint, C. (1955), *Handbuch für Hochfrequenz- und Elektro-Techniker Band III*, Verlag für Radio-Foto-Kinotechnik GmbH, Berlin.

8. Kolnsberg, S. (2001), *Drahtlose Signal- und Energieübertragung mit Hilfe von Hochfrequenztechnik in CMOS-Systemen*, Dissertation, Gerhard-Mercator-Universität Duisburg Fachbereich Elektrotechnik http://duepublico.uni-duisburg-essen.de.

9. Tietze, U., Schenk, C. (2002), *Halbleiter- Schaltungstechnik*, 12. Auflage, Springer Verlag Berlin Heidelberg New York, ISBN 3-540-42849-6.

10. Balanis, C. A. (1997), *Antenna Theory Analysis and Design*, 2nd ed. New York: John Wiley and Sons.

11. Yu., V. Pimenov, *Linear Macroscopic Electromagnetics*, Intellekt, Moscow, 2008 (in Russian).

12. CEPT/ERC Recommendations 70-03 Version 16, Tromso, October 2009.

13. Nathan O. S O W, RF Power Amplifiers, Classes A Through S—How They Operate, and When to Use Each, 0-7803-3987-8/97 IEEE 1997.

14. Waffenschmidt, E.; Staring, T., "Limitation of inductive power transfer for consumer applications," *Power Electronics and Applications*, 2009. EPE '09. 13th European Conference on, pp. 1, 10, 8–10 Sept. 2009

15. Curty, J.-P., Declercq, M., Dehollain, C., Joehl, N., *Design and Optimization of Passive UHF RFID Systems*, Springer Verlag Berlin Heidelberg New York, 2007, ISBN: 978-0-387-35274-9.

第 11 章　用于能量收集的电子缓冲存储器

Robert Hahn 和 Kai-C.Möller

11.1　引言

由于环境能量的不同可用性和设备的不同能量需求，所有能量收集概念都需要有效的中间能量存储。在大多数情况下，这种中间存储最好在辅助微电池、电容器或超级电容器的帮助下完成。与电容器和足够的功率脉冲能力相比，二次电池具有更高的能量密度。另一方面，与电池相比，电容器具有更高的长期稳定性。

因此，具有高体积能量密度的小型化电源的开发对于诸如小型传感器节点、有源智能标签和 MEMS 的小型电子应用是至关重要的。

一次电池和二次电池是用于便携式应用的成熟电源技术。几十年来，只有两三个化学系统占据了市场的主导地位，到目前为止，新的应用和新型化学系统的多样化正在兴起。尽管如此，电池行业仍然有很多正在进行的开发和改进，尽管能量密度每年仅增加几个百分点而不是数量级。通常，电池行业已经将具有高功率和能量需求的较小设备适应化学存储能力范围内的市场需求。一项重要的研究工作不仅是提高二次系统的功率密度，还提高大型系统的安全性和长期稳定性。

本章将集中讨论二次电池和超级电容器作为电气缓冲存储器。然而，应该记住，在未来十年内，自给自足电子系统的电力需求将进一步减少 10 ~ 100 倍。这意味着更多的应用可以使用主要能源供电，寿命为 10 ~ 30 年。用于低电流消耗且经过长达 30 年的耐久性测试的原电池已经上市。

图 11.1 所示为与燃料电池相比的一次电池和二次电池的能量密度。

目前可用的且最好的原电池是含有无机电解质的锂电池。在低电流消耗下，锂亚硫酰氯（$SOCl_2$）电池可实现高达 1400Wh/l 的能量密度。例如，D 尺寸的 TL-5930（塔迪兰）体积为 $58cm^3$。在大约 3.6V 的放电电压下可以实现 19Ah 的容量，这转换为 68Wh 的能量和 1309Wh/l 的能量密度。使用此电池可以为 $700\mu W$ 的连续负载供电 10 年。这种化学物质的密封电池寿命为 10 ~ 20 年。目前最好的可充电锂离子电池的能量密度为 600Wh/l（18650 圆柱形电池，Panasonic）。锂二次电池的能量密度的平均值为 500Wh/l，如图 11.1 所示。它与最好的碱性原电池大致相同。燃料电池的能量密度，如图 11.1 所示，是通过将燃料的能量密度乘以燃料电池的效率来计算的，不考虑燃料电池的尺寸。因此，这些数字是几年长排放时间的上限估计。在这种情况下，燃料电池与燃料箱相比非常小。例如，最好的直接甲醇燃料电池具有 30% 的效率，因此电能密度约为 1300Wh/l。只有当燃料电池的效率可以进一步提高时，它们才能跟上最好的原电池。还应该指出的是，目前市场上最小的燃料电池比电池大得多，小型化仍然是一个巨大的挑战。多年来燃料电池的长期稳定性是另一个问题。

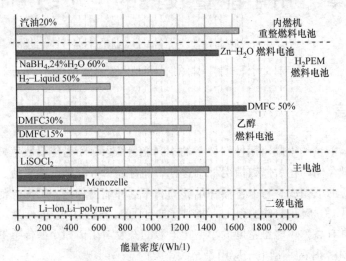

图 11.1　电池和燃料电池的体积能量密度比较。对于燃料电池，
燃料的能量密度乘以燃料电池效率

通过减小电池的尺寸来降低电池的能量密度。这是由于小型电池中活性材料与无源包装材料的比例增加所致。在厚度小于 1mm 时，能量密度显著降低，因为包装的体积变得占主导地位。因此，只应比较相同尺寸的电源的能量密度。

电化学存储系统的另一个重要参数是功率密度。由于高内部阻抗，与稳定的低功率放电相比，在高电流或脉冲负载下，可以从设计用于数年使用的主电池获得的能量要低得多。

大多数二次电池具有较小的阻抗并且能够消耗大量电流。但是，在小型化系统中，二次电池的设计应尽可能小。结果，系统的典型负载和功率脉冲（例如，用于传输数据）可能导致小型二次电池的高功率密度。使用电容器可以实现与电池相比更高的功率密度。功率和能量密度之间的关系显示在所谓的 Ragone 图中（见图 11.2）。可以看出，高功率 Li 二次电池接近超级电容器功率水平的数量级。

总之，由于未来电子设备的电力需求减少，即使在 10～20 年之间的无服务时间间隔，也可以用一次电池为更多系统供电。对于环境能量非常有限的场合，它们将成为能量收集概念的替代方案。另一方面，原电池将被能量收集系统取代，原因如下：

1）原电池的环境问题。

2）环境温度高，电池寿命显著降低。

3）系统免维护服务超过 10～20 年。

能量收集系统需要电缓冲存储器，其可以是二次电池或电容器。这些缓冲器的参数如温度稳定性和寿命必须与能量收集系统的要求一致。

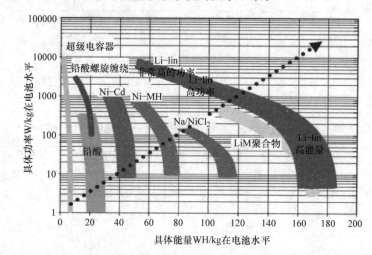

图 11.2   Ragone 图表，各种二次电池和超级电容器在功率和能量密度方面的比较。
横轴表示可用的能量，纵轴表示能量的传递速度[1]

11.2   物理原理

11.2.1   二次电池

与其他化学品相比，锂电池具有最高的能量密度，因为锂是最轻的金属，并且具有最高的还原能力，表示为电化学系列中所有金属的最低标准还原电位为 –3.045V。因此，这里仅考虑锂二次电池。

在具有有机电解质的二次锂电池中，由于枝晶生长和严重的安全问题，纯锂不能用作负极材料。充电期间金属 Li 的沉积仅可用于非常薄的层。相反，石墨用作嵌入阳极，Li 和 C 之间的原子比为 1：6。因此，该电极的能量密度降低了约十倍。另一方面，总能量密度更多地取决于正电极而不是负电极，见表 11.1～表 11.3[2]。

表 11.1   锂二次电池中阳极材料的比较[2]

	锂金属	无定形碳 LiC_6	石墨 LiC_6	锂合金	氧化锂	钛酸 $Li_4Ti_5O_{12}$
潜力 vs.Li/Li^+/mV	0	100~700	50~300	50~600	50~600	1400~1600
容量 /（mAh/g）	3860	ca.200	372	4000 Si1000Sn	<1500	150~160
安全	—	+	+	+	+	++
稳定性	—	+	+	—	—	++
成本	+	0	+	++	—	0

表 11.2　锂二次电池正极材料的比较[2]

	LiCoO$_2$	LiNiO$_2$	LiMn$_2$O$_4$	Li(Ni$_x$Co$_y$Mn$_2$)O$_2$	LiFePO$_4$
潜力 vs.Li/Li$^+$/mV	3.9	3.8	4.0	3.8~4.0	3.4
容量 /（mAh/g）	150	170	120	130~160	160
安全	—	—	+	0	++
稳定性	—	—	0	0	++
成本	—	—	+	0	+

表 11.3　锂离子二次电池的电极材料：理论上可达到的能量密度

	摩尔质量	插层	插层程度	单电极比容量		比容量	能量密度
	[（g/mol）]			(As/g)	(mAh/g)	(mAh/g)	(mWh/g)
阳极 Li(metal)	6.9410	1	100%	13900.78	3861.33		
阳极 Li$_{(0\cdots1)}$C$_6$	12.0107	6	100%	1338.88	371.91		
阴极 Li$_{(0.4\cdots1)}$CoO$_2$	97.8730	1	60%	591.49	164.30	114.0	410.3
阳极 Li$_{(0\cdots1)}$C$_6$	12.0107	6	100%	1338.88	371.91		
阴极 Li$_{(0.5\cdots1)}$Ni$_{0.8}$Co$_{0.2}$O$_2$	97.6812	1	50%	493.88	137.19	100.2	360.8
阳极 Li$_{(0\cdots1)}$C$_6$	12.0107	6	100%	1338.88	371.91		
阴极 Li$_{(0.4\cdots1)}$MnO$_4$	180.8147	1	60%	320.17	88.94	71.8	208.1

因此，在锂离子二次电池中，负电极和正电极由所谓的主体材料组成，锂离子可以迁移到所述主体材料中。锂离子移入电极的过程称为插入（或嵌入），锂离子移出电极的逆过程称为提取（或脱嵌）。在电化学中，阳极是发生氧化的电极，阴极是发生还原的电极。当锂基电池放电时，锂离子从负电极中提取，负电极变为阳极并插入正电极（阴极）中。当电池充电时，发生相反的过程：锂离子从正电极中提取并插入负电极［见式（10.1）~式（10.3）］。为简化起见，不管充电或放电反应如何，负电极和正电极总是分别称为阳极和阴极。

在主体材料的还原和氧化反应的同时，锂离子作为反离子插入和提取到主晶格中确保了电荷平衡和电中性。常规锂离子电池的阳极由碳材料如硬碳或石墨制成，阴极是过渡金属氧化物或磷酸铁。几种阳极和阴极材料的最重要特性绘制在表 11.1 和 11.2 中。图 11.3 所示为电化学系列中排列的锂离子电池最重要的阳极和阴极材料的电极电位。

锂离子电池的电解质由非质子极性有机溶剂中的锂盐组成。有关锂电解质和聚合物黏合剂的详细描述可以在其他地方找到[3]。

阳极半反应

$$Li_xC_n \leftrightarrow C_n + xLi + + xe^-$$ （11.1）

阴极半反应

$$Li_{1-x}MO_2 + xe^- + xLi+ \leftrightarrow LiMO_2$$ （11.2）

综上

$$Li_{1-x}MO_2 + Li_xC_n \leftrightarrow LiMO_2 + C_n$$ （11.3）

（M：金属）

基于石墨阳极和氧化钴阴极的锂电池对深度放电和过充电非常敏感。因此，需要采取一些安全措施。式（11.4）和式（11.5）分别显示了反应。

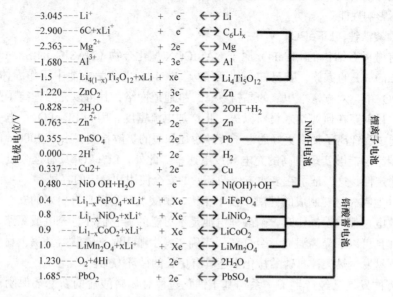

图 11.3　根据电化学系列中的电极电位比较锂离子电池和 NiMH 以及铅酸电池

过放电

$$Li^+ + LiCoO_2 \rightarrow Li_2O + CoO \tag{11.4}$$

过度充电

$$LiCoO_2 \rightarrow Li^+ + CoO_2 \tag{11.5}$$

最重要的锂离子电池材料可表征如下：

（一）阴极材料

1. 锂钴氧化物，$LiCoO_2$

锂钴氧化物是一种成熟的，经过验证的行业标准电池技术，可提供长循环寿命和极高的能量密度。电池电压通常为 3.7V。使用这种化学物质的细胞可从许多制造商处获得。遗憾的是，钴的使用与环境和毒性危害有关。

2. 锂锰氧化物（尖晶石结构），$LiMn_2O_4$

锂锰氧化物在 3.8 ~ 4V 下比钴基化学物质提供更高的电池电压，但能量密度减少约 20%。它还为锂离子化学提供了额外的好处，包括更低的成本和更高的温度性能。这种化学反应比锂钴技术更稳定，因此本质上更安全，但是潜在的能量密度更低。与钴不同，锰是一种安全且更环保的阴极材料。

3. 锂镍氧化物，$LiNiO_2$

基于锂镍氧化物的电池比钴提供高达 30% 的能量密度，但电池电压低于 3.6V。它们也具有最高的放热反应，这可能在高功率应用中引起冷却问题。

4. 锂（NCM）镍钴锰氧化物，Li（NiCoMn）O₂

这些是混合的三金属阴极材料（通常为 1：1：1），其结合了改进的安全性和低成本而不影响性能。

5. 磷酸铁锂，LiFePO₄

具有橄榄石结构的 LiFePO₄ 属于 NASICON 型化合物（NASICON-Sodium Super-ion Conductor）的家族，其已知为快离子导体并且在电化学电池中用作固体电解质。在 LiFePO₄ 中，六方密堆积氧的晶格具有二维通道网络，其可以充当锂离子的快速扩散路径。目前正在研究纳米材料以进一步增加电流密度，因为 LiFePO₄ 是电子非导电材料。通过为锂离子提供更好的电子传导途径和短的扩散长度，小于 200nm 的粒径和特定的碳涂层能够实现更高的充电和放电速率。此外，LiFePO₄ 具有迄今已知材料的最高热稳定性，这保证了在多次工作循环后的安全使用和稳定的容量。

与其他阴极材料制成的锂离子技术相比，磷酸盐基阴极具有更好的安全特性。在充电或放电过程中误操作时，磷酸锂电池是不可燃的；它们在过充电或短路条件下更稳定，并且可以承受高温而不会分解。当确实发生滥用时，磷酸盐基阴极材料不会燃烧并且不易发生热失控。磷酸盐化学还具有更长的循环寿命。

最近的发展已经产生了一系列基于锂化过渡金属磷酸盐的新型环保阴极活性材料，用于锂离子电池应用。

掺杂过渡金属会改变活性材料的性质，并使电池的内部阻抗降低。

磷酸盐显著降低了钴化学的缺点，特别是成本、安全性和环境特性。由于磷酸盐阴极的电压较低，权衡能量密度降低约 14%。

由于磷酸盐相对于目前的锂离子钴电池具有优异的安全特性，因此可以使用更大的电池尺寸来设计电池。

许多研究活动正在进行中，以进一步改进电极材料并寻找新的材料选择。例如，Li（NixCoyMnz）O₂ 可以制成 LiNiO₂ 和 LiMn₂O₄ 与氧化钴的混合物，或者作为 LiNiMnCoO₂ 的固溶体，具有增加的高温特征[4]。

（二）阳极材料

1. 碳

大多数锂基二次电池的阳极基于某种形式的碳（石墨或焦炭）LiC₆。在电池的形成过程（第一次充电）期间，电解质直接与碳阳极反应，并且钝化层［所谓的固体电解质中间相（SEI）］沉积在阳极上。该层对于电池的稳定性是必不可少的，但它增加了电池内部阻抗并降低了可能的充电速率以及高温和低温性能。

过热会导致保护性 SEI 阻挡层破裂，使阳极反应重新开始释放更多热量，导致热失控。SEI 层的厚度不均匀并且随着老化而增加，增加了电池内部阻抗，降低了其容量并因此降低了其循环寿命。

2. 钛酸锂，Li₄Ti₅O₁₂

已经引入钛酸锂尖晶石用作阳极材料，提供具有改善的循环寿命的高功率热稳电池，这具有以下优点：

1）由于较低的还原能力，钛酸锂阳极不会与锂离子电池中常用的电解质发生不利反应，因此不会形成 SEI 层，也不需要。

2）对离子流的限制较低，因此可以实现更高的充电和放电速率以及更好的低温性能。

3）电池具有较低的内部阻抗，可以承受较高的温度。

4）随着时间的推移，没有 SEI 积累意味着可以实现长循环寿命。

另一方面，标称电池电压显著降低至 2.25V，这意味着能量密度较低。

标准石墨和钛酸盐阳极的充电和放电时的电池电压水平与具有相同尺寸的电池的氧化钴阴极的比较如图 11.4a、b 所示。使用典型的恒定电流 - 恒定电压（CC-CV）充电程序。首先以恒定电流对电池充电，直到达到最大电压。然后电压保持恒定并继续充电直到电流降至阈值以下。

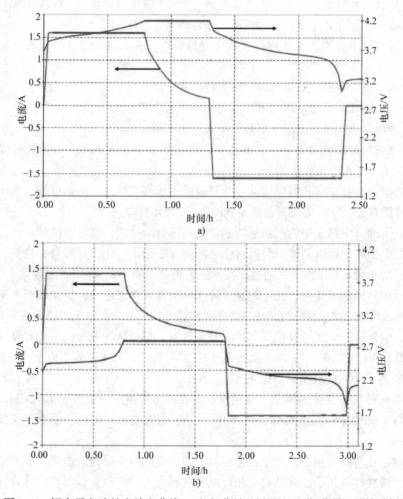

图 11.4　锂离子电池的充放电曲线。a）氧化钴 - 石墨，b）氧化钴 - 锂钛酸盐

11.2.2 固态薄膜锂电池

固态电池是具有固体电极和固体电解质的化学电池。需要具有足够高的离子传导性并且对电子绝缘的材料。已经研究了陶瓷、玻璃和聚合物材料作为固态电解质。与液体系统相比，室温下的离子电导率低得多，并且固-固相间的离子电流受到限制。因此，固态系统的应用仅限于低功率和高温系统。

如果电池层沉积为薄膜，则可以解决低导电率和界面问题。如果层厚度在微米范围内，则可以实现相对高的功率密度。尽管固体电解质的锂离子电导率比许多液体电解质低 100 倍，但因为仅 1μm 厚的薄膜足以在大多数薄膜电极上形成无针孔屏障。此外，最常用的 LiPON 的电子电阻率非常高，大于 $10^{14}\Omega cm$。

用于固态电池的薄膜技术的其他优点如下：

1）薄膜技术提供清洁表面并改善电极-电解质界面接触。

2）离子导体在真空中的沉积避免了可能的湿气问题。

3）薄膜技术通常在层之间提供非常好的黏合，并且通过这些技术也可以获得大面积。

4）可以使用方便的基板材料，例如硅晶片。

5）可以通过在器件顶部沉积绝缘层来实现电池的封装。

6）薄膜电池易于小型化（通过真空沉积和光刻图案化）。

7）电解液泄漏没有问题。液体电解质通常具有高度腐蚀性。由于没有液体电解质，所以小型电池的包装很简单。

固态电池具有非常长的保质期，并且通常不随温度变化，例如可能与液体电解质冷冻或沸腾有关。这些是能量收集系统的电缓冲器的非常重要的特性。

另一方面，电解质层的沉积是特别复杂和耗时的过程，这导致高的生产成本。固态电池的电循环导致微晶体积和材料张力的循环变化。因此，总容量相当低，因为层厚度不能增加到几微米以上。通过该技术通常可获得约 $100\mu Ah/cm^2$ 的容量。

在橡树岭国家实验室，已经创建了薄膜电池的基本工艺[5]。结果表明，向玻璃结构中加入氮可提高离子导体锂玻璃的化学和热稳定性。尽管氮分压超过了等离子体中氧的分压，但是只有少量的 N 取代了组合物中的氧，但是这种氮对离子传导性和电化学稳定性具有深远的影响。在 N/O 比值小至 0.1 的情况下，离子电导率为 1～2μS/cm，这比不含 N 的 Li_3PO_4 的玻璃膜高约 40 倍。

该电池是具有交替的锂金属氧化物层（在大多数情况下为锂钴氧化物），磷酸锂氧氮化物（LiPON）和锂金属的层状结构。最大电池电压为 4.2V。所有层均使用真空处理制造。

同时，在薄膜电池中使用了几种材料。可再充电电池的最佳电极是在充电和放电反应期间活性材料几乎没有结构变化以减少材料张力的电极。该材料应允许锂离子在固体中快速扩散并具有良好的电子传导性。

（一）用于薄膜电池的阴极材料

$LiCoO_2$ 具有高容量（155mAh/g）。它具有层状结构，其中锂和过渡金属阳离子在扭曲的立方密堆积氧离子晶格中占据交替的八面体位置层。充放电循环的尺寸变化很小。

$LiMn_2O_4$ 具有比 $LiCoO_2$ 更低的容量（120mAh/g），但具有更高的电压。它具有尖晶石或隧道结构，通过面共享八面体和四面体结构具有三维空间。这提供了用于插入和提取锂离子的导电通路。

其他嵌入化合物如 TiOS、V_2O_5 和 $LiVO_2$ 也已被使用。

（二）用于薄膜电池的阳极材料

锂是薄膜固态电池的首选阳极材料。锂金属的比容量为 3.86Ah/g。为了获得合理的循环寿命，使用 3～5 倍过量的锂。即便如此，比容量仍远高于阴极材料的比容量。

在锂化阴极的情况下，插入化合物可用作负电极，例如 Sn_3N_4、Si、Sn 和碳。

1. 薄膜电池中的电解液

通常用于固态薄膜锂电池的电解质是锂磷氮氧化物（LiPON）。LiPON 具有良好的锂离子传导性和与金属锂接触的优异稳定性。

2. 电池封装

锂是一种高活性金属。在暴露于潮湿或干燥空气时，锂可以经历以下反应：

$$2Li + H_2O - \frac{1}{2}O_2 \rightarrow 2LiOH \qquad (11.6)$$

$$2Li + \frac{1}{2}O_2 \rightarrow Li_2O \qquad (11.7)$$

对于长达 20 年的寿命，只允许非常低水平的水或空气扩散到包装中。由于用于微电池的密封包装相当昂贵，已经开发了几种保护涂层和封装方法，其允许高寿命。

图 11.5 所示为薄膜电池的示意性横截面。通过在氩（Ar）气氛中溅射适当的金属来沉积阴极和阳极集电器。通过 RF 磁控溅射烧结靶来沉积阴极膜，以获得所需化合物。这些材料中的一些，主要是锂化的材料（$LiCoO_2$，$LiMn_2O_4$ 等），在高温（300～600℃）下溅射后需要进行热处理。在 300～800℃ 的温度下退火阴极膜可用于诱导所需嵌入化合物的结晶和晶粒生长。结晶阴极膜通常将电极材料中的 Li 化学扩散性提高一到两个数量级，从而提高电池输送的功率。微结构也通过沉积和热处理来定制。为了改善薄膜电池的可制造性，消除或最小化退火步骤的温度或持续时间将是有益的。通过努力可实现在聚酰亚胺基板上低温制造薄膜电池，但电池容量和倍率性能比在高温下处理要低。

溅射的锂化玻璃电解质（Li 离子传导膜和电绝缘体）膜覆盖阴极和基板的一部分直到阳极集电器，以使基板与阳极绝缘接触。通常，该电解质层由 Li_3PO_4 中通过溅射在 Li_3PO_4 靶中获得的 LiPON 构成。然后通过热蒸发沉积锂。

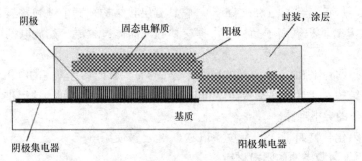

图 11.5　沉积薄膜电池的示意图

此外，许多出版物报道了一种或多种组分探索各种其他物理和化学气相沉积方法，例如脉冲激光沉积、电子回旋共振溅射和气溶胶喷涂。

另一个概念在于使用锂化正电极和阻挡金属层（通常为 Pt）作为负电极的集电器。这个概念更容易实现，并提供类似于锂金属电池的电化学特性。目前这个概念并没有达到传统锂金属电池的循环寿命，主要是由于电池放电时 Pt 层上的锂突起[6]。

薄膜的微结构可以与由粉末形成的电池电极的微结构完全不同。薄膜阴极致密且均匀，没有添加相，例如黏合剂或电解质。

11.2.3　超级电容器

电化学双层电容器（EDLC）通常缩写为"超级电容器"，以 1978 年 NEC 的第一个商业化产品的商标名命名。

超级电容器使用与电池不同的电荷存储原理：在电池中发生电化学活性化合物氧化态变化的氧化还原反应，超级电容器使用大面积电极和液体电解质之间的电化学双层电荷存储。在充电期间，由于施加电压产生的带电电极之间的电场，电解质中的带电离子向相反极性的电极迁移。因此，产生两个单独的带电层。通过将两个电极层和隔板电解质层夹在中间来实现双层电容器。这对应于两个电容器的串联互连，如图 11.6 所示。

根据式（11.8），容量与表面积 S 和磁导率 ε 成比例，并且与电极 d 之间的距离间接成比例。电极距离非常小，因为它是双层厚度，这取决于离子半径和电解质浓度。它通常在 5～10Å 的范围内。由于电极的孔隙率，有效表面 S 很大。典型材料的表面积约为 2000m^2/g，相当于 10～20μF/cm^2 之间的比容量。这相当于 100～200F/g 的比容量，其可以仅与尺寸更大的传统电容器匹配。

$$C = \varepsilon_0 \varepsilon_r S / d$$

（11.8）

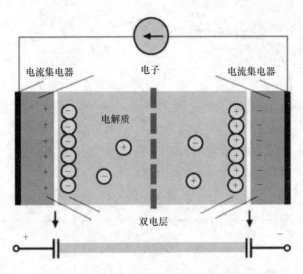

图 11.6　双层电容器的原理图

在电化学双层电容器中，通过使用纳米多孔材料（通常为活性炭）来改善存储密度。活性炭是由极小且非常"粗糙"的颗粒组成的粉末，其大量形成低密度体积的颗粒，在它们之间具有孔。

电池和超级电容器的不同电荷存储机制是它们的不同特性的原因：电池电极材料的氧化还原反应需要（反）离子固态扩散到大部分颗粒中，这是一个相当缓慢的过程。这限制了电池的功率密度（<<3kW/kg）。由于化学反应不是完全可逆的，并且伴随着体积变化，循环稳定性，即充电 / 放电的数量，被限制在几百到 10000 个循环，这取决于系统。由于使用了大部分颗粒，因此能量密度很高（高达 240Wh/kg）。超级电容器是不同的：由于电化学双层中的能量存储仅在颗粒表面，能量密度非常低（5Wh/kg），功率密度很高（约 20kW/kg，参见 Ragone 图，图 11.2）。此外，超级电容器具有出色的循环稳定性，最高可达 1000000 次循环。与电池相比的缺点是自放电较高，每月约 10%，这很大程度上取决于制造质量和充电状态。

超级电容器的最大能量 W（以 $W_s = VA_s$ 计算）计算为

$$W = \frac{1}{2}CU^2 \tag{11.9}$$

并且最大功率 P（$W=V/A$）为

$$P = \frac{U^2}{4R_{ESR}} \tag{11.10}$$

式中，R_{ESR}（inΩ=V/A）是等效串联电阻，由欧姆传导和介电反转损耗组成。

如同传统电容器所预期的那样，包含相同电极的超级电容器的恒定电流充电（或放电）使电池电位随时间线性增加（或减小）（见图 11.7）。

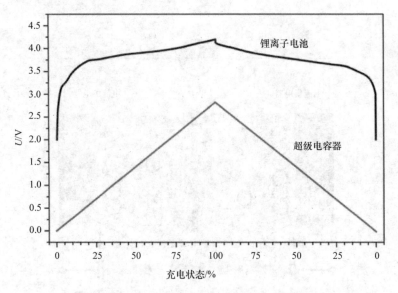

图 11.7 锂离子电池和超级电容器的恒流充电/放电循环的比较

从上面的等式可以看出，最大电压来自于一个重要的固定螺钉，用于改善超级电容器的能量和功率。对于含水电解质，电压限制在约 1.2V。非水性非质子有机电解质允许 2.7V 甚至更高的电位窗（锂离子电池使用高达 4.2V 的电压）。在大多数情况下，乙腈或碳酸亚丙酯是所选择的溶剂。类似于锂离子电池管理系统的电压监控很重要，因为超级电容器中不存在内部过充电机制。为了实现更高的电压，必须匹配串联连接的单个双电层电容器。

除了具有电子和离子电荷迁移的两个相同电极的对称超级电容器之外，通过引入额外的法拉第反应，除了涉及电荷迁移氧化还原反应之外，还可以改善适度的电荷存储能力。

这里，可以使用所谓的伪容量无机系统和具有导电聚合物作为电极的系统。典型的无机材料是 MnO_2（450F/g）、RuO_2（高达 800F/g）；有机电极由聚合物制成，例如聚苯胺（PA）、聚吡咯（PPy）或聚（3-甲基噻吩）（200-300F/g）。与静电双层电容器相比，这些电化学系统可以实现更高的能量密度，同时材料成本更高。

第三种类型的超级电容器称为混合电容器。一个电极在活性炭上使用双层，而另一个电极在电化学"法拉第"电极上使用。使用混合电容可以实现更高的工作电压。因此，可以调节到一次电池或二次电池的电压，并且可以并联连接超级电容器和电池，以提高脉冲功率性能而无需额外的电子器件[7]。

最近对电双层电容器的研究主要集中在提供更高可用表面积的改进材料上。

11.3　微型二次电池技术的实现

能量自给自足系统及其能量收集装置在负载曲线、尺寸和其他参数方面可以变化很大。因此，不会使用单个电缓冲存储器，而是将各种系统适用于各个应用。然而，二次电池作为电缓冲器存在一些一般要求。

- 电池必须是可充电的，并且应具有高能量密度。
- 电池电压应符合设备电压。
- 缓冲存储器应具有高脉冲放电率。大多数带收发器模块的系统都是这种情况。
- 许多传感器节点应用可能需要小的几何尺寸和灵活的形状因子。
- 轻微的自放电对于保护几乎所有收获的能量至关重要。
- 10 年及以上的长寿命具有重要意义，因为能量收集的理念是拥有一个几十年来无须维护的系统。对于大多数可充电电池而言，10 年或更长的寿命仍然是个问题。
- 在某些情况下，需要高温稳定性。
- 电池技术必须来自大批量生产以降低成本。
- 能量存储设备必须与系统连接，这对于小型化系统而言可能变得至关重要。
- 封装微电池是另一个问题。需要接近密封的封装以实现长寿命。另一方面，封装体积应该只是电池的一小部分。对于特殊应用，封装必须具有生物相容性和耐压性。
- 安全性是所有锂电池的关注点。另一方面，在电池非常小的情况下，安全性不那么重要。

11.3.1 硬币型电池

大多数使用的微电池的低电流系统是硬币型的。在硬币型电池中，阳极和阴极的活性物质分别以粉末或浆料的形式填充到金属杯和金属盖中，以便向外部提供两个电触点（见图 11.8）。两个部件通过隔板分开并通过聚合物密封环连接。表 11.4 所示为几个硬币型二次电池的特性的例子。

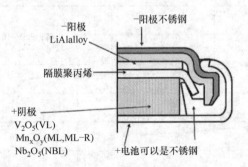

图 11.8　硬币型电池的横截面（来源：Panasonic）

通常，由于金属外壳的体积分数，相同化学系统的小硬币型电池的能量密度与圆柱形或棱柱形电池相比要低得多。作为比较，还示出了镍金属氢化物（NiMH）电池。与锂电池相比，它们具有更高的电流能力，但能量密度更低。NiMH 电池不适用于大多数能量收集应用，因为与锂相比充电效率低得多，并且自放电更高，所有用于存储备份的纽扣电池只能用于低电流，因此不适用于大多数能量收集应用。然而，它们表现出低的自放电率并且能够承受过放电和过充电。

表 11.4　硬币型二次电池的示例

类型	系统	尺寸（$d_m \times h$）/mm	电压 /V	容量 /mAh	能量密度 /（mWh/cm^3）
ML1200	Li	12.5×2	3	16	200
MC621	Li	6.8×2.15	3	3	115
V6HR	Ni/MH	6.8×2.15	1.2	6.2	95
V40H	Ni/MH	11.5×5.35	1.2	43	90
MC614	Li	6.8×1.4	3	1.5	90

五氧化二钒（VL）纽扣电池主要用于备份存储器数据。自放电率相当低，一年只有 2%。电压很高。

铌锂可充电电池（NBL）也开发用于存储器备份，但是在与 IC 技术一致的较低电压水平下。

在锰化合物（ML）锂二次电池中，锰复合氧化物用于正极，锂/铝合金用于负极。它们可以在低于 3V 的电压下充电。

锰钛锂可充电电池（MT）是紧凑型可充电电池，其使用锂 - 锰复合氧化物作为阴极材料，并且锂 - 钛氧化物作为阳极材料。这些电池可用于更广泛的充电和放电电流。它们被开发为紧凑型产品（如可充电手表）的主要电源，可用作各种能量收集设备的电气缓冲器。

钴钛锂可充电电池（CTL）使用锂钛氧化物作为阳极，锂钴氧化物作为阴极。它们类似于锰钛系统，但具有更高的电压（见图 11.9）。它们被开发为紧凑型产品（如可充电手表）的主要电源，可用作各种能量收集设备的电气缓冲器。

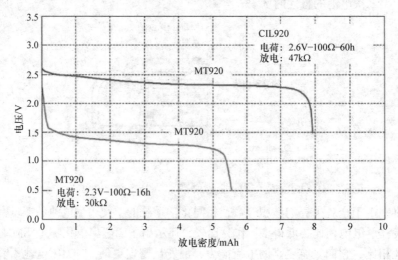

图 11.9　钴和锰钛锂纽扣电池的放电曲线

具有锂钛氧化物作为阳极的可充电纽扣电池在循环寿命方面与具有 LiAl 阳极的电池大不相同。虽然具有 LiAl 阳极的电池可以在 10% 放电深度（DOD）下循环超过 1000 次，但是可以仅循环大约 1000 次，完全放电 50 次。具有氧化钛阳极的电池可以在 100% 放电深度下循环 500 次，这使得它们非常适合于可以发生完全放电的许多能量自给自足系统。表 11.5 所示为锂可充电纽扣电池的概述[8]，一些电池型号的特性总结在表 11.6 中。

表 11.5　可充电锂纽扣电池概述

平均值	阳极 阴极 放电电压 /V	VL V$_2$O$_5$ LiAl 2.85	ML Li$_x$MnO$_y$ LiAl 2.5	NBL Nb$_2$O$_5$ LiAl 1.5	MT Li$_x$MnO$_y$ Li$_x$TiOy 1.3	CTL LiCoO$_2$ Li$_x$TiOy 2.3
充电	电压 /V	3.25~3.55	2.8~3.2	2.0~2.6	1.5~2.5	
关断	电压 /V	2.5	2.0	1.0	1.0	
自放电	每年（%）	2.0	2.0	2.0	5.0	
循环	10%DOD	1000	1000	1000		
循环	100%DOD	ca.50	ca.50	ca.50	500	
运行	温度 /℃	−20 ~ 60	−20 ~ 60	−20 ~ 60	−20 ~ 60	

表 11.6　锰钛锂纽扣电池的参数

模型	标称电压 /V	标称容量 /mAh	直径 /mm	厚度 /mm	重量 /g	能量密度 /（Wh/l）	标准负载 /mA
MT920	1.5	5.0	9.5	2	0.5	52.9	0.1
MT621	1.5	2.5	6.8	2.1	0.25	49.2	0.05
MT516	1.5	1.8	5.8	1.6	0.15	63.9	0.05

11.3.2　锂离子 / 锂聚合物电池

（一）电池制造

基于锂的可充电电池在诸如移动电话、膝上型电脑、照相机和其他消费电子产品的应用中以非常大的量使用。锂离子聚合物电池在导电聚合物基质中使用液态锂离子电化学，从而消除电池中的游离电解质。聚合物基质基于改性的 PVDF（聚偏二氟乙烯）均聚物或共聚物。电池包装为圆柱形电池或棱柱形。锂离子圆柱形或棱柱形电池具有刚性金属外壳，而聚合物电池具有柔性的箔型（聚合物层压）外壳，但它们仍含有有机溶剂。使用多层箔的封装称为袋封装。

商业聚合物和锂离子电池之间的主要区别在于，在后者中，刚性外壳将电极和隔板彼此压在一起，而在聚合物电池中不需要这种外部压力，因为电极片和隔板彼此层压在一起。另外，它们在大气压的帮助下被压在一起，活性物质在集电器上制造为薄箔。这些箔大面积堆叠在一起或卷绕成线圈。由于活性材料很薄，电解质中离子行程的距离很小。因此，与电池面积小且电极厚度较大的纽扣电池相比，可以实现更高的功率密度。如果仅将一个或两个电池箔封装在袋中，则可以制造厚度小于1mm的非常薄的锂电池。图11.10所示为薄锂聚合物电池的横截面视图。

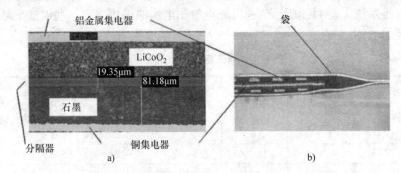

图11.10　锂聚合物电池的横截面图，a）单电池（来源：Fraunhofer IZM），
b）具有中心阳极的双电池（来源：VARTA）

锂聚合物电池的尺寸小至约$1cm^2$的小型化并不容易，因为袋包装需要不受限制的密封边缘和可密封的电流馈通。结果表明，带有袋封装的锂聚合物电池可以集成到$1cm^3$尺寸的传感器节点中。在这种情况下，电子模块和天线的尺寸适应电池的空间要求，如图11.11所示。

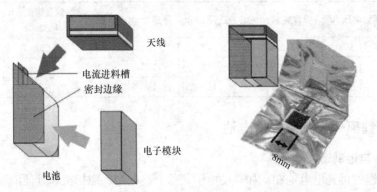

图11.11　锂聚合物电池组成立方厘米传感器节点（来源：Fraunhofer IZM）

（二）电池参数

图11.12所示为过去几年Panasonic18650锂离子圆柱电池的能量密度演变。可以看出，能量密度稳定增加。另一方面，电池类型的多样化具有应用适应的参数，例如以较低能量密度为代价的改进的安全性和高温性能。

许多研究活动致力于汽车工业的锂二次电池。这将导致新电池材料和技术的加速引入。微电池也将受益于这种发展。然而，与用于能量自给自足系统的微电池相比，许多规格的汽车电池是不同的，见表11.7。

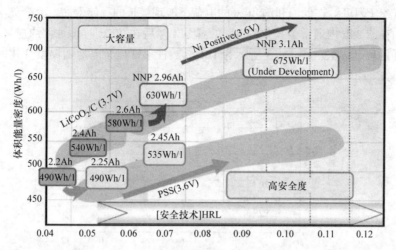

图 11.12　锂离子二次电池，圆柱形电池 18650 的演变（来源：Panasonic）

表 11.7　能源自给自足系统用汽车和微电池的锂离子电池规格比较

	汽车锂电池	锂微电池
比能量 /（Wh/kg）	非常重要（40~60）	不是很重要
功率密度 /（kW/kg）	重要（5~10）	重要（脉冲负载）
自放电	中等	应该非常低
可靠性，寿命	10 年	5 ~ 30 年
周期	1000（5000:2012）	100 ~ 20000
低气温性能	重要	对于一些应用
安全性	非常重要	中到低
成本 /（欧元 /Wh）	<1（0.3:2014）	10 ~ 10000

电池重量对于汽车电池最重要，因为燃料消耗与重量成正比。对于微型系统，电池体积比重量更重要，并且只有在小型化作为主要关注的情况下。功率密度没有差别，因为与能量自给自足微系统的传感器节点的脉冲负载相比，在汽车电池的加速和回收期间的高电流负载可能导致相同的功率密度。在这两种情况下，使用寿命都很重要。大约 10 年后的电池更换对于汽车来说可能比需要 10 ~ 30 年免维护操作的能源自给自足系统更为现实。

美国先进电池委员会（USABC）在 Freedom-CAR 研究计划中，例如，要求 42V 电池系统和混合动力电动车（HEV）的日历寿命为 15 年，电动车（EV）需要 10 年。就循环寿命而言，要求在 80%DOD 下寿命长达 1000 个循环。

对于不同的应用，微系统的充电 / 放电循环次数变化很大。安全性是大型锂电池的首要考虑因素，而如果电池尺寸小于 1cm² 则安全性更高。

根据表 11.7，能量自给自足系统的二次电池最重要的参数是寿命和自放电。两者都强烈依赖于温度。在低温和约 40% 的电荷下实现最长的存储寿命。完全充电后，锂离子电池在前 24h 内通常会损失约 5% 的容量，然后在 20°C 时每月大约损失 3%。这是可恢复的容量损失。图 11.13 所示为 18650 圆柱形锂离子电池随温度变化的容量随时间的损失。

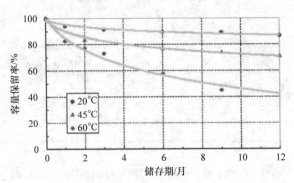

图 11.13　CGR18650C 细胞的容量损失所有细胞均储存完全充电，充电：CCCV 4.2V 0.7C，100mA 截止值，放电：CC，1C，3.0V 截止（来源：Panasonic）

永久性容量损失是指通过充电无法恢复的损失。许多退化机制导致永久性损失[9]。它们主要是由于完全充电/放电循环次数、电池电压和温度。电池老化、增加电池阻抗、功率衰减和容量衰减源于多种复杂的机制。

材料参数以及存储和循环条件会影响电池的使用寿命和性能。根据电池的化学性质，高低电荷状态可能会降低性能并缩短电池寿命。在高温下衰减加速，但低温下，特别是在充电过程中，也会产生负面影响。

电池保持在 4.2V 或 100% 充电水平（或锂离子磷酸盐为 3.6V）的时间越长，容量损失就越快。

测试锂聚合物电池作为微型太阳能模块的缓冲器[10]。这是电池长时间保持在最大电压的典型情况。结果表明，如果最大电压从 4.2V 降至 4.0V 或 3.9V，则循环寿命可显著增加。实现了超过 1000 个完整循环，容量减少了大约 1 个，每个循环0.0125%。

能源自给自足系统的另一个问题是低充电和放电电流。虽然大多数规格是 5h 充电或放电（0.2C），最高情况下，能量自给自足系统可能发生 200h。在这种情况下，锂离子电池的充电效率可降低至约 95%，如图 11.14 所示。较高的环境温度进一步降低了充电效率。然而，即使在低电流下，锂离子电池也显示出比其他电池化学品更好的充电效率。

大规模制造的最小的锂聚合物电池用于蓝牙模块。表 11.8 所示为典型样品的概述。

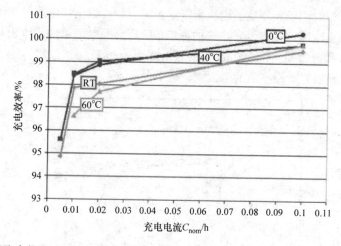

图 11.14　锂聚合物电池的充电效率与充电电流和温度的关系。最低电流对应 200h 充电[9]

表 11.8　小型锂聚合物电池示例（广州马肯电池有限公司）

模型	标称电压 /V	标称容量 /mAh	深度 / mm	长度 / mm	宽度 / mm	能量密度 / (Wh/l)	重量 /g	比能量 / (Wh/kg)	放电电流 / mA
300910	3.7	15	3	9	10	206	2.25	24.7	120
041225	3.7	80	4.2	12.5	26	217	1.4	211.4	120
051235	3.7	130	4.7	12.5	36	227	2.7	178.1	195
062030	3.7	270	5.7	20.5	31	276	5.8	172.2	405

11.3.3　固态薄膜电池

（一）固态薄膜电池参数

具有几种不同阴极和阳极材料的薄膜电池已经循环到数百和数千个深循环，几乎没有容量损失。这归因于 Lipon 电解质膜的稳定性，薄膜材料适应于充电 - 放电反应相关的体积变化的能力，以及薄膜结构中电流和电荷分布的均匀性。随着循环，电池逐渐变得更具电阻性，老化速率取决于特定电极材料、薄膜厚度以及电池工作期间的温度和电压范围。作为全固态器件，薄膜电池可以在比大多数锂离子电池更宽的温度范围内工作。报告的合理循环性能结果为 -40℃ 和 150℃[11]。当在高温下循环时，电池劣化增加并且可能是由于电极或界面处的逐渐微观结构或相变。例如，在 75℃以上循环的 $LiCoO_2$ 阴极的老化与晶格转变有关。没有报告安全成为问题的反应。大多数具有 LiPON 电解质的薄膜电池的自放电率可以忽略不计。在橡树岭国家实验室制造的薄膜电池可以预计多年充满电[12]。

图 11.15 中所示的 Ragone 图显示了在宽范围的恒定电流放电条件下获得的薄膜电池的功率和能量密度的结果。这些值通过电池的有效区域归一化，以便于评估特定应用所需的尺寸。电池均具有 3μm 厚的金属锂阳极和指定的阴极。在每条曲线旁边指

示以微米为单位的阴极膜厚度。这决定了细胞的容量。给出特定能量和体积能量的参考点以及功率密度标记在边缘。这些估算包括所有有源电池组件的体积和质量，包括集电器、电极和电解质，以及 $7\mu m$ 厚的聚对二甲苯和 Ti 保护涂层。没有包括基板和电池容器，这显然对最终产品的电池规格有很大影响。

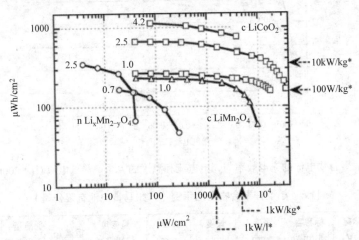

图 11.15 能量和功率密度归一化为具有不同阴极材料和结晶度的固态薄膜电池的有效电池面积 ［纳米晶（n）］。表示阴极厚度的值。* 所有层包括 $7\mu m$ 钝化但不包括基板[12]

如图 11.16 所示，在 3.0 ~ 4.2V 放电的 Li-LiCoO$_2$ 电池具有最佳的能量和功率密度。使用 $4\mu m$ 厚的 LiCoO$_2$ 阴极，电池可以在 $1mW/cm^2$ 的放电功率下提供 $1mWh/cm^2$ 的能量。使用 $2.5\mu m$ 厚的 LiCoO$_2$ 薄膜实现最高功率密度。

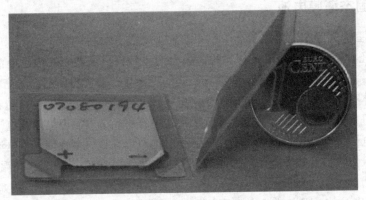

图 11.16 带薄玻璃封装的薄膜电池示例（照片：Fraunhofer IZM）[11]

具有 LiCoO$_2$ 阴极的薄膜电池可以以非常高的连续和脉冲电流密度放电。同样，它们可以在高电流下快速充电。相反，薄膜电池可以在 $<1\mu A/cm^2$ 的涓流电流下充电，例如可能由能量清除装置产生。对于薄膜电池作为能量收集和清除装置的能量存储器的应用，能量效率是重要的。

电池充电和放电中消耗的能量作为电池循环的充电和放电曲线之间的电压间隙是明显的。对于具有高结晶和可逆电极材料的电池，例如具有 Li 阳极的 $LiCoO_2$ 和 $LiMn_2O_4$ 阴极，低电流下的电池循环效率超过 96%。对于具有非晶阴极的电池，由于这些材料的锂插入反应中的滞后，即使对于低电流密度，能量效率也较低，效率可能只有 80%。

（二）固态薄膜电池的例子

与此同时，一些制造商正在制造和供应薄膜电池[11,13-15]。虽然所有系统都基于 $LiCoO_2$、Li、LiPON 系统，但在制造过程中，基板和封装方面的细节存在差异。例如，使用柔性金属和聚酰亚胺基板，其允许制造柔性电池[14]。聚酰亚胺基材要求加工温度（退火）低于约 350℃。目前，薄膜电池是能量收集装置能量缓冲器的最佳解决方案，因为与锂离子聚合物和硬币型电池相比，它们的长期和循环稳定性，自放电和温度范围要好得多。另一方面，能量密度（包括封装）低得多且成本高。

封装在两个玻璃基板之间的薄膜电池如图 11.16 所示。专门用于能量收集的电池产品线利用了相同的 Li-$LiCoO_2$ 薄膜技术[13]。堆叠封装可用于增加能量密度。因此，可以在相同的占地面积上使用各种容量。两种商业系统的参数见表 11.9。

表 11.9　商用固态薄膜电池的参数

模型	NX0201（前端技术[11]）	
系统	Li-$LiCoO_2$ LiPON 电解质	
尺寸	25×25×0.15	42×25×0.4mm³
容量	0.7mAh	5mAh
自放电	5%/ 年	
重量	190mg	
最大操作温度	150℃	
周期	3500（70%）	
能量密度	13Wh/kg，26Wh/l（包括完整的包装）	
最大电流	10C（20C 脉冲）10mA	50mA
模型	MEC（微能量电池，无限功率解决方案[13]）	
系统	Li-$LiCoO_2$ LiPON 电解质	MEC125	MEC101
厚度	170μm		
尺寸		12.7×12.7	25.4×25.4mm²
容量		0.1/0.2mAh	0.5/0.7/1.0mAh
重量			450mg
最大操作温度	−40 ~ 85℃		
周期	10000		
自放电	2%/ 年		
能量密度	（包括完整的包装）	14/27/Wh/l	17/24/34Wh/l
最大电流	70C	7.0/14mA	40mA

（续）

模型	Excellatron 电池[14]		
系统	Li-LiCoO$_2$ LiPON 电解质		
尺寸	定制尺寸，集成在 RFID 标签中		
容量	0.135mAh/cm^{2}per layer		
最大操作温度	<150°C		
周期	4000		
自放电	<1%/ 年		
最大电流	50C at 25°C，300C at 150°C		
模型	能源芯片，SMD 封装（智能固态电池芯片[15]）		
系统	Li-LiCoO$_2$ LiPON 电解质	CBC012	CBC050
尺寸		5×5	8×8mm^2
容量		0.012mAh	0.05mAh
最大操作温度	–20 ~ 70°C		
周期	at 25°C，1000 at 50% DOD.5000 at 10% DOD		
自放电	8%/ 年可恢复的，2.5%/ 年不可恢复的		
充电时间	to 80% SOC	30min	50min
最大脉冲电流	0.1mA	0.3mA	

电池可以在相当高的电流下充电。获得 95% 额定容量所需的充电时间在第一个循环时为 4min，在第 1000 个循环时增加到 6min[13]。由于电池容许充电电流，因此只需要控制电压（4.2V）。由于电池的内阻、电流将受到限制。如图 11.17 所示，在这种情况下，对于 50μAh 电池[15]，最大电流约为 200μA。

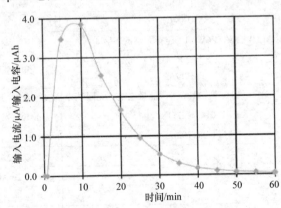

图 11.17 连接到 4.1V 稳压电源的薄膜电池的充电电流。电流标准化为电池的额定容量[15]

由于内部电阻较低，薄膜电池在高温下表现更好。在 100°C 下运行时，可以以更高的速率和更高的容量进行充电和放电。表 11.10 所示为在室温 60°C 和 100°C 下放电的 0.1mAh 薄膜电池的典型放电容量。它甚至可以在高达 170°C 的温度下运行。

第 11 章

但是，在循环过程中容量下降得更快。与 25℃ 相比，容量在 100℃ 时几乎翻倍。请注意，锂聚合物电池的容量在 60℃ 下数周后会降低，并且在 100℃ 时会不可逆转地损坏。

表 11.10 0.1mAh 薄膜电池的容量作为功能温度[11]

温度 /℃	容量 /mAh
25	0.11
60	0.16
100	0.195

薄膜电池可在 –40℃ 的低温下运行，但充电和放电速率较低。表 11.11 所示为在 30℃、0℃ 和 –40℃ 放电的 0.9mAh 电池的放电值。放电电流在 30℃ 和 0℃ 时为 0.5mA，在 –40℃ 时为 0.01mA。在 0℃ 时，达到额定容量的 95% 需要大约 80min。在 –40℃ 充电时，电池可在 25h 内充电至 0.6mAh。

表 11.11 0.9mAh 薄膜电池的容量作为功能温度[11]

温度 /℃	电流 /mA	容量 /mAh
30	0.5	0.9
0	0.5	0.76
–40	0.01	0.72

放电率对薄膜电池容量的影响见表 11.12。与 0.5mA 的容量相比，在 10mA 的连续放电时可以实现 0.9mAh 薄膜电池的大约一半的容量。在这种情况下，平均电压为 3.5V。这意味着可以从如此小的电池连续输送 35mW，这对于无线传感器节点中的大多数收发器是足够的。

表 11.12 0.9mAh 薄膜电池的容量作为功能放电电流[11]

电流 /mA	电压 /V	容量 /mAh
0.5	3.9	0.9
3.0	3.8	0.7
10	3.5	0.46

薄膜电池的不可恢复容量损失规定为每年 1% ~ 2.5%。因此，应该容易获得超过十年的寿命。

关于互连和封装的一个重要问题是处于完全放电状态的薄膜电池可以在 265℃ 下反复进行焊料回流焊接工艺，而不会降低性能。使用锂聚合物和大多数纽扣电池是不可能的。一种薄膜电池已经采用 SMD 封装形式（16 引脚 QFN，见图 11.18）[15]。相同的薄膜电池与 20 引脚 SMd 封装（DFN）中的电源管理逻辑相结合。因此，可以获得完整的 µW 功率不间断电源。目前使用两种容量：12mAh 和 50µAh。输入电压范围为 2.5 ~ 5V。带有外部电容的内部电荷泵可产生 4.1V 的精确电压，用于电池充电。

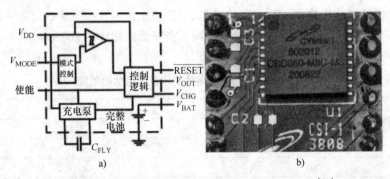

图 11.18　a）薄膜电池集成控制电路，b）SMD 封装薄膜电池[15] 的功能框图

11.3.4　其他微电池

　　这里包括两个原电池，因为它们非常小，因此非常适合集成到微系统中。在这两种情况下，这些电池的二次电池对应物正在开发中。其他商用微电池见表 11.13。

表 11.13　其他商用微电池

电池	医用[16]	芯片卡，LFP25[17]
供应商	鹰皮切尔	瓦尔塔微电池
系统	主 $LiMnO_2$	主 $LiMnO_2$
尺寸 /mm	直径 6.73×2.37	29×22×0.4
包	焊接钛，玻璃	金属箔，聚合物密封
容量 /mAh	2.7（at 30μA）	25
自放电	2%/ 年	—
重量 /g	0.09	0.65
体积 /cm³	0.03	0.25
周期		
最高温度	—	—
能量密度 /（Wh/kg）	77	115
能量密度 /（Wh/l）	233	300

　　通过缩小激光焊接金属外壳和玻璃馈通的技术，开发出一种植入级微电池[16]。电池很小（直径 2.37mm），可以通过微创导管进行部署。由于这种电池具有圆柱形格式，因此集成和互连并不简单。这种电池的成本相当高，这阻碍了能量收集设备在大众市场中的使用。由于真正的密封包装，可靠性和长期稳定性应该相当高。

一种成熟的技术是用于初级芯片卡电池[17]。在这种情况下，电极的金属箔集电器用作电池外壳。两个集电器在聚合物密封的帮助下在边缘处层压在一起，从而产生可靠的外壳。用于冷却层压扁平电池 LFP25 的特殊环氧树脂在智能卡电池中导致硬弯曲测试的优异性能。经过 ISO 弯曲测试，它们在卡片中经过了大约 1000 次弯曲。

11.3.5　摘要

表 11.6、表 11.8 和表 11.9 中所示的电池样品的能量和功率绘制在图 11.19 中。功率计算为最大电流和标称电压的乘积。纽扣电池具有最低的功率密度，而一些薄膜电池能够提供与锂聚合物电池相当的电流输送，锂聚合物电池要大得多。图 11.20 将能量和功率密度与电池尺寸进行比较。

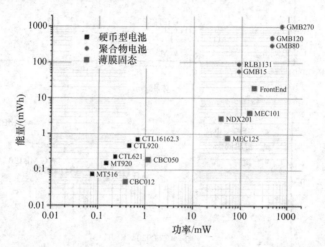

图 11.19　锂二次微电池概述。硬币聚合物和薄固态电池的最大功率和储存能量的比较

与其他电池技术相比，薄膜电池具有最高的功率密度和最低的能量密度。由于它们不是用作主要能源而是用作缓冲存储器，因此功率密度比能量密度重要得多。与其他技术相比，不同型号的薄膜电池在能量和功率密度方面的差异更大。这可能是由于不同的包装概念以及可能在一个包装中堆叠电池。所有类型（硬币类型、薄膜和锂聚合物）的体积约为 $0.3cm^2$，在这种情况下是最小的聚合物、最大的薄膜和纽扣电池。

如果环境温度较高且小型化非常重要，薄膜电池将是首选。如果有足够的空间，那么对于低于 1mW 的功率水平，可以考虑使用硬币型电池。对于更高的功率水平，可以选择小型锂聚合物电池。随着时间的推移，聚合物电池的较高降解可以通过比薄膜电池高 10 倍以上的容量来补偿。对于容量高于锂薄膜电池的锂聚合物电池，放电深度将小得多，因此聚合物电池也可以循环几千次。另一方面，能量收集器必须提供足够的能量来补偿聚合物电池的更高的自放电和降解。

最后但同样重要的是，电池成本将决定电池的选择。目前，硬币型电池的成本最低。

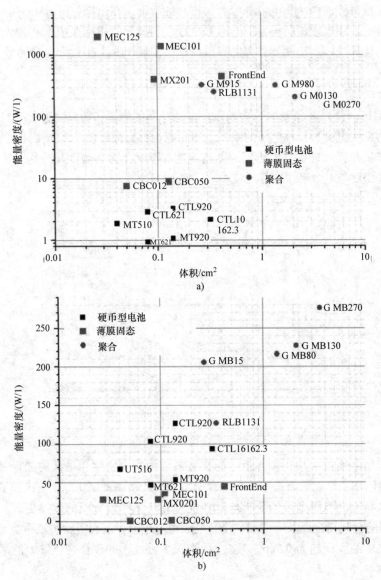

图 11.20 所考虑的二次电池的功率 a）和能量密度 b）概述作为尺寸的函数

11.4 电池动态特性和等效电路

大多数能量收集设备是高度动态的。在大多数情况下，能量存储装置的主要目的是调节能量输入和能量消耗的不同和变化的动态。例如，能量输入在热电发电机的情况下可以是相对稳定的，或者对于一些压电发电机而言非常不稳定并且具有短时脉冲的形式。类似地，系统的电流消耗可以在从收发模式中的微秒到秒范围内的低电流待机到短期高电流脉冲的几个数量级上变化。

因此，在大多数情况下，缓冲电池不能以稳定的恒定电流施加，而是以脉冲动态模式施加，并且必须考虑电池的动态行为。电池动力学是由许多不同的物理、电化学和长期影响引起的，这些影响以不同的方式影响许多数量级的时间响应。表 11.14 所示为电池不同动态效应的典型时间范围。

表 11.14　电池典型时间范围概述

效果	时间范围 /s	时间范围
电磁电动	$10^{-6} \sim 10^{-3}$	微秒
电双层	$10^{-3} \sim 10^{2}$	毫秒到秒
大众运输	$10^{0} \sim 10^{5}$	秒到小时
循环和充电状态效应	$10^{3} \sim 10^{6}$	小时到月
老化	$10^{7} \sim 10^{9}$	月到年

由于脉冲充电和放电的时间范围在微秒和秒之间，电池的电气、双层和部分质量传输特性对于理解和优化系统是重要的。在此时间间隔内，等效电路最适合描述相关的性能参数。在大多数情况下，对可以在微控制器或更高系统级别中实现的数值模型描述了对更大时间尺度（充电状态和老化效应）的影响。

短时间的相关影响可以描述如下：

1. 大规模传输效应

在锂二次电池中，锂离子的扩散是质量传递的主要原因。它发生在自由电解质和分离器中，因为离子必须从一个电极输送到另一个电极。扩散也发生在多孔电极内。在此，它受到影响动态行为的几何约束的限制。另一个重要步骤是离子通过负电极上的固体电解质中间相和活性质量粒子内部的扩散。在固态薄膜电池中，情况略有不同，因为没有液体电解质且没有 SEI。这里扩散基本上是晶粒内部和晶界的固态。

2. 双层效果

电极和电解质之间的电荷区已在第 11.2.3 节中提及，其中它用于超级电容器。由于多孔电极的表面很大，双层电容也在电池中起重要作用。由于双层电容器位于电极表面上，它与电化学电荷转移反应平行发生。电荷转移电阻器 RCT 和双层电容器通过电容器 CDL 描述电荷转移过电位，如图 11.21b 所示。重要的是要知道 CDL 和 RCT 不是恒定元素，它们受充电状态、温度、电池寿命和电流的影响。

流过电池的电流在相界处被分成在电荷转移反应中流动的部分和流入双层电容器的部分。由于电容器只能存储有限的电荷量，所以它主要在充电脉冲的第一时刻充电。在短时间之后，整个电流流过电荷转移反应。

当充电脉冲结束并且电池以较小的充电电流进入静止阶段或相位时，双层电容器放电并且电荷量流入电荷转移反应。这意味着元素 RCT/CDL 形成用于电荷转移反应的低通滤波器。双层电容器只能承载具有"高频"的交流电流，这导致电荷转移反应的过滤。由于电池的两个电极不相等，两个电极的动态特性也可以不同。

因此，脉冲电流也被滤波，电荷转移反应看到平均电流。这种效应是导致高电流脉冲引起的损耗不如只考虑电池内阻的主要原因。

3. 等效电路和电池模型

最简单的等效电路如图 11.21a 所示。它仅包含一个串联电阻，因此不代表动态效应。通常，这里的开路电压 E_o 和串联电阻器 R_s 是充电状态的非线性函数。R_s 也可以改变充电和放电电流。欧姆电阻 R_s 是电解质电阻、集电器的电阻、活性质量和集电器与活性质量之间的过渡电阻之和。根据欧姆定律，欧姆电阻处的电压紧跟电池电流。

图 11.21b 包括如上所述的电荷转移电阻和双层电容。

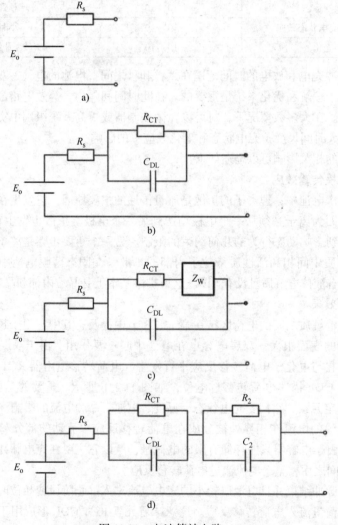

图 11.21　电池等效电路

使用 RLC 元素难以描述质量传递或扩散过程。因此，在大多数情况下，它们被显示为阻抗元件，即所谓的 Warburg 阻抗 Z_W，如图 11.21c 所示。表示扩散机制的另一种方法是使用传输线模型，该模型是 RC 元件链或借助于附加的 RC 元件，如图 11.21d 所示。另一方面，图 11.21d 中的两个 RC 元件也可以分别被解释为来自阳极和阴极侧的元件。阻抗谱或脉冲响应曲线可以装配两个电路元件，如图 11.21c 和图 11.21d 所示，并且在许多情况下产生足够的结果。

4. 电化学阻抗谱

电化学阻抗谱是一种用于分析电池动态行为的有趣技术。

奈奎斯特图显示了整个频率范围内单曲线的复阻抗，在大多数情况下用于显示阻抗。由于电池的特性主要是电容性的，因此虚轴的符号反转，使曲线进入图的上半部分。该图允许分离由质量传递、电化学双层和电效应引起的效应。图 11.22 所示为如何解释奈奎斯特图的不同区域。

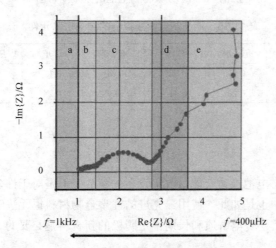

图 11.22　50mAh 锂聚合物电池的奈奎斯特图及其定性解释。a 欧姆传导，b SEI 效应，c 通过电荷转移和电化学双层，d 和 e 质量传递效应的影响

图 11.23 所示为新的和老化的锂离子聚合物电池的奈奎斯特图。该 100mAh 电池循环 328 次，容量降低至 65%。与新电池相比，老化电池具有更高的阻抗。在整个频率范围内可以看到阻抗的变化。在其他研究中，电池老化限制在初始容量的 80%，奈奎斯特图的变化在低频时更为显著，在高频时几乎没有变化。测量曲线配有根据图 11.21d 的等效电路和另外的第三 RC 元件。作为示例，电路元件的结果值见表 11.15。分析表明，这种相对较小的电池具有约 5 F 的双层容量。

必须考虑环境温度的变化和高脉冲功率下的自加热。温度是扩散系数的关键影响因素。离子扩散的限制导致局部改变的离子浓度。从电学角度来看，扩散导致由电荷转移位置处的离子浓度降低或增加引起的过电位。由于离子的储存器存在于自由电解质和电极的多孔结构中，因此扩散显示出动态特性。特别地，电解质电导率随着温度的升高而增加，这导致运输损失的减少。这必须用与温度相关的电路元件来表示。

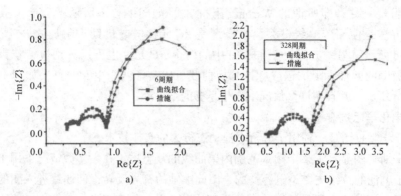

图 11.23　根据图 11.21d 的等效电路，在 800μHz b）和 1kHz a）之间的 6 和 328 个全周期测量之后的 100mA 锂聚合物电池的奈奎斯特图

表 11.15　用于测量曲线拟合的结果电路元件

周期	R_s/Ω	R_1/Ω	C_1/F	R_2/Ω	C_2/F	R_{CT}/Ω	C_{DL}/F
6	0.32	0.17	0.009	0.4	0.17	1.6	6.8
328	0.51	0.23	0.016	0.9	0.24	3.1	4.5

11.5　展望

如今，薄膜固态电池最适合能量收集设备的参数，但是对于许多应用而言，成本甚至在大规模生产中也是如此。使用最先进的锂聚合物材料也无法解决所需的参数问题。基于无碳阳极、陶瓷电解质和长期稳定阴极的新材料是必要的。纳米材料可以帮助实现这些目标。

目前，钛酸锂（$Li_4Ti_5O_{12}$）是负极的有前途的替代材料。该材料比传统的混合石墨阳极具有更好的循环稳定性。由于没有固体电解质中间相，因此稳定性高得多。锡基阳极是石墨的另一种替代品，借助纳米结构的 Sn 基阳极可以改善循环寿命和速率能力。

优化的活性材料，例如 $Li_4Ti_5O_{12}$ 的纳米颗粒作为具有橄榄石结构的阳极材料（$LiMPO_4$）作为阴极嵌入基质，可用于减少体扩散，并因此增加在高电流峰值下操作的能力。

通过使用 3D 架构可以实现额外的性能改进。这对于微型电池尤其方便，因为可以使用光刻技术和适用于 Si 和 MEMS 处理的技术。垂直尺寸的使用使电池具有小的面积。由于离子扩散长度短且表面积大，可以提高功率密度。

特殊的晶体生长和真空沉积技术，对于大型电池永远不可扩展，可用于提高微电池的性能。这可能是碳纳米管或纳米尺寸的硅柱，用于改善电导率和 Li 嵌入[19]。

　　因此，微电池的最有效使用是在完全集成的装置中。在物理集成时，支撑和保护电池所需的材料应作为设备的有源或保护组件的双重用途。实例包括沉积在陶瓷集成电路芯片载体背面的薄膜电池和沉积在与薄膜太阳能电池共用的基板上的薄膜电池。电池和器件的完全集成需要协调和兼容制造工艺，这有利于全固态电池，因为它具有高温稳定性。

　　开发了三维电池组装工艺[18]，其中将电池材料填充到诸如玻璃或硅的基板的高纵横比孔中。容量高达 $2mAh/cm^2$，体积能量密度达到约 80Wh/l。

　　将微电池基板集成到硅芯片中是一个重要的实际问题[20]。一种方法是将电池层压板组装成硅晶片的空腔。来自锂聚合物大规模生产的电池层压板用于该技术。因此，成本相对较低。借助玻璃盖和 UV 固化环氧树脂作为密封，实现了近乎密封的封装。因此，硅芯片用作外壳。与薄膜电池相比，该技术导致更高的能量密度。活性物质的厚度为 $100 \sim 300\mu m$。另一方面，这些电池的温度稳定性与传统的锂聚合物电池相同。

　　在大规模生产中，通常在进行封装之前分配液体电解质。液体电解质不易处理并且会使微电池的密封表面劣化。此外，电池的高蒸汽压阻止了使用真空技术进行封装。因此，需要与二次电池的材料相容的凝胶型电解质。所有材料和工艺都必须针对超低含水量、超低湿度和气体渗透进行优化[21]。

参考文献

1. Wayne Pitt, Energy storage at the heart of WSN IDTEchEx Energy Harvesting and storage Europe 2012, 15. May 2012, Berlin, Germany.

2. Jossen, A., Weydanz, W. (2006) *Moderne Akkumulatoren,* 1.Auflage, U Books-Verlag, ISBN:3-937536-01-9.

3. Wakihara, M., Yamamoto, O. (1998) *Lithium Ion Batteries*, Wiley-VCH, Weinheim, pp. 156–180.

4. Ohzukua, T. Brodd, R. J. (2007) An overview of positive-electrode materials for advanced lithium-ion batteries, *J. Power Sources*, **174**, 449–456.

5. Bates, J. B., Dudney, N. J., Neudecker, B., Ueda, A., Evans, C. D. (2000) Thin-film lithium and lithium-ion batteries, *Solid State Ionics,* **135**, 33–45.

6. Salot, R., Martin, S., Oukassi, S., Bedjaoui, M., Ubrig, J. (2009) Micro-battery technology overview and associated multilayer encapsulation process, *Appl. Surf. Sci.,* **256**, S54–S57.

7. Chung, K.-I., Lee, J.-S., Ko, Y.-O. (2005) Electrical analysis of $Li/SOCl_2$ cell connected with electrochemical capacitor, *J. Power Sources*, **140**(2), 376–380.

8. http://www.panasonic.com/industrial/includes/pdf/Panasonic_Lithium_Rechargeable.pdf .

9. Vetter, J., Novák, P., Wagner, M. R., Veit, C., Möller, K.-C., Besenhard, J. O., Winter, M., Wohlfahrt-Mehrens, M., Vogler, C., Hammouche, A. (2005) Ageing mechanisms in lithium-ion batteries, *J. Power Sources,* **147**, 269–281.

10. R. Hahn, Power Supply for Wearable Applications Based on 3D Solar Module Technology, Energy Harvesting and Storage Europe, May15–16 2012 Berlin, Germany.

11. Jeffrey Arias (2007) Thin-film solid-state rechargeable lithium battery, *Proceedings of the NanoPowerForum 2007*, June 4–6, San Jose, CA.

12. Dudney, N. J. (2005) Solid state thin-film rechargeable batteries, *Mater. Sci. Eng. B,* **116**, 245–249.

13. Bradow, T. (2009) Solid state micro energy cells uniquely enable energy harvesting, *Industrial Embedded Systems*, May 19, 2009, www.infinitepowersolutions.com.

14. Johnson, L. (2008) High power density thin film batteries for RFID tags, Excellatron Solid State, LLC, *Proceedings of the NanoPowerForum 2008*, June 2–4, Costa Mesa, CA.

15. Cantrell, T. (2009) Battery in a chip technology, *Circ. Cellar,* **228**, 62–69, www.cymbet.com.

16. Brand, C. (2007) A micro battery for low power applications", *Proceedings NanoPower Forum* **2007**, San Jose, CA, June 4–6, 2007.

17. Eddie Shaviv (2007), Thin-film lithium polymer batteries, *Proceedings NanoPower Forum*, San Jose, CA, June 4–6, 2007.

18. Nathan, M., Golodnitsky, D., Yufit, V., Strauss, E., Ripenbein, T., Shechtman, I., Menkin, S., Peled, E. (2005) Three dimensional thin film microbatteries for autonomous MEMS, *J. Microelectromechan. Syst.,* **14**(5), 879–885.

19. Chan, C. K., Peng, H., Liu, G. (2007) High-performance lithium battery anodes using silicon nanowires, *Nat. Nanotechnol.,* **3**, 31–35.

20. Hahn (2006) Battery, especially a microbattery, and the production thereof using wafer-level technology, WO2005036689 (A3), WO2005036689 (A2), EP1673834 (A3), EP1673834 (A0), DE10346310 (A1).

21. Marquardt, K., Hahn, R., Blechert, M., Lehmann, M., Töpper, M. Reichl, H. (2009) Development of near hermetic silicon/glass cavities for packaging of integrated lithium micro batteries, *J. Microsyst. Technol.,* Springer 2009, 0946-7076 (Print) 1432–1858 (Online).

第 12 章 能量收集电源的应用

Peter Spies

本章讨论能量收集电源的典型应用。描述了不同的应用领域，介绍了相关的系统架构和设备。此外，还讨论了适用于不同场景的转换器原理和类型，并给出了研究开发的实例。最后，对环境能源在不同应用领域的性能进行了比较。

能量收集利用环境能源为诸如无线传感器、微控制器和显示器之类的小型电子设备提供动力。这些环境能源的典型例子是来自太阳或任何人工来源的光，来自车辆或机器的振动，或来自马达或人体的热量。能量传感器，如太阳能电池、热发电机和压电材料将环境能量转化为电能。能量收集的目标是替换用于供电的电池和电线，或者至少延长储能元件的充电间隔。

第一个大的应用领域是楼宇自动化部门的自供电电灯开关。未来的应用是大型工业工厂的环境监测系统或大型建筑的结构健康监测系统。大多数情况下，无线传感器或传感器网络都使用环境能源供电。另一个很有前途的市场是消费者区，那里有购物袋、服装等，展示以太阳能电池形式集成的能量传感器，为手机或音频播放器等消费产品充电。

本章介绍能量收集电源的应用。由于能量收集是一项相对较新的技术，这些应用还没有在大众市场获得成功。其中一些已经以设备、产品或服务项目的形式出现，而另一些则处于开发或演示状态。

下面的段落将介绍这些应用程序的系统架构，解释电力消费者使用的应用设备，以及他们的任务。本章将讨论在应用环境中哪些能量收集转换器原理是相关的，哪些是最有前途的转换器类型。此外，还将强调在不同的应用程序中要应付的主要挑战。表 12.1 所示为在不同应用环境中预计可收获的能量。"人体"是指使用来自人体的或针对人体的能量的应用。"工业"代表机器、发动机或工厂的环境。

表 12.1 能源收集估计（Raja，2009）

能源	收集功率
振动 / 运动	
人类	$4\mu W/cm^2$
工业	$100\mu W/cm^2$
温差	
人类	$25\mu W/cm^2$
工业	$1 \sim 10\mu W/cm^2$
光	
人类	$10\mu W/cm^2$
工业	$100mW/cm^2$

所有的电子设备都表现出某种由微控制器执行的智能。由于这种控制动作和处理数据的功能是大多数电子设备的最小需求，因此能量收集必须至少为这些模块提供动力。表 12.2 所示为最先进的不同微控制器在某些操作模式下的功耗。由于制造商没有以独特的方式命名操作模式，因此很难直接比较设备的功率需求。但是，完全操作和几种睡眠模式的区别是显而易见的。除了这些数据处理任务之外，其他功能还包括测量和传输物理参数或处理值等数据。由于传感器原理、数据速率、传输距离和占空比等方面的差异较大，因此这些动作的功耗很大程度上依赖于应用本身。

表 12.2　几种微控制器在不同工作模式下的功耗比较

德州仪器		微 AS 能源		微片技术	
MSP430F5437	3V,1MHz	EFM32 G890F128	3V,1MHz	PIC24F16KA102	3V,1MHz
活动模式	1110μW	EM0	660μW	标准操作	1204μW
低功耗模式 0	258μW	EM1	309μW	空闲模式	26.4μW
低功耗模式 2	24μW	EM2	2.7μW	睡眠模式	6.6μW
低功耗晶体模式 3	7.8μW	EM3	1.77μW	深度睡眠模式	0.07μW
低功耗 VLO 模式 3	5.4μW	EM4	0.06μW		
低功耗模式 4	5.07μW				

表 12.3 所示为最先进的电子设备和产品的典型功率要求。能量收集覆盖了该表的上层，而随着技术的发展，越来越多的应用程序从下层开始变得可行。表 12.4 所示为无线通信系统的一个重要细节，它可以在很多情况下实现能量收集。无线通信系统总是工作在突发模式下，只在很短的时间内发送或接收数据。这是由表中的无线电收发机的 1ms 的接通时间指示的。其余的时间，无线收发器的组件处于待机状态或完全断电。典型的活跃时间或突发长度为 1ms 或更短。这导致平均功耗很低，使得自供电设备具有能量收集成为可能。

表 12.3　典型电子设备及产品功耗（Harrop，2009）

应用	功率需求
支持	10nW
32kHz 石英振荡器	100nW
电子表或计算器	1μW
RFID 标签	10μW
助听器	100μW
FM 接收器	1mW
蓝牙收发器	10mW
棕榈 MP3	100mW
GSM	1W
μP 笔记本电脑	10W
μP 桌面	100W

表 12.4　典型活动时间和功率消耗（CEPNIK，2011）

应用	开启时间 /ms	电力需求 /mW
无线电（868MHz，4dBm）	1	57
微处理器	常驻	1
能源管理	常驻	0.1
收音机＋微处理器	常驻	0.003
手机（没有用户干预）	常驻	5
一种品牌，音乐回放	常驻	75

能量收集可在可充电电池或电容器等存储设备中永久收集少量的环境能量。在给定时间后，该存储设备能够提供在突发模式下工作的无线收发器所需的大功率脉冲。这一事实也清楚地说明了为什么在能源收集系统中总是需要某种储能元件。

12.1　楼宇自动化

楼宇自动化系统是控制楼宇不同功能的电子装置网络。他们管理电灯、加热器、空调系统、门、阀门、安全系统等。同时，他们还监控大楼的状态，并向大楼的工程人员或中央控制计算机发送信息。楼宇自动化的优点是减少能源和维护成本，提高安全性和舒适性。在楼宇自动化系统的帮助下，典型的节能效果约为 30%。这些节能主要是根据实际需要来控制消耗，如灯、加热器或空调系统。例如，占用传感器可以关闭灯或窗户传感器能控制供暖和通风（Daintree Networks，2012）。

与电线或电池供电相比，建筑自动化中的能量收集带来了很多好处。最重要的是，它节约了成本和能源。不同的类别中，都有成本节约出现。能量收集节省了安装成本，因为不需要钻孔和布线来提供电力线。典型的布线可减少 70% 左右。通过这种方式，它也保护了建筑的围护结构，并使安装在诸如石头、砖或玻璃等粗糙的表面，比如温室或中庭（见图 12.1）。由能源收集供电的设备不需要其他能源，所以它还降低了操作成本。此外，因为无须更换或充电电池，它还节省了维护成本。另外，使用环境能源满足了生态兼容性，消除了电池和电缆材料（铜、塑料等）的使用。最后，因为这些设备是无线的，很容易从一个地方移动到另一个地方，所以它还降低了潜在的移动成本。通过使用能量收集系统，从安装工作和时间、能源、操作服务和维护等方面节省下来一大笔费用，可以用在短时间内实现能量收集设备的投资回报（Distech1）。

12.1.1　系统架构和应用设备

除了 RS232、以太网、光纤等有线总线系统外，无线网络还用于楼宇自动化系统中不同设备间的通信。例如，无线的、无电池传感器围绕一个控制器分组，控制器上带有无线接收器，形成一个星形子网。控制器处理来自传感器的测量信息作为应用程序控制方案的输入。控制器充当通信枢纽，并将数据中继到更高级别的网络，如 Lon-WORKS、EIB、BACnet 或 EC-Net 控制网络（Distech2）。

图 12.1　无电池的 EnOcean 无线电开关模块，封装在 PEHA 塑料框架内，安装在玻璃墙上
（EnOcean）

　　其他大多数传感器系统的应用，都需要大量的布线成本和消耗工时，因此，无线传感器和无线传感器网络是构建自动化系统的首选。特别是在新的改造项目中，很容易安装无线收发器。因此，在楼宇自动化系统中，由环境能源供电的设备是无线收发器或发射器以及低功率传感器，就像在大多数其他应用中一样。

　　用于楼宇自动化的典型传感器有温度传感器、湿度传感器、门窗传感器和压力传感器。此外，光传感器、占用传感器或运动传感器也可用于控制建筑功能（见图 12.2）。在安全系统的情况下，烟雾探测器、气体传感器（如用于二氧化碳）或玻璃破碎传感器是比较常见的。执行机构包括开关或阀门、风扇速度控制、照明调光器、遮阳板控制、空气处理器、水泵等。其他应用装置是用于监测加热、通风和空调系统中活门和阀门位置的传感器（Kreitmair 等人，2009；Malux）。

　　对所有的这些传感器来说，它们最大的优势是可以监测缓慢变化的物理量。为了降低传感器和发送器的总功耗，这些数据的测量和传输需在很小的占空比下进行。这类系统对传感器进行读取的典型唤醒时间为 1s、10s 或 100s。此外，传感器本身会进行一次数据处理和评级，仅在超过特定阈值（如光照水平、温度或二氧化碳值）时发出警报或警告。因此，通过减少发送的数据量或传输的数量，可以实现更低的功耗。大多数时候，这些传感器都处于睡眠模式。定时器是睡眠模式下唯一激活的组件，其功耗仅为几毫瓦，因此可以在这些应用中使用能量收集（Strba，2009 年）。

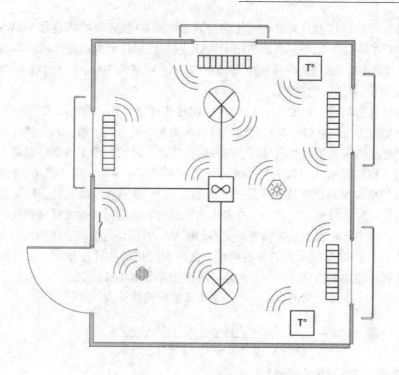

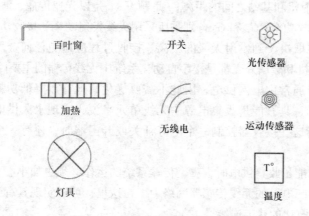

百叶窗　　　开关　　　光传感器

加热　　　无线电　　　运动传感器

灯具　　　温度

图 12.2　楼宇自动化系统的系统架构

　　无线电发射机被用来广播来自传感器的信号，或者仅仅是为了获取信息，或者是为了产生某种特定的活动，比如调暗灯光、移动遮阳板或控制阀门或风扇的速度。因此，发射机被直接用作无线电开关设备，产生信号来打开或关闭室内门、大门和栅栏（Malux）。

　　针对这些楼宇自动化系统中能量收集电源的应用，对发射机进行了优化。优化目标始终是，能量收集以最低的硬件工作量和最低的成本实现最小的功耗。例如，典型的传输功率为 10mW，频段通常是 868 MHz 免费许可发 SRD（短程设备）频段或类似的频段。传输过程中，对于若干传输数据，例如 60 位需要的能量为 50μWs。由于只传输 "1"（高位）比特，因此非相干 ASK 通常被用作节能调制方案。典型的数据速率为 120kbit/s。最先进的传输范围是室内 30m 和室外 300m（自由场）。（Schmidt 和 Heiden）

发射机发送信息，例如一个 32 位的标识号和可用信息。通常只实现单向（单工）连接，只使用上行链路将信息从无线发射机传输到基站或接收器。具有接收和传输功能的双工连接将需要更多的能量用于额外的接收器，从而对能量收集电源提出更大的挑战。为了在没有双向（双工）连接的情况下实现高可靠性，需要使用多传输技术。这意味着信息或控制信号被多次发送（例如三次），以确保基站或接收器至少有一次正确接收。在大多数情况下，为了获得来自基站的确认信号，为无线传感器单元中的附加接收器供电比多次重复传输需要更多的能量。当然，这取决于传输范围，也就是取决于覆盖该传输范围所需的传输功率。这些发射机的功耗在超出一定的传输范围时，会受到传输功率的显著影响，尤其是功率放大器（MALUX）。

在无遮挡、无障碍物的自由场中，平均传播损耗计算为

$$\frac{P_E}{P_S} = \frac{G_E G_S}{(4\pi df / c)^2} = \frac{G_E G_S}{[4\pi d(d / \lambda)]^2}$$

这个公式叫作弗里斯传输方程。

式中，d 是无线发射机和基站之间的距离；f 是频率；c 是以光速传播，波长为 λ；P_S 为发射功率；P_E 为接收功率；G_E 和 G_S 分别是所采用天线发射功率和接收功率。

接收功率主要取决于到发射天线的距离。接收过程应避免任何金属障碍物。例如，电梯井、升降机和金属外壳都是楼宇自动化系统中无线传输的主要障碍。

基站或接收器通常由电网供电，因此不需要优化其运行以降低功耗。因此，对于等待信号来临的、具有能量收集电源的无线单元来说，实现永久供电不再是一个问题。尤其是，当这些接收器控制一个电灯开关或开门器时，还有一个主电源是可用的。

当接收器也由能量收集供电时，整个传输系统的运作必须更加小心，例如，在少数传感器节点可访问电网的无线传感器网络中。在这里，可以实现具有经过深思熟虑的协议、同步和占空比的双工连接。

此外，在无线电通信协议中，当在同一或相邻环境中使用几个或多个发射机时，必须非常小心，这是典型的建筑案例。使用非常短的消息，例如只有几毫秒，就可以在同一个无线电单元中运行大量发送方。在这种情况下，由碰撞引起的错误率仍然非常低。从统计上看，对于每分钟传输一次的 100 个无线电传感器，其传输可靠性仍然大于 99.99%。采用随机间隔的冗余异步传输，可以实现高抗干扰保护。这意味着即使是大型办公大楼或工业设施也可以配备大量无线、无电池传感器（Distech1；Distech2）。

12.1.2　转换器

在建筑自动化中，光、运动和热都可以用来驱动电子设备。可以根据给定的位置和当地可用的环境能源，选择适当的发电机类型。

开关通常是用手操作的，因此，可以将运动与电动（感应）传感器结合起来，以产生电能。在建筑物中，无须特别设计传感器或收集器，非常适合使用寿命长的电动发电机。此外，还使用拉线开关，例如车库门处、开关和发射器的外壳安装在墙上，用户无法触及。这些系统可实现超过一百万个开关周期的使用寿命。在这里，使用寿命是一个问题，但当由人类行为（Malux）驱动时，频率会较低。

图 12.3　温湿度室传感器及 Thermokon 操作面板

此外，太阳能电池与超级电容器或可充电电池结合使用，可以实现夜间操作（见图 12.3）。如有必要，一次电池或预充二次电池可作为备用预防措施，但此处必须考虑电池的老化和自放电。电池寿命会根据化学成分、负载特性和温度变化而变化（Distech1）。

有的情况下，只需要几个小时的强烈日照就足以使储能元件充满电，并在没有照明的情况下保证某个装置的长时间运行。作为附加的安全特性，可发送存在信号，以指示系统的正常运行。家庭中的典型亮度在 100 ~ 500lx。大多数健康和安全工作场所标准要求办公室工作场所的最低照明度为 500lx（见表 12.5）。在日光下所需的最低照明时间将比使用相同亮度的荧光灯短 30% 左右。当用聚光灯等人造光直接照射传感器时，相对于太阳能电池的入射角不宜太陡。当然，Windows 的应用尤其适合使用太阳能电池。在本书的相关章节中可以找到不同光强下太阳能电池的输出功率。

表 12.5　典型光照强度（Kreitmair，2009）

学校	
黑板	500~1000lx
普通教室	300~500lx
办公楼	
电脑工作场所	200~500lx
会议室	300~700lx
走廊	50~100lx
旅馆	
前台	300~700lx
餐厅	150~300lx
楼梯	50~150lx

热梯度是建筑自动化的另一种选择。特别是在加热器、空调系统或热水管道中，

热发生器可以用来驱动传感器或执行器。由于室温通常在 20℃ 左右，根据热源的温度，必须使用散热器保持足够的热梯度。当存在不同的温度差时，最大功率点跟踪器（MPPTS）有助于匹配功率管理，以生成和维护 TEG 的最大功率输出。此外，改变热梯度的方向可能需要额外的电路，如低压整流器。这种应用场景的例子有供暖管道，冬天热、夏天冷。

振动也可用于建筑物获得电能。问题是，只有小频率的小振动是可用的，这将需要具有大的地震量的大型发电机。典型值为 0.01g，频率范围在 1 ~ 10Hz。幸运的是，在建筑物的情况下，大尺寸发电机是可以接受的，因此有可能用大型传感器收集小振动，以达到目标应用的足够功率水平。然而，这些大型发电机在某些应用中会抑制小的振动，如窗户、钢外壳等。由于夏冬之间或昼夜之间振动频率会有变化，桥梁等特殊建筑物会出现问题，这就可能需要宽带或自调谐传感器。这些情况，都有待研究和调查。

12.2 状态监测

状态监测的想法是测量物理参数，如温度、振动、速度或位置，以保证安全性和效率。状态监测可用于各种机械，如电动机、泵、风扇或压缩机。通过分析物理参数，可以检测到滥用或缺陷，并通过适当的维护或修理来避免进一步的损坏。状态监测可以确定可能的故障、所需的维护和维修时间。它是确保有效运行，帮助防止意外故障并降低维修成本和停机时间的最有效手段（Discenzo 等，2006；Kafka，2011）。

状态监测的好处是改进维护计划，安排和提高安全性和环境合规性。此外，资产可靠性、可用性、更高的吞吐量和质量是状态监测的积极效果。另一方面，降低了维护成本、能源消耗、备件库存和灾难性资产故障以及停机时间。在条件监控的帮助下，只需更换实际需要更换的部件。零件将使用较长时间，并且库存或预先生产的备件数量会减少。最重要的是，通过在线监测，可以在发生严重缺陷并完全停止运行之前更换磨损部件（GE Energy，2008）。

12.2.1 系统架构

状态监测使用不同类型的传感器来测量受监视系统的操作参数。所有这些数据都必须由微处理器收集和分析。最后，如果超过预定义的阈值，则通过显示等向负责的工程师报告警告。此外，评估动态行为并检测与通常行为的偏差。

最常见的是由服务人员执行的手持设备的离线数据收集，例如每月一次。或者，所有使用的传感器将通过电线连接和供电，产生大量的安装和材料成本。某些状态监视系统提供以太网连接以收集所有数据并将其传递给中央计算机。例如，在许多工业应用中，布线成本可能是每英尺 40 美元或更多，并且通常超过远程传感器的成本（Discenzo 等，2006；GE Energy，2008；Kafka，2011）。

更可行的是无线传感器网络，它通过无线电信号传输数据，无须安装电线。在某些应用中也需要电流隔离，例如在高功率传输系统中，因此无线数据传输最适合这些情况（见图 12.4）。

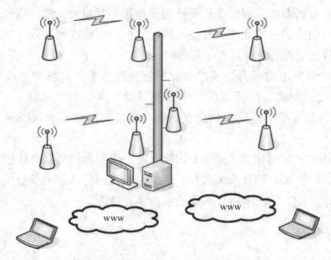

图 12.4　状态监测系统的系统结构

尽管通过无线设备消除了通信和电力电缆的布线成本，但是这些成本被替换为电池的持续成本和维护。这包括人力、物流、环保处理、防止潜在的泄漏，以及由于意外电池故障导致的潜在设备停机（Discenzo 等，2006）。

通过能量收集，传感器、无线电、执行器、处理器和显示器可以在没有电池的情况下供电，或者至少不需要再充电或更换它们。此外，安装在难以接近的、偏远的或危险的区域并将它们嵌入机器中成为可能（Discenzo 等，2006）。

除了传输加速度和温度等测量值之外，还可以应用直接在传感器上的显示，以便能够监测发生位置处的感兴趣参数。

在机器或设备的不同位置处测量诸如振动或温度的物理参数的需要进一步促进了无线网络的使用。根据要监控的设备，由于不同的操作模式、速度、应力和应变，在数据收集和传输方面需要不同的工作循环。因此，传感器节点的某些可编程性以实现不同的占空比是必要的。这也将显著影响能量需求，从而影响能量收集电源的尺寸和系统成本。

自供电传感器节点执行本地处理，并将分析结果或原始采样数据传输到中央节点，以进行数据库存储和更广泛的诊断和预测。关于传感器节点中的原始数据传输或预信号处理的决定取决于节点中的可用能量以及与用于传输数据的能量相比这些任务所需的能量。有时，为节点中的数据处理花费更多的能量更节能，从而减少数据传输的时间和功率。另一方面，传输所有内容并省数据处理能量可能更有效。这通常取决于要覆盖的距离、数据速率或带宽以及墙壁、机器或其他金属障碍物等环境，这些都会显著影响传输功率。无论如何，在传感器节点中监视一些可编程阈值，并且当超过这些阈值时将发送警报。

在状态监测系统中监测的有趣参数不会快速变化，缺陷在数小时或数天内积累。因此，在测量和分析参数方面的工作循环更多地在小时和天，然后是秒和分钟的范围内。状态监视以快照的形式完成，仅在一段时间内对有趣数据进行一次采样。这对能量消耗和能量收集电源的设计具有显著影响。

可以应用严格的电源管理以将功耗保持在最低水平。这通常通过关闭目前不需要的组件来完成。因此，传感器仅在小的测量周期内供电，包括一定的上电瞬间。而且，收发器，尤其是功率放大器仅在诸如蜂窝通信网络的小数据突发的传输期间接通。

在某些应用中，实时位置（RTL）功能有助于确定和传输某个传感器的精确或相对位置。此外，RTL 可以简化安装过程，因为测量点由传感器本身提供，在安装传感器时不需要记录。RTL 的技术将在本章的后面部分讨论。

12.2.2　应用设备

振动的幅度和频率可以提供关于例如任何缺陷的重要信息。任何机器或发动机的轴承表面或不平衡轴，振动频率由转速和轴与轴承的结构决定。在平稳运行的情况下，振动幅度低。一旦轴承表面出现任何缺陷，轴发生不平衡或未对准，振幅就会增大。通过监测振幅的变化，可以通过趋势增加来预测即将发生的故障和问题。因此，应用设备通常是加速度计。然后在方便时和实际发生故障之前计划维护，这可称为"预测性维护"（Mars and Parker，2008）

状态监测中的另一个重要参数是温度，因此频繁地应用温度传感器。不寻常的机械加热可能是一种异常行为或任何缺陷。检测水分可能是密封泄漏的指示，因此可预测功能障碍或即将发生的错误。机器中任何液体的压力是另一物理量，以监测潜在的故障等。因此，压力和湿度传感器通常用于状态监测。更复杂的方法使用腐蚀、摩擦学或超声波传感器和油样作为输入（Discenzo 等，2006；Kafka，2011）。

由于某些应用领域是室外场所，因此该设备需要适合具有防水功能的恶劣环境的外壳，例如化学或石化设施。这在设计中必须考虑，特别是在决定最适合的能量传感器如太阳能电池或压电发电机时。

在挪威 Nyhamna 的壳牌天然气工厂，英国 Perpetuum 公司成功安装了自供电无线传感器网络。传感器每 5min 报告一次温度和总振动，每 6h 报告一次完整的振动频谱。整个系统设计工作了 20 年。传感器和无线电由机械的振动提供动力，采用 Perpetuum 的感应式振动传感器。安装表明，可以定期监测更多数量的监测点，例如在危险区域，因此可以提前指出潜在的系统故障。根据客户的关键部件是无电池电源，因为电池在户外环境中不能很好地工作。其他重要特性包括易于安装、低成本、低维护、改装能力以及开放式行业标准（Mars and Parker，2008）。

在布莱克本梅多斯的约克郡水厂，Perpetuum 和 Nanotron 安装了一个状态监测无线传感器网络，该网络由振动收集器提供动力。用于数据收集的无线技术非常适合覆盖该应用中的大面积区域。此外，在这种情况下，能量收集电源排除了其他类型的电源，因为它可靠且坚固，维护成本低并且可以快速简便地安装。更重要的是对整个无线系统的准确而灵活的测量以及与现有基础设施的简单集成（Mars 和 Parker，2008；Smit 和 Albers，2008）

12.2.3　转换器

状态监测系统可以使用不同种类的环境能源。但是，其中一些更适合满足这些应用的要求。

太阳能电池是一个不错的选择，但是污垢、雪和冰需要一定的维护，这有时不被接受。此外，需要用于夜间操作的能量存储元件。而且，在长寿命应用中必须考虑太阳能电池的退化。最后，应考虑建筑物和树木等大障碍物的遮挡。

最受欢迎的是动能传感器，用于收集不同机器的振动。无论如何，必须考虑能量存储元件在机器不活动期间为电子消费者供电。由于振动通常是在状态监测系统中测量的重要参数，因此将振动也用于供电是显而易见的。机械的典型振动范围在 50 ~ 100Hz，振幅大约为 100mg（Kafka，2011）。

Perpetuum 的振动发生器在这种应用中可以在相对较大的振动和频率范围内工作。它产生 1mW 峰值，在 2Hz 带宽内加速 25mg。他们声称它通常在 95% 的机器上功率超过 0.3mW（见图 12.5 和图 12.6）。

在条件监测系统中的关键和挑战是谐振能量收集换能器必须调谐到激励的应用频率，这通常由于机器的速度、环境条件或寿命而变化。这个问题可以通过优化收集器在更宽的带宽内工作来解决，另一方面，这会增加设备的阻尼，从而降低功率输出。一种选择是几个并联电连接的换能器，它们被调谐到相邻频率以提供宽带收集器。

图 12.5　振动收集器 Perpetuum PMG FSM

在大型机械装置和工厂中也可以加热。此外，用于冷却热电发电机一侧的散热器在状态监测系统中不是问题，因为在大多数情况下有足够的空间可用。因此，在这些环境中，换能器和传感器都不必小。当它们必须在低于 −20℃ 或高于 +80℃ 的极端温度下运行时，所需的能量存储仅构成挑战。

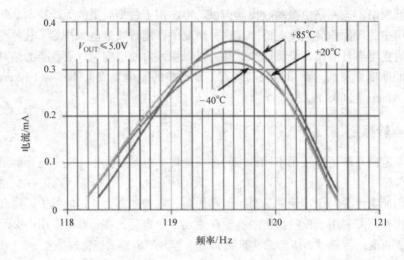

图 12.6 Perpetuum PMG FSM 在 0.025 mg 加速度下的输出功率

德国薄膜热电专家 Micropelt GmbH 开发了所谓的 TE-Power CORE（见图 12.7）。这是一种通用电源，使用低至 10K 的热梯度来产生电能。它由一个专门的 SMD 外壳组成，用于两块铝板之间的芯片尺寸 TEG。使用板载 DC-DC 转换器，可提供 1.9 ~ 4.5V 的预定义直流电压。根据输入的热梯度，模块可提供 150μW ~ 10 mW 的功率。集成的磁铁可以轻松安装，只需更换散热器即可进行优化。该模块的典型应用主要是机器或发动机（除了加热器或空调器）（Markt&Technik，2011）。

图 12.7 Micropelt 的 TE-Power CORE

12.3 结构健康监测

结构健康监测（SHM）是检测组件和结构损坏的过程。它是状态监测的静态对应物，其中观察到移动或振动系统。SHM 的目标是通过在损坏达到临界状态之前预测和检测损坏来提高航空航天、民用和机械基础设施的安全性和可靠性。特别是地震和台风等极端事件，雪和风暴的重量，或者材料的老化和环境恶化都会引起对任何结构完整性的严重关注，这些与公共安全密切相关。因此，结构健康、承载能力和剩余寿命的知识是 SHM 任何策略的主要目标（Cho 等，2008；Sazonova 等，2004）。

为实现这一目标，正在开发技术，以更可量化和自动化的损害评估程序取代定性目视检查和基于时间的维护程序。这些过程使用硬件和软件实现，旨在实现更具成本效益的基于状态的维护（Park 等，2008）。

SHM 系统中的一个障碍，特别是大型结构的障碍是硬件、安装和维护的高成本。为了保证可靠的通信并因此保证系统功能，通常在传感器和中央或控制单元之间使用同轴电缆进行数据评估和后处理。这些电缆的成本很高，每个传感器通道的价格为 500 美元。由于 SHM 的成本增长快于传感器数量的线性增长，因此香港青马吊桥的 350 个传感通道估计超过 800 万美元。在诸如飞机或船舶之类的车辆中的 SHM 方法通常需要完全固定，这会产生很大的经济损失（Celebi，2002；Cho 等人，2008；Farrar，2001）。

SHM 中一种有前景的方法是"智能材料"，它们通过自动调整自身属性来定义，作为对外部影响的反应。换句话说，智能材料耦合两种形式的能量，例如在压电材料的情况下的电能和机械能。因此，这些材料可用作传感器或作为执行器，并且在 SHM 中具有大的应用范围（Musiani 等人，2007）。

12.3.1 系统架构

能够感测操作温度、压力和应变的结构可以减少复合材料的重量和成本。这将导致改进的基于状态的维护。弱点是用于将传感器信息传递到结构外部的连接器和电缆，它们总是会疲劳和破损。具有极小型电子设备的无线传输可以在中途解决这个问题，留下电源问题。在这里，结构中的能量收集将提供最终解决方案（Arms 等，2007，2008）。

在 SHM 中，存在促进无线传感器网络部署的若干要求。为了检测和定位结构中的缺陷，可以采用几个传感器与产生测试信号的执行器相结合。在感测环境中以可能随机配置密集部署的大量单独测量点以及因此大量传感器节点需要使用无线传感器节点。此外，需要自组织和近邻感知的能力，以便可以通过点对点跳跃协议实现单个节点和用户之间的信息交换。最后，传感器节点之间的协作是必须的，其中本地处理能力用于执行数据融合或其他计算任务，然后仅向前传输所需或部分处理的数据。所有这些情况使 WSN 在结构健康监测中发挥作用（Park 等，2008）。

除了物理参数的纯测量外，通常至关重要的是要知道这些参数在结构的哪个点被测量。因此，感兴趣的是提供关于具有相关准确度的测量点的信息的 RTL 特征。本地化技术将在以下章节中解释。

图 12.8 所示为具有能量收集的无线，有源 SHM 系统的架构。在建筑物的每个楼层中，有线传感器网络和执行器由能量收集换能器供电。由于仅使用一个收集器，因此需要用于为所有传感器供电的有线连接。然而，每个传感器也可以具有其自己的收集器，由于多个收集器而增加了成本，但是节省了电缆连接并因此节省了成本。

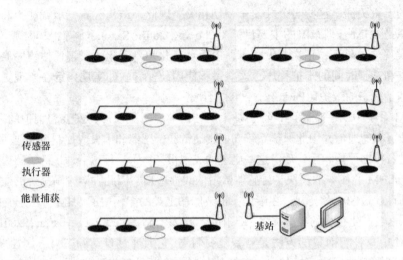

传感器

执行器

能量捕获

基站

图 12.8　无线，有源 SHM 系统的架构（Park 等，2008）

在建筑物的楼层之间使用无线链路，其控制致动和测量动作并收集数据以供进一步分析和评估。

12.3.2　应用设备

用于 SHM 的最先进的传感器由电池供电，在最长 5 ~ 10 年的最佳情况下，电池的保质期有限。这产生了大量的维护工作，用于更换或重新充电电池，并使其成为广泛接受 SHM 的主要障碍。特别是对转子叶片、风力涡轮机或髋部插座等任意形状部件的监测要求传感器占据小体积，这样它们不会影响结构的空气动力学和流体动力学完整性，这使得电池或大型储能装置变得不切实际。因此，使用环境能源为传感器和传感器节点供电是 SHM 中有希望的解决方案（Huang 等人，2010）。

用于监视建筑物、桥梁或大型车辆的机械结构通常具有较大的尺寸，使得振动发生器和太阳能电池的使用成为可能。SHM 中的太阳能电池具有与其他应用相同的缺点，而夜间的操作可以通过电池缓冲。当然，这些将增加系统的重量，使其在轻量级应用中变得困难。在 SHM 系统中，污垢、冰和雪更加严重，推荐其他能量收集原则。

由于加速度和频率形式的振动是评估机械结构健康的重要参数，因此显然也使用振动来为电子电路供电。电动和压电系统等几个原理在这里是可行的，其中压电材料由于其重量轻而具有优越的性能。根据耦合方式，压电可以很容易地集成到监控结构中，并在一个设备中用作传感器和能量传感器。

但是，限制因素是形状因子。可以证明，在某些条件下可以使用应变从压电元件中获得的最大功率 P_d 为

$$P_\mathrm{d} = \frac{2\pi f\, Y_E^2\, d_{31}^2\, V}{\varepsilon_0}\Delta\varepsilon$$

式中，f 是加载频率；V 是压电元件的体积；d_{31} 是压电常数；Y_E 是短路弹性模量；ε_0 是电容率；$\Delta\varepsilon$ 是压电元件中的应变。利用这个等式，可以比较两种不同压电材料（PZT，PVDF）作为特征尺寸函数的最大功率，如图 12.9 所示。体积与特征尺寸的立方体成比例。锆钛酸铅（PZT）易碎且适用于民用 SHM，而聚偏二氟乙烯（PVDF）具有柔韧性、生物相容性，适用于体内 SHM。图 12.9 中的计算基于频率为 1Hz 的 1000με 机械负载。从这些图中可以看出，在尺寸小于 1cm³ 的收割机中，最大功率小于 10μW。由于不完美的匹配或电压转换引起的额外损耗可导致功率预算为 1μW（Huang 等，2010）。

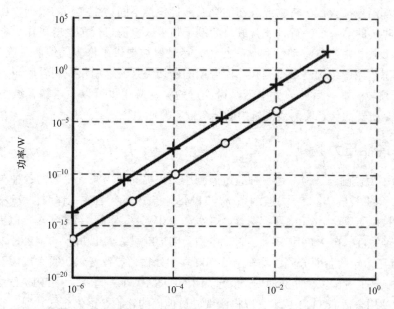

图 12.9　来自两种不同压电材料（PVDF；PZT）的最大功率，
其机械负载为 1000μs（1Hz）$\Delta\varepsilon$（Huang et al。，2010）

SHM 中的热电发电机的意义不大，因为机械结构中的足够的热梯度是罕见的，除非有可用的重要热源如机器、管道或管中的热流体。

在由联邦教育和研究部资助的德国项目 PiezoEN 中，实施了一种自供电无线传感器，用于测量和传输高速公路桥梁的振动。压电发电机由德国公司 Invent 公司生产的

28 个压电片制成，产生约 0.3mW 的电能。桥的共振频率为 2Hz，加速度峰值达到 8 mg（见图 12.10）。

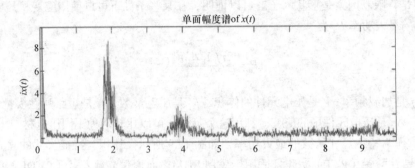

图 12.10　高速公路桥梁的振动频谱（*y* 轴，mg）

12.4　运输

运输部门包括人员、货物或现在的交通，也包括不同地点之间的数据。在运输领域，能量收集的第一个流行且非常成功的例子是很久以前自行车发电机作为电动发电机的一种形式。由于其移动性和动态行为，运输区域提供了许多其他能量收集应用。由于与状态监测、结构健康监测和物流应用的密切关系，这里仅说明轮胎压力监测技术和航空领域。本章后面部分中已经讨论过的一些应用也可以在运输领域找到。例如，这些是机器的状态监测或飞机中的结构健康监测。

12.4.1　轮胎压力监测

轮胎压力监测（TPM）是一种通过监测压力来提高使用充气轮胎的各种车辆的安全性和效率的方法。轮胎压力监测系统（TPMS）于 1986 年首次在保时捷 959 中采用。该技术还被用于奥迪 A6、梅赛德斯奔驰 S 级和 BMW7 系列等顶级豪华车，以提高安全性和维护经济性。自 2000 年以来，首批中型乘用车也配备了此功能（TMPS，2012）。

1990 年，轮胎胎面分离后翻车造成 100 多人死亡，导致费尔斯通大规模召回。这促使克林顿政府的国家公路交通安全管理局（NHTSA）在美国出版了 TREAD 法案。该法案要求使用合适的 TPM 技术，以提醒驾驶员他们的轮胎严重欠充气状况。它会影响 2007 年 9 月 1 日之后出售的所有轻型汽车（10000 磅以下）。在欧洲，TPMS 将在 2012 年开始实施新车法规。除个人汽车外，TPMS 还在飞机、商用卡车、公共汽车、休闲和非公路车辆以及摩托车中具有潜在的应用领域（Just-Auto，2012；TMPS，2012）。

系统架构和应用设备

1. 间接系统

可用的是直接和间接 TPM 系统。间接 TPMS 不使用压力传感器。这些系统通过监控各个车轮转速来测量车轮中的气压。间接 TPMS 利用了充气不足的轮胎直径略小于正确充气轮胎的事实。因此，轮胎必须以更高的角速度旋转以覆盖与正确充气的轮胎相同的距离。其他开发还可以使用单个车轮的振动分析或加速或转弯期间的负载转移效应分析来检测多达所有四个轮胎的同时欠充气。这些系统需要额外的悬挂传感器，使其更加复杂和昂贵。或者，可以使用车轮速度传感器的频谱，并且可以由 ABS 或 ESC 单元中的微处理器执行计算（Just-Auto，2012；TMPS，2012）。

间接 TPMS 的一大缺点是无法检测到低于 0.5bar 的膨胀差异，但这种差异会增加燃料消耗。间接 TPMS 的另一个缺点是驾驶员必须在最佳充气状态下校准系统（Just-Auto，2012；TMPS，2012）。

2. 直接系统

直接传感器系统在每个轮胎内部使用物理压力传感器，并将该压力数据与来自轮胎的温度测量值一起发送到车辆的控制单元。这些系统可以在任何组合中识别所有四个轮胎中的同时充气不足，精度低于 0.2bar，以及备用轮胎。这些系统专门设计用于应对环境和路面到轮胎的基于摩擦的温度变化，这两种温度变化都会加热轮胎并增加压力（Just-Auto，2012；TMPS，2012）。

TPMS 安装在轮辋的井床上或连接到轮胎的底端（Matsuzaki 和 Todoroki，2008）。

除了压力和温度传感器，这些系统还使用加速度计来检测汽车何时停车或行驶。根据该信息，系统控制可以确定进行测量和传输的频率。

为了将模拟测量值转换为数字格式以进行传输，需要模数转换器和多路复用器。微控制器管理所有测量以及通信和电源管理操作（见图 12.11）。

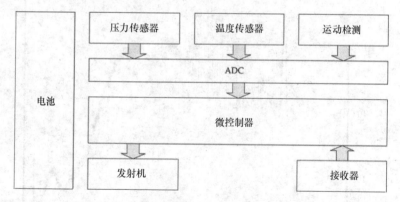

图 12.11 TPMS 的框图（Loehndorf 等，2007）

3. 通信

为了将来自车轮的压力和其他数据传递到车辆控制单元，使用射频（RF）通信或电磁耦合。由于车轮的旋转，可以不采用有线通信。轮胎中传感器的电源对直接 TPM 系统提出了挑战。这里的电池也存在与许多其他应用相同的问题，例如有限的寿命、不足的温度范围、废物的产生、额外的重量和设备本身的额外成本以及更换或充电

（Just-Auto，2012；TMPS，2012）。

最先进的系统使用锂电池供电。为了满足十年使用寿命的 OEM 要求，这些电池占系统体积的 30%～40%。除了尺寸和成本之外，电池的重量是进一步将系统集成到车轮中的主要缺点。驾驶时的典型传动间隔为 30s，车辆停放时节省能量的间隔较大。目前实施的最先进数据速率为 10 kbit/s。尽管数据传输在 TPM 系统中引起了很大一部分功耗，但最大的部分是由于待机时间长和占空比小而导致的待机能耗。目前，一个电报的功耗典型值为 200～250μW，可以通过提高传输水平和将日期速率提高到约 10～15μW 来优化（Loehndorf 等，2007）。

4. 转换器

由于大量的振动能量，TPMS 是振动能量收集的潜在应用领域。所需的小体积和低价格便于使用自供电、无电池和免维护系统。最适合用于轮胎的是压电和静电原理，主要是因为它们的实施尺寸和重量小以及相关的集成成本。除了能量传感器之外，还需要复杂的 AC-DC 转换器和能量存储元件来为 TPMS 的通信模块的传输突发提供脉冲。

轮胎压力监测系统受三个加速方向的影响，而两个主要的方向是径向和切向。轮胎的振动频谱具有 5Hz～1kHz 的分量，受轮胎类型、道路状况和行驶速度的影响（见图 12.12）。在较低频率处，存在一些离散的谱线和谐波，并且在较高的部分处，光谱被抹去。因此，在 TPMS 中使用能量收集大带宽系统远比谐振系统更适合（Loehndorf 等，2007）。

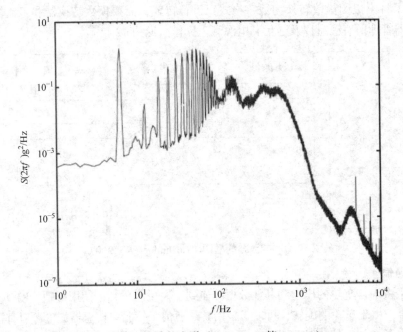

图 12.12　轮胎的光谱（Loehndorf 等，2007）

振动传感器的可实现的输出功率将随着传感器中的速度和振动质量的重量而增

加。为了设计 TPM 系统的最佳能量收集电源，必须考虑高达 5000g 的最大加速度峰值，以实现汽车环境所需的寿命和稳定性。

12.4.2　航空学

能量收集的目标是降低安装成本和重量，改进模块化并快速引入新功能和快速重新配置。这些目标在大型建筑物中特别有趣，并且有很多相似之处，例如船舶或飞机的大型车辆中。在飞机上，有几个自供电系统的应用领域，如状况或结构健康监测，飞行试验和乘客舒适度，可以通过能量收集实施（Mitchell，2007）。

在结构健康监测中，应变和腐蚀是特别令人感兴趣的。飞机行业的腐蚀成本每年约为 22 亿美元，其中包括不必要的昂贵的飞机停机时间。目前的预防计划依赖于预定的、有创的视觉检查。检查在航空领域至关重要，因为空中故障会产生严重后果，危及乘客的健康甚至生命。这些检查通常在地面进行，导致经济损失，因为在这些检查时间内不使用飞机。此外，必须覆盖许多难以进入的区域，这增加了检查时间，从而增加了经济损失（Mitchell，2007）。

从定期维护到现场维护的概念变化将需要集成传感器而不是地面测试设备，远程感测不可接近和远距离区域的可能性以及用于复杂机身结构监测的传感器网络。其优势在于维护和机组人员支持，减少 MRO（维护、维修和大修）工作以及增加服务时间。这种现场维护的技术解决方案可能是无线传感器网络，因为它们易于安装，无需电缆或特殊准备，并且提供智能网络功能。

在航空应用中，在恶劣环境中进行操作，例如 -55 ~ 85℃，湿度、冰和加速度是至关重要的。此外，需要与飞机相当的轻质和长寿命。所有这些规范都要求自供电能量供应，其可以提供能量收集技术。功率要求与传感器网络的其他应用相当，所需的电输出功率在几毫瓦的范围内，并且能够为传输突发提供峰值电流。

另一种非常适合能量收集的航空飞行器是直升机。为了延长直升机的使用寿命，必须优化动态部件拆卸、翻新和更换。通过跟踪加载历史，可以监视组件并实现对实际使用的单独维护。通过无线应变仪可以实现对直升机旋转结构部件的跟踪损坏。直升机的关键部件之一是控制杆或"俯仰连杆"，俯仰连杆负责控制转子的角度。与直线或水平飞行相比，这些俯仰连杆上的载荷随着当前的飞行状态而变化很大，并且在操纵期间具有更高的载荷。因此，该俯仰连杆是车辆应力的良好指示器，将报告基于状态的维护的重要数据（Arms 等，2008）。

最近，能量收集也开始适用于许多军事行动中使用的无人驾驶飞行器（UAV）。一个关键问题是这些越来越小的飞机的耐久性。燃料系统的有限尺寸产生了几个优化目标，并且可充电电池消耗了总质量的大部分（Anton 和 Inman，2008）。

1. 系统架构和应用设备

由于飞机的尺寸较大，有线传感器将带来巨大的安装和成本。因此，具有自供电能量供应的无线传感器是最佳解决方案。

在飞行试验期间，应变、温度和加速度是重要的测量值。关于乘客舒适度，传统的系统架构复杂、沉重且昂贵（Mitchell，2007）。

特别是为应变计、加速度计和热电偶等传感器供电并传输数据有助于飞机的结构健康监测和报告（SHMR）。这些数据通常与 GPS 位置、速度和精确定时信息相结合，以将传感器数据引用到某些飞行程序。另外，惯性传感器报告车辆的方向。

2. 转换器

在飞机中可能存在不同的可能的能量传感器。太阳能电池的使用取决于光源，因此取决于安装位置。他们可以在室内和室外工作。无论如何都需要储能，因为光线并非总是白天和晚上都可用。

振动能量收集是飞机中的另一种能源。在 30 ~ 60Hz 的频率范围内可获得几十毫克的显著振动幅度。第一台发电机实现了高达 330μW 的电力。这里的问题是飞机振动是宽带振动，这些振动不受欢迎，所以工程师试图压制它们。在直升机中，动力传感器的使用更有希望，因为存在更高的振幅（Arms 等，2008；Kluge，2011）。

尽管采用者必须在可能的应用中应对飞机的良好隔离，但是热发电机是为飞机中的无线传感器供电的第三种选择。另一个问题是维持大热梯度所需的散热片（Becker，2008）。

12.5　物流

物流处理不同地点之间的货物流动。它包括货物的信息、安全和管理。从技术系统中完成的任务是跟踪和跟踪资产，以便为用户或客户提供准确的位置。此外，还将收集货物的重要参数。典型的例子是冷冻货物的温度测量或脆弱货物的振动传感器，其作用类似于质量控制。要监测的其他参数是空气质量或湿度，例如植物或动物。报告商品的历史或状态是物流中的另一个问题。例如可以携带所有不同种类货物的集装箱、卡车或托盘。特殊情况是化学品或有毒废物等危险物品，必须小心处理。物流技术系统的另一个例子是库存控制，其中监控某些资产的实际数量和位置。例如，这可以通过建筑物的访问控制或交付货物的车辆的识别等来完成（Havinga，2010）。

12.5.1　系统架构和应用设备

由于集装箱或托盘等资产的移动性，有线通信和电源是不可行的。另一方面，与其他应用一样，电池具有相同的缺点，例如额外的重量和成本、有限的寿命和所需的维护。

必须根据监控货物和资产的区域及其特定要求来选择系统架构。无线传感器网络在每个资产配备一个或多个传感器的受限区域中运行良好。在传感器网络的帮助下，也可以实现单个传感器和货物的定位。

非常适合于无线传感器网络的物流应用的典型示例是在仓库或停车场中的公共汽

车、卡车或火车，其他区域是超市或商店，传感器网络使用温度传感器监控食物的新鲜度。这些网络具有 Internet 连接，可将信息传递到具有警报功能的 Internet 门户。此外，还讨论了追踪日记牧群或其他动物的应用（Havinga，2010；Thurman，2010）。

　　除了监测温度、湿度或机械应力等物理参数或仅识别物理对象外，物流位置的精确或粗略估计在物流中也很重要。对于一个院子里的拖车位置，要求可能低于 3m（Thurman，2010）。

　　在无线传感器网络中，实时定位服务（RTLS）是确定配有无线传感器的对象的相对位置的手段。这些 RTL 通常与接收信号强度指示（RSSI）一起使用。这是来自邻近传感器节点的接收信号强度的度量，其在大多数 RF 芯片中可用。由于信号强度是距离的函数，因此可以通过三角化计算来自不同邻居的若干 RSSI 测量值来计算传感器的相对位置（见图 12.13）。或者，RF 指纹识别可用于定位。在这种情况下，来自不同位置的不同发射器的 RF 信号强度的测量值存储在传感器节点中。在定位期间，传感器节点将当前测量值与其存储器中的 RF 测量图进行比较，并且能够估计其自身的位置。另一种定位技术采用 RF 信号的 TOF（飞行时间），考虑到信号传播的时间也与发射器和接收器之间的距离成比例。类似于卫星导航系统，具有至少三个信号并通过三角化，可以计算相对于发射器的位置。典型精度为 3～10m 或约为发射机距离的 20%～50%（Havinga，2010）。

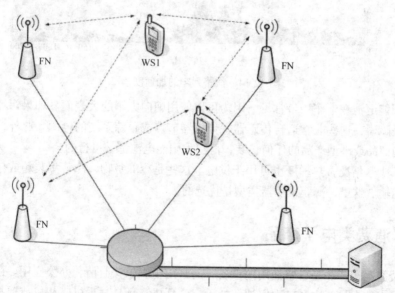

图 12.13　具有固定节点（FN）的 WSN 架构，用于实时本地化（WS：无线传感器）

　　在限制区域之外，蜂窝或卫星通信系统能够传输任何目的的数据。除了通过 GSM 或 UMTS 的数据传输之外，还可以借助蜂窝网络进行定位。计算具有不同精度的通信终端的位置有几个原则。当然，最强大的定位系统是基于卫星的，如全球定位系统（GPS）或德国同行 GALILEO。它们几乎在世界各地工作，能够跟踪和监控货物和资产，而不受地点的影响，精确度为几米。

其他应用设备取决于要实现的系统的功能或任务。这些可能是测量商品某些参数的各种传感器，如温度、湿度、振动、冲击、位置等。

12.5.2 转换器

转换器的选择很大程度上取决于可用空间和所采用的环境能源。由于要监控的货物的移动性，在物流应用中可以获得大部分振动。火车或卡车的振动频率为 1 ~ 100Hz，振幅在更高的 milli Gs 内，具体取决于速度、地面或铁路的类型以及车辆的安装位置。关于发电机类型，必须讨论价格和寿命问题以及所需的功率和可用的电路板空间。移动应用中的挑战是可变幅度，尤其是波动频率范围。这里，需要在特定频带中有效工作的宽带发生器。一个例子是铁路列车的加速度谱，其表现出几个机械能峰值，并且能量在一定频率范围内分布（见图 12.14）。

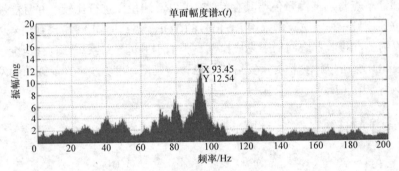

图 12.14 铁路列车的加速度谱

太阳能电池在卡车中最常见，因为可以使用朝向太阳的大表面。如果污垢、雪或降级不是障碍，这些非常适合传感器，传感器节点或跟踪系统的电源。此外，对于食品等小型商品或小型产品的任何包装，薄膜太阳能电池都是可行的。

对于少数情况，热梯度也可用于供电。这些是冷冻货物、冷藏集装箱或任何类型的空调运输。这里，薄膜发生器类型是优选的。

12.6 消费类电子产品

消费类电子产品是日常使用的设备，通常用于娱乐、通信和办公应用。由于消费电子产品中的大量一次和二次电池，如手表、耳机、玩具、手机、相机或遥控器，这一领域为能量收集提供了巨大的潜力。然而，在所有目前的应用中，能量收集电源必须与电池竞争，尤其是其价格、重量和体积，这是消费设备的关键参数。

由于能量收集技术尚未达到大规模制造和大众市场，目前材料和设备成本通常太高而无法进入消费市场。因此，在本章中，主要是有希望的原型和示范者。

12.6.1　系统架构

在大多数有可能使用能量收集的消费者应用中，目标是为已经使用的电池充电。以这种方式，电网的再充电变得不必要，电池尺寸，因此成本和体积可以缩小，或者可以用能量容量明显更小的电容器代替。这里的系统架构大多是直接的，能量收集器只是为电池充电。为此，采用了典型的电源管理模块，如整流器、DC-DC 稳压器和带有可选保护和限制电路的电荷调节器（见图 12.15）。根据应用要求和场景，电池或可选的电容器用作能量存储器。为了在更长的时间内存储能量，在没有任何输入能量的情况下存储更长的时间或者对于更大的功率要求时使用电池。如果较小的动作被供电或者输入能量非常频繁，则可以使用电容器进行存储。一些实施方式提供电池监测功能以指示电池的充电状态（SOC）并因此向用户显示何时收获最大能量。

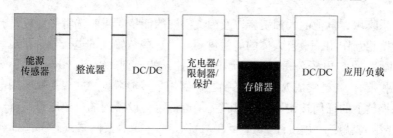

图 12.15　消费类应用中能量收集电源的系统架构

12.6.2　应用设备

消费领域中的通用应用是允许对不同设备进行再充电的充电器，从而为这些设备提供通用连接。除了这些充电器之外，还开发了许多专门的能量收集系统，以便在不同的应用和场景中为电子设备供电。以下段落对其进行描述。

1. 信息

人体收集热能最方便的部位之一是腕关节。因此，将这种能量用于腕表显而易见。第一款商用手表由 Seiko Instruments Inc. 于 1998 年生产。它由 1000 多个小型热电偶堆叠在一起并放在里面，利用人体手臂的热量为其电子设备供电，其热梯度仅为 5K 左右。小型锂电池用作能量缓冲剂。在手表未佩戴且没有能量的时间段内，指针移动到给定位置，只有一个低功耗计时器正在运行以计算时间。当手表由于足够的热梯度而再次通电时，由于内部计时器，指针可以更新时间。

2. 娱乐

压电传感器在舞蹈俱乐部中的首次应用被实现为在舞蹈期间使用机械能。由荷兰公司 Sustainable Dance Club 设计，当人们跳舞时，地板会偏转半英寸，并在其下面压缩压电材料。根据顾客压力的影响，地板在给定区域内产生 2 ~ 20W 的功率。目前，只有地板上的 LED 灯由它供电，但在未来，随着更新的技术，预计会有更多的增益。

在伦敦，另一家生态夜总会 Surya 使用这项技术。

美国公司 Powerleap 正在开发地板系统，从行人和车辆交通中获取能量，用于不同类型的应用。他们的目标应用领域始于为无线发射器等小型电子设备供电，以跟踪消费者数据，创建交互式环境以及控制照明和 HVAC。与楼宇自动化应用中的无线传感器和收发器相比，这里的好处之一将是建筑物中的大量节能。功耗更大的应用包括用于交互式媒体或寻路和灯泡的显示器。最后，这些集成在地板中的传感器的目标是支持电网。他们的发电机设计用于高交通区域，如火车平台、体育场馆、城市人行道、门口等。这些地板发电机的典型功率输出可达每步 1mJ（Redmond，2011）。

时尚零售商 Inditex 将 Powerleap 垫子放置在全球 1500 家 Zara 商店中，节省了 20% 的能源费用。此外，他们还收集了有关店内购物模式的新信息（Redmond，2011）。

在娱乐领域，电池的大消费者以及因此潜在的能量收集候选者是遥控器。由于与人体的直接相互作用，来自人体的能量可用于为这些装置内的电子器件供电。SoundPower 公司和 NEC 电子公司展示了无电池遥控器的原型。SoundPower 用于电源的压电发电机和带有 NEC 集成 RF 技术的微控制器用于传输数据模式以控制家用电器。通过按下遥控器上的任何按钮，压电材料提供电能以为设备内的电子电路供电。该原型在 2010 年准备就绪，并预计 2011 年在消费者市场展示实际最终产品（Greendiary，2012）。

法国初创公司 Arveni 开发了一款 12 键遥控器，于 2009 年推出。双向无线电符合 IEEE805.15.4 标准，由其合作伙伴 Wytek 设计，该公司也是法国初创公司。

3. 服装和配件

服装和配件提供了一个很好的机会，将能量收集技术整合到人体或环境中。最有前途和最先进的例子是背包、夹克或肩包中的太阳能电池。太阳能电池利用太阳光产生电能，为移动电话、PDA、音频播放器等电子设备供电。

德国公司 Solarc 与 Artbag24 合作推出了带有柔性太阳能模块的肩背包，是此类产品的先驱之一。这款肩背包具有柔性太阳能模块，尺寸为 200×100mm，厚度为 1.5mm，可为内部连接的任何设备提供高达 1W 的电力。2010 年，新秀丽还宣布推出太阳能消费产品。他们将 Ascent Solar Technologies、Inc 等的柔性太阳能电池整合到手提箱解决方案中。

意大利 Zegna 公司与德国公司 Solarc 和 Interactive Wear AG 合作，将 SOLAR JKT 夹克与衣领上的太阳能电池组合，为手机或 iPod 充电。9cm×5.5cm 的太阳能组件在充足的阳光下提供约 0.5W 的功率。可选择整个系统的输出电压，并使用锂离子电池作为能量缓冲器。

4. 体育

在运动应用中，有几种电子设备通常由电池供电，因此显示出能量收集的机会。与其他用户场景一样，功耗也取决于操作模式，如活动、待机或照明模式（见

表 12.6）。最受欢迎的是在正常操作模式下功率要求为微瓦的运动手表。某些产品已经配备了能量收集电源，例如，带有太阳能电池的手表、带有大型太阳能模块的野营帐篷或自行车发电机作为首批能量收集产品之一（Ravise，2011）。

表 12.6　不同运行模式下典型运动设备的功耗（Ravise，2011）

	模型	使用时间
手表，迷你计算机	正常的：μW	正常的：24h
	运动：μW~mW	运动：min~h
	照明：mW	照明：sec~min
手表配件	mW	min~h
小型照明设备（远足灯，经典灯）	1~10mW	min~h
大型照明器件（自行车照明，野营）	>100mW	min~h
MP3，无线电	5~50mW	min~h
MP4，播放器，对讲机	>10mW	min~h

除了为运动装置或相关配件提供能量收集技术外，体育活动期间所消耗的能量可用于其他目的。位于俄勒冈州波特兰市的 Green Microgym 健身房使用固定式自行车等机器在锻炼期间收集能量。目前，只有建筑能耗的一小部分供应这种机器。

12.6.3　转换器

对于人体的应用，几种转换器原理是可行的。作为成熟技术的太阳能电池使用光来产生电力。由于人类很少在完全或分段的黑暗中操作，因此光始终存在于人体中。太阳能电池通常集成在纺织品中，如夹克或袋子等配件。有几种有前途的实施方案，特别是柔性薄膜模块，既不会增加重量也不会增加体积。

然而，光不是直接来自人体的能量，如热能或机械能，这与生理作用更相关（见表 12.7），可用于为电子设备供电。

表 12.7　人体能量（Jansen 和 Stevels，1999）

	机械	电动	热	化学
肌肉（活跃的）	X			
运动（积极地）	X			
皮肤潜力		X		
汗				X
身体热量			X	

热量以呼吸、皮肤对流、汗液和皮肤辐射的形式从人体散发出来。由于实际原因，皮肤表面非常适合放置热电发电机以收集部分热能（见图 12.17）。根据尺寸和温度梯度以及室温或环境温度，每单位面积可以收获几微瓦（见图 12.18）。然而，这种能量受到卡诺效率的限制。例如，Carnot 效率是在 20℃ 的房间内以 37℃ 的体温计算的：

$$\frac{T_{human} - T_{environment}}{T_{human}} = \frac{310K - 393K}{310K} = 5.5\%$$

在温暖的环境中，卡诺效率进一步下降。另一方面，在寒冷的环境中，它表现不佳，因为当皮肤表面检测到冷空气时，血管迅速收缩并降低皮肤温度。鉴于今天的热力发电机不接近卡诺效率，这种计算有些乐观（Jia 和 Liu，2009）。

人在坐着时，能量消耗约为116W。由于几个明显的限制，这种能量不能完全用于收集电能。由于这一能量的一部分通过汽化消耗，因此可用于 TEG 的最大功率降至 2.4 ~ 4.8W（见图 12.16）。实际原因禁止使用人体的所有皮肤表面来收获热能。此外，通过使用 TEG 在给定位置使用一些体热，该位置将冷却，因为身体会限制血液流向该区域。当皮肤表面冷却时，皮肤中血管的收缩使皮肤温度接近界面的温度。这些情况会进一步降低 Carnot 发动机的能量消耗（Paradiso 和 Joseph，2004）。

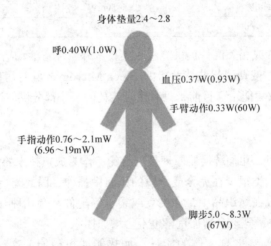

身体垫量2.4~2.8
呼0.40W(1.0W)
血压0.37W(0.93W)
手臂动作0.33W(60W)
手指动作0.76~2.1mW (6.96~19mW)
脚步5.0~8.3W (67W)

图 12.16　人体可能获得的能量（括号中每个动作的总功率）（Paradiso 和 Joseph，2004）

由于实际原因，人体仅有一些地方可用于热能收集。特别是需要热梯度而不仅仅是热源时，将位置限制在直接暴露于环境空气而不被纺织品或鞋子覆盖的区域。一个很好的例子是颈部，它约为核心区域表面积的 1/15。核心区域部分始终保持人体温暖。假设预测总颈部可用能量的最大值为 0.2 ~ 0.32W。另一个使用 TEG 从人体获取能量的便利点是头部，它大约是颈部的三倍，可以提

图 12.17　不同种类的热电发电机

供 0.6 ~ 0.96W 的功率和最佳转换（Paradiso 和 Joseph，2004）。图 12.17 所示为不同种类的热电发电机，图 12.18 所示为薄膜 TEG 在低热梯度下的输出功率。

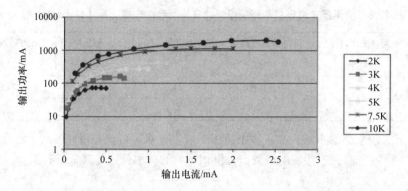

图 12.18　薄膜 TEG 在低热梯度下的输出功率，典型用于人体应用

机械能是人体收获的另一种能量形式。在这里还必须区分哪些活动已经完成。

在肘部或膝盖处的联合旋转将提供大量的机械能。无论如何，将发电机的额外负载添加到身体将增加来自人的所需能量，这可能是用户不能接受的，也不是能量收集的想法。更好的想法是在步行的制动阶段使用能量。这种能量通常会转化为肌肉中的热量而无用。

另一种机制是体重的线性位移。这项运动的工作可以计算如下：

$$W = \int_{S_1}^{S_2} F_s(S)d_s$$

式中，F_s 是沿位移方向的力的分量；d_s 是差分位移矢量；s_1 是初始位置；s_2 是最终位置。由于涉及大量能量，从步行中恢复能量是一种很有前途的方法。一名体重 68kg 的男子，以 3.5mph/h 的速度行走，或 2 步 /s，使用 280kcal/h 或 324W 的动力。

考虑仅使用 5cm 的鞋跟下降表明可以获得动力。当然，这是最大数量并试图使用 5cm 的全行程会给步行者带来额外的负载，这不是能量收集的目标。带衬垫的跑步鞋在行走时偏转约 1cm。这可以用作上限，导致大约 13W（Paradiso 和 Joseph，2004）。

$$(68kg)\left(\frac{9.8m}{sec^2}\right)(0.05m)\left(\frac{2steps}{sec}\right) = 67W$$

为了在人体上使用机械能，不同的发电机原理是可行的。用于能量收集的最常见的压电材料是 PZT 和 PVDF。由于 PZT 非常坚硬和易碎，因此不适合整合到需要一定灵活性的纺织品和服装中。PVDF 具有比 PZT 低得多的耦合常数，但它非常灵活，易于处理和成形，随着时间的推移具有良好的稳定性，并且在高电场的情况下不会出现去极化。无论如何，纺织品中的应用受到材料效率降低的限制，这当然是当前研究和材料优化的主题。另一个问题是人体可用的低频，远低于任何可行的 PZT 发生器实现（Paradiso 和 Joseph，2004）。

表 12.8 所示为使用压电发电机和相关损耗的日常活动的电能上限（Gonzalez

等人）。

表 12.8 使用压电发电机和相关损耗的日常活动的电能上限（Gonzalez 等人）

活动	机械功率损耗（%）	机电功率损耗（%）	电力损失（%）	日常活动（%）	电力可用 /mW
上肢	50	11.2	10	16.6	24.6
呼吸	10	11.2	10	100	74.8
走步	75	50	10	16.6	1.265

由于这些系统的重量，在人体中使用感应发电机（可能与滑轮系统一起使用）是困难的。另一方面，这些发电机类型提供相对大的功率，这与其重量有关。

12.7 结论

能量收集在许多有前途的应用领域中被采用。传统的电池或电线等电源方式被能量收集所取代，节省了材料、人力或维护或改造费用等资源。此外，通过能量收集，如机器、植物或人体的永久监测系统，新的应用变得可行。

目前的实施方案在所采用的环境能源的性质和电气消费者的要求方面显著不同。不仅能量类型不同，尤其是其参数如振幅和频率、热梯度或光强度以及随时间的变化。关于应用设备的功率要求，这些变化很大程度上取决于传感器读取频率或传输和控制占空比，从而导致更长的延迟或响应时间。此外，传输距离（覆盖范围）对功耗有影响。

对于本申请的能量收集领域，可以粗略估计不同能源的性质。表 12.9（与表 12.10 和表 12.11 一起）比较了本章讨论的不同应用的属性。

根据"异常证明规则"的表达，可能存在许多特殊情况，其中该表不适用。无论如何，这是在给定应用场景中寻求环境能源的工程师的第一估计。

表 12.9 不同应用中环境能量的特性

参数	热梯度	振幅	振动频率	光线水平	数据速率	覆盖率
楼宇自动化	L/M/H	L	L	L/M/H	L	M
状态监测	H	M/H	M/H	L/M	L/M	M
结构健康监测	L	L	L	L/M	M	M/H
运输	L	L/M	M	L	M	H
后勤	L	L/M	M	L	H	H
消费者	L	L/M	M	—	M	L

注：对 L、M 和 H 的解释见表 12.10 和表 12.11。

表 12.10　环境能量的评级 / 定量

热梯度	
低	0~5°C
中等	5~20°C
高	>20°C
振幅	
低	<100mg
中等	100mg~1g
高	>1g
振动频率	
低	1~10Hz
中等	10~50Hz
高	>50Hz
照明等级	
低	<300lx
中等	300~500lx
高	>500lx

表 12.11　覆盖率的评级 / 量化

低	厘米
中等	米
高	千米

　　本章中介绍和讨论的大多数应用程序尚未大规模应用。它们是利基市场情景或试验和测试装置。

　　由于这些首次应用所需的设备数量较少，能量收集发生器和所需材料的成本仍然很高，因为尚未建立大规模制造。因此，只有低成本压力的市场才适合这种初始应用。

　　此外，与电池竞争仍然是一个问题，因为与可比功率范围内的能量收集换能器相比，电池的成本要小得多。当必须考虑更换电池或充电的成本时，能量收集的经济效益变得明显。因此，在非可充电电池的单个电池寿命或一个充电周期不足的应用中，能量收集是优选的解决方案。

　　图片与电池不可行的应用或环境不同。例如，这些环境具有极端低温或高温等恶劣条件，或者在难以接近或偏远的地方使用电子设备。在这里，能量收集可以实现新的应用，而不需要与电池竞争；因此没有价格压力。

　　在领先用户的首次应用的帮助下，该技术的成熟度得到了证明，更多的能量收集方案变得明显。这将增加所需的设备数量并加速大规模生产，同时降低材料和发电机成本。

目前，大量的能量收集设备仅在建筑自动化领域和消费者市场中销售。在建筑领域，EnOcean 作为无线自供电技术的先驱，几年前就已开始，并在过去几年中对其技术进行了改进和优化。

在消费市场中，主要是太阳能电池用于能量收集。这些设备多年前进入市场，已经实现了大规模生产的优化状态。主要研发活动增强了太阳能电池主要为电网供应的一种流行技术。

考虑到能量收集的这两个成功的大规模市场应用，预计在这些和其他应用中的动力传感器和热发生器也会发生同样的情况，例如状态监测或结构健康监测。因此，能量收集将进入更多的大众市场领域，并使创新和有前途的自供电微系统成为一个时间问题。

参考文献

Anton, S. R., Inman, D. J., Energy harvesting for unmanned aerial vehicles, Center for Intelligent Material Systems and Structures, Virginia Polytechnic Institute and State University, Blacksburg, VA 24060, SPIE, 2008.

Arms, S. W., Hamel, M. J., Townsend, C. P., *Multi-Channel Structural Health Monitoring Network, Powered and Interrogated Using Electromagnetic Fields*, Microstrain, Inc. 310 Hurrican Lane, Unit 4, Williston, Vermont 05495, 2007.

Arms, S. W., Townsend, C. P., Churchill, D. L., Galbreath, J. H. Corneau, B., Ketcham, R. P., Phan, N., *Energy Harvesting, Wireless Structural Health Monitoring and Reporting System*, Microstrain, Inc., 310 Hurrican Lane, VT, USA, Branch Head, Rotary Wing/Patrol Aircraft, NAVAIR Structures, Naval Air Systems Command, Lexington Park, MD, 2nd Asia-Pacific Workshop on SHM, Melbourne, 2–4 December 2008.

Becker, T., EADS Innovation works: energy scavenging for wireless sensor, networks in aircraft, *3rd Fraunhofer Symposium Micro Energy Technology*, Nuremberg, 4 December 2008.

Celebi, M., *Seismic Instrumentation of Buildings (With Emphasis of Federal Buildings)*, Technical Report No. 0-7460-68170, United States Geological Survey, Menlo Park, CA, USA, 2002.

Cepnik, C., Energie aus Vibration, Elektronik 14/2011.

Cho, S., Yun, C.-B., Lynch, J. P., Zimmerman, A. T., Spencer Jr., B. F., Nagayama, T. Smart wireless sensor technology for structural health monitoring of civil structures, *Steel Structures* 8 (2008) 267–275.

Daintree Networks. The Value of Wireless Lighting Control. Last accessed March 2012 [Online]. Available http://www.daintree.net/downloads/whitepapers/smart-lighting.pdf.

Discenzo, F. M., Pump, D. C., Loparo, K. A. *Condition Monitoring Using Self-Powered Wireless Sensors*, Rockwell Automation, Inc., Mayfield Heights, Ohio, Case Western Reserve University, Cleveland, Ohio, Sound and Vibration, May 2006.

Distech1. Distech Controls. *Wireless Resource Guide—Building open control products*, 05DI-DSWLSEN-21, www.distech-controls.com. Last accessed August 2014 [Online]. Available http://www.distech-controls.com/Wireless/Open-to-Wireless.html .

Distech2. Distech Controls. *Wireless Battery-less Solution for Open Building Automation Systems*, www.distech-controls.com. Last accessed August 2014 [Online]. Available http://www.hvacc.net/pdf/distech/Distech_CD/autorun/Brochures/wireless.pdf .

Farrar, C. R., *Historical Overview of Structural Health Monitoring*. Lecture Notes on Structural Health Monitoring Using Statistical Pattern Recognition, Los Alamos Dynamics, Los Alamos, NM, USA, 2001.

GE Energy. *Condition Monitoring for Essential Assets*, General Electric Company, GEA-13979C (11/08), 2008.

González, J. , Rubio, A., Moll, F. *Human Powered Piezoelectric Batteries to Supply Power to Wearable Electronic Devices*, Electronic Engineering Department, Universitat Politècnica de Catalunya, C/ Jordi Girona, 1–3, Modul C4—Campus Nord, 08034 Barcelona, Spain. March, 2002.

Greendiary. *NEC's Concept Piezoelectric Remote Control Runs without Batteries*, Desh Raj Sharma, November 2009, Last accessed March 2012 [Online]. Available http://www.greendiary.com/entry/nec-s-concept-piezoelectric-remote-control-runs-without-batteries/.

Harrop, P. *An Introduction to Energy Harvesting*, IDTechEx, www.IDTechEx.com, 2009.

Havinga P. *Towards the Real Internet of Things, Ambient Systems*, IDTechex Energy Harvesting & Storage Boston, November 2010.

Huang, C., Lajnef, N., Chakrabartty, S. Infrasonic energy harvesting for embedded structural health monitoring micro-sensors, Michigan State University, East Lansing, MI, USA, in *Proc. SPIE Sensors and Smart Structures Technologies for Civil, Mechanical, and Aerospace Systems*, San Diego, USA, Mar 2010.

Jansen, A. I., Stevels, A. L. N., Human power, a sustainable option for electronics, Delft University of Technology, Faculty of Design, Engineering and Production, *IEEE International Symposium on Electronics and the Environment*, May 11–13, 1999, Boston, USA.

Jia, D., Liu, J. *Human Power-Based Energy Harvesting Strategies for Mobile Electronic Devices*, Higher Education Press and Springer-Verlag, 2009.

Just-Auto. Last accessed March 2012 [Online]. Available www.just-auto.com

Kafka, T., *Condition Monitoring on Machines Using Wireless Systems and Energy Harvesters*, GE Energy Germany GmbH, Neu-Isenburg, Germany, IDTechex Energy Harvesting & Storage Munich, June 2011.

Kluge, M., Autarke flexible Monitoringeinheiten zur Uberwachung technischer Systeme – AMETYST, Öffentliches Statusmeeting EAS/AVS, Berlin, 2011.

Kreitmair, M., Micro Energy Harvesting, Demonstration, use cases standardization, *MRS Symposium Z: Energy Harvesting—From Fundamentals to Devices*, Boston, MA, USA, December 2009.

Loehndorf, M., Kvisteroy, T., Westby, E., Halvorsen, E. *Evaluation of Energy Harvesting Concepts for Tire Pressure Monitoring Systems*, Infineon Technologies AG, 81726 Munich, Germany, Infineon Technologies SensoNor AS, Horten Norway, Vestfold University College, Norway, PowerMEMS 2007.

Malux. *Industrial Building Automation, safe Switchgear for Demanding and Critical Applications*, Porvoo, Finland, www.malux.fi. Last accessed August 2014 [Online]. Available http://www.nhp.com.au/files/editor_upload/File/SLP/Steute/Brochures/Steute_Wireless-Product-Overview.pdf .

Markt&Technik. Thermoharvesting-Gleichstromquelle als Batteriealternative, Markt&Technik, Nr. 46, 11.11.2011.

Mars, P., Parker, J., *Vibrational Energy Harvesting Case Study*, Darnell nanoPower Forum, June 2008.

Matsuzaki, R., Todoroki, A. Wireless monitoring of automobile tires for intelligent tires, *Sensors*, 8, 8123–8138, DOI: 10.3390/s8128123, ISSN, 1424–8220, www.mdpi.com/journal/sensors.

Mitchell, B. J., *Product Development, Boeing Commercial Airplanes: Energy Harvesting Applications Architectures at Boeing Commercial Airplanes*, Darnell NanoPower Forum, San Jose, USA, June 2007.

Musiani, D., Lin, K., Rosing, T. S. *Active Sensing Platform for Wireless Structural Health Monitoring*, Department of CSE, UCSD, La Jolla, Ca 92093, IPSN'07, Cambridge, Massachusetts, USA, 2007.

Paradiso, A., Joseph, T. S. *Human Generated Power for Mobile Electronics*, GVU Center, College of Computing, Georgia Tech, Atlanta, GA 30332-0280, Responsive Environments Group, Media Laboratory, MIT, Cambridge, MA 02139, 2004.

Park, G., Farrar, C. R., Todd, M. D., Hodgkiss, W., Rosing, T. Energy harvesting for structural health monitoring sensor networks, LA-UR-07-0365, *ASCE Journal of Infrastructure Systems*, 14(1), 64–79, 2008.

Raja, M., Micro-energy harvesting systems scavenge milliwatts for ULP devices, *Energize*, p. 44, Texas Instruments, June 2009.

Ravise, A. *Harvesting Energy for Electronic Sport Products, Oxylane Decathlon*, IDTechex Energy Harvesting & Storage Munich, June 2011.

Redmond, E., *Fully Integrated Energy Harvesting & Data Tracking Flooring System*, Powerleap Inc., IDTechex Energy Harvesting & Storage USA, Boston, MA, USA, November 2011.

Sazonova, E., Janoyan, K., Jha, R. *Sensor Network Application Framework for Autonomous Structural Health Monitoring of Bridges*, Clarkson University, 8 Clarkson Ave, Potsdam, NY, 13699, SMT 2004.

Strba, A., Embedded systems with limited power resources, EnOcean GmbH, Germany, January 2009.

Smit, G., Albers, J. *Case Study: High Performance Wireless Sensing Network in a Challenging Environment Using Perpetuum Energy Harvesters and Nanotrons NanoNET*, Darnell nanoPower Forum, June 2008.

Thurman, A. *Seamless Geolocation in a Wireless Sensor Network*, Omnisense Ltd., IDTechex Energy Harvesting & Storage USA, Boston, MA, USA, November 2010.

TMPS. Tire Pressure Monitoring Systems—Tire tech information/General Information. Last accessed February 2012 [Online]. Available http://www.tirerack.com/tires/tiretech/techpage.jsp?techid= 44 .

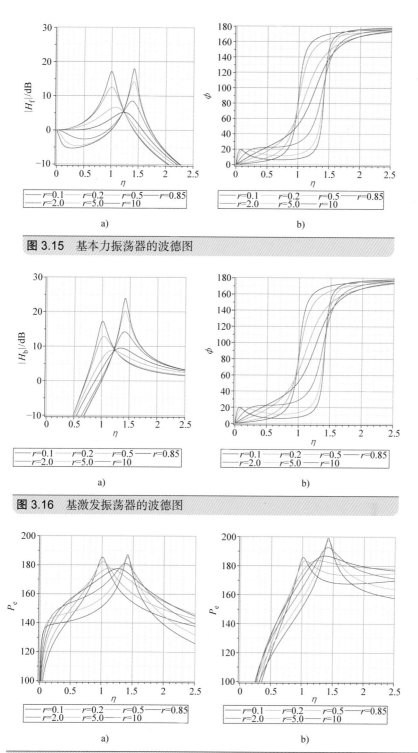

图 3.15　基本力振荡器的波德图

图 3.16　基激发振荡器的波德图

图 3.17　a）力激发与基激发振荡器的输出功率 P_e 与 b）基激发振荡器的输出功率 P_e

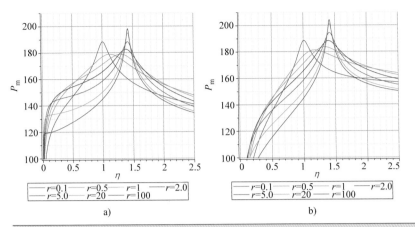

图 3.18 a）力激发的机械输入功率 P_m 和 b）基激发振荡器的机械输入功率 P_m

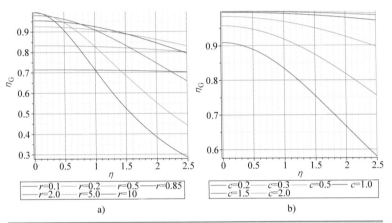

图 3.19 基激发振荡器的效率 η_G，a）用于一组电阻 r 和 b）用于一组耦合系数 c

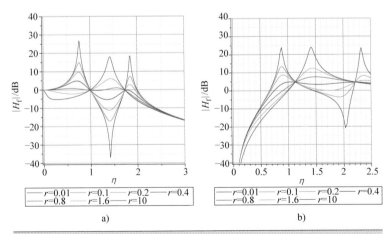

图 3.20 RL 并联时，a）力激发频率响应函数和 b）基激发

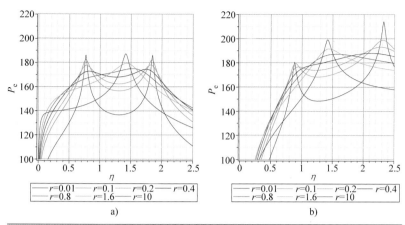

图 3.21 a）力激发振荡器的输出功率 P_e 与 b）基激发振荡器的输出功率 P_e

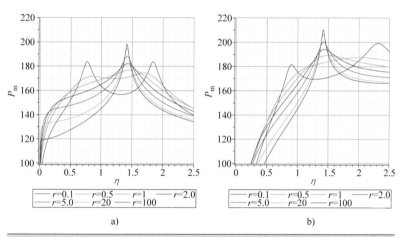

图 3.22 机械输入功率，a）力激发和 b）基激发振荡器

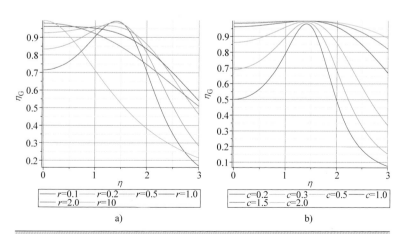

图 3.23 力激发振荡器效率 η_G，a）对于一组电阻 r 和 b）对于一组耦合系数 c

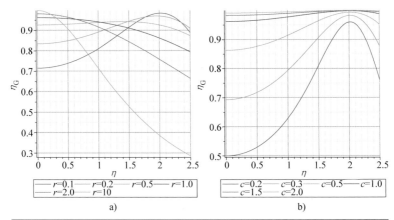

图 3.24 基激发振荡器效率，a）对于一组电阻 r 和 b）对于一组耦合系
数 c

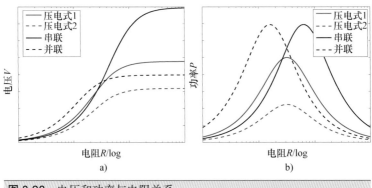

图 3.28 电压和功率与电阻关系

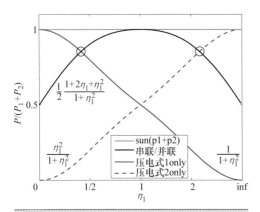

图 3.29 两个压电发电机的相对功率

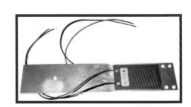

图 3.30 铝梁两侧有压电片

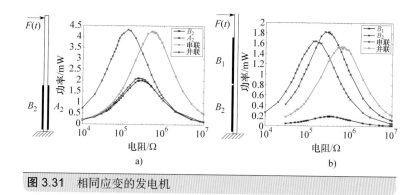

图 3.31　相同应变的发电机

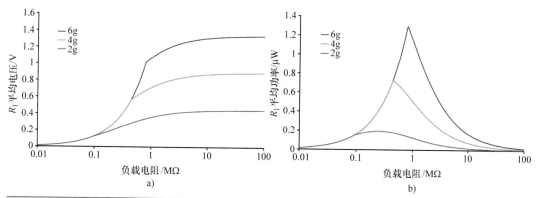

图 5.12　恒载电阻（$R_1 = R_2 = 560\text{k}\Omega$）时偏置电压对输出参数的影响：a）输出电压，b）输出功率

图 5.13　恒偏置电压（$V_{BV} = 30\text{ V}$）下负载电阻 R_1 和 R_2 对输出参数的影响：a）输出电压，b）输出功率

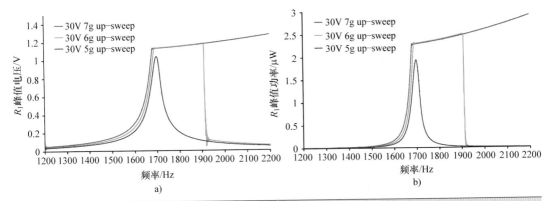

图 5.14　在频上扫描期间，传感器在机械塞子影响下的动态特性：a）输出电压，b）输出功率

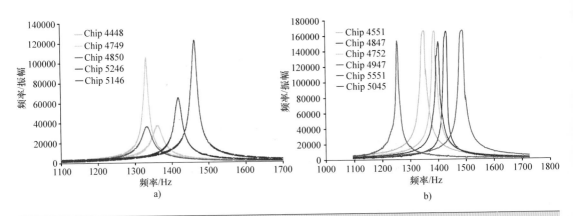

图 5.20　共振频率的变化：a）批次 A，b）批次 B

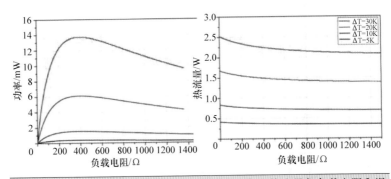

图 6.21　MicroPelt TEG MPG-D751 的输出功率和热流量与负载电阻和温度差的关系 [11]